高职高专规划教材

石 焱 主编
王兆霞 刘仁涛 副主编
王宇清 主审

安装工程计量与计价

ANZHUANG GONGCHENG JILIANG YU JIJIA

化学工业出版社
·北京·

本书由计量与计价的基础知识、室内民用介质管道工程、室外管道工程、电气设备工程四部分内容组成。以典型的建筑水电各系统安装工程为例，采用项目化教学方式，从传统的定额计价到现行的清单计价，由简到繁、由浅入深地进行讲解，并配以相应专业知识的精述，加深学习者对两种模式计量与计价的理解，突出重点、难点，解决了两种计价模式过渡难题。教材内容涉猎范围较广，项目类型较全，学习方式灵活，通过二维码链接教学资源，可以线上线下配合学习，辅以相关计量计价软件支持，方便学习者根据自身专业偏好方向选择实训任务。

本书为高等职业教育工程造价、建筑设备类、建筑经济管理等专业的教学用书，也可作为建筑安装工程在职人员岗位培训和自学的参考用书。

图书在版编目（CIP）数据

安装工程计量与计价/石焱主编. —北京：化学工业出版社，2020.3（2023.8 重印）
高职高专规划教材
ISBN 978-7-122-36037-3

Ⅰ.①安… Ⅱ.①石… Ⅲ.①建筑安装-工程造价-高等职业教育-教材 Ⅳ.①TU723.3

中国版本图书馆 CIP 数据核字（2019）第 298224 号

责任编辑：王文峡　　　　文字编辑：陈小滔
责任校对：王　静　　　　装帧设计：史利平

出版发行：化学工业出版社（北京市东城区青年湖南街 13 号　邮政编码 100011）
印　　装：北京建宏印刷有限公司
787mm×1092mm　1/16　印张 17½　字数 434 千字　　2023 年 8 月北京第 1 版第 2 次印刷

购书咨询：010-64518888　　　　售后服务：010-64518899
网　　址：http://www.cip.com.cn
凡购买本书，如有缺损质量问题，本社销售中心负责调换。

定　　价：49.00 元

为适应现代建筑行业高速发展的需要，加快职业教育改革步伐，强调职业教育诊断与改进的动力是职业院校提升核心竞争力的内在需要。编者根据普通高等学校职业教育改革对工程造价类专业课程的要求，结合多年的教学与实际工作经验，编写了这本突出高等职业教育特色的教材，旨在培养符合新时代需求的工程造价管理人才。

教材在内容编排上淡化理论，强调实践操作，本书以《全国统一安装工程预算定额》，2010《黑龙江省建设工程计价依据 （给排水、暖通、消防及生活用燃气安装工程计价定额）（电气设备及建筑智能化系统设备安装工程计价定额）（市政工程计价定额）》，《建设工程工程量清单计价规范》（GB 50500—2013）、《通用安装工程工程量计算规范》（GB 50586—2013）为主要编制依据，力求理论联系实际，以典型案例作为载体将学生带入课程，学习工程造价的基础理论知识，并培养学生独立编制报价文件和进行造价管理的能力，以满足企业相应岗位对造价技能的要求。

本教材主要分为两部分：第一部分是基础知识，包括工程造价管理含义与构成、建设项目总投资与建安费用构成、工程建设程序、定额分类、施工定额组成及内容、安装工程预算定额组成及内容、工程造价的确定与控制、定额计价模式、工程量清单计价模式；第二部分是典型安装工程，主要有建筑给水计量与计价、建筑排水计量与计价、热水系统计量与计价、消火栓给水工程量清单及计价、自动喷淋灭火系统工程量清单及计价、室内供暖工程工程量清单及计价、通风工程工程量清单及计价、火灾自动报警系统工程量清单及计价、电气照明工程工程量清单及计价、供配电工程工程量清单及计价、建筑物防雷与接地工程工程量清单及计价、室外给水工程工程量清单及计价、室外排水工程工程量清单及计价、室外供热管网工程工程量清单及计价。

扫描教材中的二维码，可链接动画、微课等资源，便于教学。登录化学工业出版社教学资源网（www.cipedu.com.cn），查找本书可下载 CAD 图、PPT 电子教案等素材。

本书由黑龙江建筑职业技术学院石焱任主编，黑龙江建筑职业技术学院王兆霞、刘仁涛任副主编，广州市建筑工程职业学校刘玮、黑龙江建筑职业技术学院刘影、李晓东、郑福珍参编，由石焱统稿。第 1、2 章和第 3 章的 3.1、3.2 由刘玮编写；第 3 章 3.3 由郑福珍编写；第 4 章由刘影编写；第 5 章 5.3 由李晓东编写；第 5 章 5.1、5.2 和第 6、7 章由石焱编写；第 8 章由刘仁涛编写；第 9 章由王兆霞编写。全书由黑龙江建筑职业技术学院王宇清主审。

由于时间仓促，书中难免有不妥或者疏漏之处，敬请广大读者提出宝贵意见！

编者

2019 年 8 月

目录

1 工程造价管理 …… 1

1.1 工程造价含义与构成 / 1
1.1.1 工程造价含义 / 1
1.1.2 建设项目总投资 / 2
1.1.3 工程造价构成 / 3
1.1.4 建筑安装工程费用构成 / 8
1.2 工程造价管理内容 / 12
1.2.1 工程建设程序 / 12
1.2.2 工程造价确定 / 14
1.2.3 工程造价控制 / 14
1.3 建设项目及其组成 / 17
1.3.1 建设项目概念 / 17
1.3.2 建设项目分类 / 17
1.3.3 建设项目组成 / 18
思考题 / 19

2 工程建设定额 …… 20

2.1 工程建设定额分类 / 20
2.2 施工定额 / 22
2.2.1 劳动定额 / 22
2.2.2 材料消耗定额 / 24
2.2.3 机械台班定额 / 26
2.3 安装工程消耗量定额 / 27
2.3.1 安装工程消耗量定额组成 / 27
2.3.2 人工消耗量及单价标准确定 / 28
2.3.3 材料消耗量及单价标准确定 / 30
2.3.4 机械台班消耗量及单价标准确定 / 32
思考题 / 34

3 建筑安装工程计价 …… 35

3.1 定额计价模式 / 35
3.1.1 定额计价程序 / 35
3.1.2 定额计价基本原理 / 37
3.2 工程量清单计价模式 / 38
3.2.1 工程量清单计价程序 / 38
3.2.2 工程量清单编制 / 39
3.2.3 工程量清单计价基本原理 / 45
3.2.4 工程量清单计价与定额计价模式比较 / 47
3.3 工程造价指数与价差调整 / 49
3.3.1 工程造价指数与造价信息 / 49
3.3.2 工程造价价差的调整方式 / 51
思考题 / 52

4 建设工程招投标与建设工程合同 …… 53

4.1 建设工程招投标 / 53
4.1.1 建设工程招投标概述 / 53
4.1.2 招标控制价的编制 / 57
4.1.3 投标报价的编制 / 60
4.2 建设工程合同 / 65
4.2.1 建设工程合同概述 / 65
4.2.2 工程合同价确定与施工合同签订 / 75

思考题 / 79

5 室内给排水工程……………………………………………… 80

5.1 室内给水工程施工图预算 / 80
5.1.1 列出分部分项工程项目 / 80
5.1.2 室内给水工程计量 / 89
5.1.3 室内给水工程直接工程费计算 / 96
5.1.4 单位工程计费程序 / 97
5.2 室内排水工程施工图预算 / 104
5.2.1 列出分部分项工程项目 / 104
5.2.2 室内排水工程计量 / 109
5.3 室内热水工程施工图预算 / 114
5.3.1 热水供应系统基本知识 / 114
5.3.2 室内热水工程定额计价编制示例 / 117
思考题 / 124

6 消防工程 ……………………………………………… 126

6.1 消防工程定额应用及规则 / 126
6.1.1 火灾自动报警系统安装 / 126
6.1.2 消火栓灭火系统安装 / 128
6.1.3 自动喷水灭火系统安装 / 129
6.1.4 气体灭火系统安装 / 131
6.1.5 泡沫灭火系统安装 / 132
6.1.6 消防系统调试安装 / 132
6.2 室内消火栓给水系统工程量清单及计价 / 133
6.2.1 室内消火栓系统简介 / 133
6.2.2 某宾馆室内消火栓给水工程工程量清单编制 / 134
6.2.3 某宾馆室内消火栓给水工程工程清单计价 / 143
6.3 自动喷淋灭火系统工程量清单及计价 / 153
6.3.1 自动喷淋灭火系统简介 / 153
6.3.2 某中科院自动喷淋灭火系统工程工程量清单编制 / 154
6.4 火灾自动报警系统施工图预算 / 163
6.4.1 火灾自动报警系统简介 / 163
6.4.2 火灾自动报警系统工程计量 / 165
6.4.3 火灾自动报警系统工程清单计价 / 168
思考题 / 170

7 暖通工程 ……………………………………………… 171

7.1 室内供暖工程工程量清单及计价 / 171
7.1.1 供暖工程简介 / 171
7.1.2 室内供暖定额应用及计算规则 / 176
7.1.3 某农村节能住宅采暖工程工程量清单及计价 / 184
7.2 通风空调工程工程量清单及计价 / 195
7.2.1 通风空调工程简介 / 195
7.2.2 通风空调定额应用及计算规则 / 199
7.2.3 米兰小镇车库通风工程工程量清单及计价 / 208
思考题 / 222

8 室外管道工程 ……………………………………………… 223

8.1 室外给排水工程工程量清单及计价 / 223
8.1.1 室外给排水工程简介 / 223
8.1.2 室外给排水工程定额应用 / 225
8.1.3 室外给排水工程定额工程量计算规则 / 228
8.1.4 室外给水工程工程量清单编制实例 / 229

8.2 室外供热管网工程工程量清单及计价 / 238
8.2.1 室外供热管网工程简介 / 238
8.2.2 室外供热管网工程定额应用及计算规则 / 239
8.2.3 室外供热管网工程计量与计价编制实例 / 240
思考题 / 246

9 电气设备安装工程 …… 247

9.1 电气照明工程施工图预算 / 247
9.1.1 照明施工图识读 / 247
9.1.2 电气照明工程计量 / 249
9.1.3 电气照明工程计价 / 256
9.2 供配电工程施工图预算 / 261
9.2.1 供配电施工图识读 / 261
9.2.2 供配电工程计量 / 261
9.2.3 供配电工程清单计价 / 263
9.3 建筑物防雷与接地工程施工图预算 / 266
9.3.1 建筑物防雷与接地工程施工图识读 / 266
9.3.2 建筑物防雷与接地工程施工图计量 / 266
9.3.3 建筑物防雷与接地工程清单计价 / 269
思考题 / 270

参考文献 …… 271

序号	项目名称	页码	媒体类型
1	5.1　引入管穿墙	83	视频(.mp4)
2	5.2　局部热水供应系统1	114	视频(.mov)
3	5.3　局部热水供应系统2	115	视频(.mov)
4	5.4　集中热水供应系统	115	视频(.mp4)
5	5.5　区域热水供应系统	115	视频(.mov)
6	5.6　集中热水供应系统	115	视频(.mov)
7	6.1　火灾自动报警系统安装定额(MP4)	167	视频(.mp4)
8	6.2　火灾自动报警系统安装定额说明(文档)	167	文档(.docx)
9	6.3　火灾自动报警系统安装工程量计算规则	167	文档(.docx)
10	6.4　消防系统调试定额说明	167	文档(.docx)
11	6.5　消防系统调试工程量计算规则	167	文档(.docx)
12	7.1　钢管与管件的螺纹连接	175	视频(.mp4)
13	7.2　热压作用下的自然通风	196	视频(.mp4)
14	7.3　风压作用下的自然通风	196	视频(.mp4)
15	7.4　全面排风	196	视频(.mp4)
16	7.5　全面送风	196	视频(.mp4)
17	7.6　局部送风	196	视频(.mp4)
18	7.7　局部排风	197	视频(.mp4)
19	7.8　重力沉降式除尘器	198	视频(.mp4)
20	7.9　旋风除尘器	198	视频(.mp4)
21	7.10　袋式除尘器	198	视频(.mp4)
22	7.11　通风管道计量要点	201	视频(.mp4)
23	8.1　(给水)闸阀与PE管道的法兰盘连接	224	视频(.mp4)
24	8.2　(排水)橡胶软接头(单球)与PE法兰的连接安装	224	视频(.mp4)
25	8.3　(供热)止回阀的法兰连接安装	239	视频(.mp4)
26	9.1　电气设备安装工程定额说明	249	文档(.docx)
27	9.2　电气设备安装工程工程量计算规则	249	文档(.docx)
28	9.3　配电箱安装综合单价分析	260	视频(.mp4)
29	9.4　避雷网综合单价分析	266	视频(.mp4)
30	9.5　配管综合单价分析	266	视频(.mp4)
31	9.6　防雷及接地装置安装定额说明	266	文档(.docx)
32	9.7　防雷及接地装置安装工程量计算规则	266	文档(.docx)

1 工程造价管理

学习导入

工程造价是评价总投资和分项投资合理性和投资效益的主要依据之一，也是评价建筑安装企业管理水平和经营成果的重要依据。如何管理和控制建设项目的工程造价，即工程造价管理，就成了建设工程管理的核心工作内容之一。本章从工程造价的构成、管理内容及建设项目组成等方面进行了阐述，梳理出贯穿于工程建设全过程的造价及其管理。

学习目标

通过本模块的学习应掌握工程造价的含义、构成，建设项目总投资，建安费用构成；在造价管理中明晰工程建设程序各个阶段具体工作内容及每个阶段对应的预算，掌握在项目建设过程中如何管理和控制工程造价；熟练分解建设项目，为后续编制施工组织设计和投标报价书打下坚实的基础。

1.1 工程造价含义与构成

1.1.1 工程造价含义

工程造价是指工程项目在建设期预计或实际支出的费用。工程泛指一切建设工程，它的范围和内涵有很大的不确定性。因为所处的角度不同，工程造价的含义也有所不同。

工程造价的第一种含义：建设一项工程预期开支或实际开支的全部固定资产投资费用。这种定义是从投资者（业主）的角度出发，这里的“工程造价”强调的是“费用”的概念。投资者为了获得所投资项目的预期效益，就需要对项目进行策划、决策、勘察设计、建设实施，直至竣工验收等一系列投资管理活动。在上述活动中所支付的全部费用，就构成了工程造价。从这个意义上讲，工程造价就是建设工程项目固定资产总投资。

工程造价的第二种含义：工程价格，即为建成一项工程，预计或实际在工程承发包交易活动中所形成的建筑安装工程价格或建设工程总价格。这种定义是从市场交易的角度来分析的，这里的工程造价以建设工程这种特定的商品作为交易对象，通过招标、投标或其他交易方式，在各方多次测算的基础上，最终由市场形成价格。这里的工程既可以是涵盖范围很大的一个建设项目，也可以是一个单项工程或者单位工程，甚至可以是整个建设工程中的某个阶段，如建筑安装工程、土地开发工程、安装工程等。工程造价的第二种含义一般被认定为工程承发包价格。随着经济发展、技术进步、分工细化和市场的不断完善，工程建设中的中间产品也会越来越多，商品交换会更加频繁，工程价格的种类和形式也会更为丰富。

工程造价的两种含义是对客观存在的概括。它们既是一个统一体，又是相互区别的，最主要的区别在于需求主体和供给主体在市场追求的经济利益不同。

区别工程造价的两种含义的理论意义在于，为投资者及以承包商为代表的供应商在工程建设领域的市场行为提供理论依据。当政府提出要降低工程造价时，是站在投资者的角度充当着市场需求主体的角色；当承包商提出要提高工程造价、获得更多利润时，是要实现一个市场供给主体的管理目标。这是市场运行机制的必然，由不同的利益主体产生不同的目标，不能混为一谈。区别工程造价的两种含义的现实意义在于，为实现不同的管理目标，不断充实工程造价的管理内容，完善管理方法，更好地为实现各自的目标服务，从而有利于推动全面的经济增长。

1.1.2 建设项目总投资

建设项目总投资是指为完成工程项目建设并达到使用要求或生产条件，在建设期内预计或实际投入的总费用，包括工程造价（或固定资产投资）和流动资金（或流动资产投资）两部分。建设项目总投资的构成如图 1.1 所示。

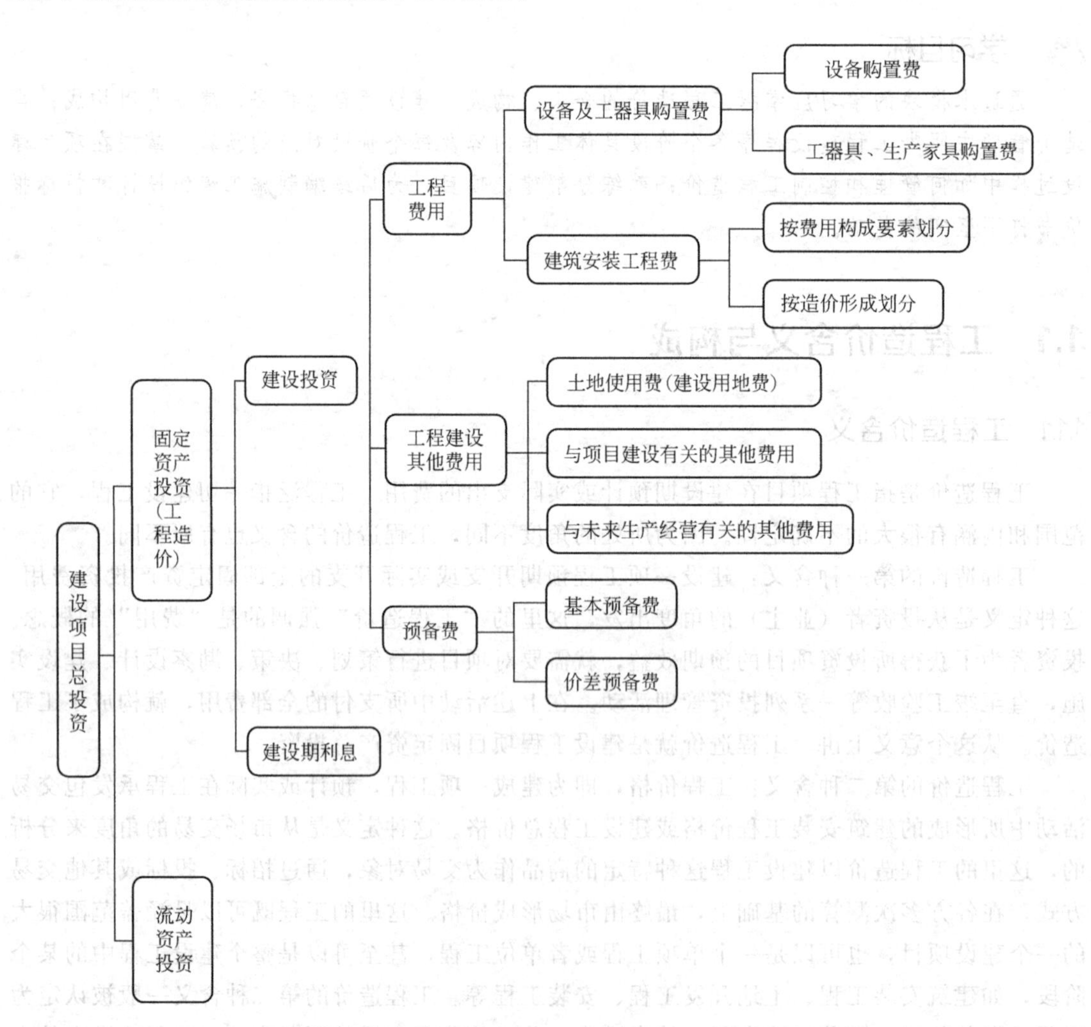

图 1.1 建设项目总投资构成

注：图中固定资产投资方向调节税已废止，见《国务院关于修改和废止部分行政法规的决定》(国务院令第 628 号)

1.1.3 工程造价构成

我国现行的工程造价费用构成主要包含有建设投资和建设期利息，其中建设投资又包括设备及工器具购置费、建筑安装工程费、工程建设其他费用、预备费等，如表 1.1 所示。

表 1.1 工程造价构成

工程造价	建筑安装工程费	1. 人工费 2. 材料费 3. 施工机具使用费 4. 企业管理费 5. 利润 6. 规费 7. 税金
	设备及工器具购置费	1. 设备购置费 2. 工器具、生产家具购置费
	工程建设其他费用	1. 土地使用费 2. 与项目建设有关的其他费用 3. 与未来企业生产经营有关的费用
	预备费	1. 基本预备费 2. 价差预备费
	建设期贷款利息	

1.1.3.1 建筑安装工程费

(1) 人工费　人工费是指支付给从事建筑安装工程施工的生产工人和附属生产单位工人的各项费用。内容包括：

① 计时工资或计件工资　指按计时工资标准和工作时间或对已做工作按计件单价支付给个人的劳动报酬。

② 奖金　指对超额劳动和增收节支支付给个人的劳动报酬，如节约奖、劳动竞赛奖等。

③ 津贴补贴　指为了补偿职工特殊或额外的劳动消耗和因其他特殊原因支付给个人的津贴，以及为了保证职工工资水平不受物价影响支付给个人的物价补贴，如流动施工津贴、特殊地区施工津贴、高温（寒）作业临时津贴、高空津贴等。

④ 加班加点工资　指按规定支付的在法定节假日工作的加班工资和在法定日工作时间外延时工作的加点工资。

⑤ 特殊情况下支付的工资　指根据国家法律、法规和政策规定，因病、工伤、产假、计划生育假、婚丧假、事假、探亲假、定期休假、停工学习、执行国家或社会义务等原因按计时工资标准或计时工资标准的一定比例支付的工资。

(2) 材料费　材料费是指施工过程中耗费的原材料、辅助材料、构配件、零件、半成品或成品、工程设备的费用。内容包括：

① 材料原价　是指材料、工程设备的出厂价格或商家供应价格。

② 运杂费　是指材料、工程设备自来源地运至工地仓库或指定堆放地点所发生的全部费用。

③ 运输损耗费　是指材料在运输装卸过程中不可避免的损耗。

④ 采购及保管费　是指为组织采购、供应和保管材料、工程设备的过程中所需要的各项费用，包括采购费、仓储费、工地保管费、仓储损耗。其中，工程设备是指构成或计划构成永久工程一部分的金属结构设备、机电设备、仪器装置及其他类似的设备和装置等。

(3) 施工机具使用费　施工机具使用费是指施工作业所发生的施工机械、仪器仪表使用费或其租赁费。内容包括：

① 施工机械使用费　以施工机械台班耗用量乘以施工机械台班单价表示，施工机械台班单价应由以下 7 项费用组成。

a. 折旧费：指施工机械在规定的使用年限内，陆续收回其原值的费用。

b. 大修理费：指施工机械按规定的大修理间隔台班进行必要的大修理，以恢复其正常功能所需的费用。

c. 经常修理费：指施工机械除大修理以外的各级保养和临时故障排除所需的费用。包括为保障机械正常运转所需替换设备与随机配备工具附具的摊销和维护费用，机械运转中日常保养所需润滑与擦拭的材料费用及机械停滞期间的维护和保养费用等。

d. 安拆费及场外运费：安拆费指施工机械（大型机械除外）在现场进行安装与拆卸所需的人工、材料、机械和试运转费用以及机械辅助设施的折旧、搭设拆除等费用；场外运费指施工机械整体或分体自停放地点运至施工现场或由一施工地点运至另一施工地点的运输、装卸、辅助材料及架线等费用。

e. 人工费：指机上驾驶员（司炉）和其他操作人员的人工费。

f. 燃料动力费：指施工机械在运转作业中所消耗的各种燃料及水、电等的费用。

g. 税费：指施工机械按照国家规定应缴纳的车船使用税、保险费及年检费等。

② 仪器仪表使用费　由该项工程施工所需使用的仪器仪表的摊销及维修费用构成。

(4) 企业管理费　企业管理费是指建筑安装企业组织施工生产和经营管理所需的费用。内容包括：

① 管理人员工资　是指按规定支付给管理人员的计时工资、奖金、津贴、补贴、加班加点工资及特殊情况下支付的工资等。

② 办公费　是指企业管理办公用的文具、纸张、账表、印刷、邮电、书报、办公软件、现场监控、会议、水电、烧水和集体取暖降温（包括施工现场临时宿舍取暖降温）等费用。

③ 差旅交通费　是指职工因公出差、调动工作的差旅费、住勤补助费、市内交通费和误餐补助费，职工探亲路费，劳动力招募费，职工退休、退职一次性路费，工伤人员就医路费，工地转移费以及管理部门使用的交通工具的油料、燃料等费用。

④ 固定资产使用费　是指管理和试验部门及附属生产单位使用的属于固定资产的房屋、设备、仪器等的折旧、大修、维修或租赁费。

⑤ 工具用具使用费　是指企业施工生产和管理使用的不属于固定资产的工具、器具、家具、交通工具和检验、试验、测绘、消防用具等的购置、维修和摊销费。

⑥ 劳动保险和职工福利费　是指由企业支付的职工退职金，按规定支付给离休干部的经费，集体福利费，夏季防暑降温、冬季取暖补贴，上下班交通补贴等。

⑦ 劳动保护费　是企业按规定发放的劳动保护用品的支出，如工作服、手套、防暑降温饮料以及在有碍身体健康的环境中施工的保健费用等。

⑧ 检验试验费　是指施工企业按照有关标准规定，对建筑以及材料、构件和建筑安装物进行一般鉴定、检查所发生的费用，包括自设试验室进行试验所耗用的材料等费用。不包

括新结构、新材料的试验费，对构件做破坏性试验及其他特殊要求检验试验的费用和建设单位委托检测机构进行检测的费用，对此类检测发生的费用，由建设单位在工程建设其他费用中列支。但对施工企业提供的具有合格证明的材料进行检测不合格的，该检测费用由施工企业支付。

⑨ 工会经费　是指企业按《中华人民共和国工会法》规定的全部职工工资总额比例计提的工会经费。

⑩ 职工教育经费　是指按职工工资总额的规定比例计提，企业为职工进行专业技术和职业技能培训，专业技术人员继续教育、职工职业技能鉴定、职业资格认定以及根据需要对职工进行各类文化教育所发生的费用。

⑪ 财产保险费　是指施工管理用财产、车辆等的保险费用。

⑫ 财务费　是指企业为施工生产筹集资金或提供预付款担保、履约担保、职工工资支付担保等所发生的各种费用。

⑬ 税金　是指企业按规定缴纳的房产税、车船税、土地使用税、印花税等。

⑭ 城市维护建设税　是以纳税人实际缴纳的增值税、消费税的税额为计税依据，依法计征的一种税。城市维护建设税税款专门用于城市的公用事业和公共设施的维护建设。

⑮ 教育费附加　是由税务机关负责征收，同级教育部门统筹安排，同级财政部门监督管理，专门用于发展地方教育事业的预算外资金。

⑯ 地方教育附加　是指为增加地方教育的资金投入，促进本各省、自治区、直辖市教育事业发展，开征的一项地方政府性基金。

⑰ 其他　包括技术转让费、技术开发费、投标费、业务招待费、绿化费、广告费、公证费、法律顾问费、审计费、咨询费、保险费等。

（5）利润　利润是指施工企业完成所承包工程获得的盈利。

（6）规费　规费是指按国家法律、法规规定，由省级政府和省级有关权力部门规定必须缴纳或计取的费用。包括社会保险费、住房公积金、工程排污费等。

① 社会保险费

a. 养老保险费　是指企业按照规定标准为职工缴纳的基本养老保险费。

b. 失业保险费　是指企业按照规定标准为职工缴纳的失业保险费。

c. 医疗保险费　是指企业按照规定标准为职工缴纳的基本医疗保险费。

d. 生育保险费　是指企业按照规定标准为职工缴纳的生育保险费。

e. 工伤保险费　是指企业按照规定标准为职工缴纳的工伤保险费。

② 住房公积金　住房公积金是指企业按规定标准为职工缴纳的住房公积金。

③ 工程排污费　工程排污费是指按规定缴纳的施工现场工程排污费，工程排污费按实际发生计入工程结算。

其他应列入而未列入的规费，按实际发生计取。

（7）税金　税金是指国家税法规定应计入建筑安装工程造价内的增值税销项税额，税金计算公式为：

税金＝(税前工程造价－甲供材料费－不计税设备金额)×销项增值税税率(%)　　(1-1)

式中，税率为11%。

注：黑龙江省一般计税的建设项目，已将增值税税率由11%调整为10%，详见《关于调整建设工程计价依据增值税税率的通知》（黑建规范〔2018〕5号）。

1.1.3.2 设备及工器具购置费

设备及工器具购置费由设备购置费和工具、器具及生产家具购置费组成，它是固定资产投资中的积极部分。在生产性工程建设中，设备及工器具购置费用占工程造价比重的增大意味着生产技术的进步和资本有机构成的提高。

(1) 设备购置费 设备购置费是指为建设项目购置或自制的达到固定资产标准的各种国产或进口设备、工具、器具的购置费用。它由设备原价和设备运杂费构成。

设备购置费＝设备原价＋设备运杂费 (1-2)

式中，设备原价指国产设备或进口设备的原价；设备运杂费指除设备原价外的关于设备采购、运输、途中包装及仓库保管等方面支出费用的总和。

① 国产设备原价

a. 国产标准设备原价一般是指设备制造厂的交货价，即出厂价。

b. 国产非标准设备是指国家尚无定型标准，设备生产厂不可能采用批量生产，只能根据具体的设计图样按订单制造的设备。非标准设备原价有多种不同的计算方法，如成本计算估价法、系列设备插入估价法、分部组合估价法、定额估价法等。无论采用哪种方法都应使非标准设备原价接近实际出厂价，并且计算方法要简便。按成本计算估价法，非标准设备的原价可由下面的公式表达：

单台非标准设备原价＝{[(材料费＋加工费＋辅助材料费)×(1＋专用工具费率)×(1＋废品损失费率)＋外购配套件费]×(1＋包装费率)－外购配套件费}×(1＋利润率)＋销项税金＋非标准设备设计费＋外购配套件费 (1-3)

② 进口设备原价 进口设备的原价是指进口设备的抵岸价，即抵达买方边境港口或边境车站，且交完关税等税费后形成的价格。进口设备抵岸价的构成与进口设备的交货类别有关。进口设备的交货类别分为内陆交货类、目的地交货类、装运港交货类。装运港交货类是我国进口设备采用最多的一种交货类别。采用装运港船上交货价（FOB)，抵岸价的构成为：

进口设备抵岸价(进口设备原价)＝船上交货价(FOB)＋国际运费＋运输保险费＋银行财务费＋外贸手续费＋关税＋增值税＋消费税＋海关监管手续费(减免进口税或实行保税时计算)＋车辆购置附加费 (1-4)

③ 设备运杂费 设备运杂费通常由下列各项构成。

a. 运费和装卸费：国产设备由设备制造厂交货地点起至工地仓库（或施工组织设计指定的需要安装设备的堆放地点）止所发生的运费和装卸费；进口设备由我国到岸港口或边境车站起至工地仓库（或施工组织设计指定的需要安装设备的堆放地点）止所发生的运费和装卸费。

b. 包装费：在设备原价中没有包含的，为运输而进行的包装支出的各种费用。

c. 设备供销部门的手续费：按有关部门规定的统一费率计算。

d. 采购与仓库保管费：采购、验收、保管和收发设备所发生的各种费用。包括设备采购人员、保管人员和管理人员的工资、工资附加费、办公费、差旅交通费，设备供应部门办公和仓库所占固定资产使用费、工具用具使用费、劳动保护费、检验试验费等。这些费用可按主管部门规定的采购与保管费费率计算。设备运杂费也可按设备原价乘以设备运杂费率计算：

设备运杂费＝设备原价×设备运杂费率 (1-5)

式中，设备运杂费率按各部门及省、市等的规定计取。

（2）工器具及生产家具购置费 工器具及生产家具购置费是指新建或扩建项目为保证初期正常生产必须购置的没有达到固定资产标准的设备、仪器、工卡模具、器具、生产家具和备品备件等的购置费用。一般以设备购置费为计算基数，按照部门或行业规定的工器具及生产家具费率计算。计算公式为：

$$\text{工器具及生产家具购置费}=\text{设备购置费}\times\text{定额费率} \tag{1-6}$$

1.1.3.3 工程建设其他费用

工程建设其他费用是指从工程筹建开始到工程竣工验收交付使用为止的整个建设期间，除建筑安装工程费用和设备及工器具购置费用以外的，为保证工程建设顺利完成和交付使用后能够正常发挥效用而发生的各项费用。

工程建设其他费用按内容大致可以划分为以下三类：

（1）土地使用费 由于工程项目建设必须占用一定的土地，必然要发生为获取建设用地而支付的费用。包括土地征用及拆迁补偿与临时安置补助费、土地使用权出让金与转让金等。

（2）与工程项目建设有关的其他费用 包括建设单位管理费、勘察设计费、研究试验费、建设单位临时设施费、工程监理费、工程招标代理服务费、工程造价咨询服务费、工程保险费、引进技术和进口设备费、工程承包费等。

（3）与未来企业生产经营有关的费用 包括联合试运转费、生产准备费、办公和生活家具购置费。

1.1.3.4 预备费

预备费是指考虑建设期可能发生的风险因素而导致增加的建设费用，包括基本预备费和价差预备费。

（1）基本预备费 基本预备费是指在初步设计及概算内难以预料的工程费用，主要包括以下三方面：

① 在批准的初步设计范围内，技术设计、施工图设计及施工过程中所增加的工程费用，设计变更、局部地基处理等增加的费用。

② 一般自然灾害造成的损失和预防自然灾害所采取的措施费用，例如地基塌陷等。实行工程保险的工程项目，该费用应适当降低。

③ 竣工验收时为鉴定工程质量对隐蔽工程进行必要的挖掘和修复费用。

基本预备费是以设备及工器具购置费、建筑安装工程费和工程建设其他费用三者之和为计算基础，乘以基本预备费费率进行计算。

$$\begin{aligned}\text{基本预备费}=&(\text{设备及工器具购置费}+\text{建筑安装工程费}+\\&\text{工程建设其他费用})\times\text{基本预备费费率}\end{aligned} \tag{1-7}$$

式中，基本预备费费率的取值应执行国家及部门的有关规定。

（2）价差预备费 价差预备费是指建设项目在建设期内由于价格等变化引起工程造价变化的预测预留费用，例如市场价格变动等。其费用内容包括人工、设备、材料和施工机械的价差费，建筑安装工程费及工程建设其他费用调整，利率、汇率调整等所增加的费用。

价差预备费一般根据国家规定的投资综合价格指数，以估算年份价格水平的投资额为基数，采用复利方法计算。计算公式为：

$$PF=\sum_{t=1}^{n}I_t\left[(1+f)^m(1+f)^{0.5}(1+f)^{t-1}-1\right] \tag{1-8}$$

式中 PF——价差预备费；

I_t——建设期第 t 年的计划投资额，包括工程费用、工程建设其他费用及基本预备费；

f——年价差率，政府主管部门有规定的按规定执行，没有规定的由工程咨询人员合理预测；

n——建设期年份数；

m——建设前期年限（即从编制估算到开工建设的年限）。

1.1.3.5 建设期贷款利息

建设期贷款利息是指工程项目在建设期间发生并计入固定资产的利息，包括向国内银行和其他非银行金融机构贷款、出口信贷、外国政府贷款、国际商业银行贷款以及在境内外发行的债券等借款在建设期间应偿还的利息。根据我国现行规定，在建设项目的建设期内只计息不还款。

当总贷款是分年均衡发放时，建设期利息的计算可按当年借款在年中支用考虑，即当年贷款按半年计算，上年贷款按全年计算。计算公式为

$$q_j=\left(P_{j-1}+\frac{1}{2}A_j\right)\times i \tag{1-9}$$

式中 q_j——建设期第 j 年应计利息；

P_{j-1}——建设期第 $j-1$ 年末贷款累计金额与利息累计金额之和；

A_j——建设期第 j 年贷款金额；

i——年利率。

在国外贷款利息的计算中，还应包括国外贷款银行根据贷款协议向贷款方以年利率的方式收取的手续费、管理费、承诺费，以及国内代理机构经国家主管部门批准的以年利率的方式向贷款单位收取的转贷费、担保费、管理费等。

1.1.4 建筑安装工程费用构成

建筑安装工程费用的项目组成有两种划分方式，分别是按费用构成要素组成划分和按工程造价形成顺序划分。

1.1.4.1 按费用构成要素组成划分

建筑安装工程费按照费用构成要素划分，由人工费、材料（包含工程设备）费、施工机具使用费、企业管理费、利润、规费和税金组成。其中人工费、材料费、施工机具使用费、企业管理费和利润包含在分部分项工程费、措施项目费、其他项目费中。

根据《住房城乡建设部 财政部关于印发〈建筑安装工程费用项目组成〉的通知》（建标〔2013〕44号）、《住房城乡建设部办公厅关于做好建筑业营改增建设工程计价依据调整准备工作的通知》（建办标〔2016〕4号）和《财政部 国家税务总局关于全面推开营业税改征增值税试点的通知》（财税〔2016〕36号）等文件规定，结合各省份实际情况（以黑龙江省为例），现将建筑安装工程费按费用构成要素组成划分，如图1.2所示。

1.1.4.2 按工程造价形成顺序划分

建筑安装工程费按照工程造价形成顺序划分，由分部分项工程费、措施项目费、其他项目费、规费和税金组成。分部分项工程费、措施项目费、其他项目费包含人工费、材料费、施工机具使用费、企业管理费和利润，如图1.3所示。

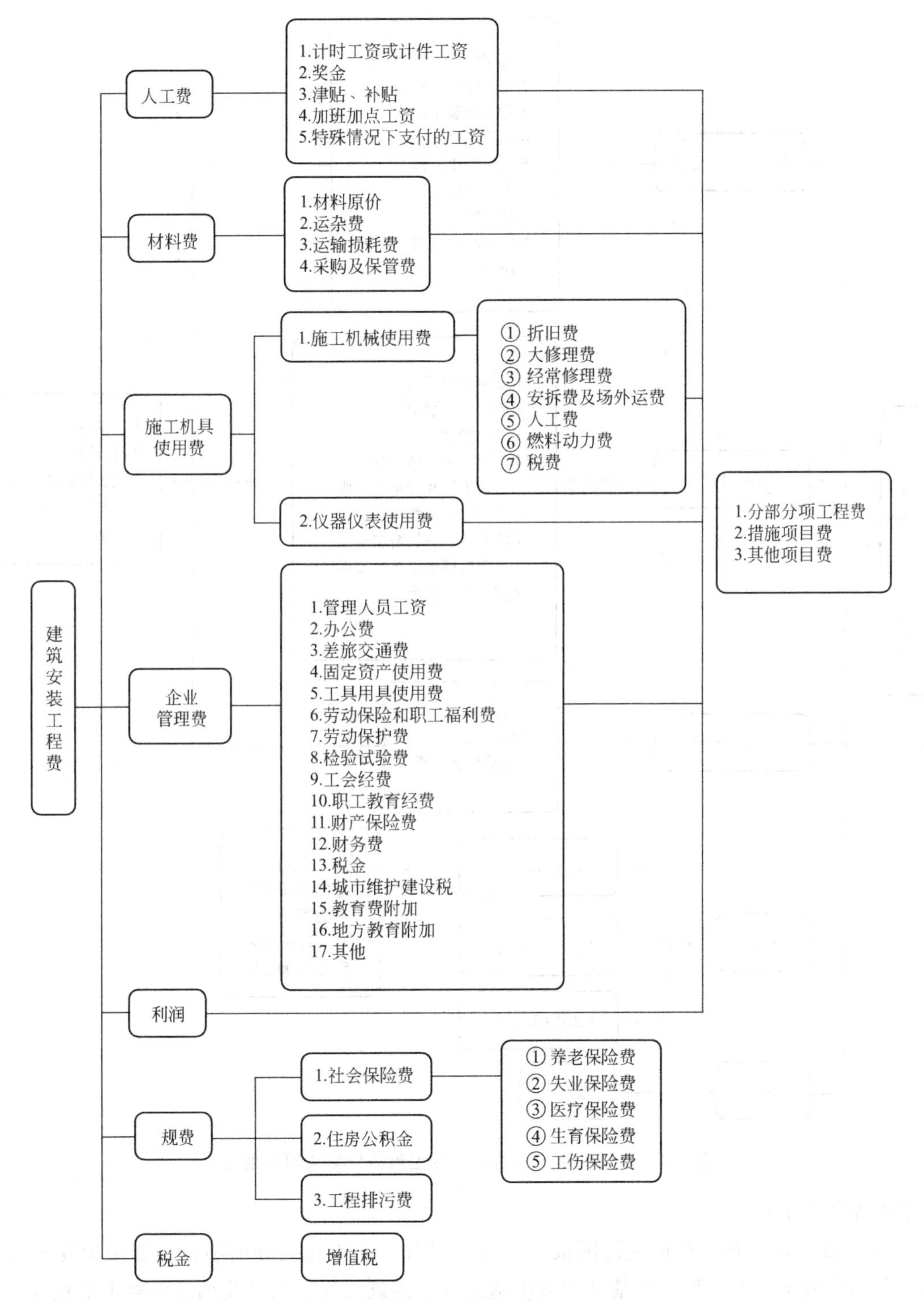

图 1.2 建筑安装工程费用（按费用构成要素划分）

(1) 分部分项工程费　分部分项工程费是指各专业工程的分部分项工程应予列支的各项费用。

① 专业工程：是指按现行国家计量规范划分的房屋建筑与装饰工程、仿古建筑工程、通用安装工程、市政工程、园林绿化工程、矿山工程、构筑物工程、城市轨道交通工程、爆

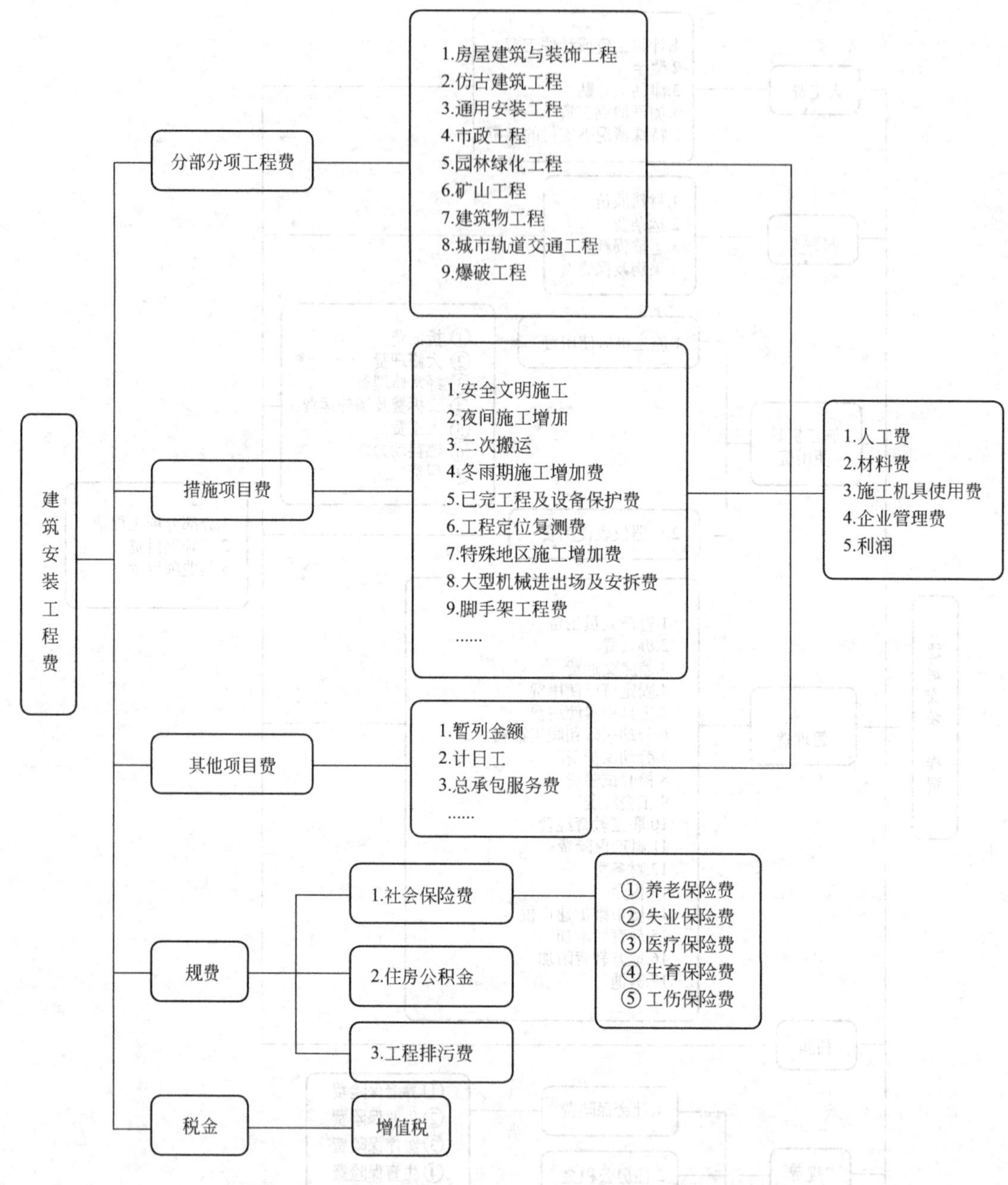

图 1.3 建筑安装工程费用（按工程造价形成顺序划分）

破工程等各类工程。

② 分部分项工程：指按现行国家计量规范对各专业工程划分的项目。如房屋建筑与装饰工程划分的土石方工程、地基处理与桩基工程、砌筑工程、钢筋及钢筋混凝土工程等。

（2）措施项目费 措施项目费是指为完成建设工程施工，发生于该工程施工前和施工过程中的技术、生活、安全、环境保护等方面的费用。根据建标〔2013〕44 号文，措施项目费包括以下几项费用：

① 安全文明施工费

a. 环境保护费 是指施工现场为达到环保部门要求所需要的各项费用。

b. 文明施工费　是指施工现场文明施工所需要的各项费用。

c. 安全施工费　是指施工现场安全施工所需要的各项费用。

d. 临时设施费　是指施工企业为进行建设工程施工所必须搭设的生活和生产用的临时建筑物、构筑物和其他临时设施费用。包括临时设施的搭设、维修、拆除、清理费或摊销费等。安全文明施工费的计算公式为：

安全文明施工费＝计算基数×安全文明施工费费率(%)　　(1-10)

式中，计算基数应为定额基价（定额分部分项工程费＋定额中可以计量的措施项目费）、定额人工费或（定额人工费＋定额机械费），其费率由工程造价管理机构根据各专业工程的特点综合确定，不得作为竞争性费用。

② 夜间施工增加费　是指因夜间施工所发生的夜班补助费、夜间施工降效、夜间施工照明设备摊销及照明用电等费用。其计算公式为：

夜间施工增加费＝计算基数×夜间施工增加费费率(%)　　(1-11)

③ 二次搬运费　是指因施工场地条件限制而发生的材料、构配件、半成品等一次运输不能到达堆放地点，必须进行二次或多次搬运所发生的费用。其计算公式为：

二次搬运费＝计算基数×二次搬运费费率(%)　　(1-12)

④ 冬雨季施工增加费　是指在冬季或雨季施工需增加的临时设施、防滑、排除雨雪，人工及施工机械效率降低等费用。其计算公式为：

冬雨季施工增加费＝计算基数×冬雨季施工增加费费率(%)　　(1-13)

⑤ 已完工程及设备保护费　是指竣工验收前，对已完工程及设备采取的必要保护措施发生的费用。其计算公式为：

已完工程及设备保护费＝计算基数×已完工程及设备保护费费率(%)　　(1-14)

⑥ 工程定位复测费　是指工程施工过程中进行全部施工测量放线和复测工作的费用。

⑦ 特殊地区施工增加费　是指工程在沙漠或其边缘地区、高海拔、高寒、原始森林等特殊地区施工增加的费用。

⑧ 大型机械设备进出场及安拆费　是指机械整体或分体自停放场地运至施工现场或一个施工地点运至另一个施工地点，所发生的机械进出场运输和转移费用，以及机械在施工现场进行安装、拆卸所需的人工费、材料费、机械费、试运转费和安装所需的辅助设施的费用。

⑨ 脚手架工程费　是指施工需要的各种脚手架搭、拆、运输费用以及脚手架购置费的摊销（或租赁）费用。

国家计量规范规定应予计量的措施项目，其计算公式为：

措施项目费＝∑(措施项目工程量×综合单价)　　(1-15)

措施项目及其包含的内容详见各类专业工程的现行国家或行业计量规范。

(3) 其他项目费　其他项目费指分部分项工程费、措施项目费所包含的内容以外，由招标人承担的与建设工程有关的其他费用，包括暂列金额、暂估价（包括材料暂估价和专业工程暂估价）、计日工、总承包服务费等。

① 暂列金额　是指建设单位在工程量清单中暂定并包括在工程合同价款中的一笔款项，用于施工合同签订时尚未确定或者不可预见的所需材料、工程设备、服务的采购，施工中可能发生的工程变更、合同约定调整因素出现时的工程价款调整以及发生的索赔、现场签证确认的费用。

② 暂估价　包括材料暂估单价、工程设备暂估单价、专业工程暂估价。暂估价中的材料工程设备暂估单价应根据工程造价信息或参照市场价格估算；专业工程暂估价应分不同专业，按有关计价规定估算。

③ 计日工　是指在施工过程中，施工企业完成建设单位提出的施工图纸以外的零星项目或工作所需的费用。

④ 总承包服务费　是指总承包人为配合、协调建设单位进行的专业工程发包，对建设单位自行采购的材料、工程设备进行保管以及施工现场管理、竣工资料汇总整理等服务所需的费用。

(4) 规费　如前所述。

(5) 税金　如前所述。

1.2 工程造价管理内容

1.2.1 工程建设程序

1.2.1.1 工程建设程序的概念

工程建设程序指建设项目从酝酿、提出、决策、设计、施工到竣工验收及投入生产整个过程中各环节及各项主要工作内容必须遵循的先后顺序。这个顺序是由基本建设进程所决定的，它反映了建设工作客观存在的经济规律及自身的内在联系特点。基本建设过程中所涉及的社会层面和管理部门广泛，协调合作环节多，因此，必须按照建设项目的客观规律进行工程建设。

1.2.1.2 工程建设程序阶段划分

建设程序依次划分为四个建设阶段和九个建设环节。建设前期阶段：提出项目建议书；进行可行性研究。建设准备阶段：编制设计文件；工程招投标、签订施工合同；进行施工准备。建设施工阶段：全面施工；生产准备。竣工验收阶段：竣工验收、交付使用；建设项目后评价。如图 1.4 所示。

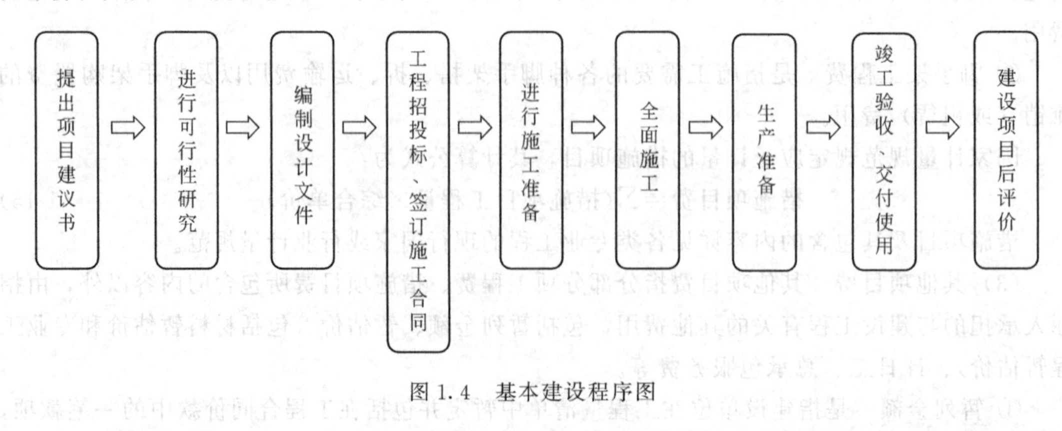

图 1.4　基本建设程序图

(1) 项目建议书　项目建议书（又称立项申请书）是建设单位就新建、扩建事项向各级发改委（局）项目管理部门申报的书面申请文件。它是项目建设筹建单位或项目法人，根据国民经济的发展、国家和地方中长期规划、产业政策、生产力布局、国内外市场、所在地的内外部条件，提出的某一具体项目的建议文件，是对拟建项目提出的框架性的总体设想。项目建议书主要论证项目建设的必要性，建设方案和投资估算也比较粗略，投资误差在±30%之间。

（2）进行可行性研究　可行性研究是对建设项目技术上是否可行和经济上是否合理进行的科学分析和论证。它通过市场研究、技术研究、经济研究进行多方案比较，提出最佳方案。可行性研究通过评审后，可着手编写可行性研究报告。可行性研究报告是确定建设项目、编制设计文件的主要依据，在建设程序中起主导地位。

（3）编制设计文件　可行性研究报告经批准后，建设单位或其主管部门可以委托或通过设计招投标方式选择设计单位，按可行性研究报告中的有关要求，编制设计文件。一般进行两阶段设计，即初步设计和施工图设计。技术上比较复杂而又缺乏设计经验的项目，可进行三阶段设计，即初步设计、技术设计和施工图设计。设计文件是组织工程施工的主要依据。

初步设计是为了阐明在指定地点、时间和投资限额内，拟建项目在技术上的可行性及经济上的合理性，并对建设项目做出基本技术经济规定，同时编制建设项目总概算。经批准的可行性研究报告是初步设计的依据，不得随意修改或变更。

技术设计是为了进一步解决初步设计的重大技术问题，如工艺流程、建筑结构、设备选型及数量确定等，同时对初步设计进行补充和修正，然后编制修正总概算。

施工图设计是在初步设计基础上进行的，需完整地表现建筑物外形、内部空间尺寸、结构体系、构造以及与周围环境的配合关系，同时还包括各种运输、通信、管道系统和建筑设备的设计。施工图设计完成后应编制施工图预算。

（4）工程招投标、签订施工合同　建设单位根据已批准的设计文件和概预算书，对拟建项目实行公开招标或邀请招标，选定具有一定技术、经济实力和管理经验，能胜任承包任务，效率高、价格合理而且信誉好的施工单位承揽工程任务。施工单位中标后，与建设单位签订施工合同，确定承发包关系。

（5）进行施工准备　开工前，应做好施工前的各项准备工作。主要内容是：征地拆迁、技术准备、搞好“三通一平”；修建临时生产和生活设施；协调图纸和技术资料的供应；落实建筑材料、设备和施工机械；组织施工力量按时进场。

（6）全面施工　施工准备就绪，须办理开工手续，取得当地建设主管部门颁发的开工许可证后即可正式施工。在施工前，施工单位要编制施工预算。为确保工程质量，必须严格按施工图纸、施工验收规范等要求进行施工，按照合理的施工顺序组织施工，加强经济核算。

（7）生产准备　项目投产前要进行必要的生产准备，包括建立生产经营相关管理机构，培训生产人员，组织生产人员参加设备的安装、调试，订购生产所需原材料、燃料及工器具、备件等。

（8）竣工验收、交付使用　建设项目按批准的设计文件所规定的内容建完后，即可以组织竣工验收，这是对建设项目的全面性考核。验收合格后，施工单位应向建设单位办理竣工移交和竣工结算手续，交付建设单位使用。

（9）建设项目后评价　建设项目后评价是工程项目竣工投产并生产经营一段时间后，对项目的决策、设计、施工投产及生产运营等全过程进行系统评价的一种技术经济活动。通过建设项目后评价，达到总结经验、研究问题、吸取教训并提出建议，不断提高项目决策水平和改善投资效果的目的。

1.2.2 工程造价确定

建设工程项目从立项论证到竣工验收、交付使用的整个周期，是工程建设各阶段工程造价由表及里、由粗到细、由大到小逐步细化并最终形成的过程，它们之间相互联系、相互印证，具有密不可分的关系。工程建设各阶段与工程造价的关系如图 1.5 所示。

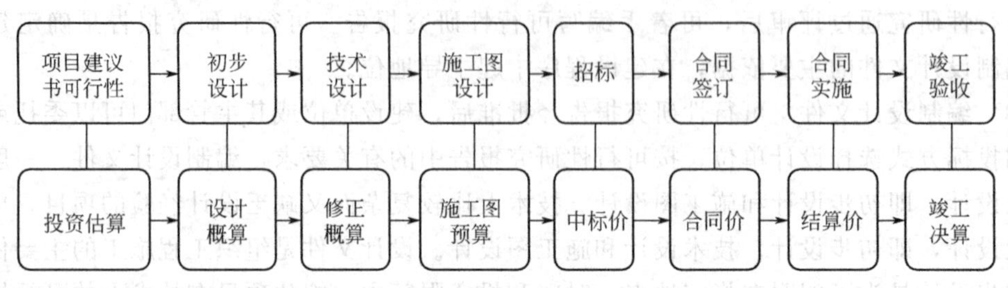

图 1.5 工程建设各阶段与工程造价关系示意图

造价咨询服务机构提供项目决策服务时应付的利润和税金等；项目的设计与计划阶段的造价多数是由设计和实施组织提供服务的成本加上相应的服务利润；项目实施阶段的造价是由项目实施组织提供服务的成本加上相应的服务利润和项目主体建设中的各种资源的价值转移而形成的；项目的完工与交付阶段的成本多数是一些检验、变更和返工所形成的成本。

1.2.3 工程造价控制

1.2.3.1 工程造价各阶段工程造价的控制

工程造价控制是指在优化建设方案、设计方案的基础上，在建设程序的各个阶段，采用一定的方法和措施把工程造价控制在合理的范围和核定的造价限额以内。具体来说，要用投资估算价控制设计方案的选择和初步设计概算造价，用概算造价控制技术设计和修正概算造价，用概算造价或修正概算造价控制施工图设计和预算造价，用招标控制价控制投标价，用中标价控制结算价等。以求合理使用人力、物力和财力，取得较好的投资效益。控制造价在这里强调的是限定项目投资。工程建设各阶段工程造价控制如图 1.6 所示。

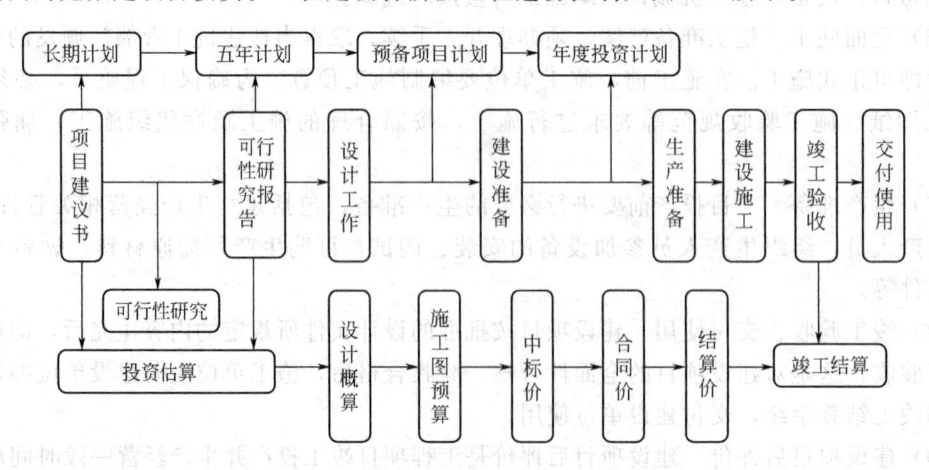

图 1.6 工程建设各阶段工程造价控制示意图

工程造价控制应体现以下原则：

（1）以设计阶段为重点的建设全过程造价控制　工程造价控制贯穿于项目建设全过程，

但是必须重点突出。很显然，工程造价控制的关键在于施工前的投资决策和设计阶段，而在项目做出投资决策后，控制工程造价的关键就在于设计。建设工程全寿命费用包括工程造价和工程交付使用后的经常开支费用（含日常维护修理费用、经营费用、使用期内大修理和局部更新费用）以及该项目使用期满后的报废拆除费用等。据分析，设计费一般只相当于建设工程全寿命费用的1%以下，但正是这少于1%的费用对工程造价的影响占75%以上。由此可见，设计的好坏对整个工程建设的效益是至关重要的。

长期以来，我国一些企业忽视工程建设项目前期工作阶段的造价控制，往往把控制工程造价的主要精力放在施工阶段审核施工图预算或竣工结算上。这样做尽管也有效果，但毕竟是“亡羊补牢”，事倍功半。要有效地控制工程造价，就要坚决地把控制重点转到建设前期阶段上来，尤其应抓住设计这个关键阶段，以取得事半功倍的效果。

（2）主动控制，以取得令人满意的结果　一般说来，造价工程师的基本任务是对建设项目的建设工期、工程造价和工程质量进行有效的控制，为此，应根据业主的要求及建设的客观条件进行综合研究，实事求是地确定一套切合实际的衡量准则。只要造价控制的方案符合这套衡量准则，取得令人满意的结果，就应该说造价控制达到了预期的目标。

人们一直把控制理解为目标值与实际值的比较，当实际值偏离目标值时，分析产生偏差的原因，并确定下一步的对策。在工程项目建设全过程进行这样的工程造价控制当然是有意义的。但问题在于，这种立足于调查—分析—决策基础之上的偏离—纠偏—再偏离—再纠偏的控制方法，只能发现偏离，不能使已产生的偏离消失，不能预防可能发生的偏离，因而只能说是被动控制。自20世纪70年代初开始，人们将系统论和控制论研究成果用于项目管理，将控制立足于事先主动地采取决策措施，以尽可能地减少乃至避免目标值与实际值的偏离，这是主动的、积极的控制方法，因此被称为主动控制。也就是说，我们的工程造价控制工作，不应仅反映投资决策，反映设计发包和施工等，被动地控制工程造价，更应积极作为，能动地影响投资决策，影响设计、发包和施工，主动地控制工程造价。

（3）技术与经济相结合是控制工程造价最有效的手段　要有效地控制工程造价，应从组织、技术、经济等多方面采取措施。从组织上采取的措施，包括明确项目组织结构，明确造价控制者及其任务，明确管理职能分工；从技术上采取措施，包括重视设计多方案选择，严格审查监督初步设计、技术设计、施工图设计、施工组织设计，深入技术领域研究节约投资的可能；从经济上采取措施，包括动态地比较造价的计划值和实际值，严格审核各项费用支出，采取对节约投资的有力奖励措施等。

技术与经济相结合是控制工程造价最有效的手段。长期以来，我国工程建设领域的个别企业，技术与经济相分离。工程技术人员的技术水平、工作能力、知识面跟外国同行相比虽然不分上下，但缺乏经济观念，设计思想保守。国外的技术人员时刻考虑如何降低工程造价，而个别技术人员则把它看成与己无关，是财会人员的职责。而财会人员的主要责任是根据财务制度办事，他们往往不熟悉工程知识，也较少了解工程进展中的各种关系和问题，往往单纯地从财务制度角度审核费用开支，难以有效地控制工程造价。为此，迫切需要以提高工程投资效益为目的，在工程建设过程中把技术与经济有机结合，通过技术比较、经济分析和效果评价，正确处理技术先进与经济合理两者之间的对立统一关系，力求在技术先进条件下的经济合理，在经济合理基础上的技术先进，把控制工程造价观念渗透到各项设计和施工技术措施之中。

工程造价的确定和控制之间存在相互依存、相互制约的辩证关系。首先，工程造价的确定是工程造价控制的基础和载体。没有造价的确定，就没有造价的控制；没有造价的合理确定，也就没有造价的有效控制。其次，造价的控制寓于工程造价确定的全过程，造价的确定过程也就是造价的控制过程，只有通过逐项控制、层层控制才能最终合理确定造价。最后，确定造价和控制造价的最终目的是一致的，即合理使用建设资金提高投资效益，遵循价值规律和市场运行机制，维护有关各方合理的经济利益。由此可见二者相辅相成。

1.2.3.2 工程造价各阶段的控制重点

(1) 项目决策阶段　根据拟建项目的功能要求和使用要求作出项目定义，包括项目投资定义，并按照项目规划的要求和内容以及项目分析和研究的不断深入，逐步地将投资估算的误差率控制在允许的范围之内。

(2) 初步设计阶段　运用设计标准与标准设计、价值工程和限额设计方法等，以可行性研究报告中被批准的投资估算为工程造价目标值，控制和修改初步设计直至满足要求。

(3) 施工图设计阶段　以被批准的设计概算为控制目标，应用限额设计、价值工程等方法进行施工图设计。通过对设计过程中所形成的工程造价层层限额把关，实现工程项目设计阶段的工程造价控制目标。

(4) 招标投标阶段　以工程设计文件（包括概算、预算）为依据，结合工程施工的具体情况，如现场条件、市场价格、业主的特殊要求等，按照招标文件的规定，编制工程量清单和招标控制价，明确合同计价方式，初步确定工程的合同价。

(5) 工程施工阶段　以工程合同价等为控制依据，通过工程计量、控制工程变更等方法，按照承包人实际完成的工程量，严格确定施工阶段实际发生的工程费用。以合同价为基础，考虑物价上涨、工程变更等因素，合理确定进度款和结算款，控制工程实际费用的支出。

(6) 竣工验收阶段　全面汇总工程建设中的全部实际费用，编制竣工结算与决算，如实体现建设项目的工程造价，并总结经验，积累技术经济数据和资料，不断提高工程造价管理水平。

1.2.3.3 关键控制环节

从各阶段的控制重点可见，要有效控制工程造价，关键应把握以下四个环节。

(1) 决策阶段做好投资估算　投资估算对工程造价起到指导性和总体控制的作用。在投资决策过程中，特别是从工程规划阶段开始，预先对工程投资额度进行估算，有助于业主对工程建设各项技术经济方案作出正确决策，从而对今后工程造价的控制起到决定性的作用。

(2) 设计阶段强调限额设计　设计阶段是仅次于决策阶段的影响投资的关键。为了避免浪费，采取限额设计是控制工程造价的有力措施。强调限额设计并不是意味着一味追求节约资金，而是体现了尊重科学，实事求是，保证设计科学合理。经批准的设计概算是工程造价控制的最高限额，也是控制工程造价的主要依据。

(3) 招标投标阶段重视施工招标　业主通过施工招标这一经济手段，择优选定承包商，不仅有利于确保工程质量和缩短工期，更有利于降低工程造价，是工程造价控制的重要手段。施工招标应根据工程建设的具体情况和条件，采用合适的招标形式，编制原则。招标文件应符合法律法规，内容齐全，前后一致，避免出错和遗漏。评标前要明确评标原则。招标工作最终结果，是实现工程发承包双方签订施工合同。

（4）施工阶段加强合同管理与事前控制　施工阶段是工程造价的执行和完成阶段。在施工中通过跟踪管理，对发承包双方的实际履约行为掌握第一手资料，经过动态纠偏，及时发现和解决施工中的问题，有效地控制工程质量、进度和造价。事前控制工作重点是控制工程变更和防止发生索赔。施工过程要搞好工程计量与结算，做好与工程造价相统一的质量、进度等各方面的事前、事中、事后控制。

1.3 建设项目及其组成

1.3.1 建设项目概念

通常将基本建设项目简称为建设项目。它是指按照一个总体设计进行施工的，可以形成生产能力或使用价值的一个或几个单项工程的总体，一般在行政上实行统一管理，经济上实行统一核算。凡属于一个总体设计中分期分批进行建设的主体工程和附属配套工程、供水供电工程等都作为一个建设项目。按照一个总体设计和总投资文件在一个场地或者几个场地上进行建设的工程，也属于一个建设项目。民用建设中以一个事业单位为例，如一所学校、一所医院就是一个建设项目。

1.3.2 建设项目分类

建设项目种类繁多，为了适应科学管理的需要，正确反映建设项目的性质、内容和规模，建设项目可以按不同标准进行分类。具体分类如表 1.2 所示。

表 1.2　建设项目的分类

分类标准	名称	定义
按建设项目的建设性质	新建项目	指从无到有、新开始建设的项目。按现行规定，对原有建设项目重新进行总体设计，经扩大建设规模后，其新增固定资产价值超过原有固定资产价值三倍以上的，也属新建项目
	扩建项目	指现有企业或事业单位为扩大原有产品生产能力而增建的主要生产车间或其他工程项目
	改建项目	指原有企、事业单位为提高产品质量、促进产品升级换代、降低消耗和成本、加强资源综合利用等原因，对原有设备、工艺流程进行技术改造或固定资产更新，以及相应配套的辅助性生产、生活福利设施工程
	迁建项目	指现有企、事业单位为改变生产力布局或由于环境保护和安全生产的需要等原因而搬迁到其他地点建设的项目。在搬迁到其他地点建设过程中，不论其建设规模是维持原规模，还是扩大规模，都属迁建项目
	恢复项目	指现有企、事业单位原有固定资产因遭受自然灾害或人为灾害，造成全部或部分报废，而后又重新建设的项目
按建设项目的用途	生产性建设项目	指直接用于物质生产或满足物质生产需要的建设项目。它包括工业、农业、林业、水利、交通、商业、地质勘探等建设工程
	非生产性建设项目	指用于满足人们物质文化需要的建设项目。它包括办公楼、住宅、公共建筑和其他建设工程项目
按建设规模	根据国家有关规定，基本建设项目可划分为大型、中型和小型建设项目，或限额以上（能源、交通、原材料工业项目总投资 5000 万元以上，其他项目总投资 3000 万元以上）和限额以下项目两类	

续表

分类标准	名称	定义
按行业性质和特点	竞争性项目	主要指投资效益比较高、竞争性比较强的一般性建设项目。这类项目以企业为基本投资对象，由企业自主决策、自担投资风险
	基础性项目	主要指具有自然垄断性、建设周期长、投资额大而收益低的基础设施和需要政府重点扶持的一部分基础工业项目，以及直接增强国力的符合经济规模的支柱产业项目。这类项目主要由政府集中必要的财力、物力，通过经济实体进行投资
	公益性项目	主要包括科技、文教、卫生、体育和环保等设施，公、检、法等政府机关、社会团体办公设施等。该类项目的投资主要由政府用财政资金来安排

注：尚未建成投产或交付使用的项目，因自然灾害等原因毁坏后，仍按原设计进行重建的，不属于恢复项目，属于原建设性质。

1.3.3 建设项目组成

一般将建设工程项目划分成单项工程、单位工程、分部工程和分项工程。

(1) 单项工程　单项工程也称工程项目，是指具有独立的设计文件，竣工后可以独立发挥使用功能和效益的建设工程。单项工程是建设工程项目的组成部分，一个建设工程项目可以只包括一个单项工程，也可以包括多个单项工程。

(2) 单位工程　单位工程是单项工程的组成部分，具有单独的设计文件和独立的施工图，并有独立的施工条件，是工程投资、设计、施工管理、工程验收和工程造价计算的基本对象。单位工程又可分为建筑安装工程的单位工程和工业机电安装的单位工程。

① 建筑安装工程的单位工程。建筑安装工程，即建筑工程和安装工程。建筑工程有建筑物、构筑物、各种结构工程、装饰工程、节能工程及环境等工程；安装工程有线路管道和设备等安装工程。

② 工业机电安装的单位工程　具备独立的施工条件，形成独立的使用功能，能形成生产产品的车间、生产线和组合工艺装置以及各类动力站等工程，可划分为单位工程。

(3) 分部工程　分部工程是单位工程的组成要素，一般参照各专业预算定额即可划分清楚。分部工程又可划分为建筑安装工程的分部工程和工业机电安装的分部工程。

① 建筑安装工程的分部工程　根据《建筑工程施工质量验收统一标准》(GB 50300—2013)，将较大的建筑工程划分为：地基与基础，主体结构，建筑装饰装修，建筑屋面，建筑给水、排水及采暖，建筑电气，智能建筑，通风与空调，电梯及建筑节能10个分部工程。其中，建筑机电安装的分部工程有：建筑给水、排水及采暖，建筑电气，智能建筑，通风与空调，电梯5个分部工程。

② 工业机电安装工程的分部工程　可按专业性质、设备所属的工艺系统、专业种类、机组或区域划分为若干个分部工程。一般划分为设备安装、管道安装、电气装置安装、自动化仪表安装、设备与管道防腐及绝热安装、工业炉窑砌筑、非标准钢结构组焊7个分部工程。当分部工程较大或较复杂时，可划分为若干个子分部工程。

(4) 分项工程　分项工程是指在一个分部工程中，按不同的施工方法、不同的材料和规格，对分部工程进行进一步的划分，用较为简单的施工过程就能完成，以适当的计量单位就可以计算其工程量的基本单元。分项工程是分部工程的组成部分，如砌筑工程可划分为砖基础、内墙、外墙、空斗墙、空心砖墙、砖柱、钢筋砖过梁等分项工程。分项工程没有独立存在的意义，它只是为了便于计算建筑工程造价而分解出来的“假定产品”。

划分一个建设项目，一般是先分析它包含几个单项工程（一个建设项目也可能只有一个单项工程），然后逐步按单项工程、单位工程、分部工程、分项工程的顺序细分，即由大到小，由粗到细进行划分。以某建筑工程职业院校为例，可将该建设工程如图 1.7 所示进行划分。

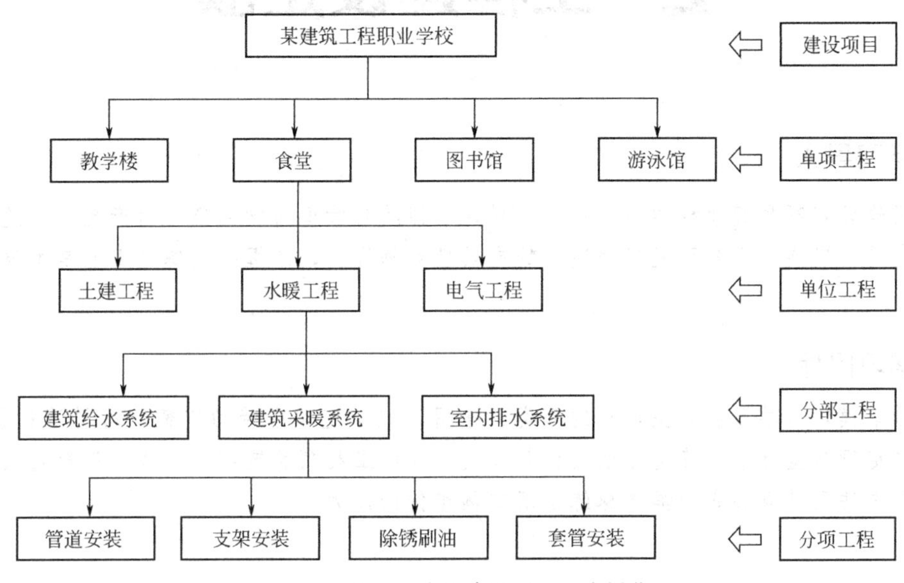

图 1.7 某职业院校建设项目组成划分

思考题

1. 工程造价两种含义的区别与联系是什么？
2. 试论述建筑安装工程费在建设项目总投资构成中的位置。
3. 工程造价控制的关键环节有哪些？
4. 建筑安装工程费用按费用构成要素组成如何划分？按工程造价形成顺序如何划分？
5. 投资方、发包方、承包方怎样计算工程造价最为合理？
6. 预备费的定义及内容是什么？
7. 工程建设程序的建设环节是什么？

2 工程建设定额

学习导入

工程建设定额是管理科学中的一门学科，是伴随着管理科学的产生而产生，伴随着管理科学的发展而发展。它是形成工程造价的有效性数据资源，掌握并熟练运用它是本章节的教学要求。

学习目标

通过本模块的学习应掌握定额的分类、作用，施工定额中劳动定额、材料消耗量定额、施工机械定额数量标准的确定方法及计算公式，安装工程预算定额的组成、消耗量及单价标准的确定方法及计算公式，提高熟练运用定额组价的能力。

2.1 工程建设定额分类

定额是一种规定的额度，是人们根据各种不同的需要，对某一事物规定的数量标准。工程定额是指在合理的劳动组织和合理地使用材料与机械的条件下，完成一定计量单位的合格建筑产品所消耗的人工、材料、机械、资金的规定额度。这种规定额度反映的是在一定的社会生产力水平下，完成工程建设中的某项产品与各种生产消费之间的特定的数量关系，体现在正常施工条件下人工、材料、机械、资金等消耗的社会平均合理水平。

工程定额是工程建设中各类定额的总称，它包括许多种类的定额，可以按照不同的原则和方法对它进行科学分类，具体分类如下。

（1）按生产要素分类　按照定额反映的生产要素消耗内容分类，如图 2.1 所示。

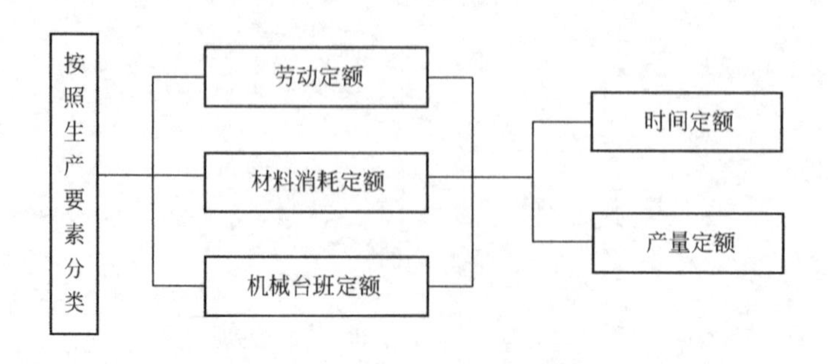

图 2.1　定额按生产要素消耗内容分类

（2）按照编制程序和用途分类　按照编制程序和用途分类，如图 2.2 所示。

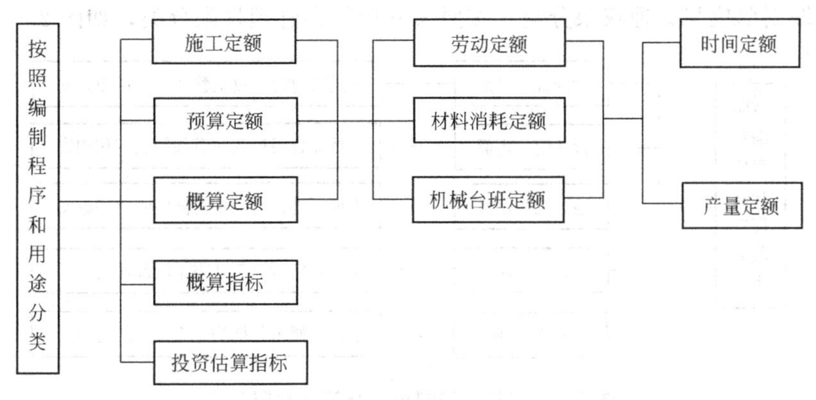

图 2.2 定额按编制程序和用途分类

按照用途分类的上述定额间的相互联系可参见表 2.1。

表 2.1 按照用途分类的定额间关系比较

内容	施工定额	预算定额	概算定额	概算指标	投资估算指标
对象	工序	分项工程	扩大的分项工程	整个建筑物或构筑物	独立的单项工程或完整的工程项目
用途	编制施工预算	编制施工图预算	编制扩大初步设计概算	编制初步设计概算	编制投资估算
项目划分	最细	细	较粗	粗	很粗
定额水平	平均先进	平均	平均	平均	平均
定额性质	生产性定额	计价性定额			

(3) 按费用性质分类　按照投资费用性质分类，如图 2.3 所示。

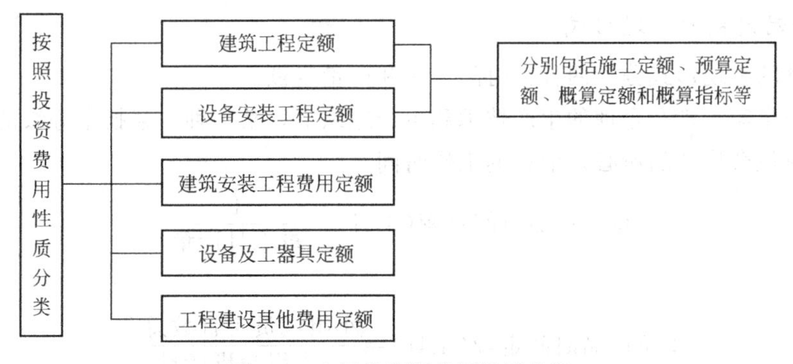

图 2.3 定额按投资费用性质分类

(4) 按专业性质分类　按照专业性质分类，如图 2.4 所示。

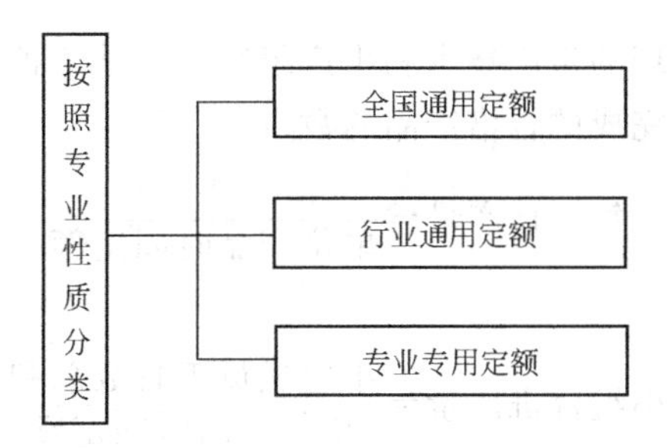

图 2.4 定额按专业性质分类

（5）按编制单位与管理权限分类　按照编制单位和管理权限分类，如图 2.5 所示。

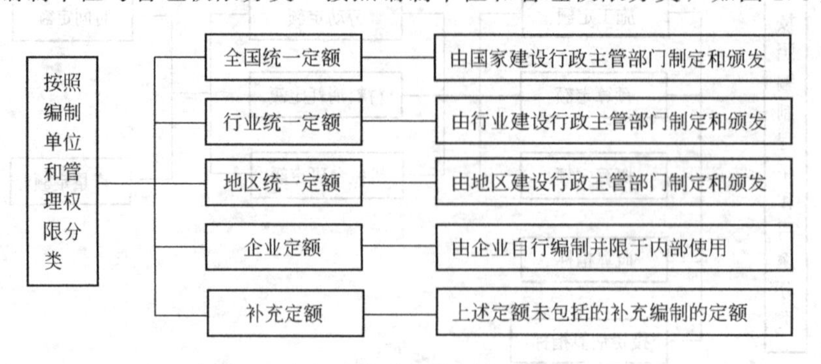

图 2.5　定额按编制单位与管理权限分类

2.2 施工定额

2.2.1 劳动定额

2.2.1.1 劳动定额的概念

劳动定额又称“劳动消耗定额”或“人工定额”，是在正常施工条件下，某工种的某一等级工人为生产单位合格产品所必须消耗的劳动时间，或在一定的劳动时间中所生产的产品数量。劳动定额的编制、发布与建设工程费用及人工成本信息的测算和发布有着密切的联系，是提高劳动生产率的重要手段。

2.2.1.2 劳动定额的表现形式

劳动定额的表现形式分为两种：时间定额和产量定额。

（1）时间定额　指在合理的生产技术和生产组织下，某工种、某技术等级的工人小组或个人，完成单位合格产品所必须消耗的工作时间。

$$\text{单位产品时间定额(工日)}=\frac{1}{\text{每工日产量}} \tag{2-1}$$

或

$$\text{单位产品时间定额(工日)}=\frac{\text{小组成员工日数总和}}{\text{小组台班产量}} \tag{2-2}$$

时间定额以“工日”为单位，根据现行的劳动制度，每工日的工作时间为 8 小时，一个工人工作 8 小时即为一个工日。

（2）产量定额　指在合理的生产技术和生产组织下，某工种、某技术等级的工人小组或个人，在单位时间内所应该完成的合格产品的数量。

$$\text{每工日产量}=\frac{1}{\text{单位产品时间定额}} \tag{2-3}$$

或

$$\text{小组台班产量}=\frac{\text{小组成员工日数总和}}{\text{单位产品时间定额}} \tag{2-4}$$

时间定额与产量定额的关系。两者互为倒数，即：

$$时间定额=\frac{1}{产量定额} \tag{2-5}$$

或

$$时间定额\times产量定额=1 \tag{2-6}$$

2.2.1.3 劳动定额的编制方法

劳动定额的编制是通过测定其时间定额来完成的。而时间定额是由基本工作时间、辅助工作时间、准备与结束工作时间、不可避免中断时间和休息时间组成，它们之和就是劳动定额的时间定额。由于时间定额与产量定额互为倒数，所以根据时间定额可计算出产量定额。劳动定额制定的方法有四种：经验估计法、统计分析法、比较类推法和技术测定法。

（1）经验估计法　由定额人员、工程技术人员和工人三者结合，根据个人或集体的实践经验，经过图纸分析和现场观察，了解施工工艺，分析施工的生产技术组织条件和操作方法的简繁难易等情况，进行座谈讨论，从而制定劳动定额。运用经验估计法制定定额，应以工序（或产品）为对象，将工序分解为操作（或动作），分别测算出操作（或动作）的基本工作时间，然后考虑辅助工作时间，准备时间，结束时间和休息时间，经过综合整理，并对整理结果予以优化处理，即得出该工序（或产品）的时间定额或产量定额。

这种方法的优点是简单，速度快。缺点是容易受参加人员的主观因素和局限性影响，使制定出来的定额出现偏高或偏低的现象。因此，经验估计法一般只适用于多品种生产或单件、小批量生产，以及新产品试制和临时性生产。

（2）统计分析法　统计分析法就是根据过去生产同类型产品、零件的实作工时或统计资料，经过整理和分析，考虑今后企业生产技术组织条件的可能变化来制定定额的方法。统计分析法具体又可细分为简单平均法和加权平均法等。统计分析法的主要特点是简便易行，工作量也比较小，由于有一定的资料作依据，制定定额的质量较之估工定额要准确些。但如果原始记录和统计资料不准确，将会直接影响定额的质量。统计分析法适用于大量生产或成批生产的企业。一般生产条件比较正常、产品较固定、原始记录和统计工作比较健全的企业均可采用统计分析法。

（3）技术测定法　技术测定法是通过对施工过程的具体活动进行实地观察，详细记录工人和机械的工作时间消耗、完成产品数量及有关影响因素，并将记录结果予以研究、分析，去伪存真，整理出可靠的原始数据资料，为制定定额提供科学依据的一种方法。技术测定法是一种较为先进和科学的方法。它的主要优点是，重视现场调查研究和技术分析，有一定的科学技术依据，制定定额的准确性较好，定额水平易达到平衡，可发现和揭露生产中的实际问题；缺点是费时费力，工作量较大，没有一定的文化和专业技术水平难以胜任此项工作。

（4）比较类推法　比较类推法也叫典型定额法。比较类推法是在相同类型的项目中，选择有代表性的典型项目，然后根据测定的定额用比较类推的方法编制其他相关定额的一种方法。比较类推法应具备的条件是：结构上的相似性、工艺上的同类性、条件上的可比性、变化上的规律性。比较类推法制定定额因有一定的依据和标准，其准确性和平衡性较好。缺点是制定典型零件或典型工序的定额标准时，工作量较大。同时，如果典型代表件选择不准，就会影响劳动定额的可靠性。

2.2.2 材料消耗定额

2.2.2.1 材料消耗定额的概念

材料消耗定额是指在节约和合理使用材料的条件下，生产单位合格产品所需要消耗的建筑安装材料的数量标准。

2.2.2.2 材料消耗定额的组成

材料消耗定额由以下三部分组成。

(1) 直接用于建筑安装工程的材料。

(2) 不可避免产生的施工废料。

(3) 不可避免的材料施工操作损耗。

其中，直接构成建筑安装工程实体的材料称为材料消耗净用量，不可避免的施工废料和材料施工操作损耗称为材料损耗。材料消耗量与损耗量之间具有如下关系：

$$材料消耗(材料总消耗量)=材料净用量+材料损耗量 \tag{2-7}$$

2.2.2.3 材料消耗定额的作用

材料是完成产品的物化劳动过程的物质条件，在建筑工程中，所用的材料品种繁多，耗用量大，在一般的工业与民用建筑工程中，材料费用占整个工程造价的60%～70%，因此，合理使用材料，降低材料消耗，对于降低工程成本具有举足轻重的意义。材料消耗定额的具体作用如下。

(1) 施工企业确定材料需要量和储备量的依据。

(2) 企业编制材料需用量计划的基础。

(3) 施工队对工人班组签发限额领料、考核分析班组材料使用情况的依据。

(4) 进行材料核算，推行经济责任制，促进材料合理使用的重要手段。

2.2.2.4 材料消耗定额的编制方法

根据材料消耗与工程实体的关系，可以将工程建设中的材料分为实体性材料和措施性材料两类。实体性材料，指直接构成工程实体的材料，包括主要材料和辅助材料；措施性材料，指在施工中必须使用但又不能构成工程实体的施工措施性材料，主要是周转性材料，如模板、脚手架等。

编制实体性材料消耗定额的方法有四种：观察法、试验法、统计分析法和理论计算法。

(1) 观察法　也称施工实验法、现场技术测定法，是在施工现场，对某一产品的材料消耗量进行实际测算，通过产品数量、材料消耗量和材料净用量的计算，确定该单位产品的材料消耗量或损耗率。用观察法制定材料消耗定额时，所选用的观察对象应该符合下列要求。

① 建筑物应具有代表性。

② 施工方法应符合操作规范的要求。

③ 建筑材料的品种、规格、质量符合技术、设计要求。

④ 被观测的对象在节约材料和保证产品质量等方面有较好的成绩。

符合上面要求的同时，要做好观察前的技术准备和组织准备工作。包括被测定材料的性质、质量、规格、运输条件、运输方法、堆放地点、堆放方法及操作方法，并准备标准桶、标准运输工具和标准运输设备等；事先与工人班组联系，说明观测的目的和要求，以便在观察中及时测定材料消耗的数量、完成产品的数量以及损耗量、废品数量等。

（2）试验法　通过专门的仪器和设备在实验室内确定材料消耗定额的一种方法。这种方法适用于能在实验室条件下进行测定的塑性材料和液体材料，常见的有混凝土、砂浆、油漆涂料、沥青玛蹄脂、防腐剂等。

由于在实验室内比施工现场具有更好的工作条件，所以能够更深入、详细地研究各种因素对材料消耗的影响，从中得出比较准确的数据。

为避免在实验室中无法充分估计到施工现场中某些外界因素对材料消耗的影响，要求实验室条件尽可能与施工过程中的正常施工条件相一致，同时在测定后用观察法进行审核和修订。

（3）统计分析法　指在施工过程中，对分部分项工程所用的各种材料数量、完成的产品数量和竣工后剩余的材料数量，进行统计、分析、计算来确定材料消耗定额的方法。这种方法简便易行，不需组织专人观测和试验。但应注意统计资料的系统性和真实性，要有准确的领退料统计数字和完成工程量的统计资料。统计对象也应加以认真选择，并注意和其他方法结合使用，以提高所编制定额的准确度。

（4）理论计算法　指根据施工图纸和其他技术资料，用理论公式计算出产品材料的净用量，从而制定出材料的消耗定额的方法。这种方法主要适用于定制块状、板状和卷筒状产品（如砖、钢材、玻璃、油毡等）的材料消耗定额。

2.2.2.5　材料消耗量定额

（1）实体性材料消耗量

实体性材料消耗量＝材料净用量＋材料损耗量＝材料净用量×(1＋材料损耗率)　(2-8)

其中：

① 材料净用量　材料的净用量是构成工程实体必须占有的材料数量，一般根据设计施工规范和材料的规格采用理论方法计算后，再根据定额项目综合的内容和实际资料适当调整确定，如砖、防水卷材、块料面层等。当有设计图纸标注尺寸及下料要求的，应按设计图纸尺寸计算材料净用量，如门窗制作用的方木、板料等。胶结、涂料等材料的配合比用料可根据要求换算得出材料用量。混凝土及砌筑砂浆配合比的耗用原材料数量的计算，需按照规范要求试配、试压合格和调整后得出水泥、砂子、石子、水的用量。对新材料、新结构，当不能用以上方法计算定额消耗用量时，需用现场测定方法来确定。

② 材料的损耗量　不可避免的施工废料和材料施工操作损耗量之和称为材料损耗量，如施工操作、场内运输、场内堆放以及存储等的材料损耗。

材料损耗量一般用材料损耗率表示。材料损耗率可以通过观察法或统计法计算确定。

材料损耗率＝(材料损耗量/材料净用量)×100％　(2-9)

（2）周转性材料消耗量　周转性材料是在施工中多次使用、逐渐消耗，不断补充，反复周转使用，分次摊销的工具性材料。如安装用的枕木、垫木、滚杠、架料、模板等。周转性材料消耗量指标分别用一次使用量和材料摊销量两个指标来表示。计算公式如式(2-10)、式(2-11）所示。

一次使用量＝材料净用量×(1－材料损耗率)　(2-10)

材料摊销量＝一次使用量×摊销系数　(2-11)

式中，摊销系数＝(1＋损耗率)/周转次数

2.2.3 机械台班定额

2.2.3.1 机械台班定额的概念

机械台班定额指在合理使用机械和合理的施工组织条件下，完成单位合格产品所必须消耗的机械台班数量标准。机械台班定额是编制机械需用量计划和考核机械工作效率的依据，也是对操作机械的工人班组签发施工任务书，实行计价奖励的依据。

一个台班是指工人使用一台机械工作 8 个小时。一个台班的工作既包括机械的运行、工具用具的使用，也包括工人的劳动。

2.2.3.2 机械台班定额的表现形式

（1）时间定额　时间定额是指在合理的劳动组织与合理地使用机械的条件下，某种机械生产单位合格产品所必须消耗的台班数量。计算公式如下：

$$\text{机械时间定额}=\frac{1}{\text{机械产量定额}} \tag{2-12}$$

（2）产量定额　产量定额是指在合理劳动组织和合理使用机械的条件下，某种机械在一个台班的时间内，所必须完成的合格产品的数量。计算公式如下：

$$\text{机械产量定额}=\frac{1}{\text{机械时间定额}} \tag{2-13}$$

由此可见机械时间定额和机械产量定额之间是互为倒数的关系。

2.2.3.3 机械台班定额的编制方法

（1）拟定正常的施工条件　与人工操作相比，机械操作的劳动生产率在很大程度上受施工条件的影响，所以要十分重视拟定正常的施工条件。

（2）确定施工机械纯工作 1 小时的正常生产率　确定施工机械正常生产率必须先确定施工机械纯工作 1 小时的劳动生产率。因为只有先取得施工机械纯工作 1 小时正常生产率，才能根据施工机械利用系数计算出施工机械台班定额。

施工机械纯工作时间，就是指施工机械必须消耗的净工作时间，它包括正常工作负荷下，有根据降低负荷下、不可避免的无负荷时间和不可避免的中断时间。施工机械纯工作 1 小时的正常生产率，就是在正常施工条件下，由具备一定技能的技术工人操作施工机械净工作 1 小时的劳动生产率。

确定机械纯工作 1 小时正常劳动生产率可以分为以下三步：

① 计算施工机械一次循环的正常延续时间；

② 计算施工机械纯工作 1 小时的循环次数；

③ 计算施工机械纯工作 1 小时的正常生产率。

（3）确定施工机械的正常利用系数　机械的正常利用系数，是指机械在工作班内工作时间的利用率。机械正常利用系数与工作班内的工作状况有着密切的关系。

确定机械正常利用系数首先要计算工作班在正常状况下，准备与结束工作、机械开动、机械维护等工作所必须消耗的时间以及机械有效工作的开始与结束时间；然后再计算机械工作班的纯工作时间；最后确定机械正常利用系数。

$$\text{机械正常利用系数}=\frac{\text{工作班内机械纯工作时间}}{\text{机械工作班延续时间}} \tag{2-14}$$

(4) 计算机械台班定额　计算机械台班定额是编制机械台班定额的最后一步。在确定了机械工作正常条件、机械纯工作1小时正常生产率和机械正常利用系数后，就可以确定机械台班的定额指标了。

机械台班产量定额＝机械纯工作1小时正常生产率×工作班延续时间×机械正常利用系数　(2-15)

2.3 安装工程消耗量定额

(1) 安装工程消耗量的概念　根据住房和城乡建设部发布建标〔2015〕34号文，将原《全国统一安装工程预算定额》进行修改、调整，并命名为《通用安装工程消耗量定额》(TY 02—31—2015)（下面章节中都简称《安装工程消耗量定额》）。

安装工程消耗量定额是指在正常合理的施工条件下，完成一定计量单位的分部分项工程或结构构件和建筑配件所必须消耗的人工、材料和施工机械台班的数量标准及资金标准。安装工程消耗量定额是由国家主管机关或其授权单位组织编制，并审批发行的，就实质来说是工程建设中一项重要的技术经济法规。

(2) 安装工程消耗量定额的作用

① 是政府对政府投资的工程编制工程预算，政府主管部门管理建设市场，以及国家编制工程概算及预算定额的依据；

② 是民间投资方编制投资计划、进行工程预算与决算、考核投资效果的依据和基础；

③ 是工程招投标中编制工程标底和报价的依据；

④ 是工程拨款、贷款、办理工程结算的依据；

⑤ 是设计单位进行工程设计方案比较、技术经济分析的依据；

⑥ 是建筑业企业编制工程成本库、投标报价，签订工程施工合同，编制施工财务计划，进行技术经济分析和考核施工项目工程成本的依据。

2.3.1 安装工程消耗量定额组成

2.3.1.1 安装工程基本构成要素

将安装工程进行分解后最小的安装工程（工作）单位，称为安装工程基本构成要素，也称为安装工程的细目或子目。它是组成安装工程最基本的单位实体，具有独特的基本性质：有名称、有工作内容、可以编码、可以进行计量、可以独立计算资源消耗量、可以计算其净产值，是工作任务分配及验收的依据、是工程造价的计算单元、是工程成本计划和核算的基本对象。这也是对工程进行分部分项分解和建立定额子目的基本要求。

若对这些安装工程基本构成要素，测定其合理需要的劳动力、材料和施工机械使用台班等的消耗数量后，并将其按工程结构或生产顺序的规律，有机地依序排列起来，编上编码，再加上文字说明，印制成册，就成为《安装工程消耗量定额手册》，简称《定额》。

2.3.1.2 我国现行《安装工程消耗量定额》的组成

我国的《安装工程消耗量定额》是按专业工程来分类编制的，不是按建筑安装工程和工业安装工程类别来编制的。这样定额的适应性更广，既适应建筑安装工程，也适应工业安装工程。住房和城乡建设部发布的建标《安装工程消耗量定额》由12个专业定额组成，册次依序为：

第一册《机械设备安装工程》；

第二册《热力设备安装工程》；

第三册《静置设备与工艺金属结构制作安装工程》；

第四册《电气设备安装工程》；

第五册《建筑智能化工程》；

第六册《自动化控制仪表安装工程》；

第七册《通风空调工程》；

第八册《工业管道工程》；

第九册《消防工程》；

第十册《给排水、采暖、燃气工程》；

第十一册《通信设备及线路工程》；

第十二册《刷油、防腐蚀、绝热工程》。

2.3.1.3 《安装工程消耗量定额》的主要内容组成

《安装工程消耗量定额》每册均由定额总说明、各专业定额册说明、目录、分章说明、定额册表、附录等几部分组成。

（1）定额总说明　定额总说明是说明定额编制的依据，工程施工的条件，人工、材料、机械台班消耗的说明及范围，所用仪器、仪表台班消耗量的取定，对垂直和水平运输要求的说明等。

（2）各专业定额册说明　各专业工程定额册说明是说明该专业工程定额的内容和适用范围，定额编制依据的专业标准和规范，与其他定额册的关系，超高、超层脚手架搭拆及摊销等的规定等。

（3）目录　目录为查找、检索定额子目提供方便。更主要的是，经过对工作结构的分解，该专业的基本构成要素有机构成的顺序完全体现在定额目录中。所以，定额目录为工程造价人员在提供计量时对该专业工程连贯性的参考，在计算过程中不至于漏项或错算。

（4）分章说明　分章说明主要说明本章定额的适用范围、工作内容、工程量计算规则，本章不包括的工作内容以及用定额系数计算消耗量的一些规定。

（5）定额册表　定额册表是各专业定额的重要内容之一，是安装工程基本构成要素的有机组列，按章、节、项、分项、子项、目、子目等次序排列起来，并编上分类码和顺序码以体现有机的系统性。定额册表的组成内容包括：章节名称，分节工作内容，各组成子目及其编码，各子目人工、材料、机械台班消耗数量等。

（6）附录　附录放在每册定额之后，为使用定额提供相关的参考资料和数据，一般有以下内容。

① 工程量计算方法及有关规定。

② 材料、构件、零件、组件等质（重）量及数量表。

③ 半成品材料配合比表、材料损耗率表等。

2.3.2 人工消耗量及单价标准确定

2.3.2.1 人工消耗量

人工消耗量是指正常施工条件下，完成单位合格产品所必须消耗的各种用工的工日数以及该用工量指标的平均技术等级。确定人工消耗量的方法有两种：一种是以施工定额中的劳动定额为基础确定；另一种是以现场观察测定资料为基础计算，主要用于遇到劳动定额缺项时，采用现场工作日写实等测时方法确定和计算定额的人工耗用量。定额中的人工工日不分工种和技术等级一律以“综合工日”表示，内容包括基本用工、辅助用工、超运距用工和人工幅度差。

2.3.2.2　人工消耗量确定

定额子目人工消耗量确定的表达式如式(2-16) 所示：

子目工程人工消耗量＝基本用工＋其他用工＝(基本用工＋辅助用工＋超运距用工)×(1＋人工幅度差率)　(2-16)

(1) 基本用工　基本用工指完成单位合格产品所需要的主要用工量。例如为完成砖墙工程中的砌砖、调运砂浆、铺砂浆、运砖等所需的工日数量。基本用工按技术工种相应劳动定额的工时定额计算，以不同工种列出定额工日。计算公式如下：

基本用工工日数量＝Σ(某工序工程量×该工序的时间定额)　(2-17)

(2) 其他用工　其他用工一般包括辅助用工、超运距用工、人工幅度差。

① 辅助用工　指劳动定额中未包括而预算定额又必须考虑的辅助工序用工。例如，机械土石方工程配合用工、材料加工用工（筛砂、洗石、淋化石灰膏)、电焊点火用工等。辅助用工量的计算公式如下：

辅助用工工日数量＝Σ(材料加工数量×时间定额)　(2-18)

② 超运距用工　指工程预算定额取定的材料、成品、半成品等运距超过劳动定额规定的运距时应增加的用工量。超运距及超运距用工数量的计算公式如下：

超运距＝预算定额取定的运距－劳动定额已包括的运距　(2-19)

超运距用工数量＝Σ(超运距材料数量×超运距的时间定额)　(2-20)

③ 人工幅度差　即预算定额与劳动定额的差额。主要指在劳动定额中未包括，而在一般正常施工条件下不可避免，但很难精准计量的用工和各种工时损失。内容包括：

a. 在正常施工条件下，土建各工种间的工序搭接及土建工程与水、暖、电工程之间的交叉作业相互配合或相互影响所发生的停歇时间。

b. 施工机械在单位工程之间转移及临时水电线路移动所造成的停工。

c. 工程质量检查和隐蔽工程验收工作。

d. 场内班组操作地点转移影响工人的操作时间。

e. 工序交接时对前一工序不可避免的修整用工。

f. 施工中不可避免的其他零星用工。

人工消耗量中幅度差用工的计算方法是：

人工幅度差＝(基本用工＋辅助用工＋超运距用工)×人工幅度差系数　(2-21)

国家现行规定的人工幅度差系数为10％～15％。

【例 2-1】 已知完成单位合格产品的基本用工为25工日，超运距用工为4工日，辅助用工为2工日，人工幅度差系数为12％，计算预算定额中的人工工日消耗量。

解： 预算定额中的人工工日消耗量包括基本用工、其他用工两部分。其他用工包括辅助用工、超运距用工和人工幅度差。

人工工日消耗量＝(基本用工＋辅助用工＋超运距用工)×(1＋人工幅度差系数)

＝(25＋2＋4)×(1＋12％)＝34.72（工日）

2.3.2.3　人工工日单价的确定

（1）人工工日单价　人工工日单价，指施工企业平均技术熟练程度的生产工人在每工作日（国家法定工作时间内）按规定从事施工作业应得的日工资总额。

人工工日单价，若按施工工人的技术等级、工种专业、技工和辅工等分别计算时，工作量大，不便于进行工程造价的编制。一般将技术等级、工种、技工和辅工等综合平均后，用综合人工平均单价进行计算。

（2）人工工日单价组成　人工工日单价，一直沿用基本工资加相关费用的构成。2013年，住房和城乡建设部、财政部印发建标〔2013〕44号文，将人工工资规定为：

$$\text{人工工资}=\text{计时工资或计件工资}+\text{奖金}+\text{津贴和补贴}+\text{加班加点工资}+\text{特殊情况下支付的工资} \tag{2-22}$$

$$\text{日工资单价}=\frac{\text{生产工人平均月工资(计时、计件)}+\text{平均月(奖金}+\text{津贴补贴}+\text{特殊情况下支付的工资)}}{\text{年平均每月法定工作日}} \tag{2-23}$$

式中：

① 计时工资或计件工资：指按计时工资标准和工作时间或对已做工作按计件单价支付给个人的劳动报酬。

② 奖金：指对超额劳动和增收节支支付给个人的劳动报酬，如节约奖、劳动竞赛奖等。

③ 津贴补贴：指为了补偿职工特殊或额外的劳动消耗和因其他特殊原因支付给个人的津贴，以及为了保证职工工资水平不受物价影响支付给个人的物价补贴，如流动施工津贴、特殊地区施工津贴、高温（寒）作业临时津贴、高空津贴等。

④ 加班加点工资：指按规定支付的在非法定节假日工作的加班工资和在法定节假日工作时间外延时工作的加点工资。

⑤ 特殊情况下支付的工资：指根据国家法律、法规和政策规定，因病、工伤、产假、计划生育假、婚丧假、事假、探亲假、定期休假、停工学习、执行国家或社会义务等原因按计时工资标准或计时工资标准的一定比例支付的工资。

2.3.3　材料消耗量及单价标准确定

2.3.3.1　材料消耗量

材料消耗量是指在正常的施工条件下，完成单位合格产品所必须消耗的材料、成品、半成品的数量标准。它包括直接用于安装工程的材料、不可避免的施工废料、场内运输和操作损耗等。

2.3.3.2　材料消耗量确定

材料消耗量的组成按用途、性质和使用量大小可分为以下四类：①主要材料指直接构成工程实体的材料，定额称为“未计价材料”；②辅助材料也构成工程实体，但是是比重比较小的材料；③零星材料指用量小、价值也不大、不便计算的次要材料，它可以用估算法计算；④周转材料属于施工手段用材料，一次投入，多次使用，用分次摊销的方法计算。

2.3.3.3　材料单价的确定

（1）材料价格构成　材料价格是指材料（包括构件、成品及半成品等）从其源地（或交货地点、供应者仓库提货地点）到达施工工地仓库（施工地点内存放材料的地点）后出库的综合平均价格。

材料价格一般由材料原价（或供应价格）、材料运杂费、运输损耗费、采购及保管费组成，这四项构成材料基价，此外在计价材料费中还应包括单独列项计算的检验试验费［式(2-24)］。

$$材料费=\sum(材料消耗量\times材料单价)+检验试验费 \tag{2-24}$$

（2）材料价格编制依据和确定方法

① 材料单价是材料原价（或供应价格）、材料运杂费、运输损耗费以及采购保管费合计而成的。

② 材料原价（或供应价格）是指材料的出厂价格，进口材料抵岸价或销售部门的批发价和市场采购价格（或信息价）。在确定原价时，凡同一种材料因来源地、交货地、供货单位、生产厂家不同，而又集中价格（原价）时，根据不同供货来源地供货数量比例，采取加权平均的方法确定其综合原价。公式为：

$$加权平均原价=\frac{K_1C_1+K_2C_2+\cdots+K_nC_n}{K_1+K_2+\cdots+K_n} \tag{2-25}$$

式中 K_1，K_2，…，K_n——各不同供货地点供应量或各不同使用地点的需要量；

C_1，C_2，…，C_n——各不同供应地点的原价。

③ 材料运杂费是指材料自来源地运至工地仓库或指定堆放地点所发生的全部费用，过程中的一切费用和过境过桥费，包括调车和驳船费、装卸费、运输费及附加工作费。同一种材料有若干个来源地，应采用加权平均的方法计算材料的运杂费，计算公式如下：

$$加权平均运杂费=\frac{K_1T_1+K_2T_2+\cdots+K_nT_n}{K_1+K_2+\cdots+K_n} \tag{2-26}$$

式中 K_1，K_2，…，K_n——各不同供货地点供应量或各不同使用地点的需要量；

T_1，T_2，…，T_n——各不同运距的运费。

④ 运输损耗指材料在运输装卸过程中不可避免的损耗。运输损耗的计算公式为：

$$运输损耗=(材料原价+运杂费)\times相应材料损耗率 \tag{2-27}$$

⑤ 采购及保管费指为组织采购、供应和保管材料过程中所需要的各项费用。包括采购费、仓储费、工地保管费、仓储损耗。采购及保管费一般按照材料到库价格以费率取定。

计算公式为：

$$\begin{aligned}采购及保管费&=材料运到工地仓库价格\times采购及保管费率\\&=(材料原价+运杂费+运输损耗费)\times采购及保管费率\end{aligned} \tag{2-28}$$

综上所述，材料单价的一般计算公式为：

$$材料单价=[(供应价格+运杂费)\times(1+运输损耗率)]\times(1+采购及保管费率) \tag{2-29}$$

式中：

$$\begin{aligned}材料单价&=材料原价(或供应价格)+材料运杂费+运输损耗费+采购保管费\\&=材料原价(或供应价格)+材料运杂费+(材料原价+运杂费)\times\\&\quad 运输损耗率+(材料原价+运杂费+运输损耗费)\times采购及保管费率\end{aligned} \tag{2-30}$$

【例 2-2】 某工地水泥从两个地方采购，其采购量和有关费用如表 2.2 所示，求该工程水泥的单价。

表 2.2 某工地水泥采购情况

采购处	采购量/t	原价/(元/t)	运杂费/(元/t)	运输消耗率/%	采购及保管费费率/%
来源 A	300	240	20	0.5	3
来源 B	200	250	15	0.4	3
来源 C	150	260	18	0.3	3

解:

加权平均原价＝(240×300＋250×200＋260×150)/(300＋200＋150)＝248 (元/t)

加权平均运杂费＝(20×300＋15×200＋18×150)/(300＋200＋150)＝18 (元/t)

来源 A 的运输损耗费＝(240＋20)×0.5%＝1.3 (元/t)

来源 B 的运输损耗费＝(250＋15)×0.4%＝1.06 (元/t)

来源 C 的运输损耗费＝(260＋18)×0.3%＝0.83 (元/t)

加权平均运输损耗费＝(1.3×300＋1.06×200＋0.83×150)/(300＋200＋150)
＝1.12 (元/t)

水泥单价＝(248＋18＋1.12)×(1＋3%)＝275.13 (元/t)

⑥ 检验试验费指对建筑材料、构件和建筑安装物进行一般鉴定、检查所发生的费用，包括自设试验室进行试验所耗用的材料和化学药品等费用。不包括新结构、新材料的试验费和建设单位对具有出厂合格证明的材料进行检验，对构件做破坏性试验及其他特殊要求检验试验的费用。

2.3.4 机械台班消耗量及单价标准确定

2.3.4.1 机械台班消耗量

机械台班消耗量是指在正常施工条件下，生产单位合格产品所必须消耗的某种型号施工机械的台班数量。它反映了合理均衡地组织作业和使用机械时该种型号施工机械在单位时间内的生产效率。

2.3.4.2 机械台班消耗量确定

(1) 确定机械工作的正常施工条件，包括工作地点的合理组织、施工机械作业方法的拟订、确定配合机械作业的施工小组的组织以及机械工作班制度等。

(2) 确定机械净工作率，即确定出机械纯工作 1 小时的正常生产率。

(3) 确定施工机械的正常利用系数（指机械在施工作业班内作业时间的利用率）。

$$机械利用率=\frac{工作班净工作时间}{机械工作班时间} \tag{2-31}$$

(4) 计算施工机械台班产量定额

$$施工机械台班产量定额=机械生产率×工作班延续时间×机械利用系数 \tag{2-32}$$

$$机械时间定额=1/施工机械台班产量定额 \tag{2-33}$$

(5) 拟订工人小组的定额时间。工人小组定额时间是指配合施工机械作业的工人小组的工作时间的总和。

$$工人小组定额时间=机械时间定额×工人小组的人数 \tag{2-34}$$

若以机械台班消耗量定额为基础，编制大型施工机械台班消耗量定额时，应在此基础之上增加机械幅度差。因为要考虑机械工作面的转移、不可避免的工序间歇、工程结尾时工作量的不饱满、检查验收质量的影响、水电线路的移动、冬季施工机械的启动、机械厂牌不同的工效差、配合机械施工的工人小组人工幅度差等。故大型施工机械台班消耗量在此基础上要增加10%～30%的幅度差。

2.3.4.3 机械台班单价确定

现行定额机械台班单价由7项费用组成，分别是折旧费，大修理费，经常修理费，安拆费及场外运输费，燃料动力费，机上人工费，养路费、车船使用税、保险费及年检费。其中折旧费、大修理费、经常修理费和机械安拆费及场外运输费是分摊性质，属于不变费用。燃料动力费，机上人工费，养路费、车船使用税、保险费及年检费是支持性质的费用，属于可变费用。机械台班单价可按式(2-35) 计算。

机械台班单价＝折旧费＋大修费＋经常修理费＋安拆费及场外运输费＋燃料动力费＋人工费＋养路费、车船使用税、保险费及年检费 (2-35)

(1) 折旧费　折旧费，是指机械设备在使用年限内，陆续收回（分摊的）机械原值，以及所支付的贷款利息的费用（购置机械资金的时间价值)。其计算公式如下

台班折旧费＝[机械预算价格×(1－机械残值率)]/耐用总台班数 (2-36)

式中：

① 机械残值率：国家有关部门规定，残值率按照固定资产值百分率计取。各类施工机械的残值率如下：运输机械2%，特、大型机械3%，中、小型机械4%，掘进类机械5%。

② 机械预算价格：国产机械预算价格按出厂价加上途中运输至使用单位验收入库后发生的全部费用计算；进口机械以抵岸价为出厂价加上国内运输至使用单位验收入库后发生的全部费用。

③ 耐用总台班数：机械在正常施工作业条件下，从投入使用起到报废止，按规定应达到的使用总台班数，其计算公式为：

机械耐用总台班数＝大修理间隔台班×大修周期 (2-37)

(2) 大修理费　大修理费，是指机械设备按规定的大修理间隔台班时间必须进行大修理，以恢复机械设备正常功能所需要的费用。其计算公式为：

台班大修理费＝(一次大修理费×寿命期内大修理次数)/耐用总台班数 (2-38)

(3) 经常修理费　经常修理费，是指机械设备除大修理以外，必须进行的各级保养（包括一、二、三级保养)，以及临时故障排除、机械停置期间的维护保养等所需的各项费用，并包括为保障机械正常运转所需替换零部件、随机工具的摊销及维护费，机械运转及日常保养所需润滑、擦拭材料的费用。将上述修理费用分摊到台班费中。机械经常修理费计算方法如式(2-39) 所示：

台班经常修理费＝台班大修理费×K (2-39)

式中，K＝台班经常修理费/台班大修理费。

(4) 安装拆卸费及场外运输费

① 机械安装拆卸费（大型机械除外)，是指机械在施工现场进行安装、拆卸所需要的人工材料、机械和试运转费用，以及安装所需要的机械辅助设施（如基础、底座、固定锚桩、行走轨道、枕木等）的折旧、搭设、拆除等费用。

② 机械场外运输费，是指机械整体或分体自停置地点运至施工现场，或从一工地运至另一工地的运输、装卸、耗费的辅助材料以及架线等费用。机械的台班安装拆卸费及场外运输费计算公式如式(2-40)、式(2-42) 所示。

台班安拆费=(机械一次安拆费×年平均安拆次数)/年工作台班+台班辅助设施摊销费 (2-40)

台班辅助设施摊销费=[辅助设施一次费用×(1-机械残值率)]/辅助设施耐用台班数 (2-41)

台班场外运输费=[(一次运输及装卸费+辅助材料一次摊销费+一次架线费)×年平均场外运输次数]/年工作台班数 (2-42)

(5) 燃料动力费　燃料动力费，是指机械设备在施工作业中，其运转所耗用的固体燃料(煤炭、木材)、液体燃料（汽油、柴油)、气体燃料（天然气)、电力、水等费用。机械的燃料和动力消耗量以实测的消耗量为主，以现行机械台班消耗量定额中的燃料和动力消耗量与调查的消耗量为辅，按式(2-43) 进行计算：

台班燃料和动力费=台班燃料动力消耗量×相应的单价 (2-43)

(6) 人工费　人工费，是指机上司机、司炉和其他操作人员的工作日人工费。按式(2-44) 计算。

台班人工费=消耗定额的机上人工工日×人工工日单价 (2-44)

(7) 养路费及车船使用税　养路费及车船使用税，是指按照国家有关规定，应该缴纳的运输机械养路费和车船使用税。按各省、自治区、直辖市规定的标准计算后列入机械台班单价内。其计算式如式(2-45) 所示。

台班养路费及车船使用税=[载重或核定的自重(t)×养路费标准(元·t^{-1}·月$^{-1}$)×12月·年$^{-1}$+车船使用税标准(元·t^{-1}·年$^{-1}$)]/工作台班数(年$^{-1}$) (2-45)

思考题

1. 人们在生产活动中为什么要编制定额？
2. 你现在使用的定额属于工程建设定额分类中的哪一种？
3. 现行定额规定的人工工日单价是否适应市场？在做工程预算或报价时应该怎么做？
4. 简述分部分项工程单价费用的组成并写出计算表达式。
5. 简述劳动定额、材料消耗量定额、机械台班定额的概念、作用及组成。

3 建筑安装工程计价

学习导入

我国现在计价的模式有两种，即传统的定额计价与现有的清单计价。定额计价是“量价合一，固定取费”，即“工料机单价”计价法；清单计价是“企业自主报价，市场形成价格”，即“综合单价”计价法。本章分别系统阐述了两种计价模式的计价程序及计价原理，并对两种计价模式进行了详细的对比分析。

学习目标

通过本模块的学习应掌握两种计价模式下计价程序、计价基本原理、清单编制及表格的填写；通过对两种模式的对比分析，能更深入地理解它们的区别与联系，提高运用理论知识解决实际问题的能力。

3.1 定额计价模式

我国早在20世纪50年代起就开始推行定额计价模式。在计划经济体制下，国家为了控制投资，将消耗量定额和产品单价合并起来，编制出“量价合一”的单价表（预算定额），以此作为工程项目造价计算和控制的标准。用单价表计算的工程直接费作为计费基础，也称“基价”，以此基础按规定的间接费等费率计算工程造价。在定额计价模式下，政府便于控制国家工程项目投资的计算和投资核算，并以此对工程建设活动进行控制和管理。所以，定额计价模式的特点是“量价合一、基价取费、固定费率”。这样计算出来的建设工程造价实质是一个统一的计划价格。

住房和城乡建设部发布的建标〔2015〕34号文，将原“量价合一”的《全国统一安装工程预算定额》进行修改、调整，并命名为《通用安装工程消耗量定额》（TY 02—31—2015）。该定额是按专业工程来分类编制的，不是按建筑安装工程或工业安装工程类别来编制。这样定额的适应性更广，既适应建筑安装工程，也适应工业安装工程。

为了深化工程造价管理改革，推行建设市场化，2003年开始实行工程量清单计价模式。但是，定额计价模式在我国已实行了半个多世纪，人们已有丰富的经验和历史习惯，在编制清单计量规范时考虑了这一原因，在确定其计量规则时，采取尽量与定额衔接的原则进行编制。所以，清单工程内容基本上是定额相关的子目，从中不难看出两者之间既有联系又有区别，互为表里的关系。因此，出现两种计价模式并行于建筑市场的状况。

3.1.1 定额计价程序

定额计价的程序主要分为九个阶段：

（1）收集资料，准备各种编制依据资料　要收集的资料包括施工图纸、已经批准的初步设计概算书、现行预算定额及单位估价表取费标准、统一的工程量计算规则、预算工作手册和工程所在地的人工、材料和机械台班预算价格、施工组织设计方案、招标文件、工程预算软件等相关资料。

（2）熟悉施工图纸、定额和施工组织设计及现场情况　看图计量是编制预算的基本工作，编制施工图预算前，应熟悉并检查施工图纸是否齐全、尺寸是否清楚，了解设计意图，掌握工程全貌，同时针对要编制预算的工程内容搜集有关资料，熟悉并掌握预算定额的使用范围、工程内容及工程量计算规则等。

另外，还应了解施工组织设计中影响工程造价的有关因素及施工现场的实际情况，例如各分部分项工程的施工方法，土方工程中土壤类别、余土外运使用的工具、运距，施工平面图对建筑材料、构件等堆放点到施工操作地点的距离，设备构件的吊装方法，现场有无障碍需要拆除和清理等等，以便能正确计算工程量和正确套用或确定某些分项工程的基价。这对于正确计算工程造价，提高施工图预算质量，有重要意义。

（3）计算工程量　计算工程量是一项工作量很大又十分细致的工作。工程量是预算编制的基本数据，工程量计算的准确程度不仅直接影响到工程造价，而且影响到与之关联的一系列数据，如计划、统计、劳动力、材料等。因此，工程量计算不仅仅是单纯的技术工作，它对整个企业的经营管理都有重要意义。

在计算工程量时，要注意以下两点：

① 正确划分预算分项子目，按照定额顺序从下到上、先框架后细部的顺序排列工程预算分项子目，这样可避免工程量计算中出现盲目、零乱的状况，使工程量计算工作能够有条不紊地进行，也可避免漏项和重项。

② 准确计算各分部分项工程工程量，计算工程量一般可以按照下列步骤进行。

a. 根据施工图示的工程内容和计算规则，列出计算工程量的分部分项工程。

b. 根据一定的计算顺序和计算规则，列出计算式。

c. 根据施工图示尺寸及有关数据，代入计算式进行数学计算。

d. 按照定额中的分部分项工程的计量单位，对相应计算结果的计量单位进行调整，使之与预算定额相一致。

（4）汇总工程量、套用预算定额基价（预算单价）　各分项工程工程量计算完毕，并经复核无误后，按预算定额手册规定的分部分项工程顺序逐项汇总，然后将汇总后的工程量抄入工程预算表内，并把计算项目的相应定额编号、计量单位、预算定额基价以及其中的人工费、材料费、机械台班使用费填入工程预算表内，便可求出单位工程的直接工程费。套用单价时要注意以下几点：

① 分项工程工程量的名称、规格、计量单位必须与预算定额或单位估价表所列内容完全一致。重套、错套、漏套都会引起定额直接费的偏差，进而导致施工图预算造价的偏差。

② 定额换算　当施工图纸的某些设计要求与定额单价的特征不完全符合时，必须根据定额使用说明，对定额单价进行调整。

③ 补充定额编制　当施工图纸的某些设计要求与定额单价特征相差甚远，既不能直接套用也不能换算和调整时，必须编制补充单位估价表或补充定额。

（5）进行工料分析　根据各分部分项工程的实物工程量和相应定额项目中所列的用工工日及材料消耗数量计算出各分部分项工程所需的人工及材料数量，相加汇总便可得出该单位工程所需要的各类人工和材料的数量，它既是工程预、决算中人工、材料和机械费用调差及计算其他各种费用的基础，又是企业进行经济核算、加强企业管理的重要依据。这一步骤通常与套定额单价同时进行，以避免二次翻阅定额。

（6）计算其他各项工程费用，汇总造价　在分部分项子目、工程量、单价经复查无误后，即可按照建筑安装工程造价构成中费用项目的费率和计费基础，分别计算出措施费、间接费、利润和税金，并汇总得出单位工程造价，同时计算出单方造价等相关技术经济指标。

（7）复核　单位建筑工程预算编制完成后，有关人员应对单位工程预算进行复核，以便及时发现差错，提高预算编制质量。复核时应对工程量计算公式和结果、套用定额单价、各项费用的取费费率、计算基础和计算结果、材料和人工预算价格及其价格调整等方面是否正确进行全面复核。

（8）编制说明　编制说明是编制者向审核者交代编制方面的有关情况，编制说明一般包括以下几项内容：

① 工程概况　包括工程性质、内容范围、施工地点等。

② 编制依据　包括编制预算时所采用的施工图纸名称、工程编号、标准图集以及设计变更情况等图纸会审纪要资料、招标文件等。

③ 所用预算定额编制年份、有关部门发布的动态调价文件号、套用单价或补充单位估价表方面的情况。

④ 其他有关说明　通常是指在施工图预算中无法表示而需要用文字补充说明的，例如分项工程定额中需要的材料无货，用其他材料代替，其材料代换价格待结算时另行调整等，就需用文字补充说明。

（9）填写封面、装订成册、签字盖章　施工图预算书封面通常需填写的内容有：工程编号及名称、建筑结构形式、建筑面积、层数、工程造价、技术经济指标、编制单位、编制人、审核人及编制日期等。最后，按封面、编制说明、预算费用汇总表、费用计算表、工程预算表、工料分析表和工程量计算表等顺序编排并装订成册，编制人员签字盖章，请有关单位审阅、签字并加盖单位公章后，一般建筑工程施工图预算计价便完成了编制工作。

3.1.2 定额计价基本原理

定额计价模式实际上是国家通过颁布统一的估算指标、概算指标，以及概算、预算和有关费用定额，对建筑产品价格进行有计划管理的计价方法。以假定的建筑安装产品为对象，制定统一的预算和概算定额。然后按概预算定额规定的分部分项子目，逐项计算工程量，套用概预算定额单价（或单位估价表）确定直接工程费，然后按规定的取费标准确定措施费、间接费、利润和税金，经汇总即为工程概、预算价值。

总结说来，编制建设工程造价最基本的过程有两个：工程量计算和工程计价。即首先按照预算定额规定的分部分项子目工程量计算规则和施工图逐项计算工程量，然后套用预算定额单价（或单位估价表）确定直接工程费，再按照一定的计费程序和取费标准确定措施费、企业管理费（间接费）、利润和税金，最后计算出工程预算造价（或投标报价）。

用公式进一步表明按建设工程造价定额计价的基本方法和程序，如下所述。每一计量单位假定建筑产品的直接工程费单价为：

$$直接工程费单价=人工费+材料费+机械使用费 \tag{3-1}$$

式中：

$$人工费=\sum(单位人工工日消耗量\times人工工日单价) \tag{3-2}$$

$$材料费=\sum(单位材料消耗量\times材料预算价格) \tag{3-3}$$

$$机械使用费=\sum(单位机械台班消耗量\times机械台班单价)$$

$$单位工程直接费=\sum(假定建筑产品工程量\times直接工程费单价)+措施费 \tag{3-4}$$

$$单位工程概预算造价=单位工程直接费+间接费+利润+税金 \tag{3-5}$$

$$单项工程概预算造价=\sum单位工程概预算造价+设备、工器具购置费 \tag{3-6}$$

$$建设项目工程概预算造价=\sum单项工程概预算造价+工程建设其他费用+预备费+建设期贷款利息+固定资产投资方向调节税(暂停征收) \tag{3-7}$$

3.2 工程量清单计价模式

工程量清单计价采用综合单价计价。综合单价是指完成规定计量单位项目所需的人工费、材料费、机械费、管理费、利润，并考虑风险因素。

工程量清单计价方法是在建设工程招标投标中，招标人按照国家统一的工程量计算规则提供工程数量，由投标人依据工程量清单自主报价，并按照经评审低价中标的工程造价计价方式。

以招标人提供的工程量清单为平台，投标人根据自身的技术、财务、管理能力进行投标报价，招标人根据具体的评标细则进行优选，这种计价方式是市场定价体系的具体表现形式。

工程量清单由分部分项工程项目清单、措施项目清单、其他项目清单、规费项目清单和税金项目清单组成。

3.2.1 工程量清单计价程序

工程量清单计价程序主要分为 12 个阶段：

(1) 熟悉工程量清单　招标工程量清单是计算工程造价最重要的依据，在计价时必须全面了解每一个清单项目的特征描述，熟悉其所包括的工程内容，以便在计价时不漏项，不重复计算。

(2) 研究招标文件　工程招标文件的有关条款、要求和合同条件，是工程量清单计价的重要依据。在招标文件中对有关承发包工程范围、内容、期限、工程材料、设备采购及供应方法等都有具体规定，只有在计价时按规定进行，才能保证计价的有效性。因此，投标单位拿到招标文件后，根据招标文件的要求，要对照图纸，对招标文件提供的招标工程量清单进行复查或复核，其内容主要有：

① 分专业对施工图进行工程量的数量审查　招标文件上要求投标人审核招标工程量清单，如果投标人不审核，则不能发现清单编制中存在的问题，也就不能充分利用招标人给予投标人澄清问题的机会，由此产生的后果由投标人自行负责。如投标人发现由招标人提供的工程量有误，招标人可按合同约定进行处理。

② 根据图纸说明和各种选用规范对工程量清单项目进行审查　这主要是指根据规范和技术要求，审查清单项目是否漏项。

③ 根据技术要求和招标文件的具体要求，对工程需要增加的内容进行审查　认真研究

招标文件是投标人争取中标的第一要素。表面上看，各招标文件基本相同，但每个项目都有自己的特殊要求，这些要求一定会在招标文件中反映出来，这需要投标人仔细研究。有的工程量清单要求增加的内容、技术要求如与招标文件不一致，只有通过审查和澄清才能统一起来。

（3）熟悉施工图纸　全面、系统地阅读图纸，是准确计算工程造价的重要基础。阅读图纸时应注意以下几点：

① 按设计要求收集图纸选用的标准图、大样图。

② 认真阅读设计说明，掌握安装构件的部位和尺寸、安装施工要求及特点。

③ 了解本专业施工与其他专业施工工序之间的关系。

④ 对图纸中的错、漏以及表示不清楚的地方予以记录，以便在招标答疑会上询问解决。

（4）熟悉工程量计算规则　当采用消耗量定额分析分部分项工程的综合单价时，对消耗量定额的工程量计算规则的熟悉和掌握，是快速、准确地分析综合单价的重要保证。

（5）了解施工组织设计　施工组织设计或施工方案是施工单位的技术部门针对具体工程编制的施工作业的指导性文件，其中对施工技术措施、安全措施、施工机械配置、是否增加辅助项目等，都应在工程计价的过程中予以注意。施工组织设计所涉及的费用主要属于措施项目费。

（6）熟悉加工订货的有关情况　明确建设、施工单位双方在加工订货方面的分工。对需要进行委托加工订货的设备、材料、零件等，提出委托加工计划，并落实加工单位及加工产品的价格。

（7）明确主材和设备的来源情况　主材和设备的型号、规格、数量、材质、品牌等对工程计价影响很大，因此招标人应对主材和设备的采购范围及有关内容予以明确，必要时注明产地和厂家。

（8）计算工程量　清单计价的工程量主要有两部分内容，一是核算招标工程量清单所提供工程量是否准确，二是计算每一个清单主体项目所组合的辅助项目工程量，以便分析综合单价。在计算工程量时，应注意清单计价和定额计价计算方法的不同。清单计价是辅助项目随主体项目计算，将不同工程内容发生的辅助项目组合在一起，计算出该主体项目的分部分项工程费。

（9）确定措施项目清单内容　措施项目清单是完成项目施工必须采取的措施所需的工作内容，该内容必须结合项目的施工方案或施工组织设计的具体情况填写，因此，在确定措施项目清单内容时，一定要根据自己的施工方案或施工组织设计加以修改。

（10）计算综合单价　将工程量清单主体项目及其组合的辅助项目汇总，填入分部分项综合单价计算表。如采用消耗量定额分析综合单价，则应按照定额的计量单位，选套相应定额，计算出各项的管理费和利润，汇总为清单项目费合价，分析出综合单价。综合单价是报价和调价的主要依据。投标人可以用企业定额，也可以用建设行政主管部门的消耗量定额，甚至可以根据本企业的技术水平调整消耗量定额的消耗量来计价。

（11）计算措施项目费、其他项目费、规费、税金等。

（12）汇总计算单位工程造价　将分部分项工程项目费、措施项目费、其他项目费和规费、税金汇总计算出单位工程造价，将各个单位工程造价汇总计算出单项工程造价。

3.2.2 工程量清单编制

工程量清单应以单位（项）工程为单位编制，由分部分项工程项目清单、措施项目清单、其他项目清单、规费和税金项目清单组成。招标工程量清单必须作为招标文件的组成部分，由具有编制能力的招标人或受其委托具有相应资质的工程造价咨询人编制，其准确性和完整性应由招标人负责。

工程量清单描述的对象是拟建工程，体现的是招标人要求投标人完成的工程项目及其相应的工程数量，是投标人进行投标报价的重要依据，是签订工程合同、调整工程量和办理竣工结算的基础。通常以表格形式体现。

3.2.2.1　分部分项工程量清单编制

分部分项工程量清单载明了项目编码、项目名称、项目特征、计量单位和工程量。是体现实体项目的分项工程项目的工程量清单。根据相关工程现行国家计量规范规定的项目编码、项目名称、项目特征、计量单位和工程量计算规则进行编制。

分部分项工程量清单是以表格形式表现的，其表格形式如表 3.1 所示。

表 3.1　分部分项工程量清单

项目编码	项目名称	项目特征	计量单位	工程量

① 项目编码　《建设工程工程量清单计价规范》（GB 50500—2013）（以下简称《计价规范》）对应每一个分部分项工程清单项目均给定一个编码。分部分项工程量清单的项目编码以五级编码设置，用十二位阿拉伯数字表示，一、二、三、四级共 9 位编码应按附录的规定设置，不得随意变动，十至十二位共 3 位是第五级编码，应根据拟建工程的工程量清单项目名称由工程量清单编制人设置，同一招标工程的项目编码不得有重码。以项目编码 030103001001 为例分析五级编码的设置，如图 3.1 所示。

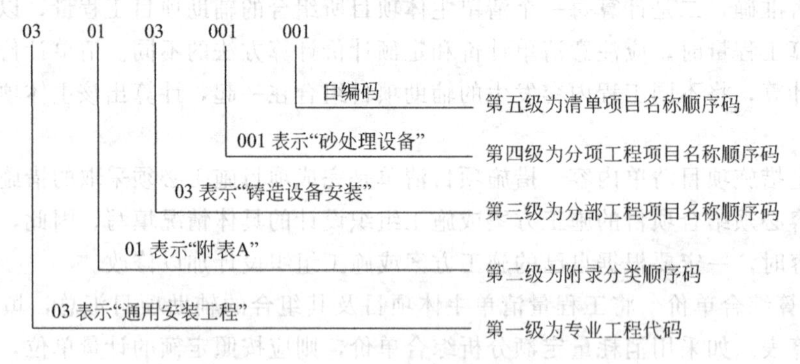

图 3.1　五级编码设置

a. 第一级表示专业工程代码（第 1、2 位）。01 代表房屋建筑与装饰工程；02 代表仿古建筑工程；03 代表通用安装工程；04 代表市政工程；05 代表园林绿化工程；06 代表矿山工程；07 代表构筑物工程；08 代表城市轨道交通工程；09 代表爆破工程。

b. 第二级表示附录分类顺序码（第 3、4 位）。即专业工程顺序码。通用安装工程共设置了 12 个附录：附录 A 为机械设备安装工程（编码 0301）；附录 B 为热力设备安装工程（编码 0302）；附录 C 为静置设备与工艺金属结构制作安装工程（编码 0303）；附录 D 为电气设备安装工程（编码 0304）；附录 E 为建筑智能化工程（编码 0305）；附录 F 为自动化控制仪表安装工程（编码 0306）；附录 G 为通风空调工程（编码 0307）；附录 H 为工业管道工程（编码 0308）；附录 I 为消防工程（编码 0309）；附录 J 为给排水、采暖、燃气工程（编码 0310）；附录 K 为通信设备及线路工程（编码 0311）；附录 L 为刷油、防腐蚀、绝热工程（编码 0312）。

c. 第三级表示分部工程项目名称顺序码（第 5、6 位）。如附录 A 机械设备安装工程中：A. 1（编码 030101）表示切削设备安装；A. 2（编码 030102）表示锻压设备安装；A. 3（编码 030103）表示铸造设备安装。

d. 第四级表示分项工程项目名称顺序码（第 7、8、9 位）。如在附录 A 机械设备安装工程中编码 030103001 表示铸造设备安装中“砂处理设备”安装项目。

e. 第五级表示清单项目名称顺序码（第 10、11、12 位），也称为自编码。同一招标工程的项目编码不得有重码。以室内供暖工程为例，项目中有焊接钢管安装 $DN15 \sim DN32$，则清单编制人可以从大管径往小管径排序，也可以从小管径往大管径排序，即从 001 开始依次编码。如从大到小排序：编码 031001002001 代表“室内焊接钢管螺纹连接 $DN32$”；编码 031001002002 代表“室内焊接钢管螺纹连接 $DN25$”；编码 031001002003 代表“室内焊接钢管螺纹连接 $DN20$”；编码 031001002004 代表“室内焊接钢管螺纹连接 $DN15$”。

编制工程量清单出现附录中未包括的项目，编制人应作补充，并报省级或行业工程造价管理机构备案，省级或行业工程造价管理机构应汇总报住房和城乡建设部标准定额研究所。

补充项目的编码由相应工程计量规范的代码与“B”和三位阿拉伯数字组成，如通用设备安装工程应从 03B001 起顺序编制，同一招标工程的项目不得重码。工程量清单中需附有补充项目的名称、项目特征、计量单位、工程量计算规则、工程内容。

② 项目名称　一般以形成工程实体命名，并应按附录的项目名称，结合拟建工程的实际确定。项目名称如有缺项，招标人可按相应的原则进行补充，并报当地工程造价管理部门备案。

项目名称应严格按《计价规范》的规定，不得随意更改。因此，清单编制人要按附录中清单项目的项目特征、工程内容，结合拟建工程的实际情况，详细描述工程量清单的项目名称。

③ 项目特征及工作内容　项目特征是对项目的准确描述，是影响价格的因素和设置具体清单项目的依据。详细描述项目特征也是确定清单计价中的综合单价的重要因素。在编制工程量清单项目时应按附录中规定的项目特征，结合拟建工程项目的实际予以描述。

工作内容是指完成该清单项目可能发生的具体工程，可供招标人确定清单项目和投标人投标报价的参考。由于分部分项工程工程量清单项目是按工程实体设置的，而实体是由多个项目综合而成的，所以清单项目的表现形式，是由主体项目和辅助项目构成的。而主体项目即《计价规范》中的项目名称，辅助项目即《计价规范》中的工程内容。

由于在《计价规范》中，工程量清单项目与工程量计算规则、工程内容有一一对应的关系，当采用《计价规范》这一标准时，工程内容均有规定，无需描述。需要指出的是，《计价规范》中关于“工程内容”的规定来源于原工程预算定额，实行工程量清单计价后，由于两种计价方式的差异，清单计价对项目特征的要求才是必需的。

④ 计量单位　清单项目的工程量计量单位均为基本单位，不得使用扩大单位（如 10m、100kg 等），这一点与传统定额计价有很大区别。

在《计价规范》附录中若有两个或两个以上计量单位的，应结合拟建工程项目的实际情况，确定其中一个为计量单位；同一工程项目的计量单位应一致。

工程计量时每一项目汇总的有效位数应遵守下列规定：

a. 以“t”为单位，应保留小数点后三位数字，第四位小数四舍五入；

b. 以“m”“m^2”“m^3”“kg”为单位，应保留小数点后两位数字，第三位小数四舍五入；

c. 以“台”“个”“件”“套”“根”“组”“系统”为单位，应取整数。

⑤ 工程量

分部分项工程量清单中所列工程量就按附录中规定的工程量计算规则计算。

计算原则：以实体安装就位的净尺寸或按各省、自治区、直辖市或行业建设主管部门的规定计算。

3.2.2.2 措施项目清单编制

措施项目是指为完成工程项目施工，发生于该工程施工准备和施工过程中技术、生活、安全、组织、环境保护等方面的非工程实体项目。措施项目清单就是根据工程特点和工程所在地的具体环境列出措施项目明细清单。措施项目清单的编制，应考虑多种因素，除工程本身的因素外，还涉及环境保护、文明施工、安全施工、临时设施等多方面因素。

① 措施项目清单设置 安装工程措施项目确定必须根据现行的《通用安装工程工程量计算规范》(GB 50856—2013) 的规定编制，所有的措施项目均以清单形式列项。

对于能计算工程量的措施项目，采用单价项目的方式，列出项目编码、项目名称、项目特征、计量单位和工程量计算规则，填写“分部分项工程和单价措施项目清单与计价表”，如表 3.2 所示。

对于不能计算工程量的措施项目，采用总价项目的方式，按照《通用安装工程工程量计算规范》(GB 50856—2013) 附录 N 规定的项目编码、项目名称确定清单项目，不必描述项目特征和确定计量单位。措施项目编码与名称见表 3.3 和表 3.4。

表 3.2 分部分项工程和单价措施项目清单与计价表

工程名称： 标段： 第 页 共 页

序号	项目编码	项目名称	项目特征描述	计量单位	工程量	金额/元		
						综合单价	合价	其中：暂估价
			本页小计					
			合计					

表 3.3 专业措施项目（编码：031301）

项目编码	项目名称	工作内容及包括范围
031301001	吊装加固	1. 行车梁加固；2. 桥式起重机加固及负荷试验；3. 整体吊装临时加固件，加固设施拆除、清理
031301002	金属抱杆安装、拆除、移位	1. 安装、拆除；2. 移位；3. 吊耳制作安装；4. 拖拉坑挖埋
031301003	平台铺设、拆除	1. 场地平整；2. 基础及支墩砌筑；3. 支架型钢搭设；4. 铺设；5. 拆除、清理
031301004	顶升、提升装置	安装、拆除
031301005	大型设备专用机具	
031301006	焊接工艺评定	焊接、试验及结果评价
031301007	胎(模)具制作、安装、拆除	制作、安装、拆除
031301008	防护棚制作安装拆除	防护棚制作、安装、拆除
031301009	特殊地区施工增加	1. 高原、高寒施工防护；2. 地震防护
031301010	安装与生产同时进行施工增加	1. 火灾防护；2. 噪声防护

续表

项目编码	项目名称	工作内容及包括范围
031301011	在有害身体健康环境中施工增加	1. 有害化合物防护；2. 粉尘防护；3. 有害气体防护；4. 高浓度氧气防护
031301012	工程系统检查、检验	1. 起重机、锅炉、高压容器等特种设备安装质量监督、检查、检验 2. 由国家或地方检测部门进行的各类检测
031301013	设备、管道施工的安全、防冻和焊接保护	保证工程施工正常进行的防冻和焊接保护
031301014	焦炉烘炉、热态工程	1. 烘炉安装、拆除、外运；2. 热态作业劳动消耗
031301015	管道安拆后的充气保护	充气管道安装、拆除
031301016	隧道内施工的通风、供水、供气、供电、照明及通信设施	通风、供水、供气、供电、照明及通信设施安装、拆除
031301017	脚手架搭拆	1. 场内、场外材料搬运；2. 搭、拆脚手架；3. 拆除脚手架后材料的堆放
031301018	其他措施	为保证工程施工正常进行所发生的费用

注：1. 由国家或地方检查部门进行的各类检测，指安装工程不包括的属经营服务性项目，如通电测试，防雷装置检测，安全、消防工程检测，室内空气质量检测等。

2. 脚手架按各附录分别列项。

3. 其他措施项目必须根据实际措施项目名称确定项目名称，明确描述工作内容及包含范围。

表 3.4 安全文明施工及其他措施项目（编码：031302）

项目编码	项目名称	工作内容及包括范围
031302001	安全文明施工	1. 环境保护；2. 文明施工；3. 安全施工；4. 临时设施。范围详见《计量规范》
031302002	夜间施工增加	1. 夜间固定照明灯具和临时可移动照明灯具的设置、拆除 2. 夜间施工时施工现场交通标牌、警示灯等的设置、移动、拆除 3. 夜间照明设备及照明用电、施工人员夜班补贴、夜间施工劳动效率降低等
031302003	非夜间施工增加	为保证工程施工正常进行，在地下(暗)室、设备及大口径管道内等特殊施工部位施工时所采用的照明设备的安拆、维护及照明用电、通风等；在地下(暗)室等施工引起的人工工效降低以及由于人工工效降低引起的机械降效
031302004	二次搬运	由于施工场地条件限制而发生的材料、成品、半成品等一次运输不能到达堆放地点，必须进行二次或多次搬运
031302005	冬雨季施工增加	1. 冬雨(风)季施工时增加的临时设施(防寒保温、防雨、防风设施)的搭设、拆除 2. 冬雨(风)季施工时，对砌体、混凝土等采用的特殊加湿、保温和养护措施 3. 冬雨(风)季施工时，施工现场的防滑处理，对影响施工的雨雪的清除 4. 冬雨(风)季施工时增加的临时设施、施工人员的劳动保护用品、冬雨(风)季施工劳动效率降低等
031302006	已完工程及设备保护	对已完工程及设备采取的覆盖、保护、封闭、隔离等必要保护措施
031302007	高层建筑增加	1. 高层施工引起的人工工效降低以及由于人工工效降低引起的机械降效 2. 通信联络设备的使用

注：1. 表 3.4 所列项目应根据工程实际情况计算措施项目费用，需分期摊销的应合理计算摊销费用。

2. 施工排水是指为保证工程在正常条件下施工而采取的排水措施所发生的费用。

3. 施工降水是指为保证工程在正常条件下施工而采取的降低地下水位的措施所发生的费用。

4. 高层建筑增加：

(1) 单层建筑物檐口高度超过 20m，多层建筑物超过 6 层时，按各附录分别列项。

(2) 突出主体建筑物屋顶的电梯机房、楼梯出口间、水箱间、瞭望塔、排烟机房等不计入檐口高度。地下室不计入层数。

5. 其他说明：

(1) 工业炉烘炉、设备负荷试运转、生产准备试运转及安装工程设备场外运输应根据招标人提供的设备及安装主要材料堆放点，按表 3.4 中其他措施编码列项。

(2) 大型机械设备进出场及安拆，应按现行国家标准《房屋建筑与装饰工程工程量计算规范》(GB 50854—2013)(以下简称《13 计价规范》) 相关项目编码列项。

② 措施项目清单编制要求　招标人编制的措施项目清单应根据《13 计价规范》和拟建工程的实际情况列项，力求全面，不考虑不同投标人的个性，也不存在是不是最优方案的问题。措施项目工程量清单应采用分部分项工程工程量清单的方式编制，列出项目编码、项目名称、项目特征、计量单位和工程量计算规则，不能计算工程量的措施项目清单，以“项”为计量单位。若出现《13 计价规范》未列的项目，招标人可根据工程实际情况补充。

现行《13 计价规范》强制性规定措施项目清单中的安全文明施工费应按国家或省级、行业建设主管部门的规定计价，不得作为竞争性费用。因此招标人在编制措施项目清单时，应列明其计算方法。其余措施费用可只列出费用名称，计算方法则由投标人决定。措施项目费为一次性报价，通常不调整。结算需要调整的，必须在招标文件和合同中明确。

3.2.2.3　其他项目清单编制

其他项目是指为完成工程项目施工发生的，除分部分项工程项目和措施项目以外的，可以预见（或暂估费用）的项目。其他项目清单由暂列金额、暂估价（包括材料暂估单价、专业工程暂估价）、计日工、总承包服务费组成，由招标人根据工程实际情况估算列出，并可补充。

① 暂列金额　是招标人在工程量清单中暂定并包括在合同价款中的一笔款项。用于施工合同签订时尚未确定或者不可预见的所需材料、设备、服务的采购，施工中可能发生的工程变更、合同约定调整因素出现时的工程价款调整以及发生的索赔、现场签证确认等的费用，由招标人填写具体金额。暂列金额的确定应至少考虑以下因素：

a. 设计图纸的设计深度和完整性；

b. 局部使用功能改变情况；

c. 工期要求等。

② 暂估价　暂估价包括材料暂估单价、工程设备暂估单价、专业工程暂估价，是招标人在工程量清单中提供的用于支付必然发生但暂时不能确定价格的材料的单价以及专业工程的金额。材料暂估价有乙供材料暂估价和甲供材料暂估价之分，在编制材料暂估价表时应分开列项。

③ 计日工　是在施工过程中，由于完成发包人提出的施工图纸以外的零星项目或工作而设立的，由招标人估算零星项目所需的人工、材料、机械的名称、计量单位和相应数量，在计日工表中详细列出。人工应区分不同工种列项，材料和机械应按规格、型号分别列项。

④ 总承包服务费　是总承包人为配合协调发包人进行的工程分包，对建设单位自行采购的设备、材料等进行管理、服务以及施工现场管理、竣工资料汇总整理等服务所需的费用。招标人应详细列出需要总承包人提供配合及服务的具体内容和要求。

3.2.2.4　规费、税金项目清单编制

① 规费　根据省级政府或省级有关权力部门规定必须缴纳的，应计入建筑安装工程造价的费用。规费是强制性执行且不得作为竞争性的费用。因此，招标人在编制规费项目清单时，应根据《13 计价规范》的规定列明费用名称及其计算方法。现行《13 计价规范》中规费的内容有：

a. 社会保障费：包括养老保险费、失业保险费、医疗保险费、工伤保险费、生育保险费；

b. 住房公积金；

c. 工程排污费。

② 税金 国家税法规定的应计入建筑安装工程造价内的营业税、城市维护建设税、教育费附加及地方教育附加。税金是强制性执行且不得作为竞争性的费用。

3.2.2.5 工程量清单格式

工程量清单应采用《13计价规范》规定的格式编制。工程量清单格式由招标工程量清单封面，招标工程量清单扉页，工程计价总说明，分部分项工程和单价措施项目清单与计价表，总价措施项目清单与计价表，其他项目清单与计价汇总表，暂列金额明细表，材料（工程设备）暂估单价及调整表，专业工程暂估价及结算价表，计日工表，总承包服务费计价表，税金项目计价表，发包人提供材料和工程设备一览表，承包人提供材料和工程设备一览表（适用于造价信息差额调整法或价格指数差额调整法）组成。格式的填写应符合下列规定：

（1）工程量清单应由具有编制能力的招标人或受其委托具有相应资质的工程造价咨询人编制。

（2）总说明应按下列内容填写

① 工程概况：建设规模、工程特征、计划工期、施工现场实际情况、自然地理条件、环境保护要求等；

② 工程招标和专业工程发包范围；

③ 工程量清单编制依据；

④ 工程质量、材料、施工等的特殊要求；

⑤ 其他需说明的问题。

3.2.2.6 发承包人提供材料和工程设备

发承包人提供材料和工程设备根据《13计价规范》规定的格式填写，材料和工程设备一览表应由招标人提供，作为招标工程量清单的组成部分，主要记载工程所需主要材料设备及特殊材料设备的有关性质、要求等。

对于发包人提供的材料和工程设备（以下简称甲供材料），招标人应在招标文件中按照《13计价规范》的规定填写，应写明甲供材料的名称、规格、数量、单价、交货方式、交货地点等，以便投标人计算相关的费用。

对于承包人提供的材料和工程设备（以下简称乙供材料），如果招标人要求部分或全部乙供材料进行报价时，招标人应在招标文件中按照《13计价规范》的规定填写，应根据设计要求写明乙供材料除投标单价外的材料品牌、名称、规格、型号、计价单位和数量等，并可作为对不同投标人材料设备价格上的比较之用。

3.2.3 工程量清单计价基本原理

3.2.3.1 工程量清单计价的基本过程

工程量清单计价的基本过程可以描述为：在统一的工程量规则计算基础之上，设置工程量清单项目名称，根据具体工程的施工图纸计算出各个清单项目的工程量，再根据各种渠道所获得的工程造价信息和经验数据进行计算得到工程造价。计价过程如图3.2所示。

从工程量清单计价过程的示意图可以看出，投标报价是在业主提供的招标工程量清单的基础上，根据企业所掌握的各种信息、资料，结合企业定额编制得出的。

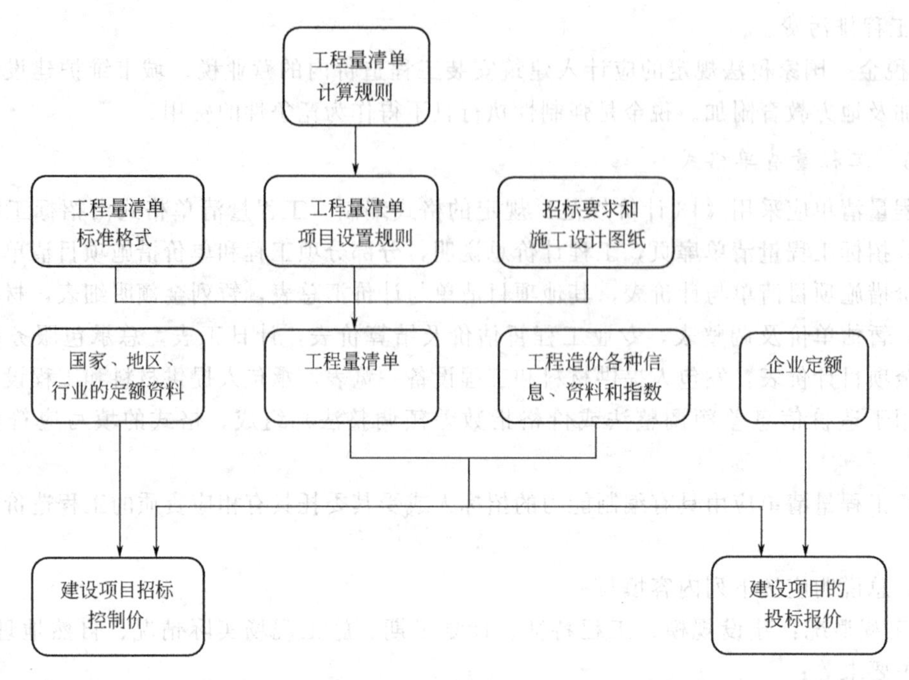

图 3.2　工程造价工程量清单计价过程示意图

3.2.3.2　工程量清单计价的基本原理

工程量清单计价是一种区别于定额计价的新的计价方式，主要由市场定价是工程量清单计价的特点。工程量清单计价是由建设产品的买方和卖方在建设市场上根据供求情况、信息状况进行自由竞价，从而最终能够签订工程合同价格的一种方法。工程量清单计价的基本方法如表 3.5 所示。

表 3.5　工程量清单计价的基本方法

项目名称	计算公式	注释
分部分项工程费	Σ分部分项工程量×分部分项工程综合单价	分部分项工程综合单价由人工费、材料费、机械费、管理费、利润等组成，并考虑风险费用
措施项目费	Σ措施项目工程量×措施项目综合单价	
其他项目费	暂列金额＋暂估价＋计日工＋总承包服务费	暂列金额：用于施工合同签订时尚未确定或者不可预见的所需材料、设备、服务的采购，施工中可能发生的工程变更、合同约定调整因素出现时的工程价款调整以及发生的索赔、现场签证确认等的费用。 暂估价：招标人在工程量清单中提供的用于支付必然发生但暂时不能确定价格的材料的单价以及专业工程的金额
单位工程报价	分部分项工程费＋措施项目费＋其他项目费＋规费＋税金	
单项工程报价	Σ单位工程报价	
建设项目总投资	Σ单项工程报价	

3.2.3.3　工程量清单计价的操作过程

就我国目前的实践而言，工程量清单计价作为一种市场价格的形成机制，其主要使用在工程招投标阶段。因此工程量清单计价的操作过程可以从招标、投标、评标三个阶段来阐述。

（1）工程招标阶段　招标单位在工程方案设计、初步设计或部分施工图设计完成后，即可委托招标控制价编制单位（或招标代理单位）按照统一的工程量计算规则，以单位工程为对象，计算并列出各分部分项工程的工程量清单（应附有关的施工内容说明），作为招标文件的组成部分发放给各投标单位。其工程量清单的粗细程度、准确程度取决于工程的设计深度及编制人员的技术水平和经验。在分部分项工程量清单中，项目编码、项目名称、计量单位和工程数量等项由招标单位根据全国统一的工程量清单项目设置规则和计量规则填写。综合单价和合价由投标人根据自己的施工组织设计以及招标单位对工程的质量要求等因素综合评定后填写。

（2）投标单位制作标书阶段　投标单位接到招标文件后，首先要对招标文件进行透彻的分析研究，对图纸进行仔细的理解。其次要对招标文件中所列的工程量清单进行审核，审核中要视招标单位是否允许对工程量清单内所列的工程量误差进行调整决定审核办法。如果允许调整，就要详细审核工程量清单内所列的各工程项目的工程量，对有较大误差的，通过招标单位答疑会提出调整意见，取得招标单位同意后进行调整；如果不允许调整工程量，则不需要对工程量进行详细的审核，只对主要项目或工程量大的项目进行审核，发现这些项目有较大误差时，可以利用调整这些项目单价的方法解决。工程量单价的套用有两种方法，即工料单价法和综合单价法。工料单价法即工程量清单的单价按照现行预算定额的工、料、机消耗标准及预算价格确定，措施费、间接费、利润、有关文件规定的调价、风险金、税金等费用计入其他相应标价计算表中。综合单价法即工程量清单的单价综合了人工费、材料费、机械台班费、管理费、利润等，并考虑风险费用的综合单价。工料单价法虽然价格的构成比较清楚，但缺点也是明显的，它反映不出工程实际的质量要求和投标企业的真实技术水平，容易使企业再次陷入定额计价的老路。综合单价法的优点是当工程量发生变更时，易于查对，能够反映本企业的技术能力、工程管理能力。根据我国现行的工程量清单计价办法，单价采用的是综合单价。

（3）评标阶段　在评标时可以对投标单位的最终总报价以及分部分项工程项目和措施项目综合单价的合理性进行评判。由于采用了工程量清单计价方法，所有投标单位都站在同一起跑线上，因而竞争更为公平合理，有利于实现优胜劣汰，而且在评标时应坚持倾向于合理低价中标的原则。当然，在评标时仍然可以采用综合计分的方法，即不仅考虑报价因素，而且还对投标单位的施工组织设计、企业业绩和信誉等按一定的权重分值分别进行计分，按总评分的高低确定中标单位；或者采用两阶段评标的办法，即先对投标单位的技术方案进行评判，在技术方案可行的前提下，再以投标单位的报价作为评标定标的唯一因素，这样既可以保证工程建设质量，又有利于业主选择一个合理的、报价较低的单位中标。

3.2.4　工程量清单计价与定额计价模式比较

自《13 计价规范》颁布后，我国建设工程计价逐渐转向以工程量清单计价为主、定额计价为辅的模式。由于我国地域辽阔，各地的经济发展状况不一致，市场经济的发展程度存在差异，将定额计价立即转变为清单计价还存在一定困难，定额计价模式在一定时期内还有其发挥作用的市场。清单计价在我国需要有一个适应和完善的过程。

3.2.4.1　定额计价与工程量清单计价模式的区别

清单计价和定额计价两种计价模式的比较见表 3.6。

表 3.6 两种计价模式的比较

内容	定额计价	清单计价
项目设置	《通用安装工程消耗量定额》的项目是按施工工序、工艺进行设置的，定额项目包括的工程内容一般是单一的	工程量清单项目的设置是以一个"综合实体"考虑的，"综合项目"一般包括多个子目工程内容
适用阶段	主要适用于项目建设前期各阶段	主要适用于合同价格形成以及后续价格管理阶段
计价依据和性质	依据国家、省、专业部门指定的各种定额，其性质是指导性的	依据清单计价规范，企业自主报价，其性质是强制性的
工程量编制主体	工程量由招标人和投标人分别计算	工程量由招标人或委托有资质的单位统一编制
计价价款构成	定额计价价款包括：直接工程费、措施项目费、间接费、利润和税金。而直接工程费中的子目基价是指完成《通用安装工程消耗量定额》分部分项工程项目所需的人工费、材料费、机械费。子目单价是定额基价，它没有反映企业的真正水平，也没有考虑风险的因素	工程量清单计价价款是指完成招标文件规定的工程量清单项目所需的全部费用。即包括分部分项工程费、措施项目费、其他项目费、规费和税金；包含完成每项分项工程所含全部工程内容的费用；包含工程量清单中没有体现的，施工中又必须发生的工程内容所需的费用；同时考虑了风险因素而增加的费用
单价构成	定额计价采用定额子目基价，定额子目基价只包括定额编制时期的人工费、材料费、机械费，并不包括利润和各种风险因素带来的影响	工程量清单采用综合单价。综合单价包括人工费、材料费、机械费、管理费和利润，且各项费用均由投标人根据企业自身情况并考虑各种风险因素自行编制
人工、材料、机械消耗量	定额计价的人工、材料、机械消耗量按《通用安装工程消耗量定额》标准计算，《通用安装工程消耗量定额》标准是按社会平均水平编制的	工程量清单计价的人工、材料、机械消耗量由投标人根据企业的自身情况或企业定额自定。它真正反映企业的自身水平
工程量计算规则	按定额工程量计算规则	按清单工程量计算规则
计价方法	根据施工工序计价，即将相同施工工序的工程量相加汇总，选套定额，计算出一个子项的定额分部分项工程费，每一个项目独立计价	按一个综合实体计价，即子项目随主项目计价，由于主体项目与组合项目是不同的施工工序，所以往往要计算多个子项才能完成一个清单项目的分部分项综合单价，每一个项目组合计价
合同价格的调整方式	变更签证、定额解释、政策性调整	单价相对固定
价格表现形式	只表示工程造价，分部分项工程费不具有单独存在的意义	主要为分部分项工程综合单价，是投标、评标、结算的依据，单价一般不调整
工程风险	工程量由投标人计算和确定，价差一般可调整，故投标人一般只承担工程量计算风险，不承担材料价格风险	招标人编制招标工程量清单，计算工程量，数量不准会被投标人发现并利用，招标人要承担差量的风险。投标人报价应考虑多种因素，由于单价通常不调整，故投标人要承担组成价格的全部因素风险

3.2.4.2 定额计价与工程量清单计价的联系

定额计价和工程量清单计价虽然是两种不同的计价模式，但是目前在我国采用工程量清单计价仍然脱离不了定额，它们的联系有以下几点：

(1) 工程量清单项目的设置，参考了全国统一定额的划分，使清单计价项目与定额计价项目的设置进行衔接，以便于工程量清单计价方式操作和使用。

(2) 工程量清单中"项目特征"的内容，基本上取自原定额的项目（或子目）设置的内容。

(3) 工程量清单中"工程内容"与定额子目相关联，它是综合单价的组价内容。

(4) 工程量清单计价，需要企业根据自己的实际消耗成本报价，在目前多数企业没有企业定额的情况下，现行全国统一定额仍然可作为消耗量定额的重要参考。

所以，工程量清单的编制与计价与定额有着密不可分的联系。

3.3 工程造价指数与价差调整

3.3.1 工程造价指数与造价信息

3.3.1.1 工程造价指数

(1) 工程造价指数的概念 工程造价指数是用来反映一定时期价格变化对工程造价影响程度的一种指标，是调整工程造价价差的依据，它反映了报告期与基期相比的价格变动趋势。

(2) 工程造价指数的作用

① 可以利用工程造价指数分析价格变动趋势及其原因。

② 可以利用工程造价指数估计工程造价变化对宏观经济的影响。

③ 工程造价指数是工程承发包双方进行工程估价和结算的重要依据。

(3) 工程造价指数的分类 工程造价指数可以分为各种单项价格指数，设备、工器具价格指数，建筑安装工程造价指数，建设项目或单项工程造价指数；也可以根据造价资料的期限长短来分类，分为时点造价指数、月指数、季指数和年指数。

① 各种单项价格指数 各种单项价格指数是反映各类工程的人工费、材料费、施工机具使用费报告期价格对基期价格的变化程度的指标。各种单项价格指数属于个体指数（个体指数是反映个别现象变动情况的指数），编制比较简单，如直接费指数、间接费指数、工程建设其他费用指数等的编制可以直接用报告期价格与基期价格相比求得。其计算公式如下：

$$\text{人工费(材料费、施工机械使用费)价格指数} = P_1/P_0 \tag{3-8}$$

式中 P_0——基期人工日工资单价（材料价格、机械台班单价）；

P_1——报告期人工日工资单价（材料价格、机械台班单价）。

② 设备、工器具价格指数 总指数是用来反映不同度量单位的许多商品或产品所组成的复杂现象总体方面的动态。综合指数是总指数的基本形式，可以把各种不能直接相加的现象还原为价值形态，先综合（相加），再对比（相除），从而反映观测对象的变化趋势。设备、工器具由不同规格、不同品种组成，因此设备、工器具价格指数属于总指数。由于采购数量和采购价格的数据无论是基期还是报告期都很容易获得，因此设备、工器具价格指数可以用综合指数的形式来表示。

③ 建筑安装工程造价指数 建筑安装工程造价指数是一种综合指数，包括人工费指数、材料费指数、施工机具使用费指数、措施费指数、间接费指数等各项个体指数。建筑安装工程造价指数的特点是既复杂涉及面又广，利用综合指数计算分析难度大。可以用各项个体指数加权平均后的平均指数表示。

建筑安装工程造价指数也属于质量指标指数，用综合指数的变形即平均数指数的形式表示。从理论上说，综合指数是计算总指数的比较理想的形式，因为它不仅可以反映事物变动的方向与程度，而且可以用分子与分母的差额直接反映事物变动的实际经济效果。建筑安装工程造价指数的计算公式如下：

$$\text{建筑安装工程造价}=\frac{\text{报告期建筑安装工程费}}{\dfrac{\text{报告期人工费}}{\text{人工费指数}}+\dfrac{\text{报告期材料费}}{\text{材料费指数}}+\dfrac{\text{报告期施工机械使用费}}{\text{施工机械使用费指数}}+\dfrac{\text{报告期企业管理费}}{\text{企业管理费指数}}+\text{利润}+\text{规费}+\text{税金}} \tag{3-9}$$

④ 建设项目或单项工程造价指数　建设项目或单项工程造价指数是由设备、工器具价格指数，建筑安装工程造价指数，工程建设其他费用指数综合得到的。建设项目或单项工程造价指数是一种总指数，与建筑安装工程造价指数相类似，其计算也采用加权调和平均数指数的推导公式，具体计算公式如下：

$$\text{建筑项目或单项工程指数}=\frac{\text{报告期建设项目或单项工程造价}}{\dfrac{\text{报告期建筑安装工程费}}{\text{建筑安装工程造价指数}}+\dfrac{\text{报告期设备、工器具费}}{\text{设备、工器具价格指数}}+\dfrac{\text{报告期工程建设其他费用}}{\text{工程建设其他费用指数}}} \tag{3-10}$$

3.3.1.2　工程造价信息

(1) 工程造价信息的含义　工程造价信息是指工程造价管理机构发布的建设工程人工、材料、工程设备、施工机械台班的价格信息，以及各类工程的造价指数、指标等。在工程发承包市场和工程建设过程中，工程造价总是在不停地变化之中，并呈现出不同特征。人们对工程发承包市场和工程建设过程中工程造价运动的变化是通过工程造价信息来认识和掌握的。在工程发承包市场和工程建设中，工程造价是最灵敏的调节器和指示器，无论是工程造价主管部门还是工程发承包双方，都要通过接收、加工、传递和利用工程造价信息来了解工程建设市场动态，预测工程造价发展趋势，制定工程造价政策和确定工程发承包价格。特别是工程量清单计价，且工程造价主要由市场定价的过程中，工程造价信息起着举足轻重的作用。

(2) 工程造价信息的分类　为方便对工程造价信息的管理，有必要按一定的原则和方法对其进行区分、归集并及时发布。因此应该对工程造价信息进行分类。从广义上说，所有对工程造价的确定和控制过程起作用的资料都可以称为工程造价信息，如各种定额资料、标准规范、政策文件等。但最能体现工程造价信息变化特征，并且在工程价格的市场机制中起重要作用的工程造价信息主要包括以下几类：

① 人工价格　包括各类技术工人、普工的月工资、日工资、时工资标准，各工程实物量人工单价等。

② 材料、设备价格　包括各种建筑材料、装修材料、安装材料和设备等的市场价格。

③ 机械台班价格　包括各种施工机械台班价格或其租赁价格。

④ 综合单价。包括各种分部分项工程量清单和措施项目清单评标后中标的综合单价。

⑤ 其他　包括各种脚手架、模板等周转性材料的租赁价格等。

工程造价信息是当前工程造价最为重要的计价依据之一。因此，及时、准确地收集、整理、发布工程造价信息，已成为工程造价管理机构最重要的日常工作之一。

(3) 工程造价信息管理的基本原则

① 标准化原则　要求在项目的实施过程中对有关信息的分类进行统一，对信息流程进行规范，力求做到格式化和标准化，从组织上保证信息生产过程的效率。

② 有效性原则　工程造价信息应针对不同层次管理者的要求进行适当加工，针对不同

管理层提供不同要求和浓缩程度的信息。这一原则是为了保证信息产品对于决策支持的有效性。

③ 定量化原则 工程造价信息不应是项目实施过程中产生数据的简单记录，而应该经过信息处理人员的比较与分析。采用定量工具对有关数据进行分析和比较是十分必要的。

④ 时效性原则 考虑到工程计价过程的时效性，工程造价信息也应具有相应的时效性，以保证信息产品能够及时服务于决策。

⑤ 高效处理原则 通过采用高性能的信息处理工具（如工程造价信息管理系统），尽量缩短信息在处理过程中的延迟。

3.3.2 工程造价价差的调整方式

3.3.2.1 编制施工图预算时考虑的价差

（1）编制时间与执行时间的差异 施工图预算一般是先编制后执行。因编制时间与执行时间不同，其时间差使工程造价发生变化，编制者在编制施工图预算时可预测价格浮动系数，或者在编制总投资时计算一项“调价预备费”，来解决因时间差异而产生的价差。

（2）难以预料的子目出现 在编制施工图预算时，有的子目的出现难以预料，使工程造价发生变化，一般在总投资编制时计算一项“基本预备费”作为解决价差之用。

（3）地区价差 工程预算应该用工程所在地的单价，或者用该地区中心城市的单价进行编制。如果用非工程所在地的单价编制预算，必然产生不同地区价差带来的预算的不准确性，并增加调整难度。所以应该用工程所在地的价格进行编制，以免产生地区价差。

（4）工程结算时考虑的价差 承包商在报价时，应充分考虑价差带来的风险。从市场调查预测开始，在投标活动、中标签约、生产准备、施工生产和竣（完）工结算中均应考虑价差。在中标签约时，双方应协商一个调差方式进行工程造价价差的调整。调整的方式方法有很多，可根据工程项目、市场涨幅、工程所在地环境等情况进行选择。无论用什么方式方法调差，均应记录在合同中，供双方信守。

3.3.2.2 价差调整方法

工程造价价差产生的原因一是单价变动，二是数量变动。在施工生产中如发生上述两种变动情况时，经发包人代表或总监理工程师签证认可，即可调差。其调差方法如下：

（1）人工费的调差 人工费的调差有两个方面，即量差和价差，计算式如下：

$$\text{人工工日量差}=\text{实际耗用工日数}-\text{合同工日数} \tag{3-11}$$

$$\text{人工工资价差}=\text{实际耗用工日数}\times(\text{实际人工单价}-\text{合同工日单价}) \tag{3-12}$$

（2）材料费的调差 材料价差是指预算编制时工程所在地的材料预算单价与定额材料单价之间的差额。造成这种差额的原因主要有以下几种：

① 工程所在地的材料预算单价与定额编制地区的材料单价的价差（地差）。

② 预算编制期与定额编制期以及工程实施阶段前后的材料价格变动（时差）。

③ 贸易价格因供求关系变化产生的价差（势差）。

对于材料价差的调整计算，在应用定额计价时，我国大部分地区都是采用实物法（又称抽料法）和系数法调整。

a. 实物法调整 即对需要进行价差计算的每一种材料进行调整，这种方法主要是针对工程造价影响大、价格变化快的材料采用的方式，其计算方法是直接用材料数量乘以市场材料单价，此时不存在调整价差的问题。计算表达式如下：

$$未计价材料费=\sum(材料数量\times当地材料单价) \tag{3-13}$$

或：

$$未计价材料费=\sum[设计用量\times(1+损耗率)\times当地材料单价] \tag{3-14}$$

b. 系数调整法　即将价差按占材料费或直接费的比例确定系数，由地方主管部门经过测算后发布。采用系数法调整价差的材料一般是针对工程造价影响小，实物法调整以外的材料，在安装工程中计价材料通常采用系数法调整。

$$计价材料差价=材料价差系数\times\sum定额材料费 \tag{3-15}$$

或：

$$计价材料差价=材料价差系数\times\sum定额直接费 \tag{3-16}$$

值得注意的是，在采用系数调整法调整价差时，式(3-15) 和式(3-16) 中的材料价差系数的测算基数不同，故两式的材料价差系数值也不同。

(3) 机械台班费的调差　施工机械价差调整方法与材料价差调整方法相同，按不同的机械逐项调整。

(4) 工程结算价差的调整方式　工程结算价差一般在工程进度款结算或工程竣（完）工结算时调整。其价差调整方式有下面几种：

① 按实调整结算价差　双方约定凭发票按实结算时，双方在市场共同询价认可后，所开具的发票作为工程造价价差调整的依据。

② 按工程造价指数调整　招标方和承包方约定，用施工图预算或工程概算作为承包合同价时，根据合理的工期，按当地工程造价管理部门公布的当月度或当季度的工程造价指数，对工程承包合同价进行调整。

③ 用指导价调整　用建设工程造价管理部门公布的调差文件进行价差调整，或按造价管理部门定期发布的主要材料指导价进行调整，是较为传统的调整方法。

④ 用价格指数公式调整　用价格指数公式调整，也称调值公式法，这是国际工程承包中工程合同价调整用的公式，是一种动态调整方法。对某一项材料调差时，计算式为：

$$某项材料价差额=某项材料总数量\times材料合同价\times价格指数 \tag{3-17}$$

思考题

1. 试比较工程量清单计价模式与定额计价模式的异同。
2. 简述分部分项工程量清单的组成。
3. 分部分项工程量清单的项目编码分为几级？分别是什么？
4. 简述工程造价指数的概念和作用。
5. 工程造价产生价差的原因是什么？
6. 工程量清单编制的内容有哪些？

4 建设工程招投标与建设工程合同

学习导入

建设工程招投标与建设工程合同管理工作涉及的知识面宽，跨越技术、经济、法律及管理等专业领域，是一项综合性很强的技术经济管理工作。本章系统地阐述了工程建设领域的招投标与合同管理的理论和法律知识及操作方法。通过这个单元的学习，能够了解、掌握建设工程招投标与合同管理的一般规律和技巧。

学习目标

通过本模块的学习应掌握建设工程招投标的基本概念、招标控制价的编制、投标报价的编制、建设工程合同类型及内容、工程合同价的确定、施工合同的签订及施工合同格式的选择、在签订中应注意的事项等，提高综合运用理论知识解决实际问题的能力。

4.1 建设工程招投标

4.1.1 建设工程招投标概述

4.1.1.1 招投标概述

招标投标，是指市场经济条件下，采购人事先提出的大宗货物、工程或服务采购的条件和要求，邀请众多投标人参加投标并按照规定从中选择交易对象的一种市场交易方式。《中华人民共和国招标投标法》第5条规定："招标投标活动应当遵循公开、公平、公正和诚实信用的原则。"

4.1.1.2 招标文件的组成与内容

2017年9月，国家发改委等九部委编制了《标准设备采购招标文件》《标准材料采购招标文件》《标准勘察招标文件》《标准设计招标文件》《标准监理招标文件》（统一简称为《标准文件》）。《标准文件》适用于依法必须招标的与工程建设有关的设备材料等货物项目和勘察、设计、监理等服务项目。《标准文件》自2018年1月1日起实施。

（1）建设工程招标文件的组成　建设工程招标文件由招标文件正式文本、对招标文件正式文本的解释和对招标文件正式文本的修改三部分组成：

① 招标文件正式文本　招标文件正式文本由投标邀请书、投标人须知、合同主要条款、投标文件格式、工程量清单（采用工程量清单招标的应当提供）、技术条款、设计图纸、评标标准和方法、投标辅助材料等组成。

② 对招标文件正式文本的解释　投标人拿到招标文件正式文本之后，如果认为招标文

件有问题需要解释，应在收到招标文件后在规定的时间内以书面形式向招标人提出，招标人以书面形式向所有投标人做出答复。其具体形式是招标文件答疑或答疑会议记录等，这些也构成招标文件的一部分。

③ 对招标文件正式文本的修改　在投标截止日前，招标人可以对已发出的招标文件进行修改、补充，这些修改和补充也是招标文件的一部分，对投标人起约束作用。修改意见由招标人以书面形式发给所有获得招标文件的投标人，并且要保证这些修改和补充发出之日到投标截止有 15 天的合理时间。

(2) 建设工程招标文件的内容　根据国家《标准施工招标文件》的要求，在使用“范本”编制具体项目招标文件时，范本体例结构不能变，允许细化和补充的内容不得与范本原文相抵触，不允许修改的地方不可修改。其中，通用文件和标准条款不需做任何修改，如：“投标人须知”（投标人须知前附表和其他附表除外）、“评标办法”（评标办法前附表除外）、“通用合同条款”应当不加修改地加以引用。根据招标工程项目的具体情况，对投标人须知资料表（或附表前）、专用条款、协议条款以及技术规范、工程量清单、投标文件附表等部分中的具体内容进行重新编写，加上招标图纸即构成一套完整的招标文件。建设工程招标文件的编制实际上是形成合同的前期准备工作。

下面以《标准施工招标文件》为范本介绍施工招标文件的内容，主要包括封面格式和四卷八章的内容。

第一卷　第一章　招标公告；
　　　　第二章　投标须知；
　　　　第三章　评标办法；
　　　　第四章　合同条款及工程建设标准、合同文件格式；
　　　　第五章　工程量清单；
第二卷　第六章　图纸；
第三卷　第七章　技术标准及要求；
第四卷　第八章　投标文件格式组成。

① 封面格式　封面格式包括下列内容：项目名称、标段名称、“招标文件”标识、招标人名称、单位印章和日期。

② 招标公告　招标公告是《标准施工招标文件》的第一章内容。对于未进行资格预审的公开招标项目，招标文件应包括招标公告。招标公告主要包括：项目名称、招标条件、项目概况与招标范围、投标人资格要求、招标文件的获取、投标文件的递交、发布公告的媒介和联系方式等内容。

投标邀请书（适用于邀请招标）应包括：项目名称、被邀请人名称、招标条件、项目概况与招标范围、投标人资格要求、招标文件的获取、投标文件的递交、确认及联系方式等内容。其中大部分内容与招标公告基本相同，投标邀请书不需要说明发布公告媒介，但增加了在收到投标邀请后，约定时间以传真或快递方式确认是否参加投标的要求。

投标邀请书（代资格预审通知书）应包括：项目名称、被邀请人名称、购买招标文件的时间、售价、投标截止时间、收到邀请书的确认时间和联系方式等内容。投标邀请书（代资格预审通过通知书）已经通过资格预审阶段，所以在代资格预审通过通知书的投标邀请书里，不包括招标条件、项目概况与招标范围和投标人资格要求等内容。

③ 投标须知　投标须知是投标人的投标指南，是招标文件中很重要的一部分内容，投

标人在投标时要严格按照投标须知内容进行投标。投标须知包括两个部分：投标须知前附表、投标须知正文。

a. 投标须知前附表　投标须知前附表主要是将投标人须知中的关键内容和数据摘要列表，对投标须知正文中交由前附表明确的内容给予具体约定。正文与前附表的内容如出现不一致，以前附表为准。

b. 投标须知正文　投标须知正文包括总则、招标文件说明、投标报价说明、投标文件的编制与提交、资格预审申请书材料更新、开标、评标、合同授予、纪律、监督等内容。

总则包括工程说明，主要说明工程名称、位置、承包方式、招标范围等情况，通常见前附表所述。资金来源，主要说明招标项目的资金来源和支付使用的限制条件。资质要求与合格条件，这是指对投标人参加投标进而被授予合同的资格要求。招标范围、计划工期和质量等要求是投标人需要重视的实质性要求。投标人参加投标进而被授予合同必须具备前附表中所要求的资质等级。组成联合体投标的，按照资质等级较低的单位确定资质等级。投标费用，投标人应承担其编制、递交投标文件所涉及的一切费用。无论投标结果如何，招标人对投标人在投标过程中发生的一切费用，都不负任何责任。

招标文件说明是投标须知中对招标文件的组成、格式、解释、修改等问题所做的说明。招标文件是对招标投标活动具有法律约束力的文件。投标人须知应该阐明招标文件的组成，招标文件的澄清、修改。投标人须知中没有载明具体内容的，不构成招标文件的组成部分，对招标人和投标人没有约束力。如果投标人没有提供完整投标资料的，或者投标文件没有对招标文件做出实质性响应，投标可能会被拒绝。

投标报价说明是对投标报价的构成、采用的方式和投标货币等问题的说明。除非合同中另有规定，投标人在报价中所报的单价和合价，以及报价汇总表中的价格，应包括完成该工程项目的成本、利润、税金、生产准备及开办费、技术措施费、大型机械进出场费、风险费、政策性文件规定费等各项应有费用。投标人应按招标人提供的工程量清单中的工程项目和工程量填报单价和合价，并只允许有一个报价。投标人没有填写单价和合价的项目将不予支付，并认为此项费用已包括在工程量清单的其他单价和合价中。采用工料单价法报价的，应按招标文件的要求，依据相应的工程量计算规则和预算定额计量报价。投标报价可采用以下两种方法：固定价是投标人所填写的单价和合价在合同实施期间不因市场变化因素而变动，投标人在计算报价时可考虑一定的风险系数；可调价是投标人所填写的单价和合价在合同实施期间可因市场变化因素而变动。

投标须知中对投标文件的各项具体要求包括：投标文件的语言及度量衡单位、投标文件的组成、投标有效期、投标担保、踏勘现场和答疑、投标文件的份数和签署。

投标文件的提交需要将投标文件装订、密封与标记，标明投标截止期及投标文件的修改与撤回。

资格预审申请书材料的更新。投标人在提交投标申请时，如果资格预审申请书中的内容发生了重大变化，投标人需对其更新。如果评标时投标人已经不能达到资格评审标准，其投标将被拒绝。

开标与评标时，应当对开标时间、地点及开标过程做出明确的规定。

授予合同部分包括合同授予标准、中标通知书、合同的签署、履约担保。

④ 评标办法　对于资格后审的资格审查应当在评标前进行。对评标内容的保密、投标

文件的澄清、投标文件的符合性鉴定、错误的修正、投标文件的评价与比较等内容也要在这一部分中做出规定。

⑤ 合同条款及工程建设标准、合同文件格式　招标文件中的合同条件，是招标人与中标人签订合同的基础，是对双方权利和义务的约定，合同条款的完善、公平将影响合同内容的正常履行。为方便招标人和中标人签订合同，目前国际上和国内都制订有相关的合同条件标准模式，如国际工程承发包中广泛使用的FIDIC合同条件，国内的《建设工程施工合同(示范文本)》中的合同条款等。

我国的合同条款分为三部分：第一部分是协议书；第二部分是通用条款（或称标准条款)，是运用于各类建设工程项目的具有普遍适应性的标准化的条款，其中凡双方未明确提出或者声明修改、补充或取消的条款，就是双方都要履行的；第三部分是专用条款，是针对某一特定工程项目，对通用条件的修改、补充或取消。

合同文件格式是指招标人在招标文件中拟定好的合同文件的具体格式，以便于定标后由招标人与中标人达成一致协议后签署。招标文件中的合同文件主要格式有：合同协议书格式、质量保修格式、投标保函格式、承包人履约保函格式、发包人支付保函格式等。

⑥ 工程量清单　工程量清单应包括由投标人完成工程施工的全部项目，它是各投标人投标报价的基础，也是签订合同、调整工程量、支付工程进度款和竣工决算的依据。工程量清单应由具有编制招标文件能力的招标人或其委托的具有资质的工程咨询机构进行编制。招标文件中的工程量清单应由工程量清单说明和工程量清单表两部分组成。

工程量清单说明包括以下几点：工程概况（如建设规模、工程特征、计划工程、施工现场实际情况、交通运输情况、自然地理条件、环境保护要求等)；工程招标与分包范围；工程量清单编制依据；工程质量、材料、施工等的特殊要求；招标人自行采购材料的名称、规格、型号、数量；预留金、自行采购的金额数量，主要材料设备的特殊说明；其他需要说明的问题。工程量清单表应由分部分项工程量清单、措施项目清单、其他项目清单和规费、税金项目清单组成，招标人应按规定的统一格式提供工程量清单。

a. 分部分项工程量清单　分部分项工程量清单应根据《建设工程工程量清单计价规范》(GB 50500—2013）附录中规定的统一项目编码、项目名称、计量单位和工程量计算规则，以及招投标文件、施工设计图纸、施工现场条件进行编制。附录中未包括的项目，编制人可以补充列项，但要特别加以说明。分部分项工程量清单项目的工程数量，应按照规范中规定的计量单位和工程量计算规则计算。

b. 措施项目清单　措施项目清单包括施工期间需要发生的施工技术措施和施工组织措施等项目。招标人应根据工程的具体情况，参照规范中列出的通用项目内容进行列项。规范中未列项目招标人可根据实际情况作相应补充。对于措施项目清单，招标人只列出项目，由投标人自主填列数量及价格。

c. 其他项目清单　其他项目清单分为招标人和投标人两部分。招标人部分包括预留金、招标人拟供材料购置费等。投标人部分包括总承包服务费等。招标人部分由招标人确定，投标人按招标人确定的项目及金额列表，不得改动。招标人拟供材料购置费由招标人按计划采购材料的品种、数量和价格进行估算；分部分项工程量清单项目综合单价的构成中，不包括招标人拟供材料的价款，但包括该材料应计取的管理费和利润。投标人部分由招标人根据拟建工程的具体情况列出项目，应将其列入相应项目清单中并注明“暂定金额”(暂定金额，指某些工程项目暂不具备计量条件或不确定是否发生时，由招标人列出的金额)。

⑦ 图纸 图纸是招标文件的重要组成部分，是投标人拟订施工方案、确保施工方法、计算或校核工程量、计算投标报价不可缺少的资料。招标人应对其所提供的图纸资料的正确性负责。

⑧ 技术标准及要求 招标文件中的工程建设标准部分，是指招标人在编制招标文件时，为了保证工程质量，向投标人提出使用具体工程建设标准的要求，主要包括以下两个方面：

a. 本工程采用的技术规范 对工程采用的技术规范，国家有关部门有一系列规定。招标文件要结合工程的具体环境和要求，写明选定的适用于本工程的技术规范，列出编制规范的部门和名称。技术规范是检验工程质量的标准和质量管理的依据，招标人应重视技术规范的选用。

b. 特殊项目的施工工艺标准和要求 招标工程根据设计要求，对某些特殊项目的材料、施工除必须达到标准外还应该满足要求及施工工艺标准。

⑨ 投标文件格式组成

a. 投标文件投标函部分格式 投标文件的内容要按一定的顺序和格式进行编写。招标人在招标文件中，要对投标文件提出明确的要求，并拟定一套编制投标文件的参考格式，供投标人投标时填写。投标文件的参考格式，主要有法定代表资格证明书、投标文件签署授权委托投标函、投标函附录及招标文件要求投标人提交的其他投标资料等。

b. 投标文件商务部分格式 投标文件中商务部分的格式，是指招标人要求投标人在投标文件的报价部分所采用的格式。根据我国《建筑工程施工发包与承包计价管理办法》的规定，投标报价有两种计算方法，即工料单价法和综合单价法。采用综合单价报价时，综合单价应包括人工费、材料费、机械费、管理费、材料调价、利润及风险等全部费用；采用工料单价法时，应说明按照现行预算定额的工、料、机消耗及预算价格，确定出直接费、间接费、利润、税金、材料价差、设备价格、施工措施费、风险金及有关文件规定的调价等，按现行规定的计算方法计算，汇总后形成总报价。

c. 投标文件技术部分格式 投标文件技术部分的内容包括施工组织设计、项目管理机构配备情况、拟分包项目情况等。

施工组织设计。投标人编制的施工组织设计应包括的主要内容有以下几点：分部分项工程的主要施工方法；工程投入的主要施工机械设备情况、主要施工机械进场计划；劳动力安排计划；确保工程质量的技术组织措施；确保安全生产的技术组织措施；确保文明施工的技术组织措施；确保工期的技术组织措施；施工总平面图等。

编制时应采用文字评价和图标说明上述内容。对工程质量、安全文明施工、工程进度关键工序、复杂环节，应提出切实可行的技术组织措施。

项目管理机构配备情况包括项目管理组织机构设置、人员组成、职责分工及主要人员详细情况，如项目经理的学历、执业资格等级、业绩等。有必要时还需提供身份证、职称证等证明资料的复印件。

如果有拟分包的部分，应用表格的形式说明分包人的名称、资质等级、拟分包的项目及预计造价等。

4.1.2 招标控制价的编制

4.1.2.1 招标控制价编制原则、依据

(1) 招标控制价编制原则

① 招标控制价应具有权威性 从招标控制价的编制依据可以看出，编制招标控制价应

按照《建设工程工程量清单计价规范》以及国家或省级、国务院部委有关建设主管部门发布的计价定额和计价方法，根据设计图纸及有关计价规定等进行编制。

② 招标控制价应具有完整性　招标控制价应由分部分项工程费、措施项目费、其他项目费、规费、税金以及一定范围内的风险费用组成。

③ 招标控制价与招标文件的一致性　招标控制价的内容、编制依据应该与招标文件的规定相一致。中国对国有资金投资项目的投资控制实行的是投资概算审批制度，国有资金投资的工程原则上不能超过批准的投资概算。因此，在工程招标发包时，当编制的招标控制价超过批准的概算，招标人应当将其报原概算审批部门重新审核。

④ 招标控制价的合理性　招标控制价作为业主进行工程造价控制的最高限额，应力求与建筑市场的实际情况相吻合，要有利于竞争和保证工程质量。招标控制价是招标人在工程招标时能接受投标人报价的最高限价。国有资金中的财政性资金投资的工程在招标时还应符合《中华人民共和国政府采购法》相关条款的规定。如该法第三十六条规定："在招标采购中，出现下列情形之一的，应予废标……（三）投标人的报价均超过了采购预算，采购人不能支付的。"所有国有资金投资的工程，投标人的投标报价不能高于招标控制价，否则，其投标将被拒绝。

⑤ 一个工程只能编制一个招标控制价　这一原则体现了招标控制价的唯一性原则，同时也体现了招标中的公正性原则。根据《中华人民共和国招标投标法》的规定，国有资金投资的工程进行招标时，招标人可以设标底。当招标人不设标底时，为有利于客观、合理地评审投标报价和避免哄抬标价，造成国有资产流失，招标人应编制招标控制价。《招标投标法实施条例》第二十七条规定："招标人可以自行决定是否编制标底。一个招标项目只能有一个标底。"

⑥ 招标控制价应严格保密　招标控制价审定后必须及时妥善封存，严格保密，承接招标控制价编制业务的单位及其招标控制价编制人员，不得参与招标控制价审定工作；负责审定招标控制价的单位及其人员，也不得参与招标控制价编制业务；受委托编制招标控制价的单位，不得同时承接投标人的投标文件编制业务。同时，所有接触过招标控制价的人员均负有保密责任。

(2) 招标控制价编制依据

①《建设工程工程量清单计价规范》。

② 国家或省级、国务院建设主管部门颁发的计价定额和计价办法。

③ 建设工程设计文件及相关资料。

④ 招标文件中的工程量清单及有关要求。

⑤ 参考建设项目相关的标准、规范、技术资料。

⑥ 工程造价管理机构发布的工程造价信息；工程造价信息没有发布的参照市场价。

⑦ 其他的相关资料。主要指施工现场情况、工程特点及常规施工方案等。

4.1.2.2　招标控制价编制方法

根据施工图纸和现场建设条件，提出基本施工方案，并与业主方协商确定施工方案。根据分部分项工程量确定的项目名称及项目特征描述，计算定额工程量，套用相应消耗量定额。根据制定的施工方案，计算技术措施项目的定额工程量，套用相应的技术措施项目消耗量定额。结合工程所在地造价管理机构发布的材料市场指导价或市场询价，以及省级建设主管部门颁发的费用标准，计算标准的招标控制价。根据按标准计算的招标控制价，结合本项目的实际情况及业主方的造价管理目标，与业主方协商确定业主招标控制价；调整计算并确定业主招标控制价；复核、编制招标控制价，编写总说明。招标控制价一般应由成本、利润和税金组成，其编制的方法多种多样，可采用以下3种方式进行编制。

（1）以施工图预算为基础的招标控制价　以施工图预算为基础编制招标控制价是根据施工图纸及技术说明，按照预算定额规定的分部分项工程项目，逐项计算出工程量，再套用综合预算定额单价（或单位估价表）来确定直接费，然后按规定的取费标准确定施工管理费、其他间接费、计划利润和税金，再加上材料价差调整以及一定的不可预见费，汇总后构成工程总造价，形成招标控制价的主要部分。这是目前国内采用的最广泛的方法。从承包方式的角度来说，招标控制价又可分为两种：一种是除政策性调价、材料及设备价差、重大洽商变更部分可以调整以外，其他一律固定总价的承包方式的招标控制价；另一种是一次固定总价的承包方式的招标控制价。其中第一种招标控制价最为普遍。

（2）以扩大初步概算为基础的招标控制价　以扩大初步概算为基础的招标控制价的前提是要有能满足招标需要的类似技术设计深度的招标图，以其作为定量、定质和作价的依据。这种方法没有以施工图预算为基础的招标控制价精确，在国内工程中采用不多。其原因主要是初步设计深度不够，与施工图设计的内容出入较大，这样势必导致造价悬殊，使投资难以控制。但其也有一定的可取之处，主要是减少工作量，节省时间，争取提前开工，同时施工与施工图设计可以交叉作业，一般是先出基础图就可开工，以后主体结构、建筑装修、机电设备安装等设计陆续跟上，使施工仍能顺利进行，提前竣工投产以达到早盈利的目的。

（3）以最终产品单位造价包干为基础的招标控制价　以最终产品单位造价包干为基础的招标控制价通常按每平方米建筑面积实行造价包干，根据不同建筑体系的结构特点、层数、层高、装修和设备标准等条件和地基土质、地耐力及基础、地下室的不同做法，分别确定每平方米建筑面积设计标高±0.00以上、以下部分的造价包干标准。在具体工程招标时，再根据装修、设备情况进行适当的调整，确定招标控制价单价。这种方法主要适用于采用标准设计大量兴建的工程，如通用住宅、中小学校舍等。固然招标控制价对评标有着重要的指导意义，但我国过去过多地强调了招标控制价的作用。在实际招标过程中，招标人往往将招标控制价作为衡量投标报价的唯一基准，过分高于或者低于招标控制价的报价就被拒绝。这样做一方面限制了竞争，使投标人不顾成本，尽可能地压低投标报价；另一方面也促使投标人为了争取中标，千方百计地打听招标控制价。因此，国际招标时往往不设招标控制价，而以最低价作为中标的重要标准。

编制流程图（图4.1）：基于招标文件的工程量清单，利用现行的国家、省计价规范，收集有关资料，了解现场情况及市场行情，依次计算分部分项工程费、措施项目费等，并汇总形成招标控制价。

4.1.2.3 招标控制价的管理

（1）招标控制价的复核　招标控制价复核的主要内容为：

a. 承包工程范围、招标文件规定的计价方法及招标文件的其他有关条款。

b. 工程量清单单价组成包括：人工、材料、机械台班费、管理费、利润、风险费用以及主要材料数量等。

c. 计日工单价等。

d. 规费和税金的计取等。

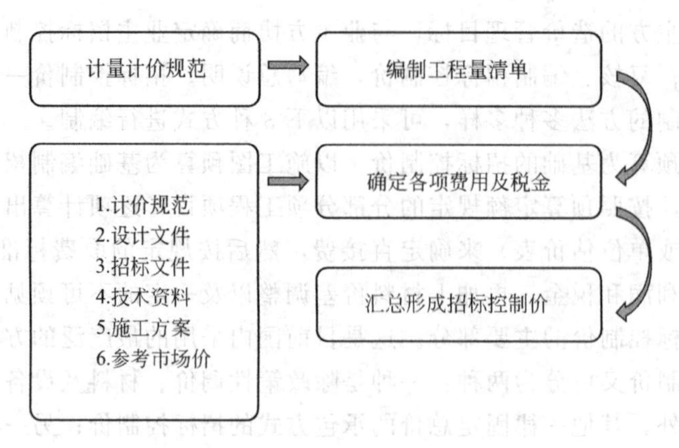

图 4.1　招标控制价编制流程图

（2）招标控制价的公布和备查

a. 招标控制价应在招标时公布，不应上浮或下调。

b. 招标人应将招标控制价及有关资料报送工程所在地工程造价管理机构备查。

（3）招标控制价的投诉与处理

a. 投标人经复核认为招标人公布的招标控制价未按照规范的规定进行编制的，应在开标前 5 天向招投标监督机构或（和）工程造价管理机构投诉。

b. 招投标监督机构应会同工程造价管理机构对投诉进行处理，发现确有错误的，应责成招标人修改。

4.1.3　投标报价的编制

4.1.3.1　施工投标文件内容

投标文件是由一系列有关投标的书面资料组成的。投标人应当按照招标文件的要求编制投标文件。投标文件应当对招标文件提出的实质性要求和条件作出响应。投标文件的内容应包括：

① 投标函及投标书附录；

② 法定代表人身份证明或附有法定代表人身份证明、资格证明书的授权委托书；

③ 联合协议书；

④ 投标保证金；

⑤ 已标价的工程量清单与报价表；

⑥ 施工组织设计；

⑦ 项目管理机构；

⑧ 拟分包计划表；

⑨ 资格审查表（资格预审的不采用）；

⑩ 对招标文件中的合同协议条款内容的确认和响应；

⑪ 招标文件规定提交的其他资料。

4.1.3.2　施工投标准备

工程建设项目施工投标的准备工作主要有：

（1）研究招标文件　研究招标文件的着重点，通常放在以下几方面：

① 研究工程综合说明，借以获得对工程全貌的轮廓性了解。

② 熟悉并详细研究设计图纸和技术说明书，目的在于弄清工程的技术细节和具体要求，使制定施工方案和报价有确切的依据。为此，要详细了解设计规定的各部位做法和对材料品种规格的要求；各种图纸之间的关系等，发现不清楚或互相矛盾之处，要提请招标单位解释或订正。

③ 研究合同主要条款，明确中标后应承担的义务、责任及应享受的权利。重点是承包方式，开竣工时间及工期奖罚，材料供应及价款结算办法，预付款的支付和工程款结算办法，工程变更及停工、窝工损失处理办法等。

④ 熟悉投标单位须知，明确了解在投标过程中，投标单位应在什么时间做什么事和不允许做什么事，目的在于提高效率，避免造成废标，徒劳无功。

(2) 调查投标环境　投标环境就是投标工程的自然、经济和社会条件。这是工程施工的制约因素，必然影响工程成本，是投标报价时必须考虑的，所以要在报价前尽可能了解清楚。

① 施工现场条件，可通过踏勘现场和研究招标单位提供的地基勘探报告资料来了解。主要有：场地的地理位置，地上、地下有无障碍物，地基土质及其承载力，进出场通道，给排水、供电和通信设施，材料堆放场地的最大容量，是否需要二次搬运，临时设施场地等。

② 自然条件，主要是影响施工的风、雨、气温等因素。如风、雨季的起止期，常年最高、最低和平均气温以及地震烈度等。

③ 建材供应条件，包括砂石等地方材料的采购和运输，钢材、水泥、木材等材料的供应来源和价格，当地供应构配件的能力和价格，租赁建筑机械的可能性和价格等。

④ 专业分包的能力和分包条件。

⑤ 生活必需品的供应情况。

(3) 确定投标策略　建筑企业参加投标竞争，目的在于得到对自己最有利的施工合同，从而获得尽可能多的盈利。为此，必须研究投标策略，以指导其投标全过程的活动。

(4) 制定施工方案　施工方案是投标报价的一个前提条件，也是招标单位评标要考虑的重要因素之一。施工方案主要应考虑施工方法、主要机械设备、施工进度、现场工人数目的平衡以及安全措施等，要求在技术和工期两方面对招标单位有吸引力，同时又有助于降低施工成本。由于投标的时间要求往往相当紧迫，所以施工方案不可能也无必要编得很详细，只要抓住要点，扼要地说明即可。

4.1.3.3 施工投标报价的编制

施工投标报价是投标的关键性工作，也是整个投标工作的核心。它不仅是能否中标的关键，而且对中标后的盈利多少，在很大程度上起着决定性的作用。投标价应由投标人或受其委托的具有相应资质的工程造价咨询人编制。

(1) 投标报价的编制程序和方法　当潜在投标人通过投标资格预审后，可领取建设工程招标文件，并按以下程序编制和确定投标报价，如图 4.2 所示。

施工投标报价的编制方法主要有以下两种：

① 工程量清单计价模式下的报价编制　根据自 2013 年 7 月 1 日起实施的《建设工程工程量清单计价规范》(GB 50500—2013) 进行投标报价。依据招标人在招标文件中提供的工程量清单计算投标报价。

工程量清单计价的投标报价应包括按招标文件规定完成工程量清单所列项目的全部费

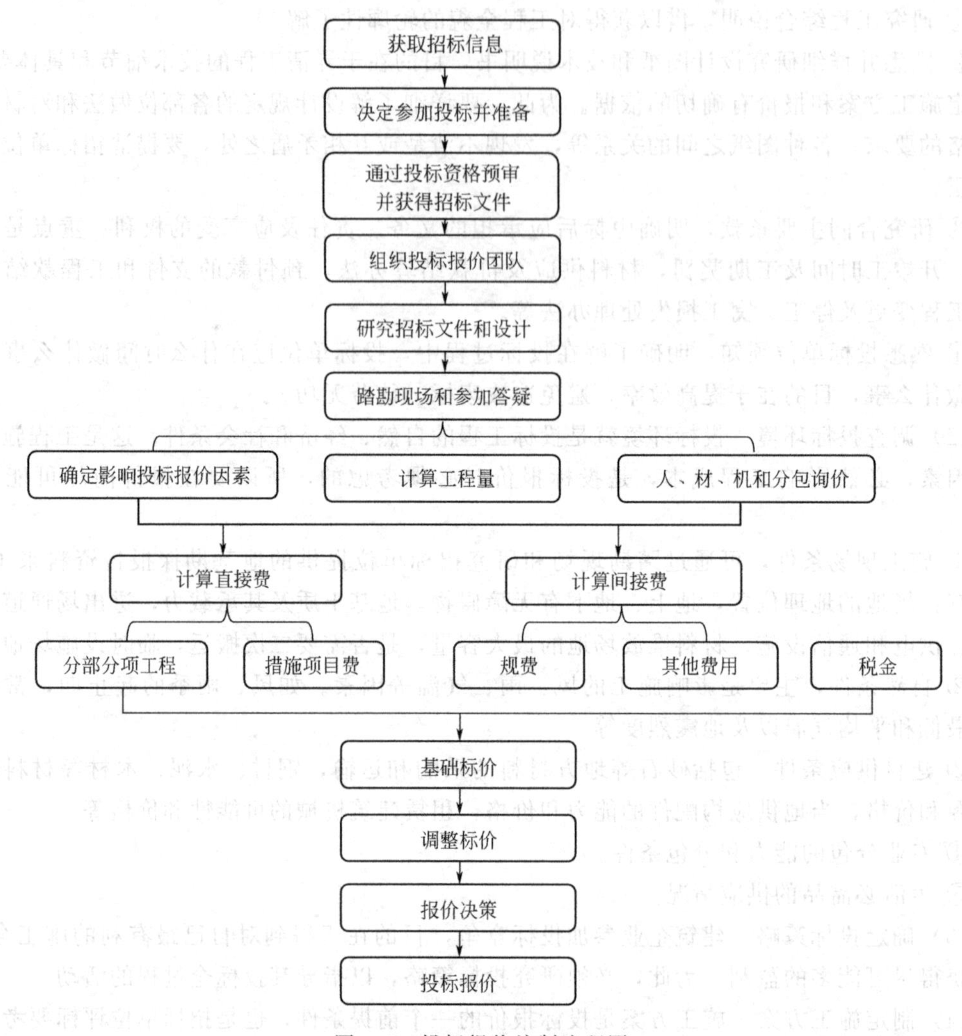

图 4.2 投标报价编制流程图

用，包括分部分项工程费、措施项目费、其他项目费、规费和税金。

工程量清单应采用综合单价计价。综合单价指完成一个规定计量单位的工程所需的人工费、材料费、机械使用费、管理费和利润，并考虑风险因素。

a. 分部分项工程费是指完成“分部分项工程量清单”项目所需的工程费用。投标人根据企业自身的技术水平、管理水平和市场情况填报分部分项工程量清单计价表中每个分项的综合单价，每个分项的工程数量与综合单价的乘积即为合价，再将合价汇总就是分部分项工程费。

b. 措施项目费用是指为完成工程项目施工，发生于该工程施工前和施工过程中技术、生活、安全等方面的非工程实体项目所需的费用。

c. 其他项目费是指分部分项工程费和措施项目费以外的在工程项目施工过程中可能发生的其他费用。其他项目费包括招标人部分和投标人部分。

招标人部分：预留金、材料购置费等。这是招标人按照估算金额确定的。预留金指招标人为可能发生的工程量变更而预留的金额。

投标人部分：总承包服务费、零星工作项目费等。总承包服务费是指为配合协调招标人进行的工程分包和材料采购所需的费用。其应根据招标人提出的要求所发生的费用确定。零星工作项目费是指完成招标人提出的，不能以实物量计量的零星工作项目所需的费用。其金额应根据“零星工作项目计价表”确定。

d. 规费和税金。

② 定额计价方式下投标报价的编制　一般是采用预算定额来编制，即按照定额规定的分部分项工程子目逐项计算工程量，套用预算定额基价或当时当地的市场价格确定直接费，然后再套用费用定额计取各项费用，最后汇总形成初步的标价。

(2) 投标报价的计算依据

① 国家、地方造价主管部门有关工程造价计算的规定。

② 现行国家计价规范，国家或省级、行业建设主管部门颁发的计价定额，企业定额。

③ 招标文件、招标工程量清单及其补充通知、答疑纪要。

④ 建设工程设计文件及相关资料。

⑤ 施工现场情况、工程特点及投标时拟定的施工组织设计或施工方案。

⑥ 与建设项目相关的标准、规范等技术资料。

⑦ 市场价格信息或工程造价管理机构发布的工程造价相关信息。

⑧ 分包工程询价，投标策略、技巧。

(3) 建设工程投标报价的一般规定

① 投标报价应由投标人或受其委托具有相应资质的工程造价咨询人编制。

② 投标人应根据《建设工程工程量清单计价规范》(GB 50500—2013) 第 6.2.1 条规定自主确定投标报价。

③ 投标报价不得低于工程成本。

④ 投标人必须按照招标工程量清单填报价格。项目编码、项目名称、项目特征、计量单位、工程量必须与招标工程量清单一致。

⑤ 投标人的投标报价高于招标控制价的应予废标。

(4) 投标报价计算中应注意的事项

① 综合单价中应包括招标文件中划分的、应由投标人承担的风险范围及其费用，招标文件中没有明确的，应提请招标人明确。

② 分部分项工程和措施项目中的单价项目，应根据招标文件和招标工程量清单项目中的特征描述确定综合单价。

③ 措施项目中的总价项目金额应根据招标文件及投标时拟定的施工组织设计或施工方案，采用综合单价计价自主确定。其中的安全文明施工费必须按国家或省级、行业建设主管部门的规定计算，不得作为竞争性费用。

④ 其他项目应按下列规定报价：暂列金额应按招标工程量清单中列出的金额填写。材料、工程设备暂估价应按招标工程量清单中列出的单价计入综合单价。专业工程暂估价应按招标工程量清单中列出的金额填写。计日工应按招标工程量清单中列出的项目和数量，自主确定综合单价并计算计日工。总承包服务费应根据招标工程量清单中列出的内容和提出的要求自主确定。

⑤ 规费和税金必须按国家或省级、行业建设主管部门的规定计算，不得作为竞争性项目。

⑥ 招标工程量清单与计价表中列明的所有需要填写单价和合价的项目，投标人均应填

写且只允许有一个报价。未填写单价和合价的项目，可视为此项费用已包含在已标价工程量清单中其他项目的单价和合价之中。

⑦ 投标总价应当与分部分项工程费、措施项目费、其他项目费和规费、税金的合计金额一致。

(5) 投标报价技巧

① 不平衡报价，是指一个工程的投标报价，在总价基本确定后，如何确定内部各个子项目的报价，以期在不提高总价、不影响中标的情况下，并在决算时得到最理想的经济效益。以下的项目可以考虑采用不平衡报价。

分期付款项目，能够早日结账收款的项目（如基础工程）可以报得较高，以利资金周转，后期工程项目可适当降低报价。

工程量增减项目，经过工程量核算，预计今后工程量会增加的项目，或对施工图进行分析，图纸不明确，估计修改后工程量要增加的项目，单价应适当提高。而工程量完不成的项目单价降低，这样在最终决算时可得到较好的经济效益。

暂定项目，对这类项目要具体分析，因为这类项目在开工后要由业主研究决定是否实施、由哪一家承包商实施，如果工程不分标，由一家承包商施工，则单价可高些，不一定要做的则低些。如果工程分标，该暂定项目有可能由其他承包商施工的，则不宜报高价。

单价包干项目，在单价包干中，对某些项目业主采用单价包干报价时，宜报高价。一则这类项目多半有风险；二则这类项目完成后可全部按报价结账。其余项目单价可适当降低。

不平衡报价一定要控制在合理幅度内（一般是总价的5%～10%），如果不注意这一点，有时业主会挑选出报价过高的项目，要求投标者进行单价分析，对项目压价或失去中标机会。

② 多方案报价，对于招标文件，如果发现工程范围不是很明确、条款不清楚或很不公正、技术规范要求过于苛刻时，按多方案报价法处理。其做法是在标书上报两个价，即按原招标文件要求报一个价，然后再按某条款（或某规范规定），对报价作某些变动，报一个较低的价，这样可以降低总价，吸引业主。

③ 增加建议方案，有的招标文件中规定，可以提建议方案，即可以修改原设计方案。投标者这时应提出更合理的方案以吸引业主，促成自己的方案中标，这种新的建议方案应可以降低总造价或提前竣工，或使工程使用更合理，但是对原招标方案也要报价，以供业主比较。增加建议方案时，不要写得太具体，保留方案的技术关键，建议方案一定要比较成熟，最好有实践经验。

④ 突然袭击报价，是一项保密工作。但是，对手往往通过各种渠道、手段来刺探情报。因此，在报价时可以采用迷惑对方的手法，即先按一般情况报价或表现出自己对该工程兴趣不大，到快投标截止时突然变动价格。

⑤ 先亏后盈法，是指投标人为了开辟某一市场而不惜代价的低价中标方案。对于大型分期建设的工程，在第一期时，可以将部分间接费分摊到第二期工程中去，少计算利润以争取中标。这样在第二期工程投标时，凭借第一期工程的经验，临时设施以及创立的信誉，比较容易拿到第二期工程。但应注意分析获得第二期工程的可能性，如开发前景不明确，后续资金来源不明确，实施第二期工程遥遥无期时，则不考虑先亏后盈法。

⑥ 许诺优惠条件，投标报价附带优惠条件是行之有效的一种手段。招标人评标时，除了主要考虑报价和技术方案外，还要分析别的条件，如工期、支付条件等。所以，在投标时

主动提出提前竣工、低息贷款、赠给施工设备，免费转让新技术或某种技术专利、免费技术协作、代为培训人员等，均是吸引招标人、利于中标的辅助手段。

⑦ 低价投标夺标法，有的时候被形象地称为“拼命法”。采用这种方法必须有十分雄厚的实力或有国家或大财团作后盾，即为了占领某一市场或为了争取未来的优势，宁可目前少盈利或不盈利，或采用先亏后盈法，先报低价，然后利用索赔扭亏为盈。采用这种方法应首先确认业主是按照最低价确定中标单位，同时要求承包商拥有很强的索赔管理能力。

⑧ 推荐方案报价法，招标文件中，业主通常要求承包商按照指定工艺方案报价。承包商在报价时，经过对各种因素的综合分析，特别为战胜业绩相似的竞争对手，在按要求进行报价后，可以根据本公司的工程经验，提出推荐方案，重点突出新方案在改善质量、工期和节省投资等方面的优势，并列出总价和分项价，以吸引业主，使自己区别于其他投标人。但是推荐方案的技术方案不能描述得太具体，应该保留技术关键，防止业主将此方案交给其他承包商，同时所推荐的方案一定要比较成熟，或过去有成功的业绩，否则易造成后患。

⑨ 固定价与浮动价相结合报价法。根据物价和汇率波动情况及通货膨胀情况确定采用定价、浮动价或固定价和浮动价相结合的方式。总之，在投标报价过程中，要针对不同工程的具体特点，采用不同的投标报价策略，在争取中标的同时，保证工程达到最佳的经济效益。

4.2 建设工程合同

4.2.1 建设工程合同概述

合同是平等主体的自然人、法人、其他组织之间设立、变更、终止民事权利义务关系的协议。建设工程合同是承包人进行工程建设，发包人支付价款的合同。建设工程合同是一种诺成合同，合同订立生效后，双方应该严格履行。建设工程合同的订立应遵循平等原则、自愿原则、公平原则、诚信原则、合法原则。《中华人民共和国合同法》第 269 条规定：“建设工程合同是承包人进行工程建设，发包人支付价款的合同。建设工程合同包括工程勘察、设计、施工合同。”第 267 条规定：“建设工程实施监理的，发包人应当与监理人采用书面形式订立委托监理合同。”

4.2.1.1 建设工程合同类型、内容

（1）建设工程合同的类型

① 按承发包签约各方的工程范围划分　从承发包签约各方的工程范围可以将建设工程合同划分为建设工程总承包合同、建设工程承包合同、分包合同。

a. 发包人将工程建设的全过程或者其中某个阶段的全部工作发包给一个承包人的合同就是建设工程总承包合同。

b. 总承包合同签订后，总承包单位可以将建设工程的勘察、设计、施工等每一项分别发包给不同的承包人的合同即为建设工程承包合同。总承包单位要统一协调和监督各承包商所承包的工作。建设工程发包人仅与总承包单位存在法律关系，而与专业建设工程承包单位不发生法律关系。

c. 经过总承包合同的约定，发包人确认后，承包建设工程中的部分工作而订立的合同，

称为建设工程分包合同。某些大型工程项目有时不采取总承包形式，发包人直接与分包方订立合同。每个承包人都独立完成承包任务，发包人直接和承包人发生法律关系。

② 按工程结算的不同方式进行划分　建设工程合同中，发包人和承包人在协议书中订立的结算方式主要有以下几种。

a. 总价合同是指在合同中确立一个完成项目的总价，承包单位根据项目施工图、工程量清单或预算书，及其他约定条件而确立的建设工程合同。这类合同适用于建设规模较小、技术不复杂、工期较短、风险不大的建设工程项目。承发包双方采用总价方式确定合同价款，必须具备详尽而全面的施工详图和说明。

b. 单价合同是指承包单位在投标时，约定以工程量清单进行合同价格计算，确定各分项目工程费用的合同类型。原则上在合同约定范围内，清单工程量仅作为投标报价的基础，并不作为工程结算的依据，工程结算以监理工程师审核的实际工程量作为依据。实际工程量清单计价的建设工程项目，鼓励承发包双方采用单价合同方式确定合同价款。这种合同类型的适用范围比较宽，其风险可以得到合理的分摊，并且能鼓励承包单位通过提高工效等手段从降低成本中增加利润。

c. 其他结算方式的合同，主要有成本加酬金的形式订立合同。成本加酬金合同是由建设单位向施工单位支付建筑安装工程的实际成本，并按事先约定的某一种方式支付酬金的合同。成本加酬金合同中，建设单位需承担项目实际发生的一切费用，因此，也就承担了项目的全部风险；而施工单位由于无风险，其报酬往往也较低。这种合同类型的缺点是：建设单位对工程总造价不易控制，施工单位也往往不注意降低项目成本。这类合同主要适用于需要立即开展工作（如震后救灾）的工程项目；新型或对项目工程内容及技术经济指标未确定的工程项目；风险很大的工程项目。

③ 按照《合同法》规定，从不同的签约对象、内容出发可以将建设工程合同划分为建设工程勘察合同、建设工程设计合同、建设工程施工合同、建设工程委托监理合同等。

a. 建设工程勘察合同是指承包方进行工程勘察，发包人支付价款的合同。合同中要明确双方权利和义务。建设工程勘察合同的标的是为建设工程需要而作的勘察成果。建设工程勘察合同必须符合国家规定的基本建设程序，违反国家规定均是无效的建设工程勘察合同。

b. 建设工程设计合同是指委托方与设计人为完成一定的设计任务而订立的委托方支付价款的合同。建设单位或有关建设单位为委托方。

c. 建设工程施工合同通常也称为建筑安装工程承包合同。建设工程施工合同是指工程建设单位与施工单位，也就是承发包双方以完成通过招标确定的建设工程安装任务为标的，明确双方相互的权利和义务关系的合同。建设工程施工合同是建设工程合同中的重要部分，是工程建设质量控制、投资控制、进度控制的主要依据。

d. 建设工程委托监理合同，简称监理合同，是指工程建设单位聘请监理单位代其对工程项目进行管理，明确双方权利和义务的合同。建设单位是委托方（甲方），监理单位是受托方（乙方）。

(2) 建设工程合同的内容

① 工期和进度控制　进度管理是施工合同管理的重要组成部分。合同当事人应当在合同规定的工期内完成施工任务，发包人应当按时做好准备工作，承包人应当按照施工进度计划组织施工。

a. 合同工期。是指施工的工程从开工起到完成施工合同专用条款中双方约定的全部内容，工程达到竣工验收标准所经历的时间。合同工期是施工合同的重要内容之一，合同双方要在协议书中做出明确约定。约定的内容包括开工日期、竣工日期和合同工期总日历天数。

合同工期总日历天数是指在协议书中约定，按总日历天数（包括法定节假日）计算的承包天数。

开工日期是指双方在协议书中约定的，承包人开始施工的绝对或相对日期。

竣工日期是指由协议书规定的承包人完成承包范围内工程的绝对或相对的日期。实际竣工日期为承包人送交竣工验收报告的日期；如果工程没有达到合同所规定的竣工要求，必须再作修改，则实际竣工日期为承包人再次提请发包人验收的日期。

b. 进度计划。承包人提交进度计划。承包人应按照专用条款约定的日期，将施工组织设计和工程进度计划提交给工程师。群体工程中采取分阶段进行施工的单位工程，承包人则应按照发包人提供图纸及有关资料的时间，按单位工程编制进度计划，分别向工程师提交。

工程师确认进度计划。工程师接到承包人提交的进度计划后，应当按专用条款约定的时间予以确认或者提出修改意见。如果工程师逾期不确认也不提出书面意见，则视为已经同意，但是，工程师对施工组织设计和工程进度计划予以确认或者提出修改意见，并不免除承包人对施工组织设计和工程进度计划本身的缺陷所应承担的责任。工程师对进度计划予以确认的主要目的，是为工程师对进度进行控制提供依据。

承包人实施进度计划。承包人必须按工程师确认的进度计划组织施工，接受工程师对进度的检查、监督。工程实际进度与经确认的进度计划不符时，承包人应按工程师的要求提出改进措施，经工程师确认后执行。因承包人的原因导致实际进度与进度计划不符，承包人无权就改进措施提出追加合同价款。

c. 开工及延期开工。承包人要求的延期开工。承包人应当按协议书约定的开工日期开始施工。若承包人不能按时开工，应在不迟于协议书约定的开工日期前 7 天，以书面形式向工程师提出延期开工的理由和要求。工程师应当在接到延期开工申请后的 48 小时内以书面形式答复承包人。工程师在接到延期开工申请后的 48 小时内不答复，视为同意承包人的要求，工期相应顺延。若工程师不同意延期要求或承包人未在规定时间内提出延期开工要求，工期不予顺延。

发包人造成的延期开工。因发包人的原因不能按照协议书约定的开工日期开工，工程师在以书面形式通知承包人后，可推迟开工日期。承包人对延期开工的通知没有否决权，但发包人应当赔偿承包人因此造成的损失，并相应顺延工期。

d. 暂停施工。工程师认为确有必要暂停施工时，应当以书面形式要求承包人暂停施工，并在提出要求后 48 小时内提出书面处理意见。承包人应当按工程师要求停止施工，并妥善保护已完工程。承包人实施工程师的处理意见后，可以书面形式提出复工要求，工程师应当在 48 小时内给予答复。工程师未能在规定时间内提出处理意见，或收到承包人复工要求后 48 小时内未予答复，承包人可自行复工。因发包人原因造成停工的，由发包人承担所发生的追加合同价款，赔偿承包人由此造成的损失，相应顺延工期；因承包人原因造成停工的，由承包人承担发生的费用，工期不予顺延。

e. 工期延误。承包人必须按照合同约定的竣工日期或工程师同意顺延的工期竣工。因承包人原因延误工期，使工程不能按约定的日期竣工，承包人承担违约责任。但是，在有些情况下工期延误后，竣工日期可以相应顺延。因以下原因造成工期延误，经工程师确认，工期相应顺延：发包人未能按专用条款的约定提供图纸及开工条件；发包人未能按约定日期支付工程预付款、进度款，致使工程不能正常进行；工程师未按合同约定提供所需指令、批准等，致使施工不能正常进行；设计变更和工程量增加；一周内非承包人原因停水、停电、停气造成停工累计超过 8 小时；不可抗力；专用条款中约定或工程师同意工期顺延的其他情况。

工期可以顺延的根本原因在于，这些情况属于发包人违约或者是应当由发包人承担的风险。承包人在工期可以顺延的情况发生后 14 天内，就延误的工期向工程师提出书面报告。工程师在收到报告后 14 天内予以确认，逾期不予确认也不提出修改意见，视为同意顺延工期。

f. 工程竣工。承包人必须按照协议书约定的竣工日期或工程师同意顺延的工期竣工，因承包人原因不能按照协议书约定的竣工日期或工程师同意顺延的工期竣工的，承包人承担违约责任。施工中发包人如需提前竣工，双方协商一致后应签订提前竣工协议，作为合同文件组成部分。提前竣工协议应包括提前的时间，承包人为保证工程质量和安全采取的措施，发包人为提前竣工提供的条件以及提前竣工所需的追加合同价款等内容。

② 质量与检验

a. 工程质量应当达到协议书约定的质量标准，质量标准的评定以国家或者行业的质量检验评定标准为依据。因承包人原因工程质量达不到约定的质量标准，承包人承担违约责任。双方对工程质量有争议，由双方同意的工程质量检测机构鉴定。所需费用及造成的损失，由责任方承担；双方均有责任，由双方根据其责任分别承担。

b. 检查和返工。在工程施工中，工程师及其委派人员对工程的检查、检验是其日常性工作和重要职能。承包人应认真按照标准、规范和设计要求以及工程师依据合同发出的指令施工，随时接受工程师及其委派人员的检查、检验，并为检查检验提供便利条件。对于达不到约定质量标准的工程部分，工程师一经发现，应要求承包人拆除和重新施工，承包人应当按照工程师的要求拆除和重新施工，直到符合约定的质量标准。因承包人原因工程质量达不到约定的质量标准，由承包人承担拆除和重新施工的费用，工期不予顺延；因双方原因达不到约定质量标准，责任由双方分别承担。工程师的检查、检验不应影响施工正常进行，若检查、检验不合格时，影响正常施工的费用由承包人承担；检查、检验合格时，影响正常施工的追加合同价款由发包人承担，相应顺延工期。因工程师指令失误或其他非承包人的原因所发生的追加合同价款，由发包人承担。

c. 隐蔽工程和中间验收。隐蔽工程在施工中一旦完成隐蔽，很难再对其进行质量检查，因此必须在隐蔽前进行检查验收。对于中间验收，合同双方应在专用条款中约定需要进行中间验收的单项工程和部位的名称、验收的时间和要求，以及发包人应提供的便利条件。

工程具备隐蔽条件或达到专用条款约定的中间验收部位，承包人进行自检，并在隐蔽或中间验收前 48 小时以书面形式通知工程师验收。通知包括隐蔽或中间验收的内容，验收时间和地点。承包人准备验收记录，经验收合格，工程师在验收记录上签字后，承包人可进行隐蔽或继续施工，验收不合格，承包人在工程师限定的时间内修改后重新验收。工程师不能按时进行验收，应在开始验收前 24 小时向承包人提出书面延期要求，延期不能超过 48 小时。工程师未能按以上时间提出延期要求，不进行验收，承包人可自行组织验收，发包人应承认验收记录。经工程师验收，工程质量符合标准、规范和设计图纸等的要求，验收 24 小时后，工程师不在验收记录上签字，视为工程师已经批准，承包人可进行隐蔽或者继续施工。

d. 重新检验。无论工程师是否进行验收，当其提出对已经隐蔽的工程重新检验的要求时，承包人应按要求进行剥离或者开孔，并在检验后重新覆盖或者修复。检验合格，发包人承担由此发生的全部追加合同价款，赔偿承包人损失，并相应顺延工期。检验不合格，承包人承担发生的全部费用，工期不予顺延。

e. 工程试车。对于设备安装工程，应当组织工程试车。工程试车内容应与承包人承包的安装工程范围相一致。

单机无负荷试车。设备安装工程具备单机无负荷试车条件，由承包人组织试车，并在试车前48小时书面通知工程师。通知包括试车内容、时间、地点。承包人准备试车记录、发包人根据承包人要求为试车提供必要条件。试车通过，工程师在试车记录上签字。

联动无负荷试车。只有单机试运转达到规定要求，才能进行联动无负荷试车。设备安装工程具备无负荷联动试车条件，由发包人组织试车。并在试车前48小时书面通知承包人，通知内容包括试车内容、时间、地点和对承包人的要求。承包人按要求做好准备工作和试车记录。试车通过，双方应在试车记录上签字。

③ 合同价款与支付

a. 合同价款及调整。合同价款是指发包人与承包人在协议书中约定，发包人用以支付承包人按照合同的约定完成承包范围内全部工程并承担质量保修责任的款项。合同价款是合同双方关心的核心问题之一，招标投标等工作主要是围绕合同价款展开的。合同价款应依据中标通知书中的中标价格和非招标工程的工程预算书确定，合同价款在协议书内约定后，任何一方不得擅自改变。合同价款可以按照固定价格合同、可调价格合同、成本加酬金合同三种方式约定。

固定价格合同。双方在专用条款内约定合同价款包含的风险范围和风险费用的计算方法，在约定的风险范围内合同价款不再调整。风险范围以外的合同价款调整方法，应当在专用条款内约定。

可调价格合同。合同价款可根据双方的约定而调整，双方在专用条款内约定合同价款的调整方法。可调价格合同中合同价款的调整因素包括：国家法律法规和政策变化影响合同价款；工程造价管理部门公布的价格调整；一周内非承包人原因停水、停电、停气造成停工累计超过8小时；双方约定的其他调整或增减。

承包人应在合同价款可以调整的情况发生后14天内，将调整原因、金额以书面形式通知工程师，工程师确认调整金额后作为追加合同价款，与工程款同期支付。工程师收到承包人通知之后14天内不作答复也不提出修改意见，视为该项调整已经同意。

成本加酬金合同。合同价款包括成本和酬金两部分，双方在专用条款内约定成本构成和酬金的计算方法。

b. 工程预付款。工程预付款主要是用于采购建筑材料。预付额度，建筑工程一般不得超过当年建筑（包括水、电、暖、卫等）工程工作量的30%，安装工程一般不得超过当年安装工程量的10%。实行工程预付款的，双方应当在专用条款内约定发包人向承包人预付工程款的时间和数额，开工后按约定的时间和比例逐次扣回。预付时间应不迟于约定的开工日期前7天。发包人不按约定预付，承包人在约定预付时间7天后向发包人发出要求预付的通知，发包人收到通知后仍不能按要求预付，承包人可在发出通知后7天停止施工，发包人应从约定应付之日起向承包人支付应付款的贷款利息，并承担违约责任。

c. 工程量的确认。对承包人已完成工程量的核实确认，是发包人支付工程款的前提。承包人应按专用条款约定的时间向工程师提交已完工程量的报告。工程师接到报告后 7 天内按设计图纸核实已完工程量（以下称计量），并在计量前 24 小时通知承包人，承包人为计量提供便利条件并派人参加。承包人收到通知后不参加计量，计量结果有效，作为工程价款支付的依据。工程师接到承包人报告后 7 天内未进行计量，从第 8 天起，承包人报告中开列的工程量即视为被确认，作为工程价款支付的依据。工程师不按约定时间通知承包人，使承包人不能参加计量，计量结果无效。对承包人超出设计图纸范围和因承包人原因造成返工的工程量，工程师不予计量。

d. 工程款（进度款）支付。发包人应在计量结果确认后 14 天内，向承包人支付工程款（进度款）。按约定时间发包人应按比例扣回的预付款，与工程款（进度款）同期结算。合同价款调整、工程变更调整的合同价款及追加的合同价款应与工程款（进度款）同期调整支付。发包人超过约定的支付时间不支付工程款（进度款），承包人可向发包人发出要求付款的通知，发包人收到承包人通知后仍不能按要求付款，可与承包人协商签订延期付款协议，经承包人同意后可延期支付。协议应明确延期支付的时间和从计量结果确认后第 15 天起计算应付款的贷款利息。发包人不按合同约定支付工程款（进度款），双方又未达成延期付款协议，导致施工无法进行，承包人可停止施工，由发包人承担违约责任。

④ 材料设备供应

a. 发包人供应材料设备。实行发包人供应材料设备的，双方应当约定发包人供应材料设备的一览表，作为合同附件。一览表包括发包人供应材料设备的品种、规格、型号、数量、单价、质量等级、提供时间和地点。发包人按一览表约定的内容提供材料设备，并向承包人提供其供应材料设备的产品合格证明，对其质量负责。发包人应在其所供应的材料设备到货前 24 小时，以书面形式通知承包人，由承包人派人与发包人共同清点。

发包人供应的材料设备使用前，由承包人负责检验或者试验，费用由发包人负责，不合格的不得使用。发包人供应的材料设备与一览表不符时，应当由发包人承担有关责任。发包人应承担责任的具体内容，双方根据下列情况在专用条款内约定：

材料设备单价与一览表不符时，由发包人承担所有价差。材料设备种类、规格、型号、数量、质量等级与一览表不符时，承包人可以拒绝接受保管，由发包人运出施工场地并重新采购。发包人供应材料的规格、型号与一览表不符时，承包人可以代为调剂串换，发包人承担相应的费用。到货地点与一览表不符时，发包人负责倒运至一览表指定的地点。供应数量少于一览表约定的数量时，发包人将数量补齐，多于一览表约定的数量时，发包人负责将多出部分运出施工场地。到货时间早于一览表约定的供应时间，发包人承担因此发生的保管费用。到货时间迟于一览表约定的供应时间，发包人赔偿由此给承包人造成的损失，造成工期延误的，相应顺延工期。

b. 承包人采购材料设备。承包人根据专用条款的约定和设计及有关标准要求，采购工程需要的材料设备，并提供产品合格证明，对材料设备质量负责。承包人在材料设备到货前 24 小时通知工程师清点。

承包人采购的材料设备与设计或者标准要求不符时，工程师可以拒绝验收，由承包人按照工程师要求的时间运出施工场地，重新采购符合要求的产品，并承担由此发生的费用，由此延误的工期不予顺延。

承包人采购的材料设备在使用前，承包人应按工程师的要求进行检验或试验，不合格的不得使用，检验或试验费用由承包人承担。工程师发现承包人采购并使用不符合设计或标准要求的材料设备时，应要求由承包人负责修复、拆除或者重新采购，并承担发生的费用，由此造成工期延误不予顺延。

承包人需使用代用材料时，须经工程师认可，由此对合同价款的调整，双方书面形式议定。

由承包人采购的材料、设备，发包人不得指定生产厂或供应商。

⑤ 工程设计变更　在施工过程中如果发生设计变更，将对施工进度产生很大的影响。因此，应尽量减少设计变更，如果必须对设计进行变更，必须严格按照国家的规定和合同约定的程序进行。

a. 发包人对原设计进行变更。施工中发包人如果需要对原工程设计进行变更，应提前14天以书面形式向承包人发出变更通知。变更超过原设计标准或者批准的建设规模时，须经原规划管理部门和其他有关部门重新审查批准，并由原设计单位提供变更的相应图纸和说明。发包人办妥上述事项后，承包人根据工程师发出的变更通知及有关要求进行下列需要的变更：更改有关部分的标高、基线、位置和尺寸；增减合同中约定的工程量；改变有关工程的施工时间和顺序；其他有关工程变更需要的附加工作。因变更导致合同价款的增减及造成的承包人损失，由发包人承担，延误的工期相应顺延。

b. 承包人对原设计进行变更。承包人应当严格按照图纸施工，不得随意变更设计，因承包人擅自变更设计发生的费用和由此导致发包人的直接损失，由承包人承担，延误的工期不予顺延。在施工中承包人提出的合理化建议涉及对设计图纸的变更及对原材料、设备的换用，须经工程师同意。工程师同意变更后，也须经原规划管理部门和其他有关部门审查批准，并由原设计单位提供变更的相应图纸和说明。承包人实施变更所发生的费用和获得的收益，由发承包双方另行约定分担或者分享。

c. 变更价款的确定

(a) 变更价款的确定程序：设计变更发生后，承包人在工程设计变更确定后14天内，提出变更工程价款的报告，经工程师确认后调整合同价款；承包人在确定变更后14天内不向工程师提出变更价款报告时，视为该项设计变更不涉及合同价款的变更。工程师应在收到变更工程价款报告之日起14天内予以确认，工程师无正当理由不确认时，自变更价款报告送达之日起14天后变更工程价款报告自行生效。

(b) 变更价款的确定方法：合同中已有适用于变更工程的价格，按合同已有的价格变更合同价款；合同中只有类似于变更工程的价格，可以参照类似价格变更合同价款；合同中没有适用或类似于变更工程的价格，由承包人提出适当的变更价格，经工程师确认后执行。

⑥ 竣工验收与结算

a. 竣工验收。工程具备竣工验收条件，承包人按国家工程竣工验收有关规定向发包人提供完整竣工资料及竣工验收报告。双方约定由承包人提供竣工图的应当在专用条款内约定提供的日期和份数。

发包人收到竣工验收报告后28天内组织有关单位验收，并在验收后14天内给予认可或提出修改意见。承包人按要求修改，并承担由自身原因造成修改的费用。因特殊原因，发包人要求部分单位工程或者工程部位甩项竣工的，双方另行签订甩项竣工协议，明确各方责任和工程价款的支付办法。工程未经竣工验收或验收不合格，发包人不得使用。发包人强行使用的，由此发生的质量问题及其他问题，由发包人承担责任。

b. 竣工结算。工程竣工验收报告经发包人认可后28天内，承包人向发包人递交竣工结算报告及完整的结算资料。工程竣工验收报告经发包人认可后28天内承包人未能向发包人递交竣工结算报告及完整的结算资料，造成工程竣工结算不能正常进行或工程竣工结算价款不能及时支付，发包人要求交付工程的，承包人应当交付；发包人不要求交付工程的，承包人承担保管责任。发包人自收到竣工结算报告及结算资料后28天内进行核实，确认后支付工程竣工结算价款，承包人收到竣工结算价款后14天内将竣工工程交付发包人。发包人收到竣工结算报告及结算资料后28天内，无正当理由而不支付工程竣工结算价款，从第29天起按承包人同期向银行贷款利率支付拖欠工程价款的利息，并承担违约责任。发包人收到竣工结算报告及结算资料后28天内不支付工程竣工结算价款，承包人可以催告发包人支付结算价款。发包人在催告后5天内仍不支付的，承包人可以与发包人协议将该工程折价，也可以由承包人向人民法院申请将该工程依法拍卖，承包人就该工程折价或者拍卖的价款优先受偿。

⑦ 质量保修　承包人应按法律、行政法规或国家关于工程质量保修的有关规定，对交付发包人使用的工程在质量保修期内承担质量保修责任。承包人应在工程竣工验收之前，与发包人签订质量保修书，作为合同附件。质量保修书的主要内容包括：

a. 质量保修项目内容及范围；

b. 质量保修期；

c. 质量保修责任；

d. 质量保修金的支付方法。

4.2.1.2 《建设工程施工合同（示范文本）》组成及条款

(1)《建设工程施工合同（示范文本）》概述　《建设工程施工合同（示范文本）》(GF-2017-0201) 发布实施后，清晰地反映了国家发布的一系列重要的调整建设工程领域行为规范的法律法规、司法解释和部门规章文件的内容；有针对性地设置了相应的合同条款，对拖欠工程款、借用资质挂靠施工、黑白合同、非法转包和违法分包等诸多新问题，进行了大力规范；增加并完善了合同条款，设置公平可行的操作程序；强调合理分配风险，确定合理调价原则，并与国际通用工程施工合同范本接轨。《建设工程施工合同（示范文本）》(GF-2017-0201) 主要适用于土木工程施工，包括各类公用建筑、民用建筑、工业厂房、交通设施、线路管道的施工和设备安装等。

国家住房和城乡建设部等部门印发的《建设工程施工合同（示范文本）》是参照国际惯例，经各方专家和技术人员多次讨论、多次修改和调整而成的。它突出了国际性、系统性、科学性等特点，体现了示范文本应具有的完备性、平等性、合法性、协商性等原则，是各类公用建筑、民用住宅、工业厂房、交通设施及线路管道的施工和设备安装的合同样本。《建设工程施工合同（示范文本）》(GF-2017-0201) 包括协议书、通用条款、专用条款三个部分，以及承包人承揽工程项目一览表、发包人供应材料设备一览表、工程质量保修书等十一个附件。通用合同条款是依据有关建设工程施工的法律、法规制定而成，它基本可以适用于各类建设工程，因而有相对的固定性。而建设工程施工涉及面广，每一个具体工程都会发生一些特殊情况，针对这些情况必须专门拟定一些专用条款。专用合同条款就是结合具体工程情况的具有针对性的条款，它体现了施工合同的灵活性。《建设工程施工合同（示范文本）》(GF-2017-0201) 的这种固定性和灵活性相结合的特点，适应了建设工程施工合同的需要。

(2)《建设工程施工合同(示范文本)》的组成及条款 构成建设工程施工合同的文件具体包括合同协议书、中标通知书、投标函及其附录、专用合同条款及其附件、通用合同条款、技术标准和要求、图纸、已标价工程量清单或预算书及其他合同文件。

①《建设工程施工合同(示范文本)》协议书是指施工合同的总纲性文件,经过双方当事人签字盖章后合同即成立,是承包人与发包人共同签署的载明双方主要权利义务的书面文件。主要包括:工程概况、合同工期、质量标准、签约合同价和合同价格形式、项目经理、合同文件构成、承诺及合同生效条件等重要内容,集中约定了合同当事人基本的合同权利义务。

建设工程施工合同协议书

发包人(全称):________________

承包人(全称):________________

依照《中华人民共和国合同法》(以下简称《合同法》)、《中华人民共和国建筑法》(以下简称《建筑法》)及有关法律规定,遵循平等、自愿、公平和诚实信用的原则,双方本建设工程施工及其有关事项协商一致,共同达成协议。

一、工程概况

工程名称:________________

工程地点:________________

工程内容:________________

(全体工程应附承包人承揽工程项目一览表)

工程承包范围:________________

工程立项批准文号:________________

资金来源:________________

以上条款中,工程名称应填写全称,不能使用代号。工程地点应填写工程所在地详细地点。对于须经有关主管部门审批立项才能建设的工程,应填写立项批准文号。工程内容应反映工程状况、指标的内容,主要包括工程建设规模、结构特征等,应与工程承包范围的内容相同。工程承包范围应根据招投标文件或施工图纸确定的承包范围填写。资金来源填写获得工程建设资金的方式或渠道,并注明不同来源方式所占比例。

二、合同工期

计划开工日期:________________

计划竣工日期:________________

合同工期总日历天数:________________

合同中按天计算时间的,开始当天不计入,从次日开始计算,期限最后一天的截止时间为当天24:00。施工工期有日历工期与有效工期之分,二者的区别在于前者不扣除法定节假日、休息日,而后者扣除。

三、质量标准

工程质量标准:________________

工程质量标准可分为法定的质量标准和约定的质量标准。

四、合同价款

金额(大写):________________元(人民币):__________元

通用合同条款中,约定了承发包双方可选择适用的合同价格形式,包括单价合同、总价合同和其他价格形式合同。其他价格形式包括成本加酬金、定额计价等形式。

五、项目经理

承包人项目经理：________________。

承包人项目经理的名字应注意核对是否与身份证件姓名相同，并留存身份证件、相关职业资格证书和执业证书复印件。

六、组成合同文件

组成本合同的文件包括：

1. 本合同协议书

2. 中标通知书

3. 投标书及其附件

4. 本合同专用条款

5. 本合同通用条款

6. 标准、规范及有关技术文件

7. 施工图

8. 工程量清单

9. 工程报价单或预算书

双方有关工程的洽商、变更等书面协议或文件视为本合同的组成部分。

七、本协议书中有关词语含义与本合同第二部分《通用条款》中分别赋予它们的定义相同

八、承包人向发包人承诺按照合同约定进行施工、竣工并在质量保修期内承担工程质量保修责任

九、发包人向承包人承诺按照合同约定的期限和方式支付合同价款及其他应当支付的款项

十、合同生效

合同订立时间：________年________月________日

合同订立地点：________________

本合同双方约定________________

发包人：（公章）________________ 承包人：（公章）________________

住所：________________ 住所：________________

法定代表人：________________ 法定代表人：________________

委托代表人：________________ 委托代表人：________________

电话：________________ 电话：________________

传真：________________ 传真：________________

开户银行：________________ 开户银行：________________

账号：________________ 账号：________________

邮政编码：________________ 邮政编码：________________

② 通用条款是指根据法律、行政法规及建设工程施工需要订立，通用于建设工程施工的条款，对合同当事人的权利义务做出的原则性约定。通用合同条款是在广泛总结国内工程实施中的成功经验和失败教训基础上，参考 FIDIC 编写的《土木工程施工合同条件》相关内容的规定而编制的规范发包和承包双方履行合同义务的标准化合同条款。主要包括：一般

约定、发包人、承包人、监理人、工程质量、安全文明施工与环境保护、工期和进度、材料与设备。

③ 专用条款是指发包人与承包人根据法律、行政法规规定，结合具体工程实际，经协商达成一致意见的条款，是对通用条款的具体化、补充或修改。由于具体实施工程项目的工作内容各不相同，施工现场和外部环境条件各异，一般还必须有反映工程具体特点和要求的专用条款的约定。合同范本中的专用条款只为当事人提供了编制具体合同时应包括内容的指南，具体内容由当事人根据工程的实际要求，针对通用条款的内容进行补充或修改，以达到相同序号的通用条款和专用条款共同组成对某一方面问题内容完整的约定。在使用专用合同条款时应注意以下事项。

专用合同条款的编号应与相应的通用合同条款编号一致。

合同的当事人可以通过对专用合同条款的修改，满足具体建设工程的特殊要求，避免直接修改通用合同条款。

在专用合同条款中有横线的地方，合同当事人可以针对相应的通用合同条款进行细化、完善、补充、修改和另行约定；如无细化、完善、补充、修改和另行约定，则填写“无”或画“/”。

④ 附件则是对施工合同当事人的权利、义务的进一步明确，并且使得施工合同当事人的有关工作一目了然，便于执行和管理。

协议书附件包括一个，即承包人承揽工程项目一览表。

专用合同条款附件共包括十个，即发包人供应材料设备一览表、工程质量保修书、主要建设工程文件目录、承包人用于本工程施工的机械设备表、承包人主要施工管理人员表、分包人主要施工管理人员表、履约担保格式、预付款担保格式、支付担保格式、暂估价一览表。

4.2.2 工程合同价确定与施工合同签订

4.2.2.1 工程合同价确定

建设工程招投标定价程序是《中华人民共和国招标投标法》规定的一种定价方式，是由投标人编制投标文件，投标人进行报价竞争，中标人中标后与招标人通过谈判签订合同，以合同价格为建设工程价格的定价方式，这种定价方式属于市场行情定价，即施工企业自主定价。

《建筑工程施工发包与承包计价管理办法》第五条规定，施工图预算、招标标底和投标报价由成本（直接费、间接费）、利润和税金构成。其编制可以采用以下计价方法：①工料单价法。分部分项工程量的单价为直接费。直接费以人工、材料、机械的消耗量及其相应价格确定。间接费、利润、税金按照有关规定另行计算。②综合单价法。分部分项工程量的单价为全费用单价。全费用单价综合计算完成分部分项工程所发生的直接费、间接费、利润、税金。

其中综合单价法比工料单价法能更好地控制工程价格，使工程价格接近市场行情，有利于竞争，同时也有利于降低工程投资。无论采用何种计价方法都要确保工程量清单的编制质量。影响工程量清单质量的因素有分部分项工程项目划分、工程量计量规则、招标图纸深度要求、工程中使用的技术规范情况等。

（1）分部分项工程项目划分　常见的分部分项工程项目可以直接引用工程量清单规范的

有关规定划分标准。新技术工程可以按照相应的技术规范要求，运用项目管理结构分解工具进行划分。

（2）工程量计量规则 《建设工程工程量清单计价规范》中的计量规则是国家规定的强制性条文，项目参与各方均应以此为准则进行工程计量，但需要说明的有两点：一是措施项目费包干的计价方式不是《建设工程工程量清单计价规范》中的强制性条文，招标文件和合同条件工程量清单计价办法必须注明措施项目费的计算引用规范对措施项目费包干使用的规定，否则容易引起合同争议，引发索赔事件；二是《建设工程工程量清单计价规范》没有规定的新工程技术的计量规则，需要在招标文件合同条件中约定计量规则。

（3）施工图纸深度要求 招标图纸的设计深度应达到国家有关规定的要求。使用达不到设计深度要求的图纸进行计量，会导致工程量计算结果与工程实际情况偏差较大，难以对投资控制目标实施有效控制，容易引发合同纠纷和争议。

（4）技术规范 招标人应在招标文件中约定施工中采用的技术规范、规程、规定、标准文件。因国内没有新工程技术规范标准，而需要引用国外的标准和规范的工程项目，应在招标文件合同条件中给予说明，需要有效的中文译本标准和规范作为合同附件。

4.2.2.2 施工合同格式选择及在签订中应注意的事项

（1）施工合同格式选择 建设工程施工合同的形式繁多、特点各异，业主应综合考虑以下不同的计价模式来选择不同格式的合同。

① 工程项目的复杂程度 规模大且技术复杂的工程项目，承包风险较大，各项费用不易准确估算，因而不宜采用固定总价合同。最好是有把握的部分采用总价合同，估算不准的部分采用单价合同或成本加酬金合同。有时，在同一工程项目中采用不同的合同形式，是业主和承包商合理分担施工风险因素的有效办法。

② 工程项目的设计深度 施工招标时所依据的工程项目设计深度，经常是选择合同类型的重要因素。招标图纸和工程量清单的详细程度能否使投标人进行合理报价，取决于已完成的设计深度。表4.1中列出了不同设计阶段与合同类型的选择关系。

表4.1 不同设计阶段与合同类型选择

合同类型	设计阶段	设计主要内容	设计应满足的条件
总价合同	施工图设计	1. 详细的设备清单 2. 详细的材料清单 3. 施工详图 4. 施工图预算 5. 施工组织设计	1. 设备、材料的安排 2. 非标准设备的制造 3. 施工图预算的编制 4. 施工组织设计的编制 5. 其他施工要求
单价合同	技术设计	1. 较详细的设备清单 2. 较详细的材料清单 3. 工程必需的设计内容 4. 修正概算	1. 设计方案中重大技术问题的要求 2. 有关实验方面确定的要求 3. 有关设备制造方面的要求
成本加酬金合同或单价合同	初步设计	1. 总概算 2. 设计依据、指导思想 3. 建设规模 4. 主要设备选型和配置 5. 主要材料需要量 6. 主要建筑物、构筑物的形式和估计工程量 7. 公用辅助设施 8. 主要技术经济指标	1. 主要材料、设备订购 2. 项目总造价控制 3. 技术设计的编制 4. 施工组织设计的编制

③ 工程施工技术的先进程度　如果工程施工中有较大部分采用新技术和新工艺，当业主和承包商在这方面都没有经验，且国家颁布的标准、规范、定额中又没有可作为依据的时，为了避免投标人盲目地提高承包价款或由于对施工难度估计不足而导致承包亏损，不宜采用固定价合同，而应选用成本加酬金合同。

④ 工程施工工期的紧迫程度　有些紧急工程（如灾后恢复工程等）要求尽快开工且工期较紧时，可能仅有实施方案，还没有施工图纸，因此，承包商不可能报出合理的价格，宜采用成本加酬金合同。

对于一个建设工程项目而言，采用何种合同形式不是固定的。即使在同一个工程项目中，各个不同的工程部分或不同阶段，也可采用不同类型的合同。在划分标段、进行合同策划时，应根据实际情况，综合考虑各种因素后再作出决策。

一般而言，合同工期在 1 年以内且施工图设计文件已通过审查的建设工程，可选择总价合同；紧急抢修、救援、救灾等建设工程，可选择成本加酬金合同；其他情形的建设工程，均宜选择单价合同。

（2）施工合同在签订中应注意的事项　建设施工领域目前出现的众多有关工程款清欠、签证、索赔等施工合同纠纷，一方面是由于施工企业的市场地位、建设领域的经营习惯和行业惯例等经济因素造成的，另一方面则是由于当事人在签订合同、履行合同的过程中缺乏相关的意识、知识和经验，埋下法律风险而造成。

① 签订合同时应当审查施工合同主体。

【例 4-1】　甲公司 2002 年 9 月取得二级建筑幕墙工程专业承包企业资质，2005 年 12 月取得一级资质；乙公司不具有幕墙工程专业承包企业资质。2005 年 11 月，乙公司以甲公司的名义获得一笔 1 万平方米的幕墙工程业务；随后，甲公司与乙公司之间签订了一份内部承包协议。工程竣工结算时，发包方认为甲公司超越资质等级承揽工程，施工合同无效，拒付工程款。

【评析】　上述案例中，甲公司超越资质签订的合同本属无效，但由于甲公司在工程竣工之前取得了必要的资质，根据《最高人民法院关于审理建设工程施工合同纠纷案件适用法律问题的司法解释》，此类合同会按有效处理。不过，由于涉案合同归根结底是乙公司为承揽业务而借用甲公司名义签订的，如果发包方有证据证明这个事实，则乙方行为根据上述司法解释属于借用资质行为，合同仍会被认定为无效。

此外，如何认定甲公司和乙公司之间的内部承包协议的效力？在实践中，内部承包协议存在多种形式。

第一种形式，两个没有关联关系的法人之间签订的内部承包协议。这属“名为内部承包，实为非法转包”的情况，合同无效，本案即属此例。

第二种形式，集团公司内部承包给下属子公司或其他关联公司。由于这类协议仍然是两个独立法人之间签订的，所以这种形式仍然应当被认定为非法转包。

第三种形式，内部项目部承包工程。在项目部负责人和技术负责人本身是公司员工的情况下，内部承包协议合法有效。在项目部负责人和技术负责人不是员工的情况下，签订内部承包协议属于借用资质的行为，因而无效。

尽管由于承包人资质问题而导致施工合同无效的情形，在司法实践中可以参照合同约定结算工程款，但当事人仍然存在着承担行政责任、项目亏损、质量事故责任、刑事责任等各类法律风险。因此，发包人（无论是业主还是施工企业作为总包方）在签约时，应当严格审查承包人资质。除此之外，还需要审查其资信、业绩。并且，在审查时应注意采取相关核查措施，仅仅看缔约对方报送的文件，是远远不够的。

② 注意约定合理的付款方式。

【例 4-2】 甲乙双方签订工程施工总承包合同，约定乙方作为某写字楼工程的总承包人。关于工程款的支付，双方有这样的约定："获得验收合格证后 7 个工作日内，付至经造价师审核的已完工作量总价的 85%。"

【例 4-3】 甲乙双方签订工程施工总承包合同，约定乙方作为某写字楼工程的总承包人。关于工程款的支付，双方约定："银行转账，分 11 期每月定额支付，具体支付金额及时间见合同补充条款。"

【评析】 案例一中有关付款方式的支付，其后半部分"经造价师审核"这个约定是不明确和无法掌控的，如果发生了 7 个工作日之后造价师的审核工作仍未完成的情形，将会使条款陷于自相矛盾的境地。此时争议的产生将无法避免。

例 4-2 将付款时间固定下来，但其约定的付款进度却没有结合工程进度，对于发包方而言，存在很大的法律风险。如果工程进度出现了延误，但发包方却依约无法延付工程款，这种不合理的约定极易导致合作双方产生纠纷。

因此，当事人应注意约定合理的付款方式，确保付款节点的可明确性及其合理性。

③ 工期和工期调整的约定技巧。

【例 4-4】 甲乙双方签订工程施工总承包合同，约定乙方作为某写字楼工程的总承包人。关于工期，双方约定："开工日期为 2008 年 12 月 1 日，工期 300 天。"

【评析】 关于工期，要注意两个方面：第一，案例合同中的开工日期应当注明"暂定"；第二，通常施工合同中都会约定发包方在开工前办理施工许可证的义务。但如果发包方在未办出施工许可证时要求承包方施工，这在司法实践中，如没有特别约定的，在没有办出施工许可证的这段时间内的施工期，应计入工期。因此，作为施工方，首先应坚持无证不施工的原则，但如果基于特别的原因只能施工的，可以同发包方约定，在施工许可证未办出时施工的，施工时间不应算入工期。

此外，当事人在约定工期调整的时候，应当明确，对于施工方递交的工期调整报告，发包方应当在几日内回复，如不回复视为认可。这样可以有效保护施工方的合法权益。

④ 签订建设施工合同时应注意的其他问题。

a. 质量条款不应采取主观标准　质量条款通常包括"质量等级""验收标准""特殊标准"的约定。关于"特殊标准"，曾经有一个案子，合同中约定要达到国外某专家认可的标准，这就给施工企业带来了很大风险，因为这个标准是一个主观标准，是不确定的、无法预见的。我们在施工合同签订时要防止这种情况的产生。

b. 多种方式结合约定承包范围　承包范围条款应当通过结合"文字描述""施工图纸""工程量清单""界面划分"多种方式进行约定。"界面划分"较多地发生在工程总承包领域，工程总承包单位将土建、安装、钢结构分包给不同单位施工时，各分包单位之间的界面划分就十分重要，而且工程总承包往往存在边设计边施工的情形。

c. 违约责任应当约定具体　违约责任的约定方式有"概况性约定""具体约定"两种方式。建议对于主要义务分别做具体的约定，不要使用概况性约定。此外，违约责任条款还要明确具体的责任方式，比如违约金的计算、违约行为与施工企业权利的衔接等。

总之，传统的合同签订、工程管理的定势思维一定要改变，应从法律的角度来审视工程管理及合同签订。只有这样，在签订施工合同时，才能够把问题处理得更妥善，从而在法律层面上做到万无一失。

【例 4-5】 甲乙双方签订工程施工总承包合同，约定乙方作为某学院家属楼工程的总承包人。关于工程款的支付，双方约定："银行转账，分 10 期每月定额支付，具体支付金额及时间见合同补充条款。"

思考题

1. 招标、投标应遵循的原则是什么？
2. 招标控制价的编制方法有哪些？简述以施工图预算为基础的招标控制价编制。
3. 施工投标文件的内容应包括哪些方面？
4. 简述在工程量清单计价模式下的投标报价编制内容。
5. 投标报价计算中应注意的事项有哪些？
6. 签订施工合同时，有哪些注意事项？简要解析以下案例中存在的风险。

5 室内给排水工程

学习导入

定额计价模式是我国工程造价的特色，是我国现有清单计价的基础。对于学生，工程预算的学习要从传统的定额计价这种模式入手，再逐步过渡到清单计价。所以，掌握定额计价这种模式的计算方法是当前学生应有的基础理论知识。通过这个单元的学习可以使学生具备独立完成施工图预算编制的技能。

学习目标

通过本模块的学习可以掌握室内给水、排水、热水工程工程量计算的规则及计算方法，直接工程费用构成原理、费用取定、表格的填写等，达到独立编制施工图预算的能力。

【案例 1】 某农村节能住宅-B2 给水工程

【案例 2】 某农村节能住宅-B2 排水工程

【案例 3】 某宾馆室内热水工程

5.1 室内给水工程施工图预算

5.1.1 列出分部分项工程项目

5.1.1.1 项目描述

本项目为黑龙江省某农村节能住宅-B2 给水工程施工图预算编制。本例所用施工图样为：一层给水平面图（图 5.1）；二层给水平面图（图 5.2）；生活给水系统图（图 5.3）。

（1）给水系统

① 水源：由市政管网供给。

② 水表采用自来水公司认可的产品，表前设铜球阀。

（2）管材、阀门和附件

① 生活给水管应符合卫生防疫部门的饮用卫生标准。住宅内的给水管采用 PP-R 管材，热熔连接。

② 阀门：生活给水管道，采用全铜质截止阀，工作压力为 1.6MPa。

（3）管道系统安装

① 穿过楼板时设钢制套管，其顶部应高出地面 20mm（卫生间及厨房为 50mm），底部应与楼板相平。

② 给水横管坡度为 0.002 至 0.005，坡向放水装置。

（4）管道试压　管道的水压试验方法：系统试验压力均为工作压力的 1.5 倍，但不得小

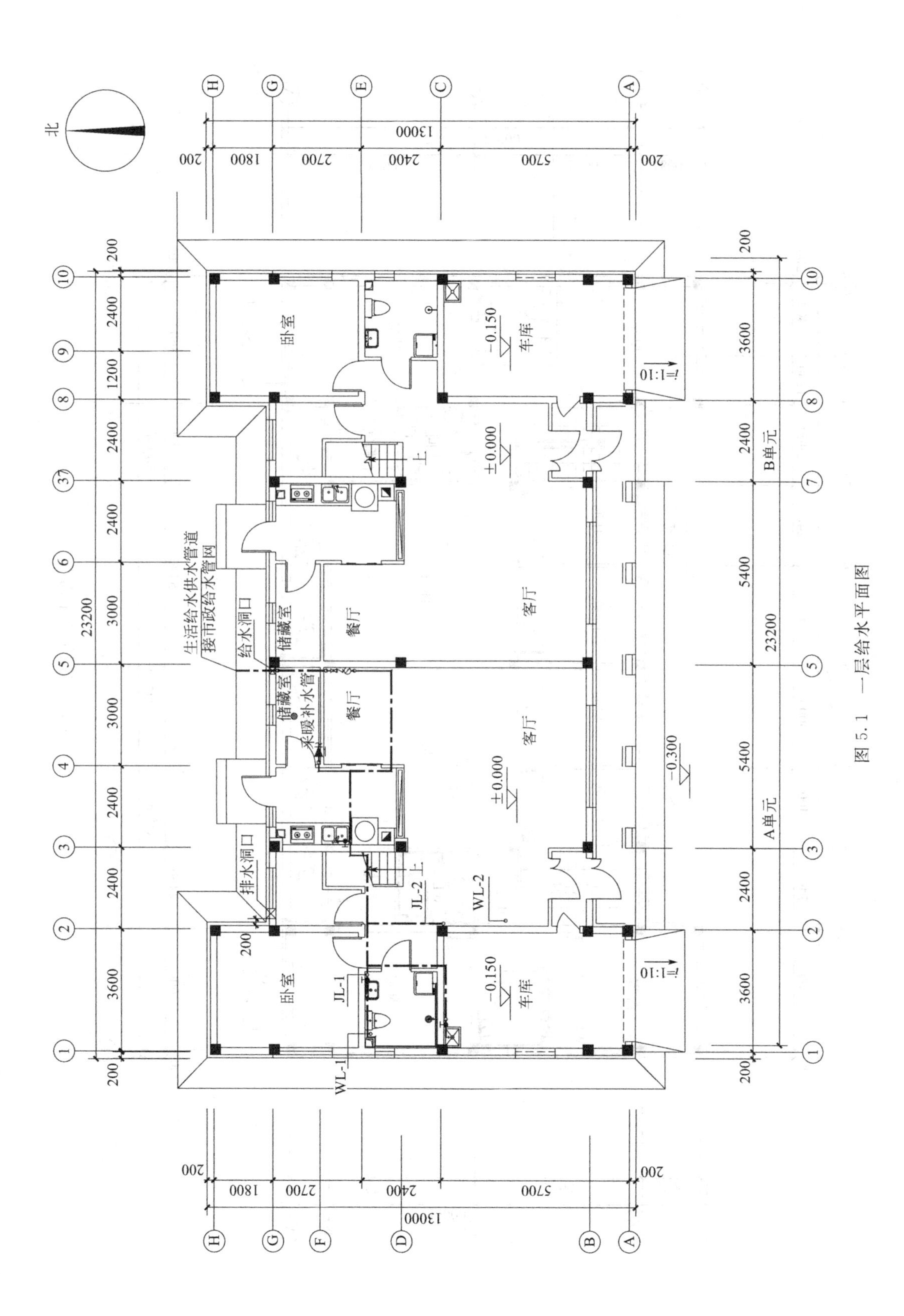
北
卧室
车库
客厅
餐厅
储藏室
生活给水供水管道
接市政给水管网
给水洞口
排水洞口
采暖补水管
JL-1
JL-2
WL-1
WL-2
A单元
B单元
±0.000
−0.150
−0.300
i=1:10
上
13000
23200

图 5.1 一层给水平面图

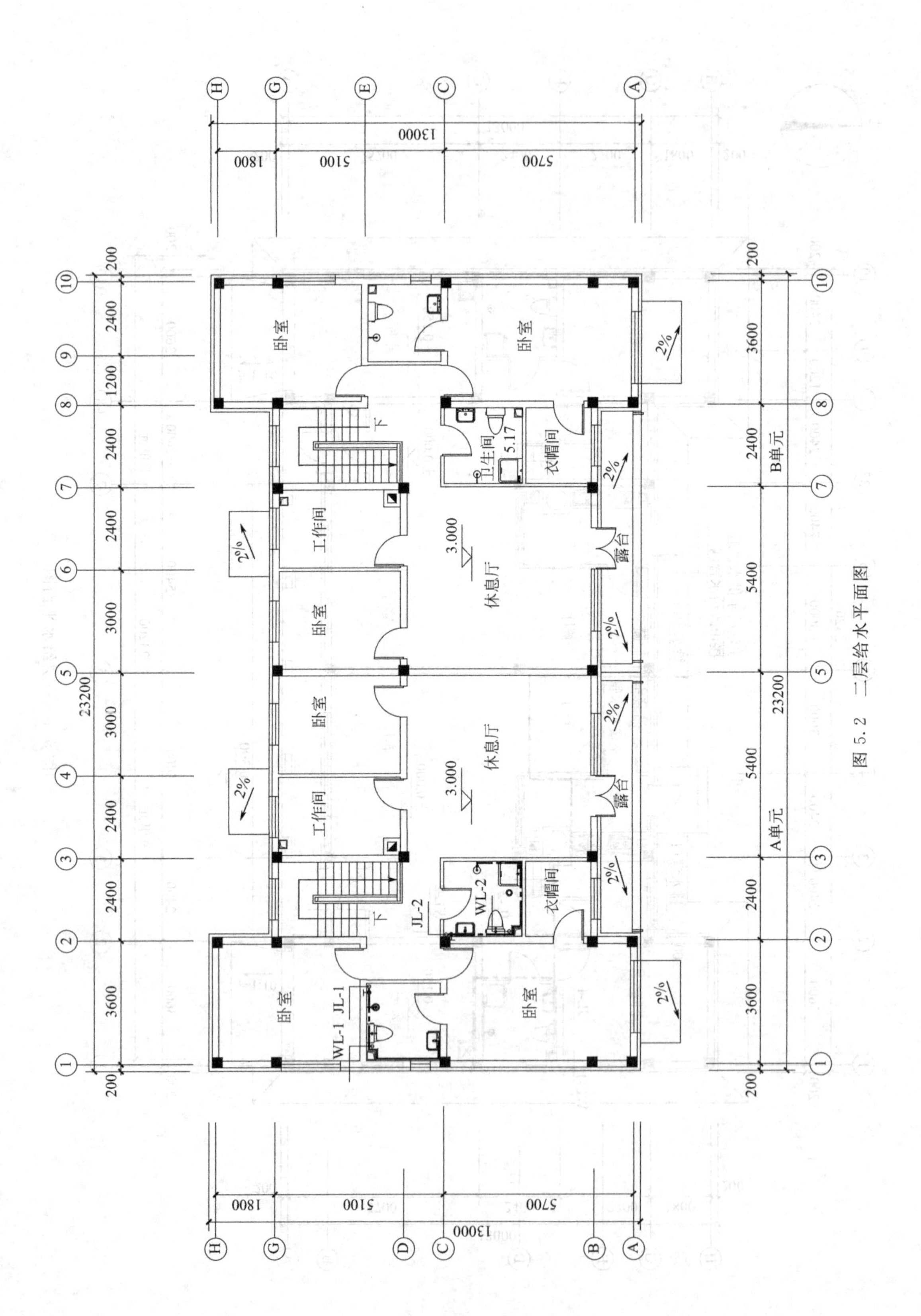
卧室
卫生间
衣帽间
工作间
休息厅
露台
3.000
5.17
2%
JL-1
JL-2
WL-1
WL-2
A单元
B单元
23200
13000
5700
5100
1800
5400
3600
2400
3000
1200
200

图 5.2 二层给水平面图

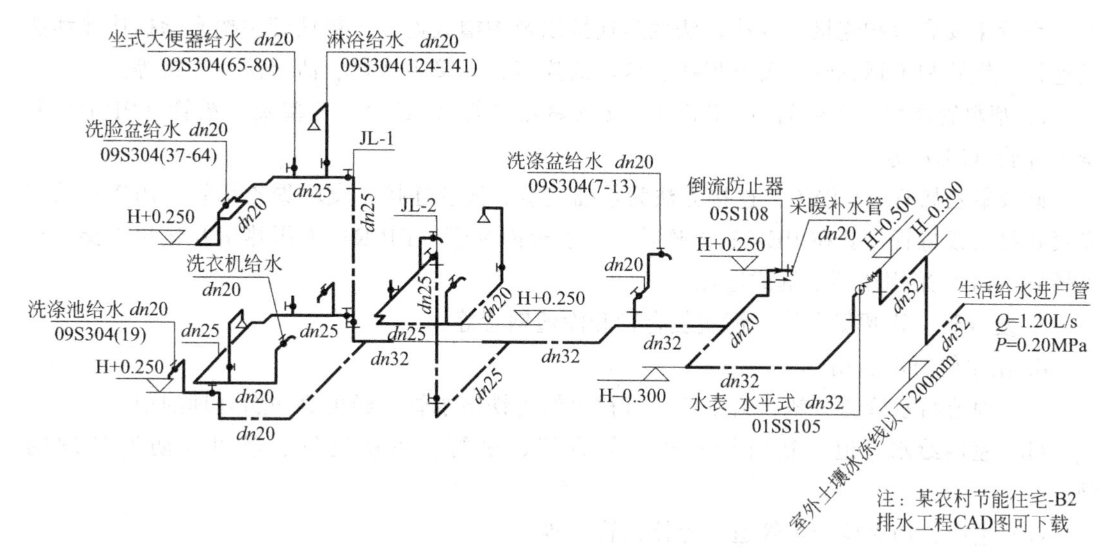

图 5.3　生活给水系统图

（5 至 10 轴系统图与 1 至 5 轴系统图对称相同）

于 0.9MPa。检验方法：塑料管应在试验压力下稳压一小时，压力降不得超过 0.05MPa，然后在工作压力的 1.15 倍状态下稳压 2h，压力降不得超过 0.03MPa；金属管应在试验压力下 10min 内压力降不大于 0.02MPa，且不渗不漏为合格。

5.1.1.2　给水系统概述

（1）建筑室内给水系统的分类　给水工程分为建筑室内给水和室外给水两部分。而室内给水系统的任务是在满足各用水点对水量、水压和水质的要求下，将城镇给水管网或自备水源给水管网的水引入室内，经配水管送至生活、生产和消防用水设备。给水系统按用途可分为三类：

① 生活给水系统供住宅、公共建筑等建筑内的饮用、洗涤、淋浴等生活用水。

② 生产给水系统供生产过程中工艺用水、生产空调用水、锅炉用水等用途的水。

③ 消防给水系统供民用建筑、公共建筑等建筑中的各种消防设备的用水。

（2）建筑室内给水系统的组成

① 引入管（进户管）　室外给水管网与室内给水管网之间的连接管。

② 水表节点　水表及前后的阀门、泄水装置、旁通管等的总称。

③ 给水管道系统　由给水干管、立管和支管所组成。干管是室内给水管道的主线；立管是指由给水干管通往各楼层的竖向管道；支管是指从给水立管（或干管）接往各用水点的管道。

5.1　引入管穿墙

④ 给水附件　用来调节水量和水压、控制水流方向以及切断水流，以便于检修管道和设备。如阀门、水龙头等。

⑤ 增压和贮水设备　水池、水泵、水箱、水塔等。

⑥ 室内消防设备　消火栓灭火设备。

（3）给水工程常用管材、附件和水表

① 管材　给水常用管材一般可分为金属管、塑料管和复合管。

a. 金属管　给水钢管、铸铁管、不锈钢管及铜管等。

钢管主要有丝扣连接、焊接、法兰盘连接以及沟槽式连接。铸铁管主要有承插连接和法兰连接。铜管和不锈钢管主要有焊接、卡套式连接、活接头连接、活接法兰连接等。

b. 塑料管硬聚氯乙烯管（UPVC）、交联聚乙烯管（PEX）、三型聚丙烯管（PP-R）和聚丁烯管（PB）等。

硬聚氯乙烯管（UPVC）连接方法为承插连接和法兰连接。交联聚乙烯管（PEX）采用夹紧式接头或将管件套在PEX管上连接。三型聚丙烯管（PP-R）采用热熔及丝扣连接。聚丁烯管（PB）采用压环卡箍式连接。

c. 复合管　铝塑复合管，钢塑复合管和涂塑钢管等。

d. 给水管材的选用

(a) 埋地给水管道　塑料给水管、有衬里的铸铁给水管、经可靠防腐处理的钢管。

(b) 室内给水管道　塑料给水管、复合管、铜管、不锈钢管、经可靠防腐处理的钢管。

(c) 生产、消火栓给水管道　焊接钢管、铸铁管。

(d) 自喷灭火系统给水管道　镀锌钢管。

② 给水系统的附件　管道附件分为配水附件和控制附件，是安装在管道上用以启闭和调节的给水装置。

a. 配水附件即配水龙头，又称水嘴、水栓。是向卫生器具或其他用水设备配水的管道附件。主要是起调节和分配水流的作用。

b. 控制附件是指在给水系统中调节水量、水压，切断水流、控制水流方向等，便于管道、仪表和设备检修的各种阀门。如：闸阀、蝶阀、截止阀、减压阀、止回阀、浮球阀、安全阀等。

③ 水表　可分为流速式水表和容积式水表两类。其中流速式水表按翼轮构造不同可分为旋翼式，即轮轴与水流方向垂直，阻力大，用于小流量、小口径，如图5.4(a)；螺翼式，即轮轴与水流方向平行，阻力小，用于大流量、大口径，如图5.4(b)。流速式水表又按计数机件浸在水中或与水隔离，分为干式，即计数机件用金属盘与水隔开；湿式，即计数机件浸在水中，机件简单，计量准确，密封性能好，水质要求高。

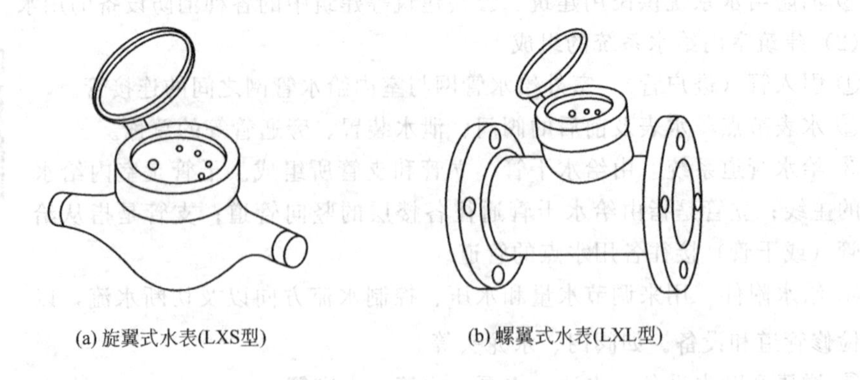

(a) 旋翼式水表(LXS型)　　(b) 螺翼式水表(LXL型)

图5.4　流速式水表

一般水表设置的几个相关问题：

a. 水表及其前后的附件一般设在水表井中，当建筑物只有一条引入管时，宜在水表井中设旁通管；

b. 温暖地区的水表井一般设在室外，寒冷地区为避免水表冻裂，可将水表井设在采暖房间内；

c. 在需计量水量的部位和设备的配水管上也要安装水表；

d. 每户住宅的进水管上均应安装分户水表；

e. 分户水表的选择和安装位置应根据管理部门抄表方式及管理水平等因素确定。人工抄表时，水表宜集中或分散设置于户外；智能化管理或智能化抄表时，水表可设置于室内，但水表应是智能化专用水表；采用IC卡水表或TM卡水表等卡式水表时，水表宜集中设置于室外。

5.1.1.3 给水工程定额应用

在编制室内给水工程施工图预算时，其工程量的计算应按“全国统一安装工程工程量计算规则”和《全国统一安装工程预算定额》中的第八册《给排水、采暖、燃气工程》的有关规定执行。使用地方估价表或定额时，所用定额册数或定额项目应按地方编制的说明、适用范围和使用要求执行。

(1) 安装工程各册定额执行范围

① 新建、扩建项目中的采暖与卫生工程采暖管道的供热管网，生活给排水管道，生活热水供应管道，屋面雨水排水铸铁管道，生活燃气管道及阀门、器具、部件和钢板水箱，单个质量不大于100kg的管道支架制作与安装，执行第八册《给排水、采暖、燃气工程》定额，缺项可以通用第六册《工业管道工程》定额中相似项目。

② 各种管道和设备的除锈、刷油、防腐和绝热保温工程，执行第十一册《刷油、防腐、绝热工程》。

③ 土方工程、构筑物工程，执行《建筑工程预算定额》的相应项目。属于市政工程范围的执行《全国统一市政工程预算定额》相应项目。

(2) 地方定额主要项目设置　本例采用最新的2010年《黑龙江省建设工程计价依据(给排水、暖通、消防及生活用燃气安装工程计价定额)》，分上、中、下三册，给水系统工程执行上册第一篇，是专用册，与下册第五篇《通用项目安装工程》配套使用。

2010年《黑龙江省建设工程计价依据》上册第一篇设置了如下项目：

第一篇　给排水、采暖、燃气工程（C8、C10）

- 第一章　管道安装（C.8.1　编号030801）
- 第二章　管道支架制作安装（C.8.2　编号030802）
- 第三章　管道附件安装（C.8.3　编号030803）
- 第四章　卫生器具制作安装（C.8.4　编号030804）
- 第五章　供暖器具安装（C.8.5　编号030805）
- 第六章　燃气器具安装（C.8.6　编号030806）
- 第七章　仪表安装（C.10.1　编号031001）

第一章“管道安装”适用于室内外生活用给水、排水、雨水、采暖热源、生活用燃气管道及管道附件的安装。

该章定额包括以下工作内容：①各种管道及接头零件的安装；②各种管道接头零件含量表中的管件综合单价可以由甲乙双方在施工合同中约定调整办法，但其含量不得调整；③各种管道安装工艺过程中的水压试验，灌水试验及泄漏试验；④室内管道安装工程中 *DN*32 以内钢管安装项目中包括管卡及托钩的制作安装；⑤钢管安装项目中包括弯管制作与安装，无论是现场煨制或使用成品弯管均不得换算；⑥铸铁排水管、雨水管及塑料排水管均已包括臭气帽及雨水漏斗的制作安装；⑦塑料排水管包括管卡及托吊支架的制作安装；⑧燃气管道的钢管项目适用于焊接钢管和无缝钢管。钢管焊接挖眼接管工作，均在定额中综合考虑，不得另行计算。

该章定额不包括以下工作内容：①室内外管道沟土方及管道基础；②室内排水铸铁管、雨水铸铁管支架制作安装，按相应项目另行计算；③室外给排水塑料管安装定额中已包括接头零件安装所需人工，接头零件消耗量另行计算；④室内外给水、雨水铸铁管定额中已包括接头零件安装所需人工，接头零件消耗量另行计算；⑤燃气铸铁管安装定额中已包括接头零件安装所需人工、机械，接头零件消耗量另行计算；⑥*DN*32 以上钢管支架的制作安装，按相应项目另行计算。

第二章“管道支架制作安装”适用于采暖、给排水、生活用燃气管道工程中管道及附属设备的支架制作安装，不包括除锈、刷油。

第三章“管道附件安装”有几点需要说明：①螺纹阀门安装适用于各种内外螺纹连接的阀门安装；②法兰阀门安装适用于各种法兰阀门的安装，如仅为一侧法兰连接时，定额中的法兰、带帽螺栓及钢垫圈数量减半；③各种法兰连接用垫片均按石棉橡胶板计算，如用其他材料，不再调整；④浮标液面计 FQ-Ⅱ型安装是按《采暖通风国家标准图集》N102-3 编制的；⑤水塔、水池浮漂水位标尺制作安装，是按《全国通用给水排水标准图集》S318 编制的；⑥减压器、疏水器组成与安装是按《采暖通风国家标准图集》N108 编制的，如实际组成与此不同时，阀门和压力表数量可按实际调整，其余不变；⑦法兰水表安装是按《全国通用给水排水标准图集》S145 编制的，定额内包括旁通管及止回阀，如实际安装形式与此不同时，阀门及止回阀可按实际调整，其余不变。

第七章“仪表安装”适用于温度、压力、流量等显示仪表安装调试。本章包括以下工作内容：取源部件的保管、提供、清洗；仪表接头安装；仪表单体调试、安装、校接线、挂位号牌；配合单机试运转、安装调试记录整理；压力式温度计温包安装、毛细管敷设固定；盘装仪表的盘修孔；仪表安装用垫片按石棉橡胶垫片考虑，如实际不符时，可以换算。

(3) 地方定额中各项费用规定　2010 年《黑龙江省建设工程计价依据（给排水、暖通、消防及生活用燃气安装工程计价定额）》中无法准确进行计量而按定额规定的系数计取的那部分费用，在定额中以措施部分费用形式表现，这部分费用主要包括：

① 脚手架搭拆费　脚手架指施工现场为工人操作并解决垂直和水平运输而搭设的各种支架。是建筑界的通用术语，指建筑工地上用在外墙、内部装修或层高较高无法直接施工安装的地方，主要为了施工人员上下干活或外围安全网维护及高空安装构件等（竹、木、钢管或合成材料等）。费率见表 5.1。

表 5.1　安装工程脚手架搭拆费系数

清单编号		031401001
定额编号		6-1
脚手架费		∑人工费×8%
其中	人工费	脚手架费×25%

脚手架费的应用：

a. 各专业交叉作业施工时，可以互相利用已搭建的脚手架；

b. 定额中的脚手架搭拆，是综合取定的系数，除定额规定不计取脚手架费用者外，不论工程实际是否搭拆脚手架，或者搭拆数量是多少，均按规定系数计取脚手架搭拆费用，包干使用，即不调整；

c. 施工时如部分或全部使用土建工程的脚手架时，按有偿使用考虑；

d. 如单独进行室外地沟内的管道施工时，不计取脚手架费。

② 超高增加费　是指安装操作高度超过定额中规定的高度时，所增加的费用。费率见表5.2。

表5.2　安装工程超高增加费系数

清单编号	031401002		
定额编号	6-2	6-3	6-4
超高高度/m	5～10	5～15	5～20
超高增加费	Σ相应项目人工费×10%	Σ相应项目人工费×20%	Σ相应项目人工费×30%

本定额超高增加费中超高高度是指：有楼层的按楼层地面至安装物的距离；无楼层的按操作地点（或设计正负零）至操作物的距离。

说明：

a. 传统定额超高高度的规定如下。

(a) 按操作高度计算超高增加费　第二册为5m以上；第八册为3.6m以上（现黑龙江为5m）；第九册为6m以上；第十一册为6m以上。

(b) 按设备底座安装标高计算超高增加费　以设备底座安装标高与地面正负零标高高差计算。第一册规定，以超过正负10m为界限，计取超高增加费。

b. 在计算超高增加费时，只计算超过部分工程量增加费用，不超过的部分不增加。

c. 在高层建筑施工中，在符合计取超高增加费条件的同时还要计取高层建筑增加费。

③ 高层建筑增加费　定额中的高层建筑是指：六层以上的多层建筑物（不含六层），单层建筑物自室外设计正负零至檐口距离在20m以上（不含20m），不包括屋顶水箱间、电梯间、屋顶平台出入口等的建筑物。费率见表5.3。

表5.3　安装工程高层建筑增加费系数

清单编码	031401003				
定额编号	6-5	6-6	6-7	6-8	6-9
层数(米以下)	9层(30)	12层(40)	15层(50)	18层(60)	21层(70)
给排水采暖燃气工程人工费/%	2	3	4	6	8
通风空调工程人工费/%	1	2	3	4	6
消防工程人工费/%	1	2	4	5	7
清单编码	031401003				
定额编号	6-10	6-11	6-12	6-13	6-14
层数(米以下)	24层(80)	27层(90)	30层(100)	33层(110)	36层(120)
给排水采暖燃气工程人工费/%	10	13	16	19	22
通风空调工程人工费/%	6	8	10	13	16
消防工程人工费/%	9	11	14	17	20

续表

清单编码	031401003			
定额编号	6-15	6-16	6-17	6-18
层数(米以下)	39层(130)	42层(140)	45层(150)	48层(160)
给排水采暖燃气工程人工费/%	25	28	31	34
通风空调工程人工费/%	19	22	25	28
消防工程人工费/%	23	26	29	32
清单编码	031401003			
定额编号	6-19	6-20	6-21	6-22
层数(米以下)	51层(170)	54层(180)	57层(190)	60层(200)
给排水采暖燃气工程人工费/%	37	40	43	46
通风空调工程人工费/%	31	34	37	40
消防工程人工费/%	35	38	41	44

说明：

a. 地下室部分不能计算层数和高度；顶层阁楼有居住功能的，则计算层数，其层高按平均高度计算；

b. 高层建筑增加费计算是以整座建筑（不包括地下室）的各专业工程的人工费为基数得出的。

④ 暖通系统调整费　包括调试所用人工费，仪器、仪表、消耗材料等费用。费率见表5.4。

在系统调整费中，除规定的人工工资外，其余列入材料费。

表5.4　安装工程暖通系统调整费系数

清单编号		031401004
定额编号		6-23
暖通工程系统调整费		Σ暖通工程人工费×15%
其中	人工费	暖通工程系统调整费×25%

⑤ 设置于管道间、管廊内的管道及附件安装人工费调整　该项是指给水、排水、采暖、煤气工程的管道、阀门、法兰、支架等进入管道间和管廊内的工程量部分。费率见表5.5。

表5.5　安装工程设置于管道间、管廊内的管道及附件安装人工费调整系数

清单编号	031401005
定额编号	6-24
计算方式	Σ相应项目人工费×15%

所谓“管廊”是指建筑物内封闭的天棚、竖向通道内（或称管道间）等空间。但地沟内管道安装不能视同为管廊内安装。

⑥ 安装与生产同时进行时人工费调整　是指改、扩建工程在生产车间或装置内施工，因生产操作或生产条件限制，干扰安装工作正常进行而降低工效的增加费用。不包括为保证安全生产和施工所采取的措施费用。费率见表5.6。

表 5.6　安装工程安装与生产同时进行时人工费调整系数

清单编号	031401006
定额编号	6-25
计算方式	Σ人工费×10%

5.1.1.4　分项工程项目划分与排列

为了能使预算的编制工作正确有序，在计算工程量之前，首先要对工程项目进行划分，而分项工程项目的正确列项要依据定额的规定与设计文件中的工作内容（施工工序）进行。依据定额可以划分到节，具体到节就要根据设计文件中具体项目来确定。也就是说，定额上分项工程项目名称就是我们要划分的分项项目。本例某农村节能住宅-B2 楼给水工程主要有以下工程项目：①室内给水管道安装；②阀门安装；③水表安装；④水龙头安装；⑤倒流防止器安装；⑥钢套管制作与安装；⑦管道消毒、冲洗；⑧土方开挖与回填。

5.1.2　室内给水工程计量

在编制给水工程预算时，其工程量的计算应按"全国统一安装工程工程量计算规则"和《全国统一安装工程预算定额》中的第八册《给排水、采暖、燃气工程》的有关规定执行。不同专业不同定额规定了各自的适用范围和执行界限，各册管道定额的执行界限要遵循一定的原则，必须明确不同定额各自规定的执行界限，才能正确计算工程量。

5.1.2.1　给水管道界限划分

(1) 安装工程室外给水管道与市政工程给水管道的分界线，以从市政管道引出的第一个水表井为界；无水表井以二者的碰头点为界；

(2) 给水管道室内外分界线以建筑物外墙皮 1.5m 为界，入口处设阀门者以阀门为界；

(3) 从泵站引出的生活给水管道，以泵站外墙皮 1.5m 为界，泵站内的设备配管属于工艺管道；

(4) 从设在高层建筑内的加压泵间引出的生活给水管道，以泵间的外墙皮为界，泵间内的设备配管属于工艺管道；

(5) 从生产用管道或生产、生活合用管道接出的生活用管道，以及从生活用管道上接出的生产用管道，以二者的碰头点为界。

如图 5.5 所示。

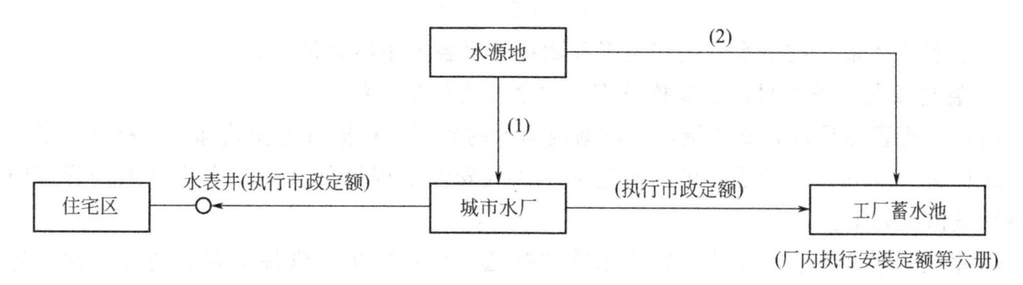

图 5.5　给水管道定额执行界限

5.1.2.2　给水管道与墙距相互间距

根据《建筑给水排水及采暖工程施工质量验收规范》(GB 50242—2002) 等相关规范规

定，现将常用给水管道与墙距及相互间距参考数据列于表5.7。

表5.7 常用给水管道与墙距及相互间距表

名称	最小净距/mm
引入管	1. 在平面上与排水排出管道不小于1000
	2. 与排水管交叉敷设时，垂直净距不小于150
水平干管	1. 与排水管道平行敷设时水平净距不小于500
	2. 与其他管道的净距不小于100
	3. 与墙、地沟壁的净距不小于80～100
	4. 与梁、柱、设备的净距不小于50
	5. 与排水管的交叉垂直净距不小于100
立管	不同管径下要求如下：
	1. 当$DN \leqslant 32$，至墙净距不小于25
	2. 当$DN32 \sim DN50$，至墙净距不小于35
	3. 当$DN70 \sim DN100$，至墙净距不小于50
	4. 当$DN125 \sim DN150$，至墙净距不小于60
支管	与墙面净距一般为20～25
水表	外壳距墙净距为10～30

注：1. 净距指给水管管外壁与墙、柱的距离。

2. 给水管应铺在排水管上面，若给水管必须敷设在排水管的下面时，给水管应加套管，其长度不得小于排水管管径的3倍。

5.1.2.3 给水工程工程量计算规则

（1）管道工程量计算

① 管道安装　各种管道，均按施工图所示的管道中心线长度，以“m”为计量单位，不扣除阀门及管件（包括减压器，疏水器，水表，伸缩器等组成安装）所占的长度。

管道长度确定方法：

a. 水平管。在平面图中“量算结合”，按平面图中管道的实际安装位置，根据建筑物轴线尺寸计算或利用比例尺量截，但要取决于比例尺、尺寸标注的完善程度。

b. 垂直管。管道的垂直长度，不宜用比例尺量截，应在系统图中按标高计算。即：

$$L_{垂直管} = \nabla_{上} - \nabla_{下}$$

c. 各种卫生器具的给水管道安装工程量计算至各卫生器具供水点。

② 管件安装　根据材质、规格分别以“个”为计量单位。

给水工程管件是否需要计量，要依据定额上的规定，根据管道安装部位、材质而定。

2010年《给排水、暖通、消防及生活用燃气安装工程计价定额》中给水工程管道中的管件计量情况如下：

a. 室内外镀锌钢管、室内塑料给水管的管道安装定额中，管件的安装费与主材费都包括，管件不需另计；

b. 室外塑料给水管、室内外承插铸铁给水管、铜管的管道安装定额中包括管件的安装费，不包括主材费用，管件需另计；

c. 不锈钢管因它的连接方式不同，管件是否计量要视具体情况而定；

d. 塑料管道和钢管连接采用转换接头时，转换接头定额套取铜塑转换接头定额项目，转换接头根据材质的不同可相应替换材料，消耗量不变。

③ 钢套管制作安装 以“m”为计量单位，执行室外焊接钢管项目。

说明：

管道穿墙和楼板，应设金属或塑料套管。安装在楼板内的套管，其顶部应高出装饰地面20mm；安装在卫生间及厨房内的套管，其顶部应高出装饰地面50mm，底部应与楼板底面相平。

管道穿楼板如采用钢套管，其制作安装工程量按套管的规格长度计算。当管道工程直径$DN\leqslant32$mm时，其套管应比管道规格大二号管径；当管道工程直径$DN\geqslant40$mm时，其套管应比管道规格大一号管径；套定额执行室外钢管（焊接）项目。

穿楼板套管：如楼板浇筑时已预留孔洞，后安装套管时，穿楼板钢套管按照室外焊接钢管定额（扣除接头零件、弯管机子目）项目执行；如楼板浇筑时未预留孔洞，需凿洞下套管时按一般穿墙套管定额项目执行。

④ 给水管道消毒、冲洗 按管道长度以“m”为计算单位，不扣除阀门、管件所占的长度。

⑤ 管道的压力试验 按管道长度以“m”为计算单位，不扣除阀门、管件所占的长度。

管道安装定额项目中所包括的水压力试验内容为局部、分段的压力试验，但如果业主、设计或国家规定有要求需对整个管道系统进行压力试验或二次打压试验时，需另外套取管道系统压力试验定额项目。

⑥ 管道除锈、刷油 按管道外表面展开进行计算，以“m^2”为计量单位。

$$S=\pi DL$$

式中 S——管道外表面积，m^2；

D——设备筒体或管道外径，m；

L——设备筒体或管道长度，m。

(2) 管道附件工程量计算

① 各种阀门安装均以“个”为计量单位。法兰阀门安装，如仅为一侧法兰连接时，定额所列法兰、带帽螺栓及垫圈数量减半，其余不变。

② 法兰阀（带短管甲乙）安装均以“套”为计量单位，如接口材料不同时，可作调整。

③ 法兰水表安装以“组”为计量单位，定额中旁通管及止回阀如与设计规定的安装形式不同时，可按相应项目执行。如图5.6。

(3) 管道支架工程量计算 管道支架制作安装应根据支架的形式、规格（图5.7），以“kg”为计量单位。

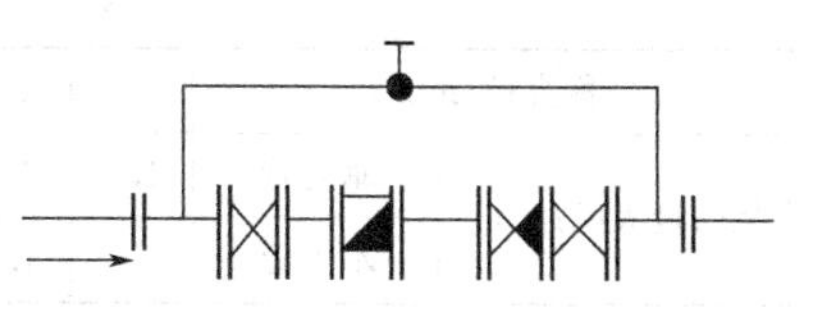

图5.6 法兰水表组成示意图

管道支架制作安装，室内镀锌及焊接钢管（螺纹连接）公称直径$DN32$以下的钢管安装工程已包括管卡及托钩制作安装，不得另行计算；公称直径$DN32$以上的，可另行计算。

① 室内管道支架的安装要求 给水及热水供应系统的金属管道立管管卡安装应符合下列规定：

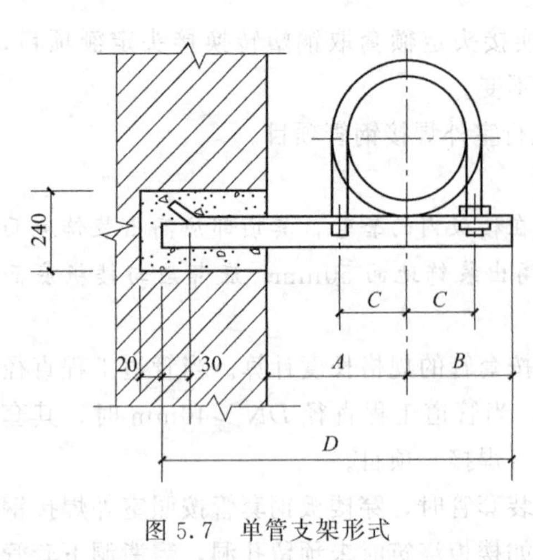

图 5.7 单管支架形式

a. 楼层高度小于 5m，每层必须安装 1 个。

b. 楼层高度大于 5m，每层不得少于 2 个。

c. 管卡安装高度，应为距地面 1.5～1.8m，2 个以上管卡应均匀安装，同一房间管卡应安装在同一高度。

② 室内管道支架的计算方法及步骤

第一步 确定支架数量

a. 立管的支架按国家标准中支架设置原则计算其个数；

b. 水平管道支架个数，可查“管道支架最大间距表”，根据《建筑给水排水及采暖施工质量验收规范》见表 5.8、表 5.9、表 5.10。钢管水平安装的支、吊架间距不应大于表 5.8 的规定。

计算公式如下：

$$\text{单管活动支架个数}=\frac{\text{某规格管子的长度}}{\text{该规格管子的最大支架间距}}-\text{该管段固定支架个数}$$

（得数有小数就进 1 取整）

$$\text{多管活动支架个数}=\frac{\text{共架管段长度}}{\text{其中较细管的最大支架间距}}-\text{该管段固定支架个数}$$

（得数有小数就进 1 取整）

表 5.8 钢管管道支架的最大间距

公称直径/mm		15	20	25	32	40	50	70	80	100	125	150	200	250	300
最大间距/m	保温管	2	2.5	2.5	2.5	3	3	4	4	4.5	6	7	7	8	8.5
	不保温管	2.5	3	3.5	4	4.5	5	6	6	6.5	7	8	9.5	11	12

表 5.9 塑料管及复合管管道支架的最大间距

管径/mm			12	14	16	18	20	25	32	40	50	63	75	90	110
最大间距/mm	立管		0.5	0.6	0.7	0.8	0.9	1.0	1.1	1.3	1.6	1.8	2.0	2.2	2.4
	水平管	冷水管	0.4	0.4	0.5	0.5	0.6	0.7	0.8	0.9	1.0	1.1	1.2	1.35	1.55
		热水管	0.2	0.2	0.25	0.3	0.3	0.35	0.4	0.5	0.6	0.7	0.8		

表 5.10 铜管管道支架的最大间距

公称直径/mm		15	20	25	32	40	50	65	80	100	125	150	200
支架的最大间距/m	垂直管	1.8	2.4	2.4	3.0	3.0	3.0	3.5	3.5	3.5	3.5	4.0	4.0
	水平管	1.2	1.8	1.8	2.4	2.4	2.4	3.0	3.0	3.0	3.0	3.5	3.5

第二步 计算单个支架重量

a. 根据图中设计的支架形式（固定、活动），确定支架所用型钢种类、规格。见表 5.11，表 5.12，表 5.13，可查《建筑安装工程施工图集》。

b. 计算公式如下：

$$\text{单个支架重量}=\sum\text{某种规格型钢长度}\times\text{该规格型钢每米理论重量}$$

表 5.11 支架横梁尺寸表 单位：mm

公称直径 *DN*		15	20	25	32	40	50	65	80	100	125	150
尺寸	A	150	150	150	150	150	150	160	160	170	180	180
	B	40	40	50	50	60	60	70	80	80	100	110
	C	16	19	23	28	30	36	45	52	62	75	89
	D	330	330	350	370	380	400	420	450	470	520	530
	E	—	—	—	—	—	—	—	160	180	180	200

表 5.12 材料规格表 单位：mm

公称直径 *DN*			15～20	25～320	40	50	65	80	100	125	150
件号	名称	件数	材料规格								
1	横梁	1	∟36×4	∟40×4	∟50×5	∟50×6	∟63×5	∟63×6	∟80×6	∟80×8	∟90×8
2	加固梁	1	—	—	—	—	—	∟63×6	∟63×6	∟63×8	∟63×8
3	横梁	1	∟40×4	∟40×4	∟50×5	∟63×5	∟63×6	∟75×6	∟80×6	∟80×8	∟90×8
4	短横梁	1	∟40×4	∟40×4	∟50×5	∟63×5	∟63×6	∟75×6	∟80×6	∟80×8	∟90×8
5	双头螺栓	2	M10	M10	M12	M12	M16	M16	M16	M16	M20
6	螺母	4	M10	M10	M12	M12	M16	M16	M16	M16	M20
7	垫圈	4	ϕ10	ϕ10	ϕ12	ϕ12	ϕ16	ϕ16	ϕ16	ϕ16	ϕ20
8	管卡	1	M8	M10	M10	M10	M12	M12	M12	M16	M16
9	螺母	2	M8	M10	M10	M10	M12	M12	M12	M16	M16
10	垫圈	2	ϕ8	ϕ10	ϕ10	ϕ10	ϕ12	ϕ12	ϕ12	ϕ16	ϕ16
11	限位块	2									

表 5.13 管卡圆钢展开长度 单位：mm

公称直径 *DN*	15	20	25	32	40	50	65	80	100	125	150
滑动支架	124	141	167	198	208	239	285	321	383	463	531
固定支架	144	160	176	214	224	255	309	345	407	488	557

第三步 确定管道支架总重

管道支架重量＝∑(某种规格管道支架个数×该规格管道支架个重)

③ 管道支架的除锈、刷油 根据设计文件中要求的刷漆种类和遍数，以“kg”为计量单位。

(4) 卫生器具工程量计算

① 水龙头安装 按规格不同，以“个”为计量单位。

② 钢板水箱制作 按施工图所示尺寸，不扣除人孔、手孔质量，以“kg”为计量单位，法兰和短管水位计可按相应定额另行计算。

③ 钢板水箱安装 按国家标准图集水箱容量“m^3”，执行相应定额。各种水箱安装，均以“个”为计量单位。

(5) 挖沟土方量计算 挖沟槽土方如图 5.8 所示。

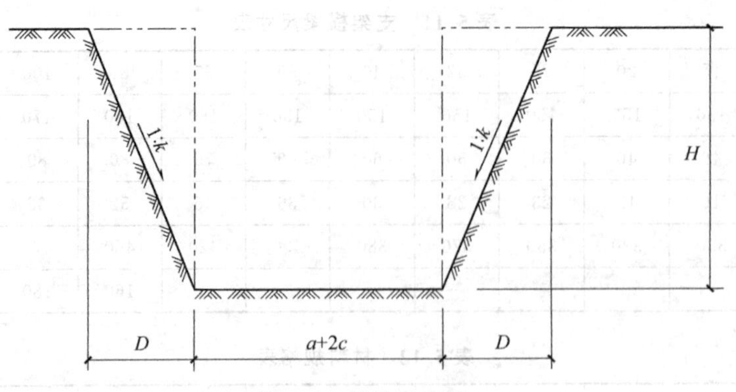

图 5.8 放坡示意图

放坡系数 $k=D/H$；坡度 $=H:D=1:D/H=1:k$

计算公式如下：

① 不放坡和不带挡土板

$$V=H(a+2c)L$$

② 由垫层下表面放坡

$$V=H(a+2c+kH)L$$

③ 带挡土板不放坡

$$V=H(a+0.2+2c)L$$

其中 V——挖土体积，m^3；

L——地沟长度，m；

a——管道结构宽度，m；

c——工作面宽度，m，见表 5.14；

0.2——两边挡土板的厚度，m；

H——挖土深度，m；

$(a+2c)$——管道沟底宽，见表 5.15；

D——放坡宽度，m；

k——放坡系数，见表 5.16。

表 5.14 管沟底部每侧工作面宽度 单位：cm

管道结构宽	混凝土管道基础坡度≤90°	混凝土管道基础坡度＞90°	金属管道	构筑物	
				无防潮层	有防潮层
50 以内	40	40	30	40	60
100 以内	50	50	40		
250 以内	60	50	40		

注：1. 沟、槽底加宽应按图纸尺寸计算，如无明确规定时，可参考本表。

2. 管道结构宽：无管座按管道外径计算，有管座按管道基础外缘计算，构筑物按基础外缘计算，如设挡土板则每侧增加 10cm。

表 5.15 管道沟底宽计算表

管径/mm	铸铁管、钢管石棉水泥管/m	混凝土、钢筋混凝土、预应力混凝土管/m	陶土管/m
250～350	0.80	1.00	0.90

续表

管径/mm	铸铁管、钢管石棉水泥管/m	混凝土、钢筋混凝土、预应力混凝土管/m	陶土管/m
400～450	1.00	1.30	1.10
500～600	1.30	1.50	1.40
700～800	1.60	1.80	—
900～1000	1.80	2.00	—

注：1. 按上表计算管沟土方工程量时，各种井类及管道（不含铸铁给排水管）接口等处需加宽而增加的土方工程量不另行计算。底面积大于 20 m²的井类，其增加工程量并入管沟土方内计算。

2. 敷设铸铁给排水管道时，其接口等处的土方增加量，可按铸铁给排水管沟土方总量的 2.5%计算。

表 5.16 放坡系数表

土壤类别	放坡起点/m	人工挖土	机械挖土	
			在坑内作业	在坑上作业
普通土	1.35	1∶0.42	1∶0.29	1∶0.71
坚土	2.00	1∶0.25	1∶0.10	1∶0.33

注：1. 沟槽、基坑中土壤类别不同时，分别按其放坡起点、放坡系数依不同土壤厚度加权平均计算。

2. 计算放坡时，在交接处的重复工程量不予扣除。

（6）回填土

回填土体积＝挖土体积－设计室外地坪以下埋设的砌筑量

余土外运体积＝挖土总体积－回填土体积

注：管道沟槽回填以挖方体积减去管径所占体积计算。管径在 500mm 以下（包括 500mm）的不扣除管道所占体积。管径超过 500mm 时，应减去其所占的体积，每米长应减去的数量可按表 5.17 的规定计算。

表 5.17 管道沟扣除土方体积表

管道名称	管道直径/mm					
	501～600	601～800	801～1000	1101～1200	1201～1400	1401～1600
钢石棉水泥管/m³	0.21	0.44	0.71	—	—	—
铸铁陶土管/m³	0.24	0.49	0.77	—	—	—
混凝土管/m³	0.33	0.60	0.92	1.15	1.35	1.55

5.1.2.4 某节能住宅给水工程计量

依据《建设工程工程量清单计价规范》(GB 50500—2013)、2010 年《黑龙江省建设工程计价依据（给排水、暖通、消防及生活用燃气安装工程计价定额）》，设计文件中工程量计算规则、工程内容、设计说明及定额解释等，该工程的工程量计算如表 5.18。

表 5.18 某农村节能住宅-B2 给水工程工程量计算表

序号	项目名称	工程量计算式	单位	数量	备注
一	室内给水管道				
1	PP-R 给水塑料管 *dn*32	引入管：[1.5(室内外管道界线)＋0.30(墙厚)＋0.10(管中心与墙距)]×2(两轴段) 干管：{[(2.20－0.30)＋(0.50＋0.30)×2](标高差)＋[3.50－0.10(管中心与墙距)＋2.95＋1.25＋2.48＋0.51＋3.43－0.10(管中心与墙距)]}×2(两轴段)	m	38.64	

续表

序号	项目名称	工程量计算式	单位	数量	备注
2	PP-R 给水塑料管 *dn*25	干管:(2.31+0.27)×2(两轴段) 立管:(0.30+3.00+0.25)×2×2(两轴段) 支管:(2.11+2.08+0.81+1.37+2.25+1.76)×2(两轴段)	m	40.12	
3	PP-R 给水塑料管 *dn*20	干管:[0.96+0.80+(0.30+0.25)(标高差)]×2(两轴段) 支管:{(0.30+0.25)(标高差)+0.44+0.37−0.03(管中心距墙面)+1.36−0.03(管中心距墙面)+(1.10−0.25)(洗衣机)+(1.00−0.25)(淋浴器)+2.38+2.11+(0.30+0.25)+1.05+(1.00−0.25)(淋浴器)+(1.10−0.25)(洗衣机)+0.78−0.03(管中心距墙面)+(2.20−0.03×2)+(0.58−0.03)+(1.00-0.25)(淋浴器)}×2(两轴段)	m	36.90	
二	给水附件				
1	双活接铜质截止阀 *DN*25	1×2(两轴段)	个	2	
	铜质逆止阀 *DN*25	1×2(两轴段)	个	2	
	双活接铜质截止阀 *DN*20	5×2(两轴段)	个	10	
	双活接铜质截止阀 *DN*15	2×2(两轴段)	个	4	
2	水表 *DN*25	1×2(两轴段)	块	2	
3	倒流防止器 *DN*20		个	1	
三	卫生器具				
1	水龙头 *DN*15		个	6	
四	套管制作安装				
1	钢套管 *DN*50	[1(穿基础)+2(穿楼板)]×2(两轴段)=6 个 (0.20+0.02)×6	m	1.32	
2	钢套管 *DN*40	(2+2)(穿楼板)×2(两轴段)=8 个 (2×0.22+2×0.25)×2	m	1.88	
3	钢套管 *DN*32	3(穿楼板)×2(两轴段)=6 个 (1×0.25+2×0.22)×2	m	1.38	
五	管道消毒、冲洗 *DN*50 以内	38.64+40.12+36.9	m	115.66	
六	土方开挖与回填	*dn*32:[(1.50+0.30+0.10)×0.60(沟宽)×2.20(埋深)+(3.50−0.10+2.95+1.25+2.48+0.51+3.43−0.10)×0.60(沟宽)×0.30(埋深)]×2(两轴段) *dn*25:(2.31+0.27)×0.60(沟宽)×0.30(埋深)×2(两轴段) *dn*20:(0.96+0.80+2.38+1.58)×0.60(沟宽)×0.30(埋深)×2(两轴段)	m^3	13.015	由于地下 2.20m 埋深管段短,所以在这里就不放坡,按直沟处理

5.1.3 室内给水工程直接工程费计算

在编制室内给水工程施工图预算过程中，计量与计价是两个关键环节，只有准确地对室内给水工程进行计量之后，在此基础上才可以进行正确计价。本节内容即是对给水工程直接工程费进行计算，首先要仔细核查工程量，之后再套用计价定额，套定额一般需根据工程所在地和工程性质选取，来计算定额直接费。然后，再按定额规定系数计算其他定额直接费，最后汇总单位工程直接工程费。

具体计算公式如下：

(1) 定额中分部分项子目项基价

分部分项子目项基价＝人工费＋材料费＋施工机械使用费

其中：人工费＝∑(定额人工消耗量×定额日工资单价)

材料费＝∑(定额材料消耗量×材料预算单价)

施工机械使用费＝∑(定额施工机械台班消耗量×施工机械台班单价)

(2) 定额中的未计价材料 指在定额中只规定了它的名称、规格、品种和消耗量，而未计入其价值的材料。即定额内带有“（ ）”的材料。

未计价主材费＝图示工程量×管材定额损耗率×未计价材料价格

或＝分项工程量×定额括号内数量×未计价材料价格

(3) 计算分项工程直接工程费

分项工程直接工程费＝实体部分费用＋措施部分费用

① 实体部分费用——可以准确计算出工程量的那部分定额直接费。即：

分项工程定额直接费＝∑(分部分项子目项基价＋未计价材料价格)×分项工程量

＝∑(人工单价＋材料单价＋施工机械单价＋未计价材料价格)×分项工程量

＝∑(人工费＋材料费＋施工机械台班费＋未计价主材费)

② 措施部分费用——定额计价中按规定系数计取的定额直接费，也就是无法准确计算出工程量的那部分定额直接费，若实际发生应按规定计取，其费用并入分项工程直接工程费中。具体计取系数参照表 5.1～表 5.6。

本例措施部分费用只发生了脚手架费用，根据表 5.1 给定的系数进行计取，人工费根据相关文件调增为 86 元/工日，分部分项工程投标报价表详见表 5.22。

5.1.4 单位工程计费程序

5.1.4.1 建设工程费用定额

《建设工程费用定额》(以下简称《费用定额》) 是用以计算除直接工程费以外的各项费用的依据，是一种费率指标。在我国，费用标准由各地区工程造价管理机构按国家建设行政主管部门的有关规定统一编制，在本地区范围内与当地定额配套使用。

《费用定额》适用于建设工程计价的建筑、装饰装修、通用设备安装、市政和园林绿化工程，是编制（审核）建设工程投资估算、设计概算、施工图预算、招标控制价、投标报价，签订施工合同，工程价款结算，调解处理工程纠纷，鉴定工程造价等工程计价活动的依据。

黑龙江省现行取费是在 2010 年《费用定额》基础上，结合我省实际情况，依据本省年终结算文件中相关规定执行的。

5.1.4.2 某农村节能住宅室内给水工程定额计价

本案例的计价文件依据 2010 年《黑龙江省建设工程计价依据（给排水、暖通、消防及生活用燃气安装工程计价定额)》，与其相配套的费用定额及黑建造价〔2016〕2 号文（见附录 1)、黑建规范〔2018〕5 号文（见附录 2）相关规定，在表 5.18 计算的工程量基础上，编制的某农村节能住宅-B2给水工程定额计价文件如下：

（1）封面　见表5.19。

表5.19　封面

投标总价

招标人：×××

工程名称：某农村节能住宅-B2给水工程

投标总价(小写)：10,484.57元

(大写)：壹万零肆佰捌拾肆元伍角柒分

投标人：×××

法定代表人或其授权人：×××

编制人：×××

编制时间：×　年　×　月　×　日

（2）总说明　见表5.20。

表5.20　总说明

工程名称：某农村节能住宅-B2给水工程　　　　第1页　共1页

1. 工程概况：该项目为黑龙江省某农村节能住宅室内给水工程。
2. 本例综合工日单价按结算文件调增为86元/工日。
3. 企业管理费、利润取上限。
4. 主要材料价格按黑龙江省建设工程造价信息2018年8月的材料信息价计取，信息价中没列出的按现行市场价格计取。
5. 其他未尽事宜见设计文件及附后的工程计价表

（3）单位工程费用汇总表　见表5.21。

表5.21　单位工程投标报价汇总表

工程名称：某农村节能住宅-B2给水工程　　　　第1页　共1页

序号	费用名称	计算方法	费率/%	金额/元	备注
(一)	分部分项工程费	按计价定额实体项目计算的基价之和		5759.63	直接费＋主材费＋设备费
(A)	其中：计费人工费	∑工日消耗量×人工单价(53元/工日)		1648.41	
(二)	措施项目费	(1)＋(2)		199.18	
(1)	单价措施项目费	按计价定额措施项目计算的基价之和			

续表

序号	费用名称	计算方法	费率/%	金额/元	备注
(B)	其中：计费人工费	Σ工日消耗量×人工单价(53元/工日)			
(2)	总价措施项目费	①+②+③		199.18	
①	安全文明施工费	[(一)+(三)+(四)+(1)+(7)+(8)+(9)-除税工程设备金额]×费率	2.06	170.98	
②	其他措施项目费	[(A)+(B)]×费率		28.20	脚手架费+脚手架费人工费价差+脚手架费材料费价差+脚手架费机械费价差
③	专业工程措施项目费	根据工程情况确定			
(三)	企业管理费	[(A)+(B)]×费率	25	412.10	其中：计费人工费+其中：计费人工费
(四)	利润	[(A)+(B)]×费率	35	576.94	其中：计费人工费+其中：计费人工费
(五)	其他项目费	(3)+(4)+(5)+(6)+(7)+(8)+(9)		1551.12	暂列金额+专业工程暂估价+计日工+总承包服务费+人工费价差+材料费价差+机械费价差
(3)	暂列金额	[(一)-工程设备金额]×费率(投标报价时按招标工程量清单中列出的金额填写)			
(4)	专业工程暂估价	根据工程情况确定(投标报价时按招标工程量清单中列出的金额填写)			
(5)	计日工	根据工程情况确定			
(6)	总承包服务费	供应材料费用、设备安装费用或发包人发包的专业工程的(分部分项工程费+措施项目费+企业管理费+利润)×费率			
(7)	人工费价差	合同约定或[省建设行政主管部门发布的人工单价-人工单价]×Σ工日消耗量		1551.12	人工价差-脚手架费人工费价差
(8)	材料费价差	Σ[除税材料实际价格(或信息价格、价差系数)与省计价定额中除税材料价格的(±)差价×材料消耗量]			材料价差+主材价差-脚手架费材料费价差
(9)	机械费价差	Σ[省建设行政主管部门发布的除税机械费价格与省计价定额中除税机械费价格的(±)差价×机械消耗量]			机械价差-脚手架费机械费价差
(六)	规费	[(A)+(B)+(7)]×费率		1032.46	
(七)	税金	[(一)+(二)+(三)+(四)+(五)+(六)]×税率	10	953.14	
(八)	含税工程造价	(一)+(二)+(三)+(四)+(五)+(六)+(七)		10,484.57	

注：编制招标控制价、投标报价、竣工结算时，各项费用的确定除本通知另有规定外，均按2013计价规范的规定执行。

(4) 分部分项工程投标报价表　见表5.22。

表 5.22　分部分项工程投标报价表

工程名称：某农村节能住宅-B2 给水工程　　　　第 1 页　共 2 页

序号	定额编号	分部分项工程名称	工程量		价值/元		其中/元					
							人工费		材料费		机械费	
			计量单位	数量	定额基价	总价	单价	金额	单价	金额	单价	金额
1	1-328	室内塑料给水管安装（热熔、电熔连接）管外径（32mm 以内）	10m	3.864	143.03	552.67	92.75	358.39	49.52	191.35	0.76	2.94
	4433030140@1	PP-R 给水塑料管 $D32$	m	39.4128	11.03	434.72			11.03	434.72		
2	1-327	室内塑料给水管安装（热熔、电熔连接）管外径（25mm 以内）	10m	4.012	123.79	496.65	82.15	329.59	40.88	164.01	0.76	3.05
	4433030136@1	PP-R 给水塑料管 $D25$	m	40.9224	7.33	299.96			7.33	299.96		
3	1-326	室内塑料给水管安装（热熔、电熔连接）管外径（20mm 以内）	10m	3.69	108.06	398.74	76.85	283.58	30.45	112.36	0.76	2.8
	4433030127@1	PP-R 给水塑料管 $D20$	m	37.638	4.74	178.4			4.74	178.4		
4	1-646	螺纹阀门安装公称直径(25mm 以内)	个	2	11.01	22.02	6.36	12.72	4.65	9.3		
	补充主材 001	铜质逆止阀 $DN25$	个	1	84.48	84.48			84.48	84.48		
	补充主材 002	双活接铜质球阀 $DN25$	个	1	86.21	86.21			86.21	86.21		
5	1-645	螺纹阀门安装公称直径(20mm 以内)	个	10	9.13	91.3	5.83	58.3	3.3	33		
	4601010031@1	双活接铜质球阀 $DN20$	个	10.1	64.66	653.07			64.66	653.07		
6	1-644	螺纹阀门安装公称直径(15mm 以内)	个	4	8.11	32.44	5.3	21.2	2.81	11.24		
	4601010030@1	双活接铜质球阀 $DN15$	个	4.04	47.41	191.54			47.41	191.54		
7	1-644	螺纹阀门安装公称直径(15mm 以内)	个	1	8.11	8.11	5.3	5.3	2.81	2.81		
	4601010030@2	倒流防止器 $DN15$	个	1.01	224.14	226.38			224.14	226.38		
8	1-1039	水龙头安装公称直径(15mm 以内)	10 个	0.6	15.81	9.49	14.84	8.9	0.97	0.58		

续表

工程名称：某农村节能住宅-B2 给水工程　　　　第 2 页　共 2 页

序号	定额编号	分部分项工程名称	工程量		价值/元		其中/元					
							人工费		材料费		机械费	
			计量单位	数量	定额基价	总价	单价	金额	单价	金额	单价	金额
	4103030045@1	铜水嘴	个	6.06	12.93	78.36			12.93	78.36		
9	1-791	水表组成、安装(螺纹连接)公称直径(25mm 以内)	组	2	44.69	89.38	25.44	50.88	19.25	38.5		
	5119030003@1	螺纹水表 *DN*25	个	2	155.17	310.34			155.17	310.34		
10	1-49	室外焊接钢管安装(焊接)公称直径(50mm 以内)	10m	0.06	93.64	5.62	45.58	2.73	45.85	2.75	2.21	0.13
	4100000147@1	焊接钢管 *DN*50	kg	2.9718	3.75	11.14			3.75	11.14		
11	1-48	室外焊接钢管安装(焊接)公称直径(40mm 以内)	10m	0.188	71.5	13.44	39.22	7.37	30.07	5.65	2.21	0.42
	4100000146@1	焊接钢管 *DN*40	kg	7.3282	3.76	27.55			3.76	27.55		
12	1-47	室外焊接钢管安装(焊接)公称直径(32mm 以内)	10m	0.138	57.11	7.88	37.63	5.19	17.27	2.38	2.21	0.3
	4100000145@1	焊接钢管 *DN*32	kg	4.3843	3.85	16.88			3.85	16.88		
13	1-631	管道消毒、冲洗公称直径(50mm 以内)	100m	1.1566	63.77	73.76	27.56	31.88	36.21	41.88		
14	借 1-17	人工挖沟槽普通土(深度)2m 以内	$100m^3$	0.13015	2317.69	301.65	2317.69	301.65				
15	借 1-466	人工回填砂	$10m^3$	1.3015	646.85	841.88	130.38	169.69	512.47	666.98	4	5.21
16	借 1-247	自卸汽车运土方(载重 5t)(运距)5km 以内	$1000m^3$	0.01302	16552.42	215.51	79.5	1.04			16472.92	214.48
		合计	元			5759.57		1648.41		3881.88		229.33

(5) 人工费调差表 见表5.23。

表5.23 单位工程人工费调差表

工程名称：某农村节能住宅-B2给水工程 第1页 共1页

序号	材料名称	单位	材料量	预算价/元	市场价/元	价差/元	价差合计/元
一	人工类别						
1	人工费调整价差	元			1	1	
2	综合工日	工日	47.0036	53	86	33	1551.12
	合计						1551.12

(6) 通用措施项目报价表 见表5.24。

表5.24 通用措施项目报价表

工程名称：某农村节能住宅-B2给水工程 第1页 共1页

序号	项目名称	计算基础	费率/%	金额/元
	总价措施项目费			
	安全文明施工费			
1	安全文明施工费	直接费+主材费+单价措施项目费+单价措施主材费+企业管理费+利润+人工价差+材料价差+机械价差+主材价差-安全文明施工费人工价差-安全文明施工费材料价差-安全文明施工费机械价差	2.06	170.98
2	垂直防护架、垂直封闭防护、水平防护架			
	其他措施项目费			
3	夜间施工费	人工预算价+单价措施计费人工费	0.08	1.32
4	二次搬运费	人工预算价+单价措施计费人工费	0.14	2.31
5	雨季施工费	人工预算价+单价措施计费人工费	0.14	2.31
6	冬季施工费	人工预算价+单价措施计费人工费	0.99	16.32
7	已完工程及设备保护费	人工预算价+单价措施计费人工费	0.2	3.3
8	工程定位复测费用	人工预算价+单价措施计费人工费	0.06	0.99
9	非夜间施工照明费	人工预算价+单价措施计费人工费	0.1	1.65
10	地上、地下设施、建(构)筑物的临时保护设施费			
	专业工程措施项目费			
合计				199.18

(7) 脚手架费 见表5.25。

表5.25 脚手架明细表

工程名称：某农村节能住宅-B2给水工程 第1页 共1页

序号	编码	名称	单位	单价	合价
1	6-1	脚手架费(给排水、采暖、燃气工程)	元	28.20	28.20
合计					28.20

（8）规费、税金报价表　见表5.26。

表5.26　规费、税金报价表

工程名称：某农村节能住宅-B2给水工程　　　　第1页共1页

序号	项目名称	计算基础	费率/%	金额/元
1	规费	养老保险费＋医疗保险费＋失业保险费＋工伤保险费＋生育保险费＋住房公积金＋工程排污费		1032.46
1.1	养老保险费	其中:计费人工费＋其中:计费人工费＋人工费价差	20	534.95
1.2	医疗保险费	其中:计费人工费＋其中:计费人工费＋人工费价差	7.5	200.61
1.3	失业保险费	其中:计费人工费＋其中:计费人工费＋人工费价差	1.5	40.12
1.4	工伤保险费	其中:计费人工费＋其中:计费人工费＋人工费价差	1	26.75
1.5	生育保险费	其中:计费人工费＋其中:计费人工费＋人工费价差	0.6	16.05
1.6	住房公积金	其中:计费人工费＋其中:计费人工费＋人工费价差	8	213.98
1.7	工程排污费			
小计				1032.46
2	税金	分部分项工程费＋措施项目费＋企业管理费＋利润＋其他项目费＋规费－甲供材料费－甲供主材费－甲供设备费－甲供材料价差－甲供主材价差－甲供设备价差	10	953.14
合计				1985.6

注：投标人应按招标人提供的规费计入投标报价中。

（9）主要材料价格表　见表5.27。

表5.27　主要材料价格表

工程名称：某农村节能住宅-B2给水工程　　　　第1页　共1页

序号	材料编码	材料名称	规格、型号等特殊要求	单位	数量	不含税市场价/元	不含税市场价合价/元
1	4100000145@1	焊接钢管 $DN32$	$DN32$	kg	4.3843	3.85	16.88
2	4100000146@1	焊接钢管 $DN40$	$DN40$	kg	7.3282	3.76	27.55
3	4100000147@1	焊接钢管 $DN50$	$DN50$	kg	2.9718	3.75	11.14
4	4103030045@1	铜水嘴		个	6.06	12.93	78.36
5	4433030127@1	PP-R给水塑料管 $D20$	$D20$	m	37.638	4.74	178.4
6	4433030136@1	PP-R给水塑料管 $D25$	$D25$	m	40.9224	7.33	299.96
7	4433030140@1	PP-R给水塑料管 $D32$	$D32$	m	39.4128	11.03	434.72
8	4601010030@1	双活接铜质球阀 $DN15$	$DN15$	个	4.04	47.41	191.54
9	4601010030@2	倒流防止器 $DN15$	$DN15$	个	1.01	224.14	226.38
10	4601010031@1	双活接铜质球阀 $DN20$	$DN20$	个	10.1	64.66	653.07
11	5119030003@1	螺纹水表 $DN25$	$DN25$	个	2	155.17	310.34
12	补充主材001	铜质逆止阀 $DN25$	$DN25$	个	1	84.48	84.48
13	补充主材002	双活接铜质球阀 $DN25$	$DN25$	个	1	86.21	86.21

5.2 室内排水工程施工图预算

5.2.1 列出分部分项工程项目

5.2.1.1 项目描述

本项目为黑龙江省某农村节能住宅-B2 排水工程，所用施工图样为：一层排水平面图（图 5.9）；二层排水平面图（图 5.10）；生活排水系统图（图 5.11）。

（1）排水系统 本工程污、废水采用合流制。室内+0.000 以上污废水重力自流排入室外污水管，经化粪池处理后排入市政排水干线。

（2）管材、阀门和附件

① 生活给水管应符合卫生防疫部门的饮用水卫生标准。住宅内的给水管采用 PP-R 管材，热熔连接。

② 生活污水水平管采用实壁 U-PVC 塑料管，粘接；立管采用双壁内螺旋 U-PVC 塑料管，粘接；出户干管及出屋面立管采用铸铁管，卡箍或套袖连接。

③ 卫生间采用防返溢地漏，严禁采用钟罩式地漏，地漏水封高度不得小于 50mm。

④ 地面清扫口采用铜制品，清扫口表面与地面平。

⑤ 卫生洁具给水及排水五金配件应采用与卫生洁具配套的节水型，不得采用淘汰产品。

（3）管道系统安装

① 排水支管的安装高度为棚下 400mm。

② 生活污水坡度当图中未注明时按下列规定采用：

塑料管：$dn50$ $i=0.025$，$dn75$ $i=0.015$，$dn100$ $i=0.012$，$dn150$ $i=0.007$；铸铁管：$DN50$ $i=0.035$，$DN75$ $i=0.025$，$DN100$ $i=0.020$，$DN150$ $i=0.010$；塑料排水横支管坡度 $i=0.026$。

（4）管道试压 排水管道为闭水试验，即注水一层楼高，30min 后液面不下降为合格。污水的立管、横干管，还应做通球试验。

（5）本说明未尽事宜均执行国家有关规范。

5.2.1.2 排水系统概述

（1）建筑室内排水系统分类 排水工程分为建筑室内排水和室外排水两部分。而室内排水系统的任务是将建筑物内部人们在日常生活中和工业生产过程中所产生的污水、废水及屋面上雨水、雪水加以收集，及时排到室外。按系统接纳的污废水类型不同分类，可分为三类：

① 生活排水系统 排除建筑物内部卫生器具中的粪便污水及洗涤废水的排水系统。

② 工业废水排水系统 排除工艺生产过程中所产生的污废水。

③ 屋面雨水排水系统 排除屋面上的雨水和融化的雪水的系统。

（2）建筑室内排水系统组成

① 污（废）水收集器 用来满足日常生活和生产过程中各种卫生要求，收集和排除污水的设备。如：便溺器具，盥洗、沐浴器具，洗涤器具，地漏等。

② 排水管道系统 包括器具排水管、排水横支管、立管、埋地干管和排出管。

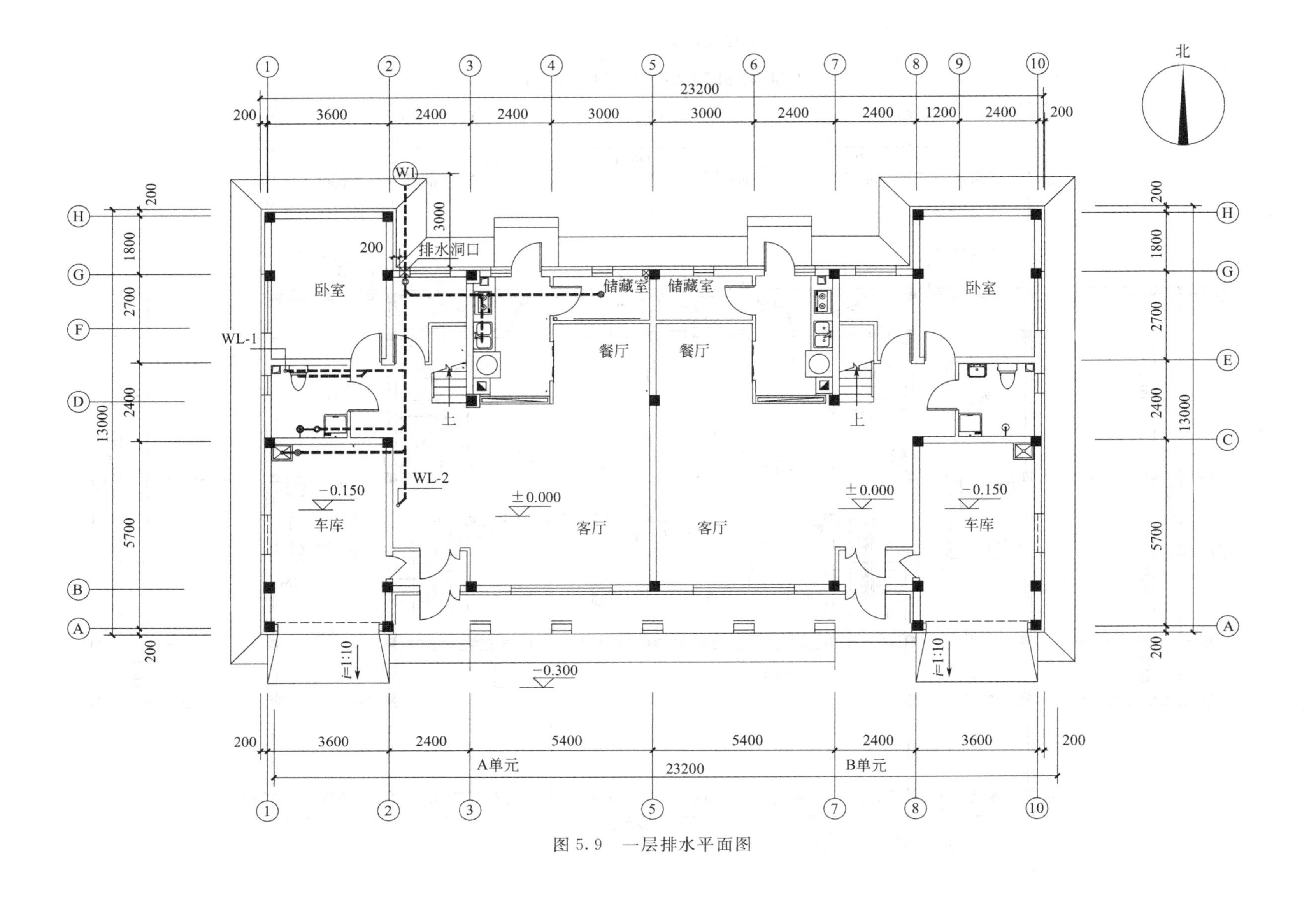
北
23200
200
3600
2400
2400
3000
3000
2400
2400
1200
2400
200
W1
3000
200
排水洞口
卧室
储藏室
储藏室
卧室
WL-1
餐厅
餐厅
上
上
13000
WL-2
-0.150
±0.000
±0.000
-0.150
车库
客厅
客厅
车库
i=1:10
i=1:10
-0.300
A单元
B单元

图 5.9 一层排水平面图

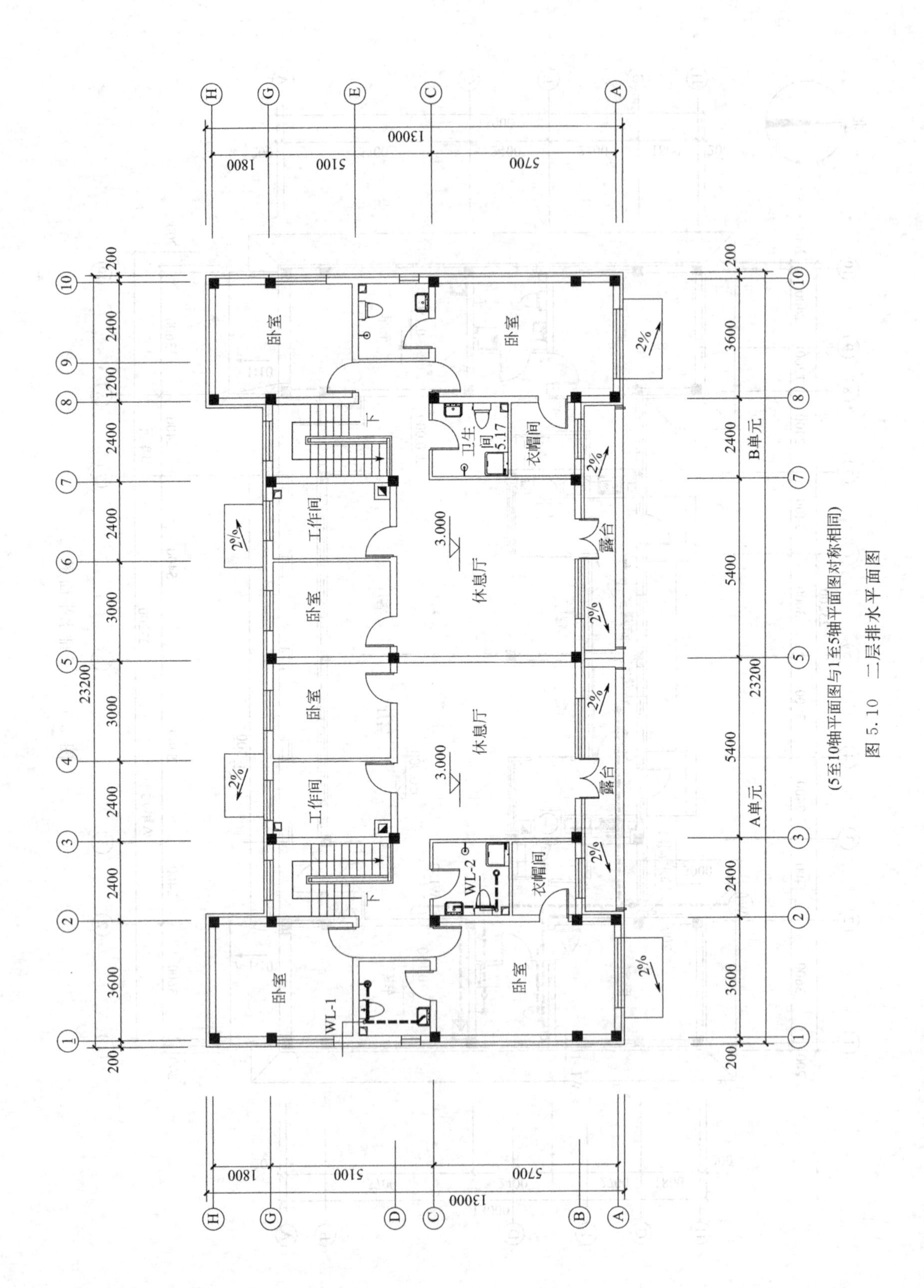

(5至10轴平面图与1至5轴平面图对称相同)

图 5.10 二层排水平面图

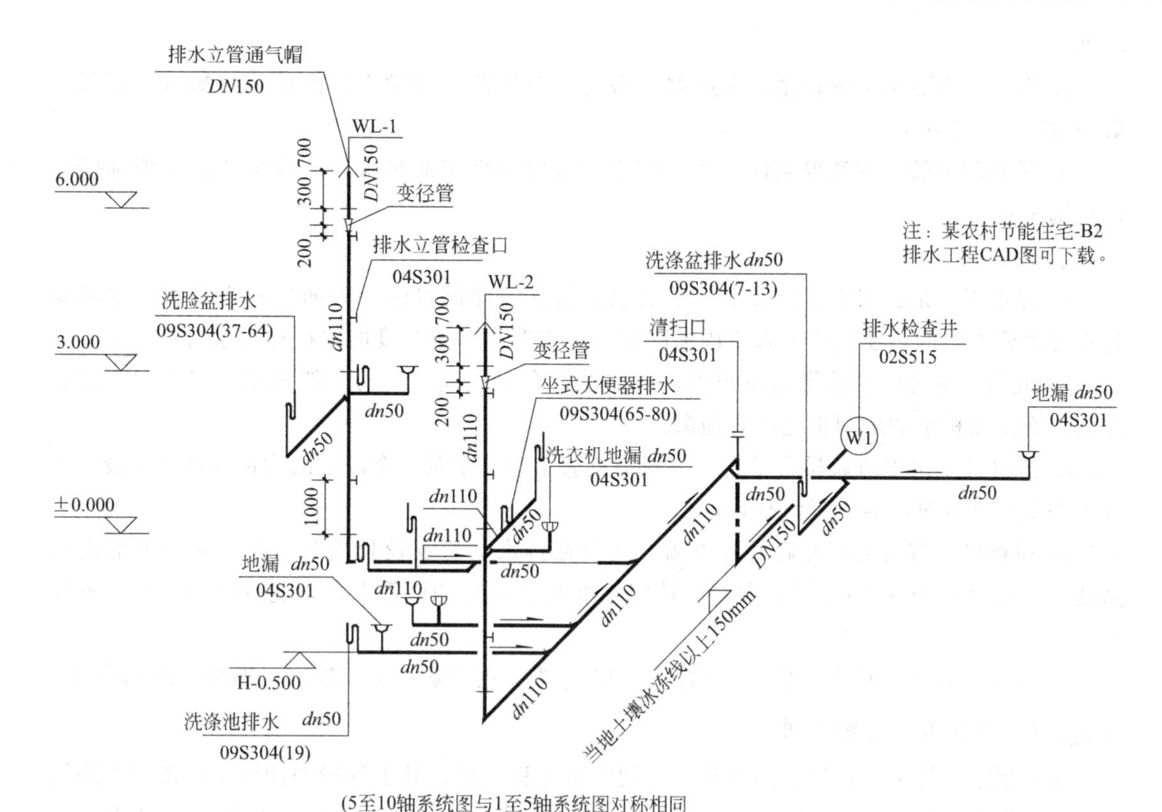

图 5.11 生活排水系统图

③ 通气管道系统 通常是由通气管、透气帽等组成。通气管的作用是把管道内产生的有害气体排至大气中去，以免影响室内的环境卫生；透气帽设置在通气管顶端，防止杂物落入管中。

④ 清通设备 疏通建筑内部排水管道，保障排水通畅。横直管上设清扫口，立管上设检查口。

⑤ 提升设备 在地下建筑物的污废水不能自流排至室外检查井的时候设置提升设备。包括污水水泵、集污水局部处理构筑物水池、污水泵房等。

⑥ 污水局部处理构筑物 当建筑内部污水不允许直接排入城市排水系统或水体时而设置的局部污水处理设施。常见污水局部处理构筑物：化粪池、隔油井、降温池。

（3）排水工程常用管材、管件和附件

① 管材 按管道设置地点、条件及污水的性质和成分，建筑内部排水管材主要有：塑料管、铸铁管、钢管和带釉陶土管等。

a. 塑料管 目前在建筑内使用的排水塑料管是硬聚氯乙烯塑料管（简称 U-PVC 管），连接方式主要为承插粘接、橡胶圈接口等，多用于多层建筑，应用时要设伸缩节；用于高层建筑明设排水立管，在穿越楼层时要设阻火圈。

b. 铸铁管 有普通排水铸铁管和柔性抗震铸铁管。普通排水铸铁管一般承插连接，属刚性接头，不能用于高层建筑，可用于层数较少的建筑的生活排水系统和屋面雨水排除系统。柔性抗震铸铁管适用于高层或超高层建筑，防火等级高、要求环境安静的场所。

c. 钢管　主要用于洗脸盆、小便器、浴盆等卫生器具与横支管间的连接短管，管径一般为 32、40、50mm。

d. 带釉陶土管　耐酸碱腐蚀，主要用于排放腐蚀性工业废水，室内生活污水埋地管也可用陶土管。

② 附件

a. 存水弯　是在卫生器具排水管上或卫生器具内部设置的一种通过一定高度的水柱来防止排水管道中的污浊气体窜入室内的附件。存水弯内一定高度的水柱称为水封。

b. 地漏　主要用于排除地面积水，通常设置在卫生间、厨房、盥洗室、浴室内，如有需从地面排除积水的房间也应设置地漏。

c. 清扫口　用于清通排水横管。一般横支管上有 2 个及 2 个以上的大便器或 3 个及 3 个以上的卫生器具时，需设置清扫口。

d. 检查口　带有可以开启的检查盖，装设在排水立管及较长横管段上。立管上的设置高度为距地面 1.0m；横支管上在水流转弯偏角大于 45℃的横管上，不能设清扫口时设置检查口。

③ 管件　常用的排水管件有 90°弯头、45°弯头、正三通、斜三通、正四通、斜四通等。

5.2.1.3 排水工程定额应用

在编制室内排水工程施工图预算时，同给水工程一样，其工程量的计算也应按“全国统一安装工程工程量计算规则”和《全国统一安装工程预算定额》中的第八册《给排水、采暖、燃气工程》的有关规定执行。使用地方估价表或定额时，所用定额册数或定额项目应按地方编制的说明、适用范围和使用要求执行。安装工程各册定额执行范围，地方定额中各项费用规定及 2010 年《黑龙江省建设工程计价依据》上册第一篇中第一、二、三章项目编制说明、设置内容、适用范围和使用要求在室内给水工程中已经阐述，在这里就不一一赘述。本节主要介绍第一篇第四章“卫生器具制作安装”的相关内容及规定要求。

第四章“卫生器具制作安装”。本章所有卫生器具安装项目，均参照《全国通用给水排水标准图集》中有关标准图集计算。

相关说明如下：①成组安装的卫生器具，定额均已按标准图集计算了与给水、排水管道连接的人工和材料；②浴盆安装适用于各种型号的浴盆，但浴盆支座和浴盆周边的砌砖、瓷砖粘贴应另行计算；③洗脸盆、洗手盆、洗涤盆适用于各种型号；④脚踏开关安装包括弯管和喷头的安装人工和材料；⑤洗脸盆肘式开关安装不分单双把均执行同一项目；⑥淋浴器铜制品安装适用于各种成品淋浴器安装；⑦小便槽冲洗管制作安装定额中，不包括阀门安装；⑧大、小便槽水箱托架安装已按标准图集计算在定额内，不再另行计算；⑨高（无）水箱蹲式大便器，低水箱坐式大便器安装，适用于各种型号；⑩本章中的一般低压碳钢容器的制作和安装系参照《全国通用给水排水标准图集》S151、S342 及《全国通用暖通标准图集》T905、T906 编制，适用于给排水、采暖系统中的各种水箱的制作和安装。

5.2.1.4 分项工程项目划分与排列

分项工程项目应按照所用定额划分和排列。根据本例工程内容，室内排水系统安装套用

2010年《黑龙江省建设工程计价依据　给排水、暖通、消防及生活用燃气安装工程计价定额》，按定额与设计文件内容划分和排列分项工程项目如下：①室内排水管道安装　机制离心铸铁排水管，U-PVC排水塑料管；②洗脸盆安装；③坐便器安装；④淋浴器安装；⑤洗涤池安装；⑥洗涤槽安装；⑦地漏安装；⑧地面清扫口安装；⑨土方开挖与回填。

5.2.2　室内排水工程计量

在对室内排水工程进行计量之前，我们必须清楚各册管道定额的执行界限、排水工程要遵循的一定的原则和计算规则。

5.2.2.1　排水管道界限划分

（1）安装工程室外排水管道与市政工程排水管道的分界线，民用建筑区以二者的碰头点或小区外第一个污水井为界，厂区以厂外第一个污水井为界。

（2）排水管道室内外分界线以出户第一个排水检查井为界。

如图5.12所示。

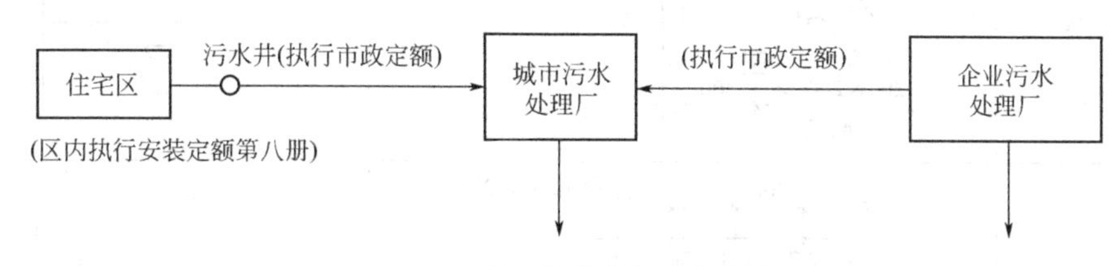

图5.12　排水管道定额执行界限

5.2.2.2　排水管道与墙间距

（1）建筑排水金属管道距墙尺寸　当建筑排水金属管道沿墙或墙角敷设时，管道外壁面与墙体面层的最小净距离不得小于40mm（见《建筑排水金属管道工程技术规程》CJJ 127—2009）。

（2）建筑排水塑料管道距墙尺寸　设置于室内的雨水管、污水立管离墙净距宜为20～50mm。室外沿墙敷设的雨水管、污水管和空调凝结水管道离墙净距不宜大于20mm。（见《建筑排水塑料管道工程技术规程》CJJ/T 29—2010）。

（3）排水柔性接口铸铁管距墙尺寸　当管道沿墙或墙角敷设时，应保证管道及附件的安装及检修距离，管道与墙体面层净距一般为40～60mm，管道及附件不得入墙，其卡箍与法兰压盖的螺栓位置应调整至墙（角）的外侧，以便于拧紧螺栓。见《排水柔性接口铸铁管技术规程》(DB11/T 364—2006)。

（4）管道上部净空　排水排出管管顶上部净空一般不小于150mm。

（5）管井管道　敷设在管井内的管道，管道表面（有防结露保温层时按保温层表面计）与周围墙面的净距不宜小于50mm（见《建筑施工手册》）。

（6）排水立管、支管距墙尺寸（表5.28）

5.2.2.3　排水工程工程量计算规则

（1）管道及附件工程量计算

① 管道安装　按管道材质、连接方式与接口材料、管径的不同，均以施工图所示的管道中心线长度，以“m”为计量单位，不扣除管件所占的长度。

表 5.28 排水立管、支管距墙尺寸

卫生器具类型	孔洞平面位置及尺寸	图示
蹲式大便器	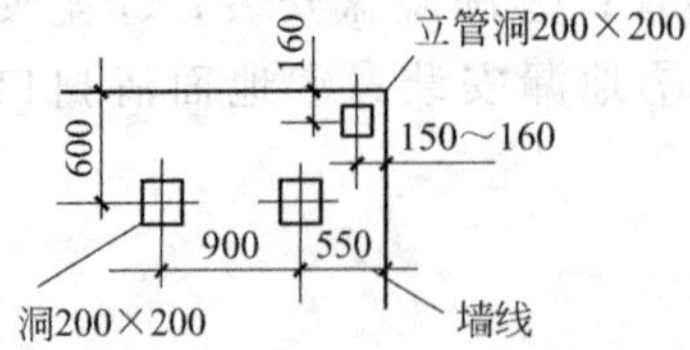 立管洞200×200；160；150～160；600；900；550；洞200×200；墙线	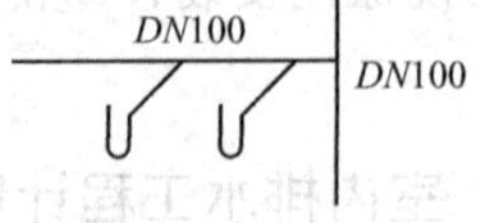 DN100；DN100
坐式大便器	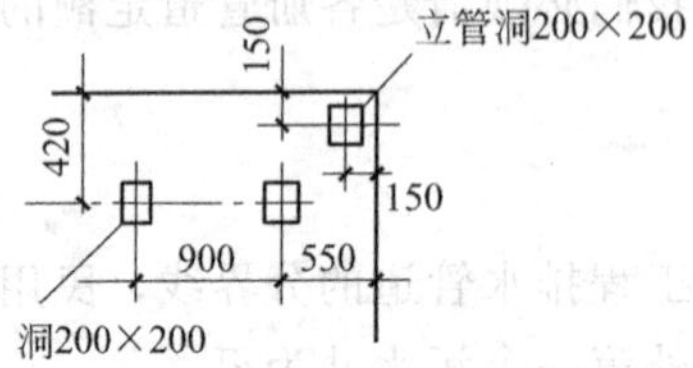 立管洞200×200；150；420；150；900；550；洞200×200	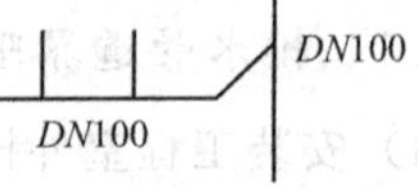 DN100；DN100
挂式小便器	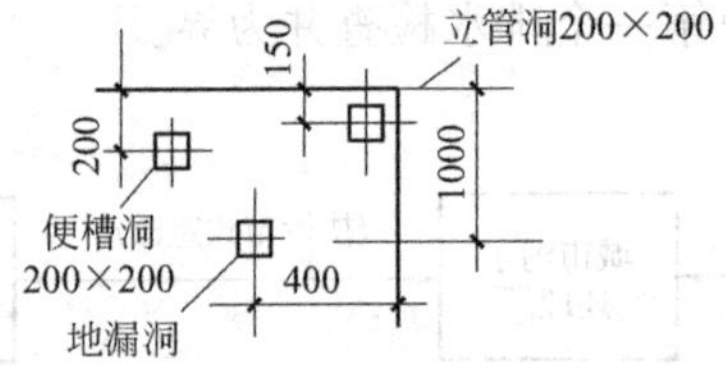 立管洞200×200；150；200；1000；便槽洞200×200；400；地漏洞	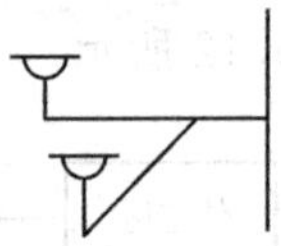
立式小便器	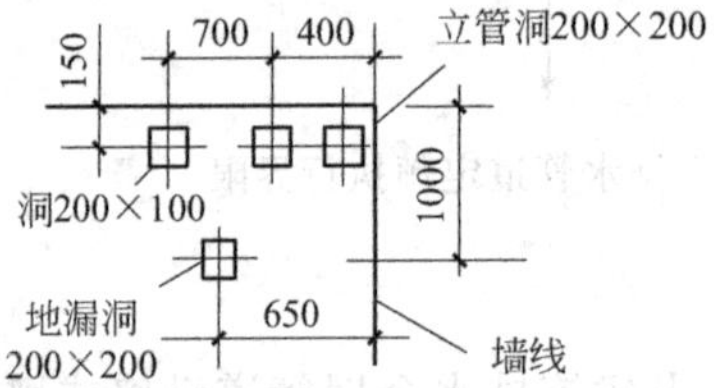 700；400；立管洞200×200；150；洞200×100；1000；地漏洞200×200；650；墙线	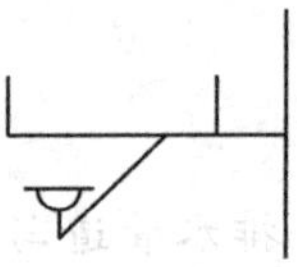

需注意以下几点：a. 室内排水铸铁管、雨水铸铁管支架制作安装，按相应项目另行计算；b. 铸铁排水管、雨水管及塑料排水管均已包括臭气帽及雨水漏斗的制作安装；c. 塑料排水管包括管卡及托吊支架的制作安装；d. 机制离心铸铁排水管采用不锈钢卡箍连接时，定额中已包括管道、不锈钢卡箍件、管件、透气帽的费用；e. 室内塑料排水管道塑料伸缩节的设计数量、规格与定额不同时，可将其定额含量扣除，按设计数量进行调整，其他不变。

② 塑料排水管接头附件安装　包括阻烟、阻火套管，止水环、固定支撑、滑动支撑均以“个”为计量单位。

③ 管道支架制作安装　应根据支架的形式、规格，以“kg”为计量单位。

以上管道及附件工程量计算的方法与步骤同给水工程相应工程量计算。

(2) 卫生器具工程量计算　所有卫生器具安装项目均参照《全国通用给水排水标准图集》，综合卫生器具与给水管、排水管连接的人工与材料用量，如设计无特殊要求均不得调整。

① 浴盆安装　按材质和冷水、冷热水、冷热水带喷头的不同，分别以“10组”为计量单位。浴盆支架、浴盆四周侧面的砌砖和瓷砖贴面，应执行土建定额；定额中的未计价材料为浴盆本体、水嘴或混合水嘴带喷头等。

浴盆每组工程量计算的界限：“给水”计算到水平管与支管的交接处，水平管的安装高度按 750mm 考虑；“排水”计算到排水管道的存水弯与支管交接处。若无明确规定，排水管管长计算到楼地面上 0.1～0.2m（不包括存水弯长度）。具体安装范围如图 5.13。

② 洗脸（手）盆安装　按冷水、冷热水、开关形式、类型用途、管材材质等不同，以“10 组”为计量单位。定额中未包括洗脸盆、洗手盆、立式洗脸盆、理发用洗脸盆铜活、肘式/脚踏式开关阀门价值。

洗脸（手）盆每组工程量计算的界限：“给水”计算到水平管与支管的交接处，水平管的安装高度按 530mm 考虑；“排水”计算到存水弯与排水支管（或短管）交接处。若无明确规定，采用 S 形存水弯排水的，排水管管长计算到楼地面上 0.1～0.2m；采用 P 形存水弯排水的，排水管管长计算到 P 形存水弯接口点。具体安装范围如图 5.14。

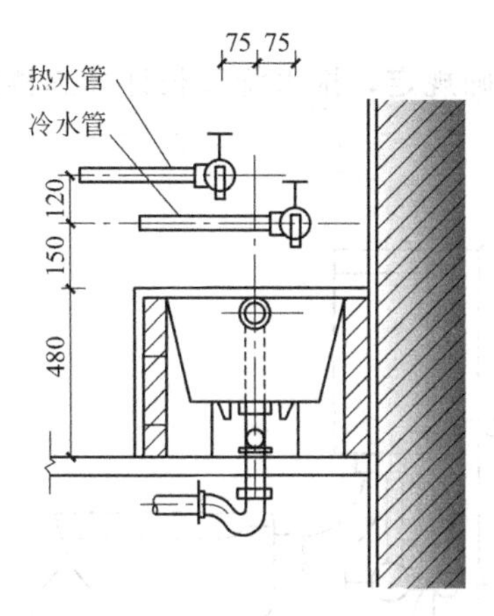

图 5.13　浴盆安装示意图

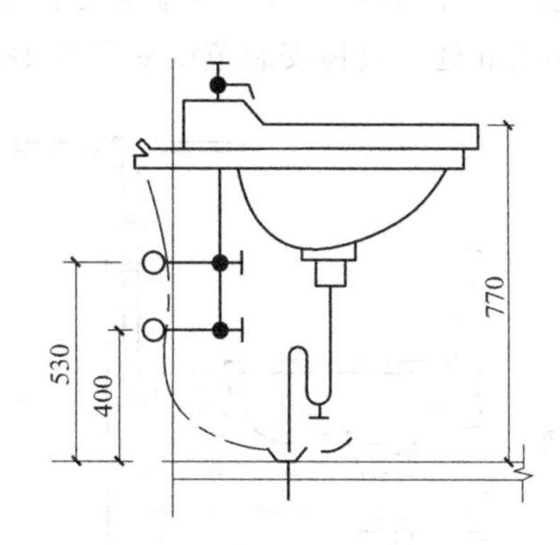

图 5.14　洗脸（手）盆安装

③ 洗涤盆安装　按水嘴类别（单嘴、双嘴）、开启方式（肘式开关、脚踏开关）不同，分别以“10 组”为计量单位。定额中未包括洗涤盆、开关价值。

洗涤盆每组工程量计算的界限：“给水”水平管的安装高度按 900mm 考虑，其它与洗脸盆同。具体安装范围如图 5.15。

④ 淋浴器安装　按钢管组成或钢管制品（成品）分冷水、冷热水，以“10 套”为计量单位。定额中未包括单双管成品淋浴器、莲蓬喷头价值。

淋浴器每组工程量计算的界限：“给水”计算到水平管与支管的交接处，计至阀门中心。水平管的安装高度按 1000mm 考虑。具体安装范围如图 5.16。

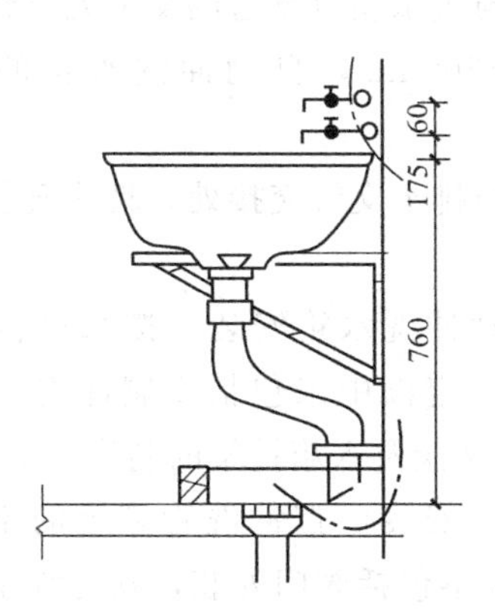

图 5.15　洗涤盆安装示意图

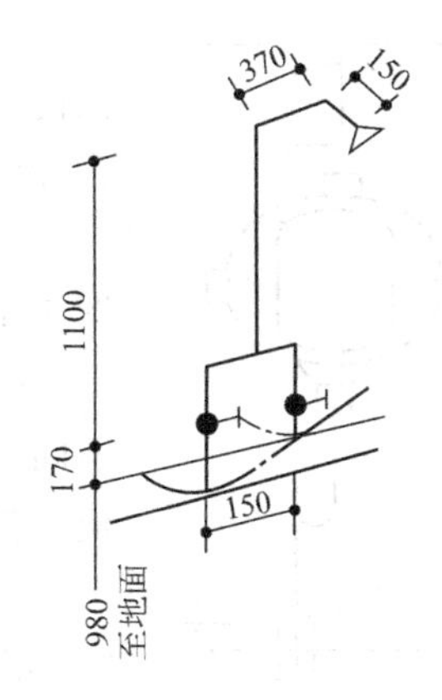

图 5.16　沐浴器安装示意图

⑤ 大便器安装　按大便器类型（蹲便、坐便）、冲洗方式（瓷高水箱、瓷低水箱、普通阀冲洗、手压阀冲洗、脚踏阀冲洗、自闭阀冲洗）的不同，以“10套”为计量单位。

大便器每组工程量计算的界限：

a. 蹲式大便器，“给水”计算到水平管与支管的交接处，定额中考虑的水平管的安装高度为：高位水箱2200mm，普通阀门冲洗交叉点标高为1500mm，其余为1000mm。“排水”计算到存水弯与排水支管交接处。蹲式大便器安装包括了固定大便器的垫砖，但不包括蹲式大便器的砌筑。若无明确规定，采用P形存水弯排水的，排水管管长计算到楼地面上0.1～0.2m处（不包括存水弯长度）。具体安装范围如图5.17。

b. 坐式大便器，“给水”计算到水平管与支管的交接处，定额中考虑的水平管的安装高度为250mm。

“排水”计算到存水弯与排水支管交接处。若无明确规定，排水管管长计算到楼地面上0.1～0.2m处。具体安装范围如图5.18。

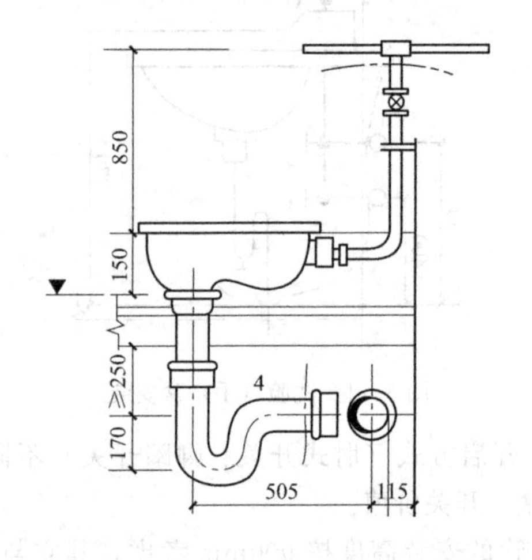

图5.17　蹲式大便器（低水箱）安装

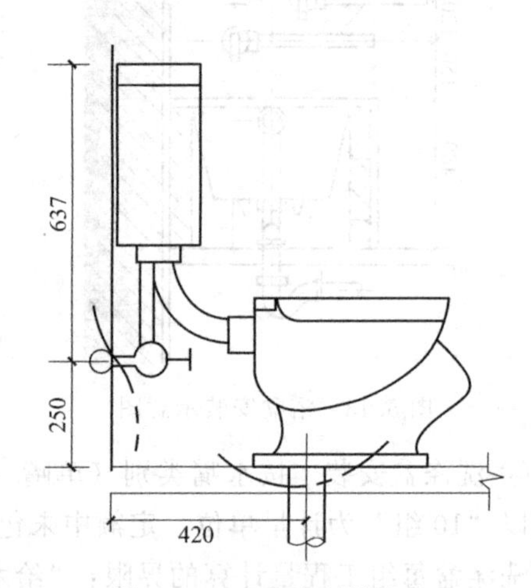

图5.18　坐式大便器安装

⑥ 小便器安装　按形式（挂斗式、立式）、冲洗方式（普通冲洗、自动冲洗）、联数（一联、二联、三联）的不同，以“10套”为计量单位。定额中未包括小便器及瓷高水箱价值。

小便器每组工程量计算的界限：

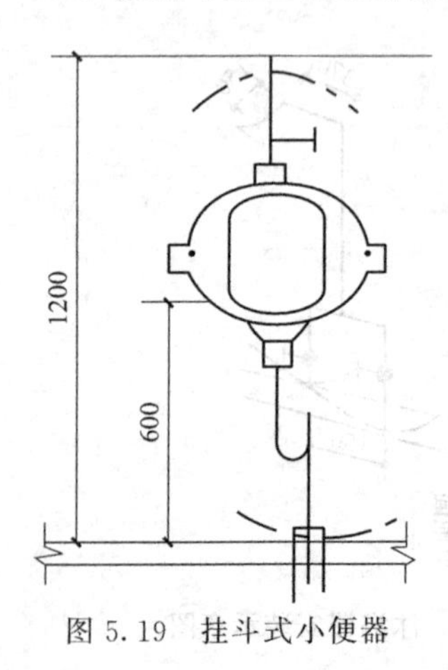

图5.19　挂斗式小便器

“给水”计算到水平管与进水箱分支管的交叉处（包括进水阀门），其水平管高度为1200mm，自动冲洗水箱的水平管为2000mm。

“排水”计算到存水弯与排水支管交接处。具体安装范围如图5.19。

⑦ 大便槽、小便槽自动冲洗水箱安装　按水箱容积（L）不同，以“10套”为计量。定额中未包括铁制冲洗水箱的价值，但定额已包括了自动冲洗阀及水箱托架的制作、安装。

⑧ 小便槽冲洗管制作、安装　按冲洗管管径的不同，以“10m”为计量单位。定额中不包括阀门安装，其工程量按相应定额另行计算。

⑨ 地漏、地面扫除口安装　按其公称直径的不同，分别以“10 个”为计量单位。地漏、地面扫除口为未计价材料。其排水管管长计算到楼地面。具体安装范围如图 5.20、图 5.21。

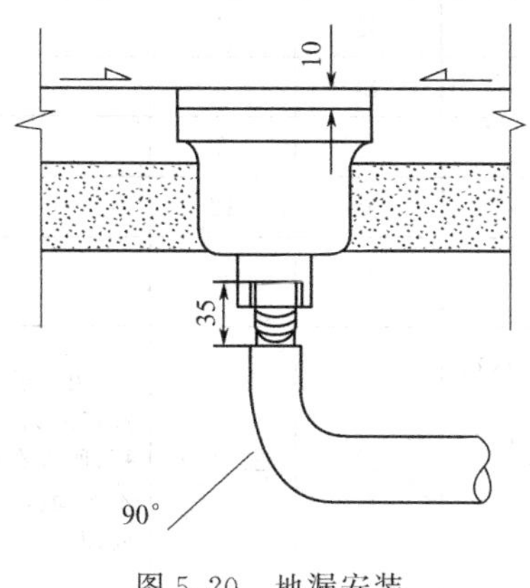

图 5.20　地漏安装

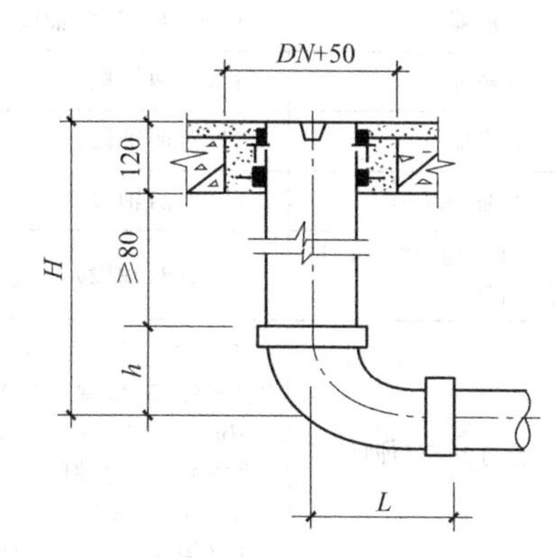

图 5.21　地面扫除口安装

⑩ 排水栓安装　定额中排水栓分带与不带存水弯两项，按公称直径的不同，以“10 组”为计量单位。排水栓（带链堵）为未计价材料。盥洗槽、拖布池砌筑执行土建预算定额。

排水栓安装与管道界限划分：

不带存水弯的，排水管管长计算到楼地面上 0.1～0.2m；带 S 型存水弯的，排水管管长计算到楼地面上 0.1～0.2m，另计 0.15m 短管主材；带 P 型存水弯的，排水管管长计算到 P 弯接口点。

5.2.2.4　某节能住宅排水工程计量

依据《建设工程工程量清单计价规范》(GB 50500—2013)，2010 年《黑龙江省建设工程计价依据（给排水、暖通、消防及生活用燃气安装工程计价定额)》，设计文件中工程量计算规则、工程内容、设计说明及定额解释等，该工程的工程量计算如表 5.29。

表 5.29　某农村节能住宅-B2 排水工程工程量计算表

序号	项目名称	工程量计算式	单位	数量	备注
一	室内排水管道				
1	机制离心铸铁排水管 DN150	[3.00(室内外管道分界线)+0.30(墙厚)+0.15(管中心距墙面)+(2.15－0.50)(标高差)+(0.30+0.70)×2(出屋面管)]×2(两轴段)	m	14.20	
2	U-PVC 排水塑料管 dn110	干管:(6.79+3.55)×2(两轴段) 立管:(6.00+0.50－0.30)×2×2(两轴段)	m	45.48	
3	U-PVC 排水塑料管 dn50	排水横支管:(5.83+1.35+3.65+3.11+2.02+1.15+1.81+1.12+1.31)×2(两轴段) 排水立支管:[0.50×3(地漏)+(0.50+0.10)(洗涤盆)+(0.50+0.10)(洗涤池)+0.50×2(洗衣机地漏)+0.50×3(坐便器)+(0.50+0.10)×3(洗脸盆)]×2(两轴段)	m	56.70	
二	卫生器具				
1	洗脸盆	(1+2)×2(两轴段)	套	6	

续表

序号	项目名称	工程量计算式	单位	数量	备注
2	坐便器	(1+2)×2(两轴段)	套	6	
3	淋浴器	(1+2)×2(两轴段)	套	6	
4	洗涤池	1×2(两轴段)	套	2	
5	洗涤槽	1×2(两轴段)	套	2	
6	地漏 *DN*50	6×2(两轴段)	个	12	
7	地面清扫口 *DN*150	1×2(两轴段)	个	2	
三	土方开挖与回填	*DN*150:[(3.00+0.30+0.15)×0.70(沟宽)×2.15(埋深)]×2(两轴段) *dn*110:(6.79+3.55)×0.70(沟宽)×0.50(埋深)×2(两轴段) *dn*50:(5.83+1.35+3.65+3.11+2.02)×0.60(沟宽)×0.50(埋深)×2(两轴段)	m^3	27.199	由于地下2.15m埋深管段短，所以在这里就不放坡，按直沟处理

传统的定额计价模式下的计价文件编制的顺序是：在正确计量的基础上，套用定额计算直接工程费，再在直接工程费的基础上，计算其它各项费用，最后汇总成单位工程工程造价。直接工程费与各项费用的计算按照给水工程中阐述的方法及步骤进行，室内排水工程定额计价文件的编制方法与上述室内给水工程相同，在这里同学们课后进行编制。

5.3 室内热水工程施工图预算

热水供应也属于给水系统，与冷水供应的区别是水温。热水供应必须满足用水点对水温、水量的要求，因此热水供应系统除了水的系统（管道、用水器具等），还有“热”的供应（热源、加热系统等）。

5.3.1 热水供应系统基本知识

5.3.1.1 热水供应系统概述

5.2 局部热水供应系统 1

（1）热水供应系统的分类 建筑内的热水供应系统按照热水供应范围的大小，可分为：

① 局部热水供应系统 供局部范围内一个或几个配水点使用，如家庭、食堂等。热源可采用燃气热水器、电热水器、太阳能热水器等。设备简单，使用方便，造价低。

② 集中热水供应系统 设于热水供应范围较大，用水量多的建筑物，如医院、游泳池等。热水加热设备一般为锅炉和热交换器等。便于集中管理，节省建筑面积，热效率高。

③ 区域热水供应系统 一般通过热电厂或区域锅炉房将水集中加热后，通过城市热力管网输送到居住小区、企业等单位的热水供应系统。热源宜采用热电厂、区域性锅炉房或热交换站等。可以使水集中加热，便于统一管理维护和热能的综合利用，保证率高，减少了占地面积，有利于减少环境污染。

5.3 局部热水供应系统 2

(2) 热水供应系统组成　建筑内热水供应系统主要由热媒系统、热水供应系统、附件三部分组成。锅炉产生的蒸汽经热媒管送入水加热器把冷水加热，凝结水回凝水池，再由凝结水泵泵入锅炉加热成蒸汽。由冷水箱向水加热器供水，加热器中的热水由配水管送到各用水点。为保证热水温度，补偿配水管的热损失，需设热水循环管。

① 热媒系统（第一循环系统）　由热源、水加热器和热媒管网组成。

② 热水供应系统（第二循环系统）　由热水配水管网和循环管网组成。

③ 附件　包括各种阀门、水嘴、补偿器、疏水器、自动温度调节器、温度计、水位计、膨胀罐和自动排气阀等。

5.4 集中热水供应系统

(3) 热水管材及保温材料的选择

① 管材的选择　热水管道应选用耐腐蚀、安装方便、符合饮用水卫生要求的管材及相应的配件。可采用薄壁铜管、不锈钢管、铝塑复合管交联聚乙烯管（PE-X)、三型无规共聚聚丙烯管（PP-R）等。

当选用塑料热水管和复合管时，管件宜采用与管道相同的材质，不宜采用对温度变化较敏感的塑料热水管，设备机房内的管道不宜采用塑料热水管。

② 管道保温材料选择　目的是减少介质传送过程中无效的热损失。

5.5 区域热水供应系统

对保温材料要求：a. 热导率小，并具有一定的机械强度；b. 质量轻，没有腐蚀性；c. 就地取材，施工方便。

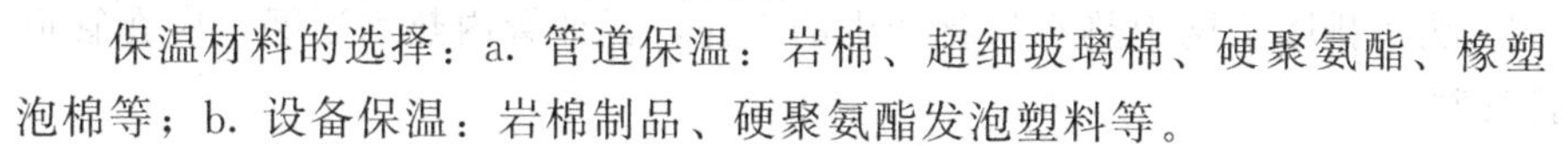

保温材料的选择：a. 管道保温：岩棉、超细玻璃棉、硬聚氨酯、橡塑泡棉等；b. 设备保温：岩棉制品、硬聚氨酯发泡塑料等。

(4) 常用的加热设备

① 小型锅炉　根据燃料分为燃煤、燃油、燃气；根据外形分为立式、卧式。

5.6 集中热水供应系统

② 水加热器　主要有容积式、快速式、半容积式、半即热式几种。

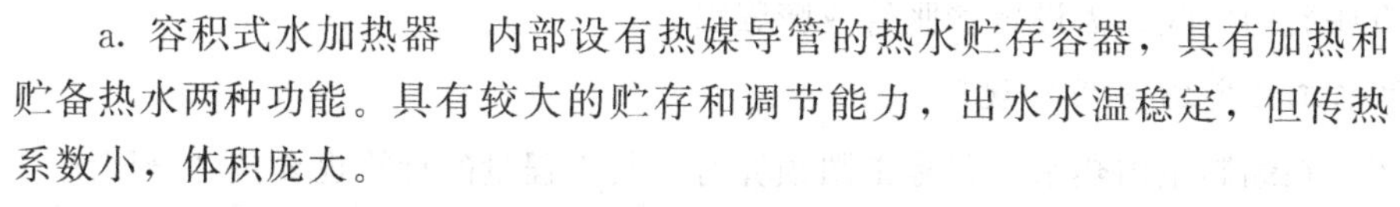

a. 容积式水加热器　内部设有热媒导管的热水贮存容器，具有加热和贮备热水两种功能。具有较大的贮存和调节能力，出水水温稳定，但传热系数小，体积庞大。

b. 快速式水加热器　通过提高热媒和被加热水的流动速度，以改善传热效果。具有效率高，体积小，但不能贮存热水等特点，仅适用于用水量大，而且比较均匀的热水供应系统或建筑物热水采暖系统。

c. 半容积式水加热器　带有适量贮存和调节容积的内藏半容积式水加热器。具有体积小、加热快、热交换充分、供水温度稳定等特点。

d. 半即热式水加热器　具有超前控制，具有少量贮存容积的快速式水加热器。具有快速加热，节约占地面积等特点。

e. 加热水箱和热水贮水箱　加热水箱是一种简单的热交换设备。在水箱中安装蒸汽多孔管或蒸汽喷射器，可构成直接加热水箱；在水箱中安装排管或盘管即构成间接加热水箱。

热水贮水箱（罐）是一种专门调节热水量的容器。可在用水不均匀的热水供应系统中设置，以调节水量，稳定出水温度。

(5) 常见的附件

① 自动温度调节装置　控制出水水温，可分为直接式自动温度调节装置和间接式自动

温度调节装置。

② 减压阀 水加热器采用蒸汽作为热媒时，设减压阀将蒸汽压力降到需要值，才能保证设备使用安全。减压阀应安装在水平管段上，阀体直立，安装节点还应设置阀门、安全阀、压力表、旁通管等附件，如图 5.22。

③ 疏水器 保证蒸汽凝结水及时排放，同时又防止蒸汽泄漏。安装时应尽量靠近用气设备，安装高度应低于设备或蒸汽管道底部 150mm 以上，以便凝结水排出，如图 5.23。

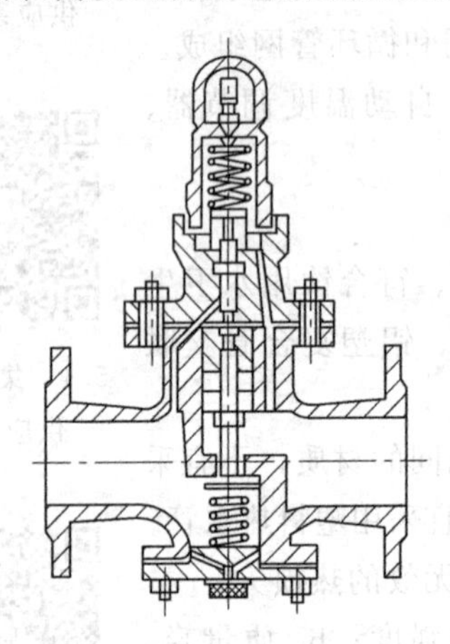

图 5.22 活塞式减压阀

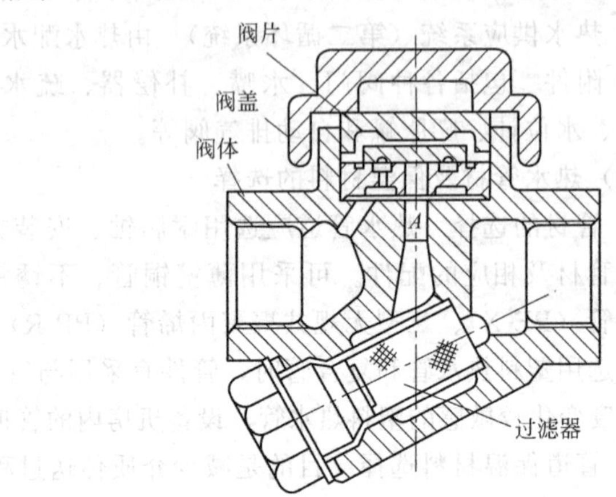

图 5.23 热动力式疏水器

④ 自动排气阀 为了排除管网中热水汽化产生的气体，保证管内热水通畅，应在管道最高处安装自动排气阀。

⑤ 自然补偿管道和伸缩器 为减小管道因受热膨胀产生伸缩而采取的补偿措施。自然补偿管道通常布置成 L 或 Z 形弯曲管段；当直线管段较长，无法利用自然补偿时，应设置伸缩器。

⑥ 膨胀管和膨胀罐 冷水被加热后，在密闭的热水系统中水的体积要膨胀，系统的压力要增加，管道有胀裂的危险，需设置膨胀管或膨胀罐。

5.3.1.2 室内热水工程定额应用及规则

(1) 定额应用 在编制室内热水工程施工图预算时，其工程量的计算也要按“全国统一安装工程工程量计算规则”和《全国统一安装工程预算定额》中的第八册《给排水、采暖、燃气工程》的有关规定执行。使用地方估价表或定额时，所用定额册数或定额项目应按地方编制的说明、适用范围和使用要求执行。

本例采用 2010 年《黑龙江省建设工程计价依据（给排水、暖通、消防及生活用燃气安装工程计价定额）》，与黑龙江省建设工程费用定额配套使用。热水工程也属于给水系统，要遵循给水系统的相关规则，定额中管道具体的界限划分为：

① 室外给水管道与市政工程给水管道的分界线，以从市政管道引出的第一个水表井为界；无水表井以二者的碰头点为界。

② 给水管道室内外分界线以建筑物外墙皮 1.5m 为界，入口处设阀门者以阀门为界。

(2) 工程量计算规则

① 管道安装 按施工图所示的管道中心线长度，以“m”为计量单位，不扣除阀门及管件（包括减压器、疏水器、水表、伸缩器等组成安装）所占的长度。

管道消毒、冲洗 按管道长度，以“m”为计算单位，不扣除阀门、管件所占的长度。

② 套管制作安装　按管道公称直径，以“个”为计量单位。

③ 管道支架制作安装　均以“kg”为计量单位。

④ 阀门安装　各种阀门安装均以“个”为计量单位。法兰阀门安装，如仅为一侧法兰连接时，定额所列法兰、带帽螺栓及垫圈数量减半，其余不变。

自动排气阀安装以“个”为计量单位，已包括支架制作安装，不得另行计算。

浮球阀安装均以“个”为计量单位，已包括联杆及浮球的安装，不得另行计算。

浮标液面计、水位标尺是按国标编制的，如设计与国标不符时，可作调整。

各种伸缩器制作安装，均以“个”为计量单位。方形伸缩器的两臂，按臂长的两倍合并在管道长度内计算，计算长度＝$L+2H$，如图5.24。

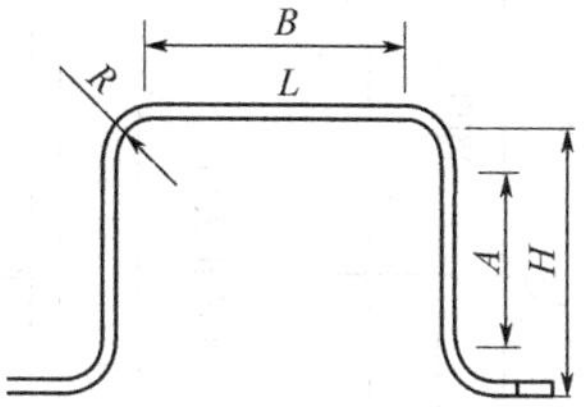

图5.24　方形伸缩器示意图

⑤ 减压器、疏水器组成安装　以“组”为计量单位，如设计组成与定额不同时，阀门和压力表数量可按设计用量进行调整，其余不变；减压器安装按高压侧的直径计算。

⑥ 冷热水混合器安装　以“10套”为计量单位，定额中未包括冷热水混合器。

⑦ 蒸汽-水加热器安装　以“10套”为计量单位，定额中包括蓬头安装，未包括蒸汽式水加热器。

⑧ 容积式水加热器安装　以“台”为计量单位，未计价材料为容器式水加热器。

⑨ 电热水器、电开水炉安装　以“台”为计量单位。电热水器、电开水炉为未计价材料。

⑩ 饮水器安装　以“台”为计量单位。未计价材料为饮水器。阀门和脚踏开关工程量可按相应定额另行计算。

5.3.2　室内热水工程定额计价编制示例

5.3.2.1　项目描述

本项目为某一宾馆室内热水工程施工图预算编制，所用施工图样为：地下一层热水平面图（图5.25）；一层热水平面图（图5.26）；二层热水平面图（图5.27）；三层热水平面图（图5.28）；热水系统图（图5.29）。

（1）管道表示方法　给水管用DN表示，单位以“mm”计；管长用L表示，单位以“m”计。管标高指管中心，单位以“m”计。

（2）管材及阀门　生活给水管道用PP-R管材及配件，熔接；生活热水采用铜质截止阀。

（3）系统安装　穿过间墙或楼板的管道，均设0.5mm厚铁皮套管，套管两端应与墙面或楼板面齐平。但厕所、盥洗室、厨房、浴室及其它经常冲洗地面的房间过楼板的套管采用焊接钢管并高出地面50mm。

（4）试压　室内给水管道试验压力为工作压力的1.5倍，但不应小于0.06MPa，水压试验后，在10分钟内压力下降不大于0.05MPa，然后降至工作压力外观观察，以不漏为合格。

（5）其它　室内热水工程施工安装时，应按照国家颁布的有关规范执行。

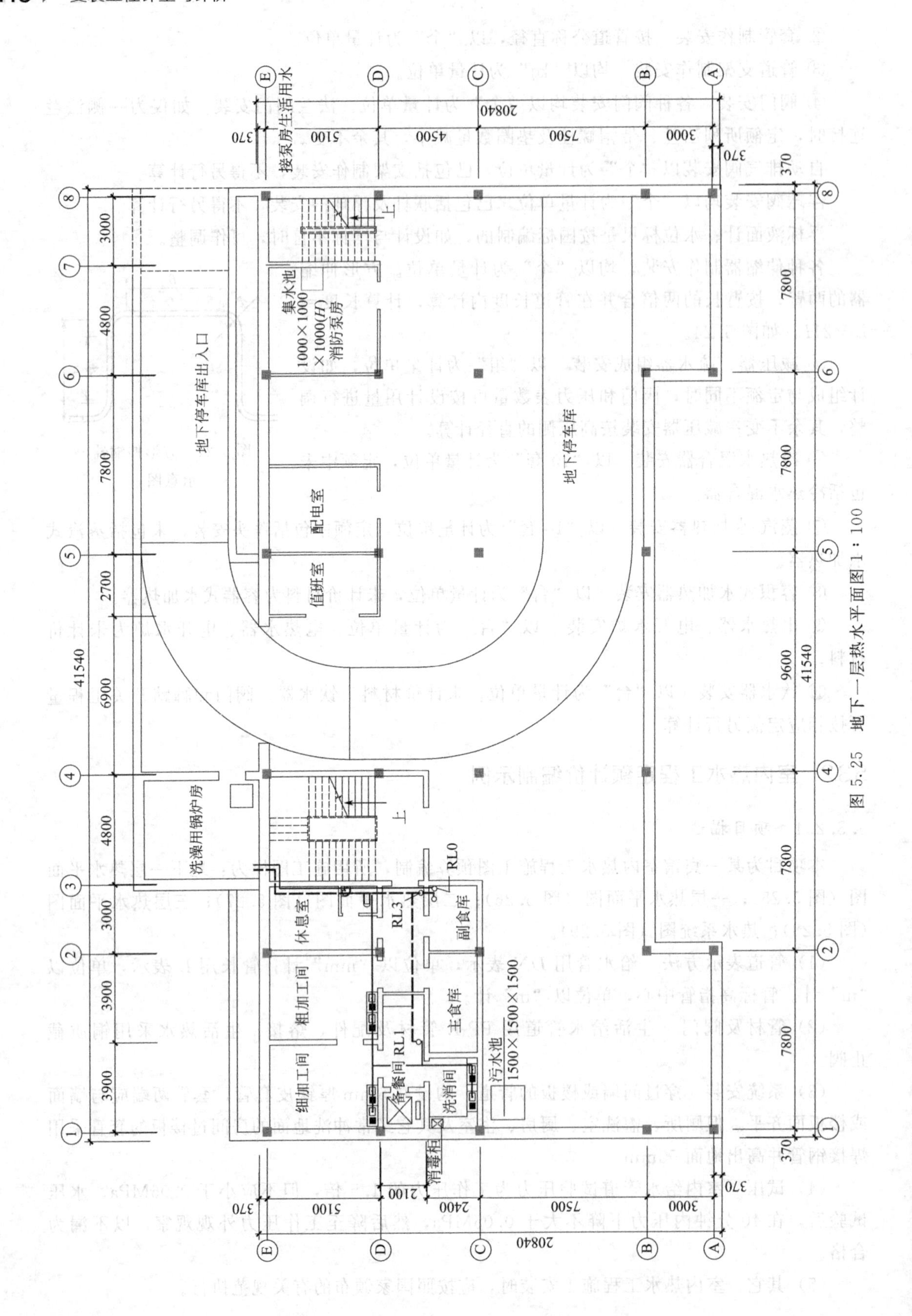

图 5.25 地下一层热水平面图 1 : 100

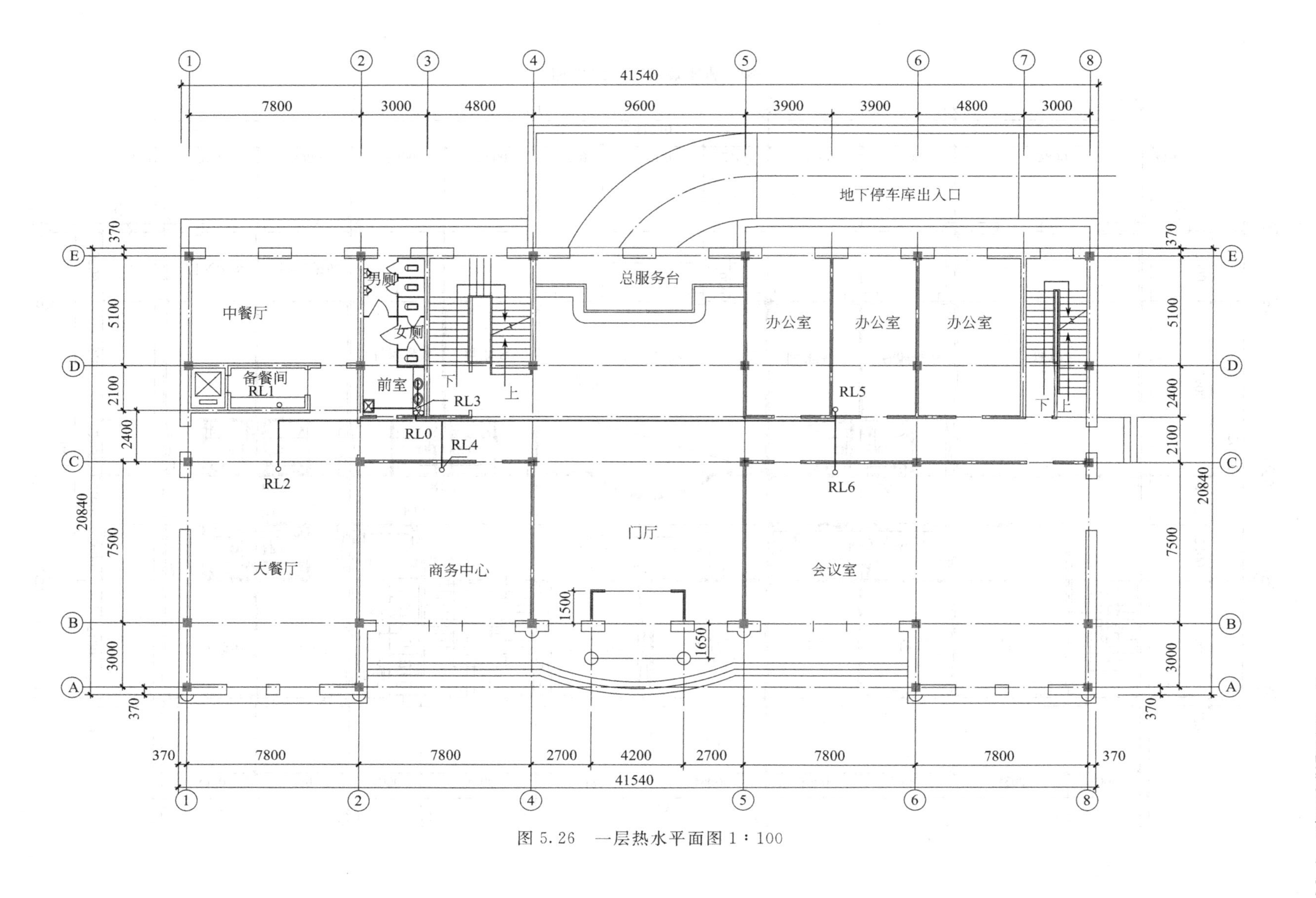

图 5.26　一层热水平面图 1∶100

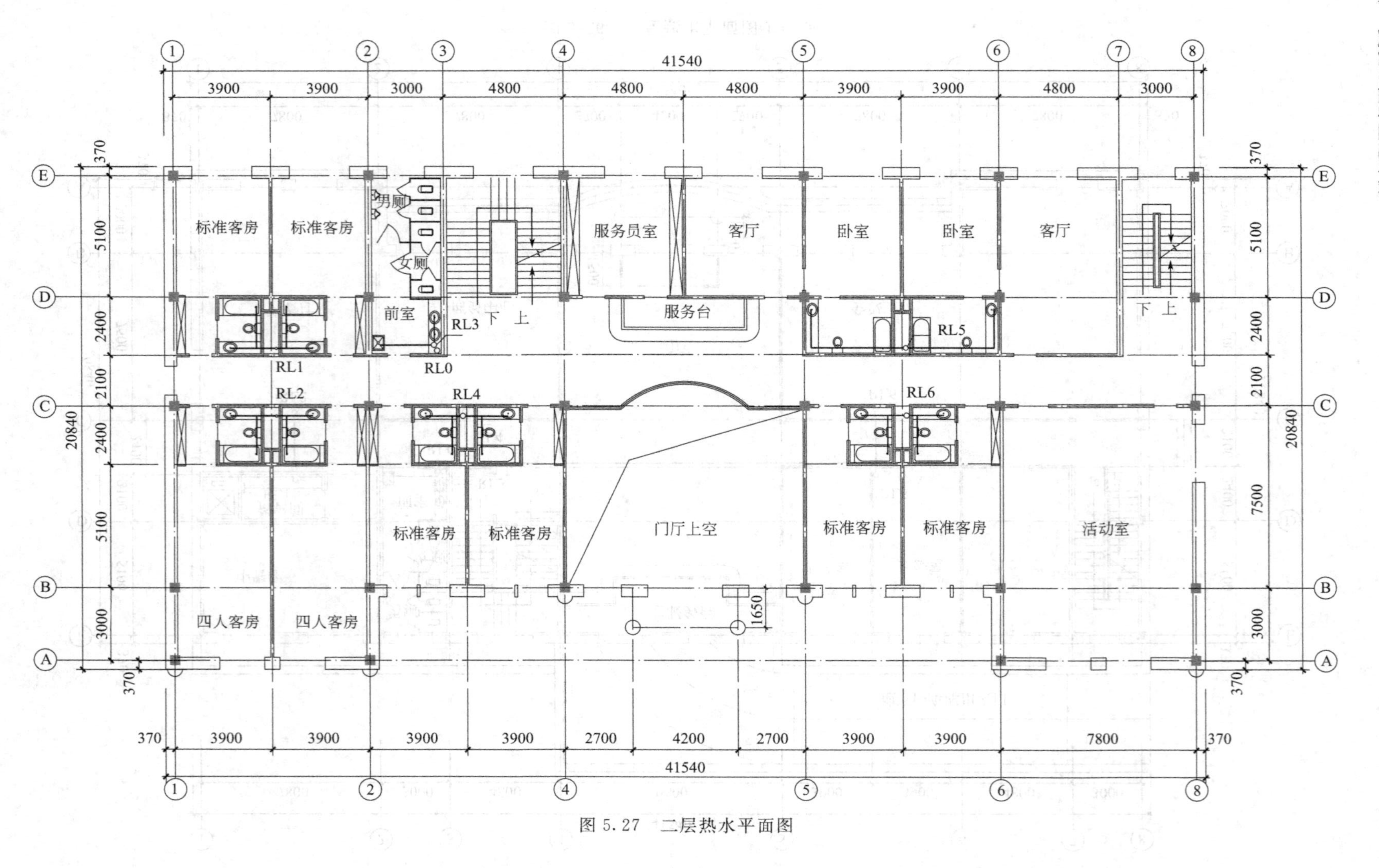

图 5.27 二层热水平面图

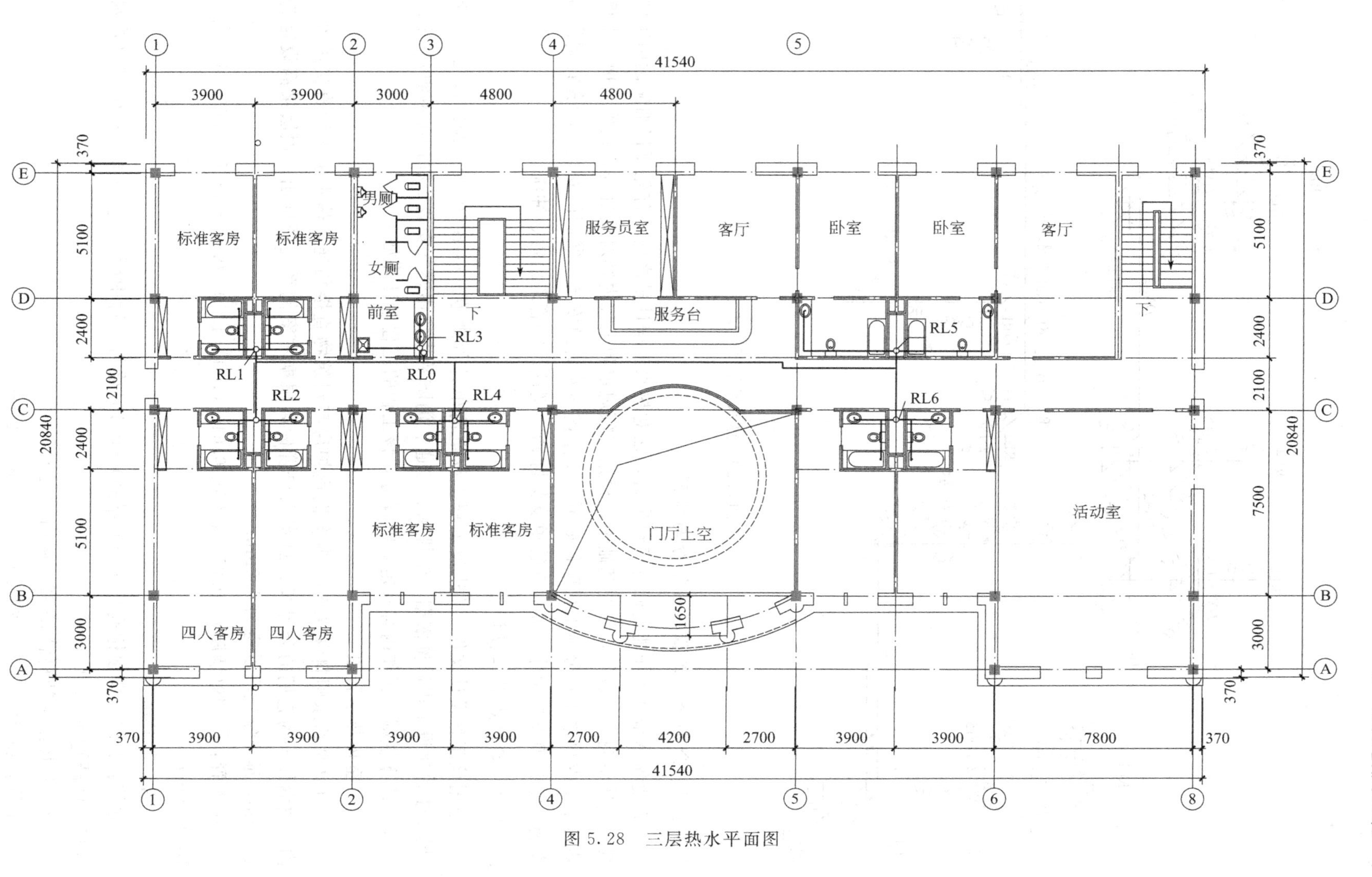

图 5.28 三层热水平面图

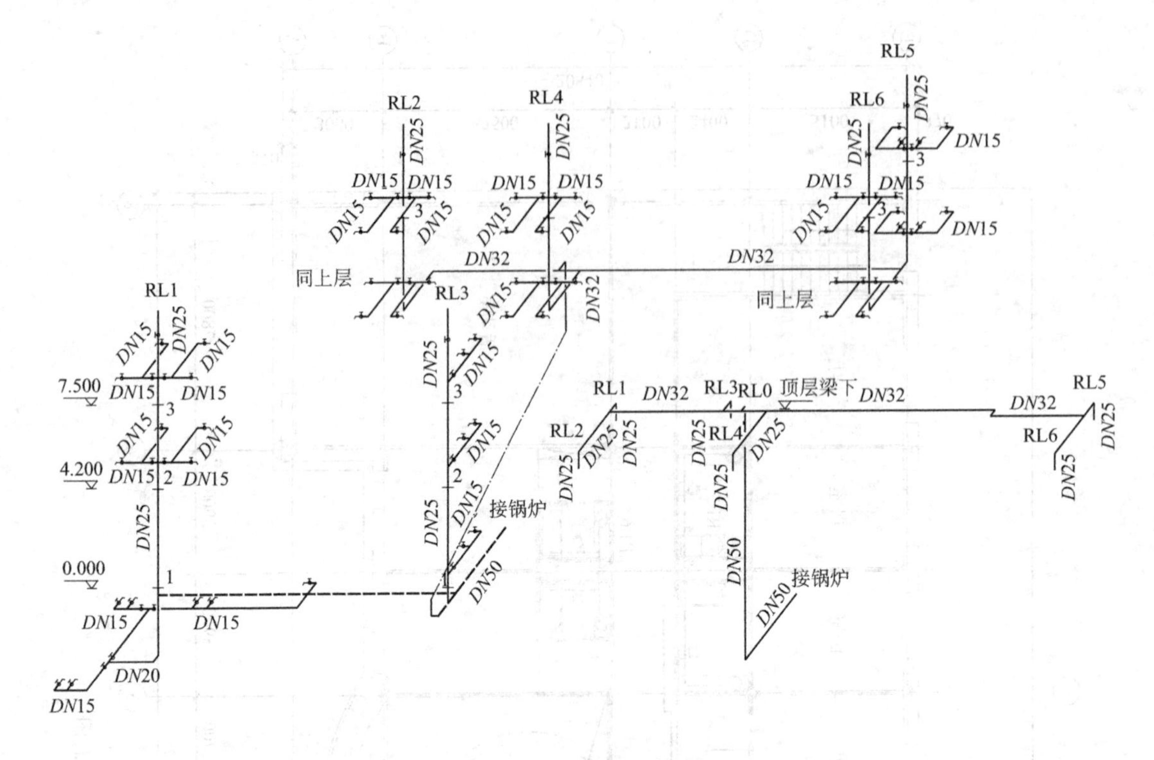

图 5.29 热水系统图

5.3.2.2 分部分项工程项目划分与排列

为使预算编制工作能正确有序地进行，在对热水工程计量之前，首先要仔细阅读施工图纸、设计说明、图例等，在此基础上，根据定额规定和工程内容对项目进行正确列项。本例某宾馆室内热水工程分项工程项目如下：①室内热水管道安装。②阀门安装。③套管制作与安装。④管道支架制作安装。⑤管道支架除锈、刷油。⑥管道消毒、冲洗。

5.3.2.3 室内热水工程计量

依据该工程设计文件，《建设工程工程量清单计价规范》(GB 50500—2013)，2010 年《黑龙江省建设工程计价依据（给排水、暖通、消防及生活用燃气安装工程计价定额)》中的工程量计算规则、工作内容及定额解释等，该工程的工程量计算如下：

(1) 室内热水管道

① PP-R 给水塑料管 *de*50 本案例锅炉房与建筑物直接相连，热水引入管直接进入室内，故墙体即为它们的分界线；热水入户管标高根据本案例系统图推出；顶层梁高设定为 400mm，地下室梁高设定为 600mm。

引入管：[0.49(墙厚)+0.25+1.05+6.61+0.21+1.50+0.49+0.47+1.05+6.80]=18.92 (m)

干管：6.48m

立管：11.10(棚顶标高)−0.40(梁高)−0.15(梁与干管中距)−[−(0.60+0.15)(热水入户管标高)]=11.30 (m)

② PP-R 给水塑料管 *de*32 梁高设定为 500mm。

干管：25.12+0.23+25.20+2.16=52.71 (m)

立管：4.20(一层棚顶标高)－0.50(梁高)－0.15(梁与干管中距)－(－0.75)(热水入户管标高)＝4.30（m）

③ PP-R 给水塑料管 *de*25

干管：2.84＋0.57＋2.37＋2.76＋2.20＋2.72＝13.46（m）

立管：(RL1、RL3)[(11.10－0.40－0.15)－(－0.75)]×2＋(RL2、RL4、RL5、RL6)[(11.10－0.40－0.15)－(4.20－0.50－0.15)]×4＝50.60（m）

④ PP-R 给水塑料管 *de*20

根据本案例系统图推出地下一层地面标高为－3.6m，水盆水龙头标高为 H＋1.00，所以给水水平管标高为－2.6m；因系统图对支管标高没有标注，所以本案例统一按 250mm 计算，拖布池水平给水管安装高度按 800mm 计算，浴盆热水管按 750mm 计算。

干管：2.6(标高)＋1.03－0.75(热水入户管标高)＝2.88（m）

支管：(地下一层)(4.48＋1.44＋9.54＋1.21)＋(一层)[1.33＋2.10＋(0.80－0.25)]＋(二、三层){(RL1)[3.30＋(1.74＋0.75－0.25)×2]＋(RL2)[3.30＋(1.61＋0.75－0.25)×2]＋(RL3)[2.10＋1.33＋(0.80－0.25)]＋(RL4)[3.30＋(1.59＋0.75－0.25)×2]＋(RL5)[7.31＋(1.63＋0.75－0.25)×2]＋(RL6)[3.30＋(1.63＋0.75－0.25)×2]}×2＝112.43（m）

（2）阀门安装　本例热水管道阀门采用的都是双活接铜质截止阀。

① 双活接铜质截止阀 *DN*25　1×6＝6（个）

② 双活接铜质截止阀 *DN*15　4＋4＋3＋4×4＝27（个）

（3）套管制作安装　本例无论是穿楼板还是穿墙，都用钢套管，执行室外钢管（焊接）项目；墙厚按 490mm 计，穿普通房间楼板的套管每个按 220mm 计，穿卫生间楼板的套管每个按 250mm 计。

① 钢套管 *DN*80：[1×2(穿外墙)＋3(穿楼板)](两轴段)＝5（个）

2×0.49＋3×0.22＝1.64（m）

② 钢套管 *DN*50：1 个

1×0.22＝0.22（m）

③ 钢套管 *DN*32：3(穿楼板)×2＋2(穿楼板)×4＝14（个）

12×0.25＋2×0.22＝3.44（m）

（4）管道支架制作安装　塑料给水水平干管支架另计，按每隔 1.5～2m 设一个，能利用墙体长度为 0.4～0.5m，若只是在梁下敷设，用 L 型支架，长 0.8～1m，用角钢 ∟40×4。

*de*50：(18.92＋6.48)÷2≈13（个）

13×(0.5×2.422＋0.239×0.617)＝17.66（kg）

*de*32、*de*25：(52.71＋13.46)÷2≈34（个）

34×1.0×2.422＝82.348（kg）

（5）一般钢结构除锈、刷油　与支架制作安装工程量相同，100.008kg。

（6）管道消毒、冲洗　公称直径 *DN*50 以内。

36.70＋57.01＋64.06＋115.31＝273.08（m）

（7）工程量汇总表　见表 5.30。

表 5.30 某宾馆热水工程工程量汇总表

序号	项目名称	工程量计算式	单位	数量	备注
	热水系统				
一	室内热水管道				
1	PP-R 给水塑料管 *de*50	18.92 + 6.48 + 11.30	m	36.70	1. 本案例锅炉房与建筑物直接相连，热水引入管直接进入室内，故墙体即为它们的分界线；2. 热水入户管标高根据本案例系统图推出；3. 顶层梁高设定为 400mm，地下室为 600mm
2	PP-R 给水塑料管 *de*32	52.71+4.30	m	57.01	梁高设定为 500mm
3	PP-R 给水塑料管 *de*25	13.46+50.60	m	64.06	
4	PP-R 给水塑料管 *de*20	2.88+112.43	m	115.31	1. 根据本案例系统图推出地下一层地面标高为−3.6m，水盆水龙头标高为 $H+1.00$，所以给水水平管标高为−2.6m；2. 因系统图对支管标高没有标注，所以本案例统一按 250mm 计算，拖布池水平给水管安装高度按 800mm 计算，浴盆热水管按 750mm 计算
二	阀门安装				
1	双活接铜质截止阀 *DN*25	1×6	个	6	
2	双活接铜质截止阀 *DN*15	4+4+3+4×4	个	27	
三	套管制作安装				
1	钢套管 *DN*80	1×2+3=5(个) 2×0.49+3×0.22	m	1.64	
2	钢套管 *DN*50	1个 1×0.22	m	0.22	
3	钢套管 *DN*32	3×2+2×4=14(个) 12×0.25+2×0.22	m	3.44	
四	管道支架制作安装	17.66+82.348	kg	100.008	塑料给水水平干管支架另计，按每隔 1.5～2m 设一个，能利用墙体长度为 0.4～0.5m，若只是在梁下敷设，用 L 形支架，长 0.8～1m，用∟40 角钢
五	一般钢结构除油锈、刷油		kg	100.008	
六	管道消毒、冲洗 *DN*50 以内	36.70+57.01+64.06+115.31	m	273.08	

室内热水工程定额计价文件编制方法与室内给水工程相同，在这里不赘述。

思考题

1. 在编制工程预算时，计算工程量之前应如何进行分项工程项目划分？

2. 试述建筑给水、排水系统的分类与组成。

3. 钢套管和刚性套管是一回事吗？若不是，从施工做法、定额计量单位、列项方法等方面说明有何不同。

4. 排水立管通球试验是否需要单独列项计算？若是，应如何列项计算工程量？

5. 管道支架制作安装工程量与其除锈刷油工程量是否相同，为什么？

6. 洗脸盆、浴盆、大便器、小便器、沐浴器等卫生器具与给排水管道的分界点如何界定？

7. 简述室内给水管道计算规则，定额中包括的工作内容有哪些，不包括的工作内容有哪些？

8. 管道除锈与管道刷油的工程量是否相同？若相同，如何计算？

9. 在实际工程项目实施时，如何区分直接费与直接工程费？

10. 当建设项目界定为高层建筑，同时局部又涉及超高时，如何计取高层建筑增加费和超高费？

11. 通过本章的学习，请同学们总结一下室内给排水工程预算的整体思路与编制过程。

12. 某建筑室内给排水工程，工程地点位于哈尔滨，经计算得知分部分项工程费合计中人工费为19210元，材料费为120000.53元，机械费为18256元，措施项目费用为45780元（含技术措施费和其他措施费），其他项目费用31868元。请根据上述条件计算该工程项目的工程总造价。（企业管理费、利润取上限，规费满取，得数保留两位小数）

6 消防工程

学习导入

工程量清单与清单计价，是目前岗位接触最多的一种计价模式。并且，我国工程造价行业也正处于由传统的定额计价向工程量清单计价转变的过渡时期，所以，掌握清单计价这种模式的计算方法是当前学生必备的基础知识，通过这个单元的学习可以使学生具备独立完成清单报价的技能。

学习目标

通过本模块的学习可以掌握消防工程工程量清单编制的方法、清单计价原理、综合单价的确定、表格的填写等，达到独立编制清单报价的能力。

【案例 1】 某宾馆室内消火栓给水工程

【案例 2】 某中科院自动喷淋灭火系统工程

【案例 3】 某办公楼改建工程一层火灾自动报警系统改造

6.1 消防工程定额应用及规则

室内消防工程是用于扑灭建筑物中一般物质火灾最经济有效的方法。火灾统计资料表明，建筑物内发生的早期火灾，主要是由室内消防给水设备控制和扑灭的。《全国统一安装工程预算定额》第七册《消防及安全防范设备安装工程》适用于工业与民用建筑中新建、扩建和整体更新改造工程。该册定额共六章，包括：火灾自动报警系统安装、水灭火系统安装、气体灭火系统安装、泡沫灭火系统安装、消防系统调试、安全防范设备安装。其中水灭火系统分消火栓灭火系统和自动喷水灭火系统两种。本节介绍除安全防范设备安装以外的其他系统及其执行的全国统一定额和地方定额的相应册数或篇章。

6.1.1 火灾自动报警系统安装

《消防及安全防范设备安装工程》的第一章是火灾自动报警系统，该章包括探测器、按钮、模块、报警控制器、联动控制器、报警联动一体机、重复显示器、警报装置、远程控制器、火灾事故广播、消防通信、报警备用电源安装等项目。具体到地方，执行各地相应定额，黑龙江省“火灾自动报警系统安装”执行安装工程“电气分册”中的相关内容。下面介绍全统定额第七册中第一章的相关内容。

（1）定额说明

① 定额中包括：校线、接线和本体调试。

② 定额中未包括：设备支架、底座、基础的制作与安装；构件加工制作；电动机检查、

接线及调试；事故照明及疏散指示装置安装；CRT 显示装置安装。

③ 该章定额中箱、机以成套装置编制；柜式及琴台式安装均执行落地式安装相应项目。

（2）工程量计算规则

① 探测器安装

a. 点型探测器　按线制的不同分为多线制与总线制，不分规格、型号、安装方式与位置，以“只”为计量单位。探测器安装包括了探头和底座的安装及本体调试。

b. 红外线探测器　以“对”为计量单位。红外线探测器是成对使用的，在计算时一对为两只。项目中包括了探头支架安装和探测器的调试、对中。

c. 火焰探测器、可燃气体探测器　按线制的不同分为多线制与总线制两种，计算时不分规格、型号、安装方式与位置，以“只”为计量单位。探测器安装包括了探头和底座的安装及本体调试。

d. 线形探测器　按环绕、正弦及直线综合考虑，不分线制及保护形式，以“10m”为计量单位。项目中未包括探测器连接的模块和终端，其工程量应按相应项目另行计算。

② 按钮安装　包括消火栓按钮、手动报警按钮、气体灭火起/停按钮，以“只”为计量单位，按照在轻质墙体和硬质墙体上安装两种方式综合考虑，执行时不应因安装方式不同而调整。

③ 模块（接口）安装

a. 控制模块（接口）　是指仅能起控制作用的模块（接口），亦称为中继器，依据其给出控制信号的数量，分为单输出和多输出两种形式。执行时不分安装方式，按照输出数量以“只”为计量单位。

b. 报警模块（接口）　不起控制作用，只能起监视、报警作用，执行时不分安装方式，以“只”为计量单位。

④ 报警控制器安装　按线制的不同分为多线制与总线制两种，其中又按安装方式不同分为壁挂式和落地式。在不同线制、不同安装方式中按照“点”数的不同划分项目，以“台”为计量单位。

多线制“点”是指报警控制器所带报警器件（探测器、报警按钮等）的数量。

总线制“点”是指报警控制器所带有地址编码的报警器件（探测器、报警按钮、模块等）的数量。如果一个模块带数个探测器，则只能计为一点。

⑤ 联动控制器安装　按线制的不同分为多线制与总线制两种，其中又按安装方式不同分为壁挂式和落地式。在不同线制、不同安装方式中按照“点”数的不同划分项目，以“台”为计量单位。

多线制“点”是指联动控制器所带联动设备的状态控制和状态显示的数量。

总线制“点”是指联动控制器所带的控制模块（接口）的数量。

⑥ 报警联动一体机安装　按其安装方式不同分为壁挂式和落地式。按照“点”数的不同划分定额项目，以“台”为计量单位。

“点”是指报警联动一体机所带的有地址编码的报警器件与控制模块（接口）的数量。

⑦ 重复显示器（楼层显示器）安装　不分规格、型号、安装方式，按总线制与多线制划分，以“台”计量单位。

⑧ 警报装置安装　分为声光报警和警铃报警两种形式，均以“台”为计量单位。

⑨ 远程控制器安装　按不同控制回路数以“台”为计量单位。

⑩ 火灾事故广播、消防通信、报警备用电源安装

功放机、录音机 按柜内及台上两种方式综合考虑，分别以“台”为计量单位。

消防广播控制柜 成套消防广播设备的成品机柜，不分规格、型号，以“台”为计量单位。

扬声器 不分规格、型号，按照吸顶式与壁挂式划分，以“只”为计量单位。

广播分配器 是指单独安装的消防广播用分配器（操作盘），以“台”为计量单位。

电话交换机 按“门”数不同以“台”为计量单位。

通讯分机、插孔 是指消防专用电话分机与电话插孔，不分安装方式，分别以“部”“个”为计量单位。

报警备用电源综合考虑了规格、型号，以“台”为计量单位。

6.1.2 消火栓灭火系统安装

（1）定额应用说明 消火栓灭火系统在套用《全国统一安装工程预算定额》时，消火栓管道、阀门、法兰及管道支架制作安装执行第八册《给排水、采暖、燃气安装工程》，消火栓安装执行第七册《消防及安全防范设备安装工程》。各省及地区执行相应的地方估价表或定额，黑龙江省消火栓灭火系统执行 2010 年《黑龙江省建设工程计价依据（给排水、暖通、消防及生活用燃气安装工程计价定额）》中册第三篇《消防工程（C.7）》。

（2）工程量计算规则

① 消火栓给水管道安装

界限划分 室内外消火栓给水管道以建筑物外墙皮 1.5m 为界，入口处设阀门者以阀门为界。

管道安装按施工图所示管道中心线长度以“10m”为计量单位，不扣除阀门、管件及各种组件所占长度。

注：消火栓管道安装项目，在套用 2010 年《黑龙江省建设工程计价依据》时，镀锌钢管（螺纹连接）安装定额中不含管件的安装，镀锌钢管（螺纹连接）管件安装套取第三篇消火栓镀锌管件安装定额；焊接钢管（电弧焊）管件安装套取《工业管道工程》管件安装定额。

② 阀门安装 按阀门的规格、连接方式（螺纹连接、法兰连接）以“个”为计量单位。

③ 法兰安装 法兰安装按法兰材质（铸铁法兰、碳钢法兰）、连接方式（螺纹连接、焊接）、公称直径的不同，以“副”为计量单位。

④ 室内消火栓安装 区分单栓和双栓，以“套”为计量单位。水龙带长度是按 20m 考虑的，实际有差异时，可以调整换算。所带的消防按钮的安装另行计算。成套产品包括的内容详见表 6.1。

⑤ 室内消火栓组合卷盘安装 执行室内消火栓安装项目乘以系数 1.2。成套产品的内容详见表 6.1。

⑥ 室外消火栓安装 室外消火栓安装分地下式和地上式，区分不同规格、工作压力和覆土深度，以“套”为计量单位。

⑦ 消防水泵接合器安装 按不同的安装方式（地上式、地下式、墙壁式）、规格，以“套”为计量单位。如设计要求用短管时，短管价值可另行计算，其余不变。成套产品包括的内容详见表 6.1。

表 6.1 消防装置成套产品表

序号	项目名称	型号	包括内容
1	湿式报警装置	ZSS	湿式阀、蝶阀、装置截止阀、装配管、供水压力表、装置压力表、试验阀、泄放试验阀、泄放试验管、试验管流量计、过滤器、延时器、水力警铃、报警截止阀、漏斗、压力开关等
2	干湿两用报警装置	ZSL	两用阀、蝶阀、截止阀、装配管、加速器、加速器压力表、供水压力表、试验阀、泄放试验阀(湿式)、泄放试验阀(干式)、挠性接头、泄放试验管、试验管流量计、排气阀、漏斗、过滤器、延时器、水力警铃、压力开关等
3	电控雨淋报警装置	ZSYL	雨淋阀、蝶阀(2 个)、装配管、压力表、泄放试验阀、流量表、截止阀、流量阀、注水阀、止回阀、电磁阀、排水阀、手动应急球阀、报警试验阀、漏斗、压力开关、过滤器、水力警铃等
4	预作用报警装置	ZSU	干式报警阀、控制蝶阀(2 个)、压力表(2 块)、流量表、截止阀、排放阀、注水阀、止回阀、泄放阀、报警试验阀、液压切断阀、装配管、供水检验管、气压开关(2 个)、试压电磁阀、应急手动试压器、漏斗、过滤器、水力警铃等
5	室内消火栓	SN	消火栓箱、消火栓、水枪、水龙带、水龙带接扣、挂架、消防按钮
6	室外消火栓	地上式 SS	地上式消火栓、法兰接管、弯管底座
		地下式 SX	地下式消火栓、法兰接管、弯管底座或消火栓三通
7	消防水泵接合器	地上式 SQ	消防接口本体、止回阀、安全阀、闸阀、弯管底座、放水阀
		地下式 SQX	消防接口本体、止回阀、安全阀、闸阀、弯管底座、放水阀
		墙壁式 SQB	消防接口本体、止回阀、安全阀、闸阀、弯管底座、放水阀、标牌
8	室内消火栓组合卷盘	SN	消火栓箱、消火栓、水枪、水龙带、水龙带接扣、挂架、消防按钮、消防软管卷盘

6.1.3 自动喷水灭火系统安装

(1) 定额说明

① 本项目适用于工业和民用建(构)筑物设置的自动喷水灭火系统的管道、各种组件、消火栓、气压水罐的安装及管道支吊架的制作、安装。

② 界限划分　室内外界限：以建筑物外墙皮 1.5m 为界，入口处设阀门者以阀门为界。

设在高层建筑内的消防泵间管道与本项目界限，以泵间外墙皮为界。

③ 管道安装项目　包括工序内一次性水压试验。

镀锌钢管法兰连接项目，管件按成品，弯头两端按接短管焊法兰考虑，项目中包括直管、管件、法兰等全部安装工序内容，但管件、法兰及螺栓的主材数量应按设计规定另行计算。

本项目也适用于镀锌无缝钢管的安装，因镀锌钢管用公称直径表示，而无缝钢管用外径表示，所以为了套用定额，现将公称直径与外径的对应关系列于表 6.2。

表 6.2 镀锌钢管公称直径与外径对应关系表

公称直径/mm	15	20	25	32	40	50	70	80	100	150	200
无缝钢管外径/mm	20	25	32	38	45	57	76	89	108	159	219

管道材质以镀锌钢管为主。镀锌钢管螺纹连接适用于公称直径小于或等于 100mm 的管道；镀锌钢管法兰适用于公称直径大于 100mm 的管道。

④ 喷头、报警装置及水流指示器安装项目均按管网系统试压、冲洗合格后安装考虑的，

本章中已包括丝堵、临时短管安装、拆除及其摊销。

⑤ 其他报警装置适用于雨淋、干湿两用及预作用报警装置。

⑥ 温感式水幕装置安装项目中已包括给水三通至喷头、阀门间的管道、管件、阀门、喷头等全部安装内容，但管道的主材数量和喷头数量应按设计数量加损耗另行计算。

⑦ 集热板的安装位置：当高架仓库分层板上方有孔洞、缝隙时，应在喷头上方设置集热板。

⑧ 隔膜式气压水罐安装项目中，地脚螺栓是按设备带有考虑的，项目中包括指导二次灌浆用工，但二次灌浆费用另计。

⑨ 管网冲洗项目是按水冲洗考虑的，若采用水压气动冲洗法，可按施工方案另行计算。本项目只适用于自动喷水灭火系统。

⑩ 不包括以下工作内容：

阀门、法兰安装，各种套管的制作安装，泵房间的管道安装及管道系统强度试验、严密性试验，执行第六册《工业管道工程》定额相应项目。

消防工程室外给水管道安装及水箱制作安装执行第八册《给排水、采暖、燃气工程》定额相应项目。

各种消防泵、稳压泵安装及设备二次灌浆等执行第一册《机械设备安装工程》定额相应项目。

各种仪表的安装及带电讯号的阀门、水流指示器、压力开关的接线、校线执行第十册《自动化控制仪表安装工程》定额相应项目。

各种设备支架的制作安装执行第五册《静置设备与工艺金属结构制作安装工程》定额相应项目。

管道、设备、支架、法兰焊口除锈、刷油防腐。

系统调试执行本册定额第五章相应子目。

（2）工程量计算规则

① 管道安装　按设计管道中心长度，以“10m”为计量单位，不扣除阀门、管件及各种组件所占长度。

注：组件即为喷头、报警装置、温感式水幕装置、水流指示器等。

管道材质以镀锌钢管为主，公称直径 *DN*100 以下适用于螺纹连接，*DN*100 以上适用于法兰连接。若为沟槽连接则适用于公称直径大于等于 *DN*100 的镀锌钢管。直径 *DN*100 以下的螺纹连接管道安装，其管件为未计价材料，可按当地市场价格，2010 年《黑龙江省建设工程计价依据》中有相应的定额子目项。

公称直径 *DN*100 以上的法兰连接管道安装，其法兰、管件是按成品计算，不考虑施工现场加工制作，所以法兰、螺栓、管件等均为未计价材料，其数量按设计图样计算，并按市场价格计算其价值。

镀锌钢管沟槽式连接项目已包括管件的安装费用，管件本身的价格可按现行的市场价格另行计算。

② 喷头安装　按有吊顶、无吊顶分别以“10 个”为计量单位。

③ 报警装置安装　按成套产品以“组”为计量单位。其他报警装置适用于雨淋、干式（含干湿两用）及预作用报警装置，安装执行湿式报警装置安装项目，其人工乘以系数 1.2。消防装置成套产品包括的内容详见表 6.1。

④ 水流指示器、减压孔板安装 按不同规格均以“个”为计量单位。

⑤ 阀门（信号阀、止回阀等）安装 按不同规格、种类均以“个”为计量单位。

⑥ 末端试水装置安装 按不同规格均以“组”为计量单位。组件：压力表、末端试验阀。

⑦ 集热板制作安装 均以“个”为计量单位。

⑧ 隔膜式气压水罐安装 区分不同规格以“台”为计量单位。出入口法兰和螺栓按设计规定另行计算。

⑨ 管道支吊架安装 已综合支架、吊架及防晃支架的制作安装，均以“100kg”为计量单位。

⑩ 自动喷水灭火系统管网安装 区分不同规格以“100m”为计量单位。

6.1.4 气体灭火系统安装

（1）定额说明

① 项目适用于工业和民用建筑中设置的二氧化碳灭火系统、卤代烷 1211 灭火系统和卤代烷 1301 灭火系统中的管道、管件、系统组件等的安装。

② 项目中的无缝钢管、钢制管件、选择阀安装及系统组件试验等均适用于卤代烷 1211 和 1301 灭火系统，二氧化碳灭火系统按卤代烷灭火系统相应项目乘以系数 1.2。

③ 管道安装包括无缝钢管的螺纹连接、法兰连接、气动驱动装置管道安装及钢制管件的螺纹连接。气动驱动装置管道安装项目包括卡套连接件的安装，其本身价格按设计用量另行计算。

④ 无缝钢管螺纹连接不包括钢制管件连接内容，应按设计用量执行钢制管件连接项目。

⑤ 无缝钢管法兰连接项目，管件按成品，弯头两端按接短管焊法兰考虑，包括了直管、管件、法兰等预装和安装的全部工作内容，但管件、法兰及螺栓的数量与价格应按设计规定另行计算。

⑥ 螺纹连接的不锈钢管、铜管及管件安装时，按无缝钢管和钢制管件安装相应项目乘以系数 1.2。

⑦ 喷头安装项目包括管件安装及配合水压试验安装拆除丝堵的工作内容。

⑧ 贮存装置安装，项目中包括灭火剂贮存容器和驱动气瓶的安装固定，支框架、系统组件（集流管，容器阀，气、液单向阀，高压软管）、安全阀等贮存装置和阀驱动装置的安装及氮气增压。二氧化碳贮存装置安装时，不须增压，执行本章时，需扣除高纯氮气，其余不变。

⑨ 项目不包括的工作内容：

管道支吊架的制作安装，应执行本册第二章相应项目。

不锈钢管、铜管及管件的焊接或法兰连接，各种套管的制作安装、管道系统强度试验、严密性试验和吹扫等均执行第六册《工业管道工程》定额相应项目。

管道及支吊架的防腐刷油等执行第十一册《刷油、防腐蚀、绝热工程》定额相应项目。

系统调试执行本册第五章的相应项目。

阀驱动装置与泄漏报警开关的电气接线等执行第十册《自动化控制仪表安装工程》定额相应项目。

无缝钢管和钢制管件内外镀锌及场外运输费用另行计算。

（2）工程量计算规则

① 各种管道安装按设计管道中心长度，以“10m”为计量单位，不扣除阀门、管件及

各种组件所占长度。

② 钢制管件螺纹连接按不同规格以“10个”为计量单位。

③ 喷头安装按不同规格以“10个”为计量单位。

④ 选择阀安装按不同规格和连接方式分别以“个”为计量单位。

⑤ 贮存装置安装按贮存容器和驱动气瓶的规格（L）以“套”为计量单位。

⑥ 二氧化碳称重检漏装置包括泄露报警开关、配重、支架等，以“套”为计量单位。

⑦ 系统组件包括选择阀、单向阀（含气、液）及高压软管。试验按水压强度试验和气压严密性试验，分别以“个”为计量单位。

6.1.5 泡沫灭火系统安装

（1）定额说明

① 本章项目适用于高、中、低倍数固定式或半固定式泡沫灭火系统的发生器及泡沫比例混合器安装。

② 泡沫发生器及泡沫比例混合器安装中包括整体安装、焊接法兰、单体调试及配合管道试压时隔离本体所消耗的人工和材料，不包括支架的制作安装和二次灌浆的工作内容，其工程量应按相应项目另行计算。地脚螺栓按设备带来考虑。

③ 本章项目不包括以下工作内容：

泡沫灭火系统的管道、管件、法兰、阀门、管道支架等的安装及管道系统水冲洗、强度试验、严密性试验等应执行第六册《工业管道工程》定额相应项目。

消防泵等机械设备安装及二次灌浆应执行第一册《机械设备安装工程》定额相应项目。

除锈、刷油、保温等应执行第十一册《刷油、防腐蚀、绝热工程》定额相应项目。

泡沫液贮罐、设备支架制作安装应执行第五册《静置设备与工艺金属结构制作安装工程》定额相应项目。

泡沫喷淋系统的管道组件、气压水罐、管道支吊架等安装，应执行本册第二章相应项目及有关规定。

泡沫液充装是按生产厂在施工现场充装考虑的，若由施工单位充装时，可另行计算。

油罐上安装的泡沫发生器及化学泡沫室，应执行第五册《静置设备与工艺金属结构制作与安装工程》定额相应项目。

泡沫灭火系统调试，应按批准的施工方案另行计算。

（2）工程量计算规则

① 泡沫发生器安装按不同型号以“台”为计量单位。

② 泡沫比例混合器安装按不同型号以“台”为计量单位。

6.1.6 消防系统调试安装

（1）定额说明

① 本章包括自动报警系统装置调试，水灭火系统控制装置调试，火灾事故广播、消防通讯、消防电梯系统装置调试，电动防火门、防火卷帘门、正压送风阀、排烟阀、防火阀控制系统装置调试，气体灭火系统装置调试等项目。

② 系统调试是指消防报警和灭火系统安装完毕且联通，并达到国家有关消防施工验收规范、标准所进行的全系统的检测、调整和试验。

③ 自动报警系统装置包括各种探测器、手动报警按钮和报警控制器，灭火系统控制装置包括消火栓、自动喷水装置、卤代烷和二氧化碳灭火装置等固定灭火系统的控制装置。

④ 气体灭火系统调试试验时采取的安全措施，应按施工组织设计另行计算。

（2）工程量计算规则

① 自动报警系统装置调试　按不同点数分别以“系统”为计量单位。其点数按多线制与总线制报警器的点数计算。

② 水灭火系统控制装置调试　包括消火栓、自动喷水系统的控制装置。按照不同的点数以“系统”为计量单位，其点数按多线制与总线制联动控制器的点数计算。

③ 火灾事故广播、消防通信、消防电梯系统装置调试　广播喇叭及音响系统调试以“10只”为计量单位。通信分机及插孔系统调试以“10只”为计量单位。

消防电梯系统调试以“部”为计量单位。

④ 电动防火门、防火卷帘门、正压送风阀、排烟阀、防火阀控制系统装置调试　均以“10处”为计量单位，每樘为一处。

6.2 室内消火栓给水系统工程量清单及计价

6.2.1 室内消火栓系统简介

水消防灭火系统按水流形态的不同分为消火栓给水系统和自动喷水灭火系统。其中，消火栓给水系统包括室外消火栓给水系统、室内消火栓给水系统。

建筑消防给水管道应与生活给水管道分开，单独设置；建筑消防给水应从市政给水管道分两路引进，并在小区形成环网；消防泵至少一用一备，吸水管不少于两根，屋顶应设试验消火栓一套；消防箱应设直接启泵按钮、消火栓、水带、水枪、自救盘、灭火器；系统还应设水泵结合器。室内消火栓灭火系统主要由以下几个部分组成：

（1）消火栓给水管道　包括进户管、干管、立管、横支管。室内消火栓给水管道，管径≤100mm时，采用热镀锌钢管或热镀锌无缝钢管，宜采用螺纹连接、卡箍连接或法兰连接；管径＞100mm时，采用焊接钢管或无缝钢管，宜采用焊接或法兰连接。

（2）消火栓　消火栓安装在给水管网上，是一个带内螺纹接头的阀门，一端接消防管道，一端接水龙带，是室内消防供水的主要水源之一。分单栓和双栓，出水口直径分别为65mm、50mm。

（3）消防水枪　把水带内的水喷射到火场的物体上，达到灭火、冷却或防护的目的。喷嘴口径规格有13mm、16mm和19mm三种，13mm和16mm水枪可与50mm消火栓及消防水带配套使用，16mm和19mm水枪可与65mm消火栓及消防水带配套使用。如图6.1(a) 所示。

（4）消防水龙带　消防水带两端均带有消防专用快速接口，可与消火栓、消防泵（车）配套，用于输送水或其他液体灭火剂。与室内消火栓配套使用，长度有15m、20m、25m、30m和40m等规格。如图6.1(b) 所示。

（5）消防软管卷盘　又称消防水喉，一般安装在室内消火栓箱内，以水作灭火剂，在启用室内消火栓之前，供建筑物内非消防专门人员自救扑灭A类初起火灾。栓口直径为25mm，配备的水带内径不小于19mm，软管长度有20m、25m、30m三种，喷嘴口径不小于6mm，可配直流、喷雾两用喷枪。

(6) 消火栓箱　安装在消防给水管道上，消火栓箱内配置水枪、水带和消火栓、水泵启动按钮、消防软管卷盘等。消火栓箱具有给水、灭火、控制、报警等功能，如图6.1(c) 所示。

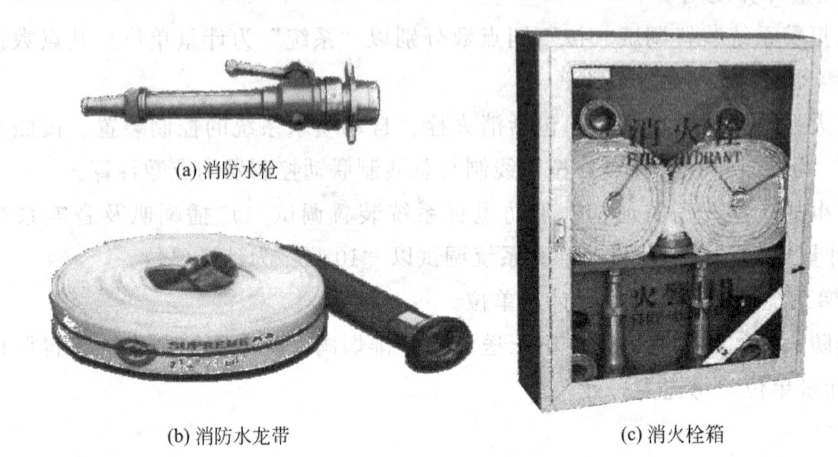

(a) 消防水枪

(b) 消防水龙带

(c) 消火栓箱

图6.1　消火栓箱及配件

(7) 消防水泵接合器　水泵接合器是连接消防车向室内消防给水系统加压供水的装置，一端由消防给水管网水平干管引出，另一端设于消防车易于接近的地方。常见种类：地上式、地下式、墙壁式等。

6.2.2　某宾馆室内消火栓给水工程工程量清单编制

6.2.2.1　项目描述

(1) 施工图样　本例所用施工图样为某宾馆消火栓给水工程。施工图样：地下一层消防平面图（图6.2）；一层消防平面图（图6.3）；二层消防平面图（图6.4）；三层消防平面图（图6.5）；消火栓给水系统图（图6.6）。

(2) 设计说明

① 管道表示方法　消火栓给水管管径用 *DN* 表示，单位以“m”计；管长用 *L* 表示，单位以“m”计；管标高指管中心，单位以“m”计。

② 管材及阀门　消火栓系统管道采用非镀锌钢管；消防系统采用65mm口径的消火栓和25米长的水龙带，19mm的水枪喷嘴；消防管道采用蝶阀。

③ 系统安装　穿过楼板的管道均设套管，套管底端与楼板面齐平，上端高出地面20mm。但在厕所、盥洗室、厨房、浴室及其它经常冲洗地面的房间，过楼板的套管采用焊接钢管并高出地面50mm。

管道活动支架的间距，根据管径按表6.3采用。

表6.3　管道活动支架的间距

管径/mm	15	20	25	32	40	50	70	80	100
有保温层/m	1.5	2	2	2.5	3	3	4	4	4.5
无保温层/m	2.5	3	3.5	4	4.5	5	6	6	6.5

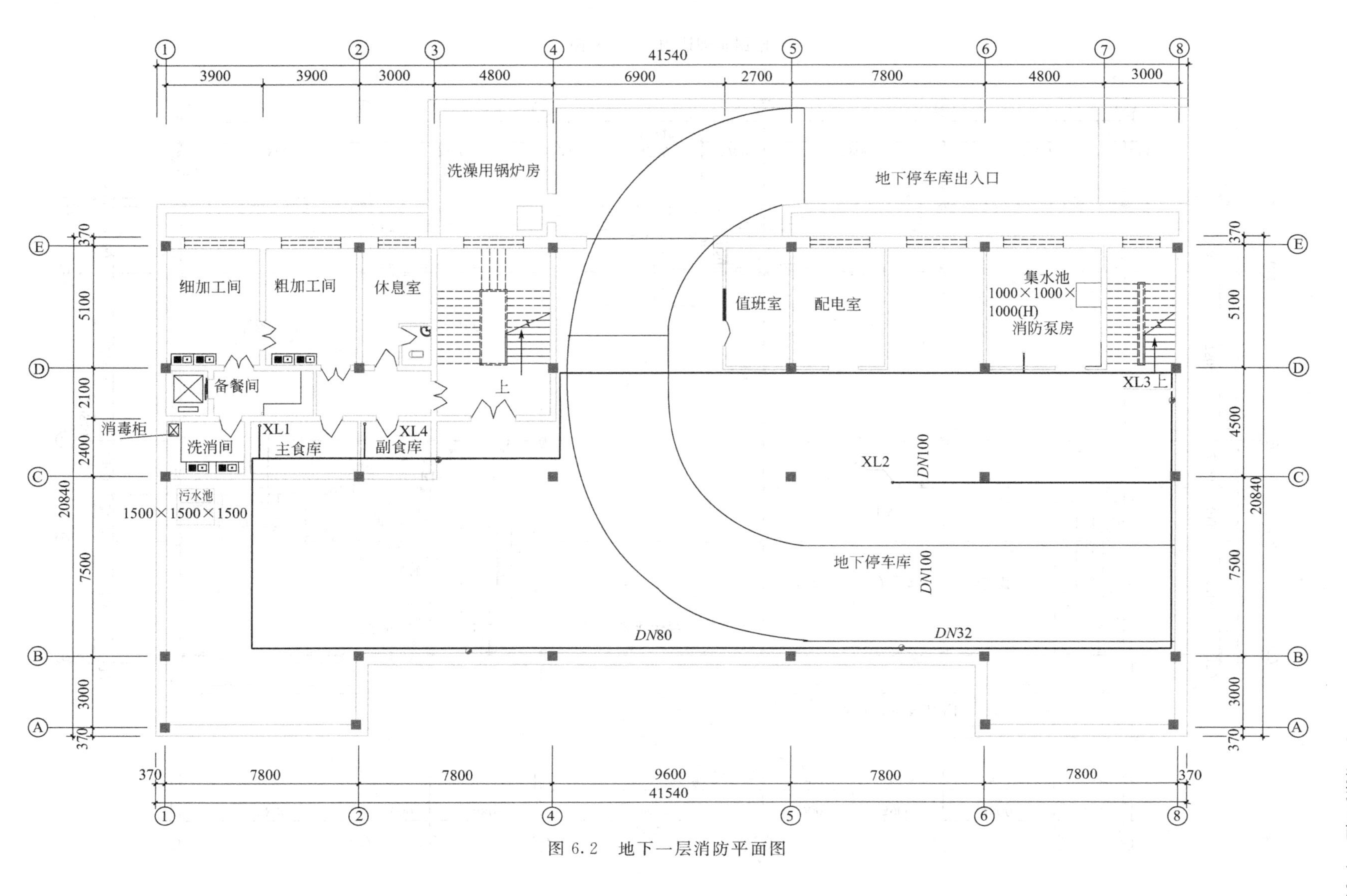

图 6.2 地下一层消防平面图

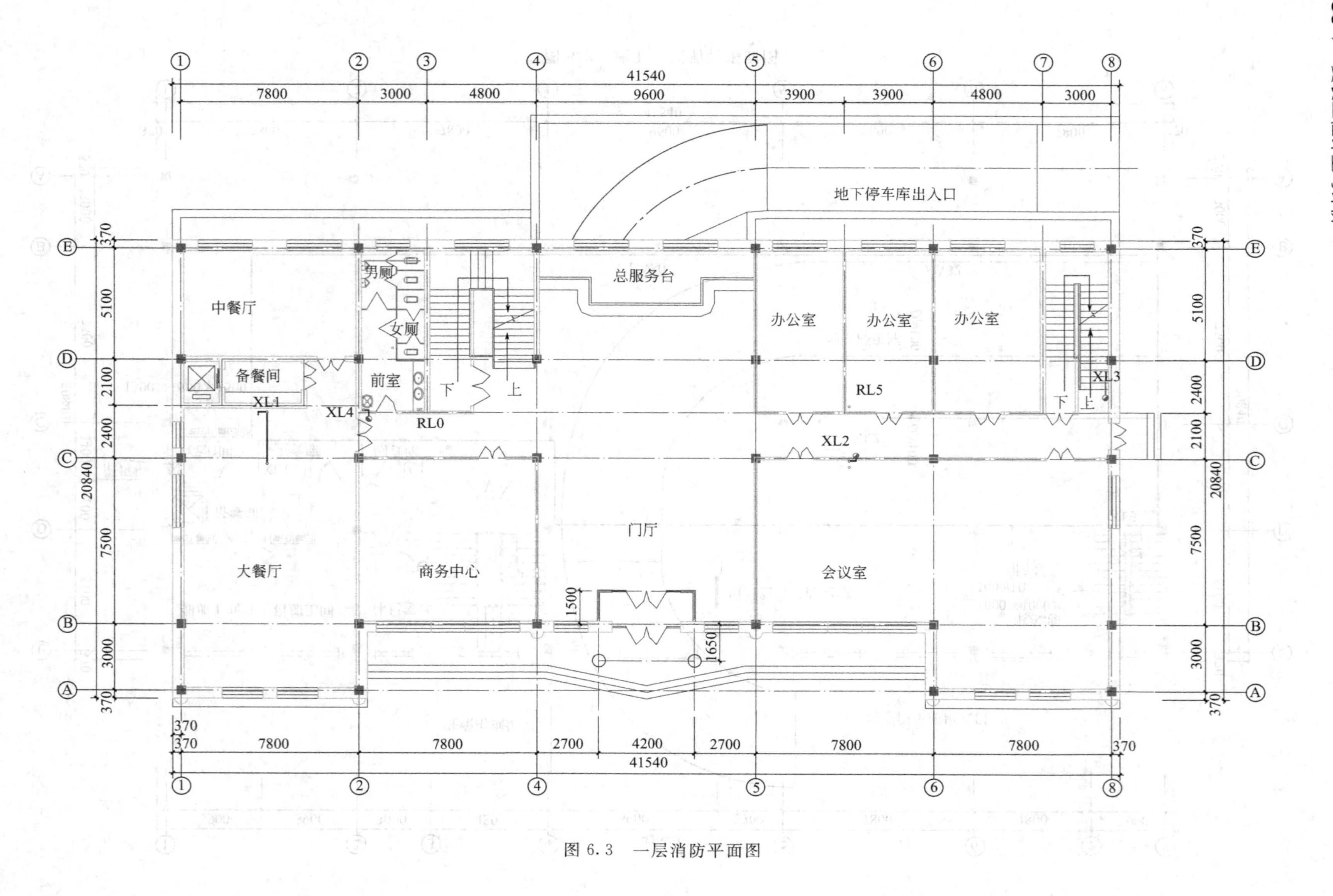

41540
7800
3000
4800
9600
3900
3900
4800
3000
地下停车库出入口
总服务台
男厕
女厕
中餐厅
办公室
办公室
办公室
备餐间
前室
下
上
RL5
XL3
XL1
XL4
RL0
XL2
门厅
大餐厅
商务中心
会议室
1500
1650
5100
2100
2400
20840
7500
370
370
7800
7800
2700
4200
2700
7800
7800
370
41540

图 6.3　一层消防平面图

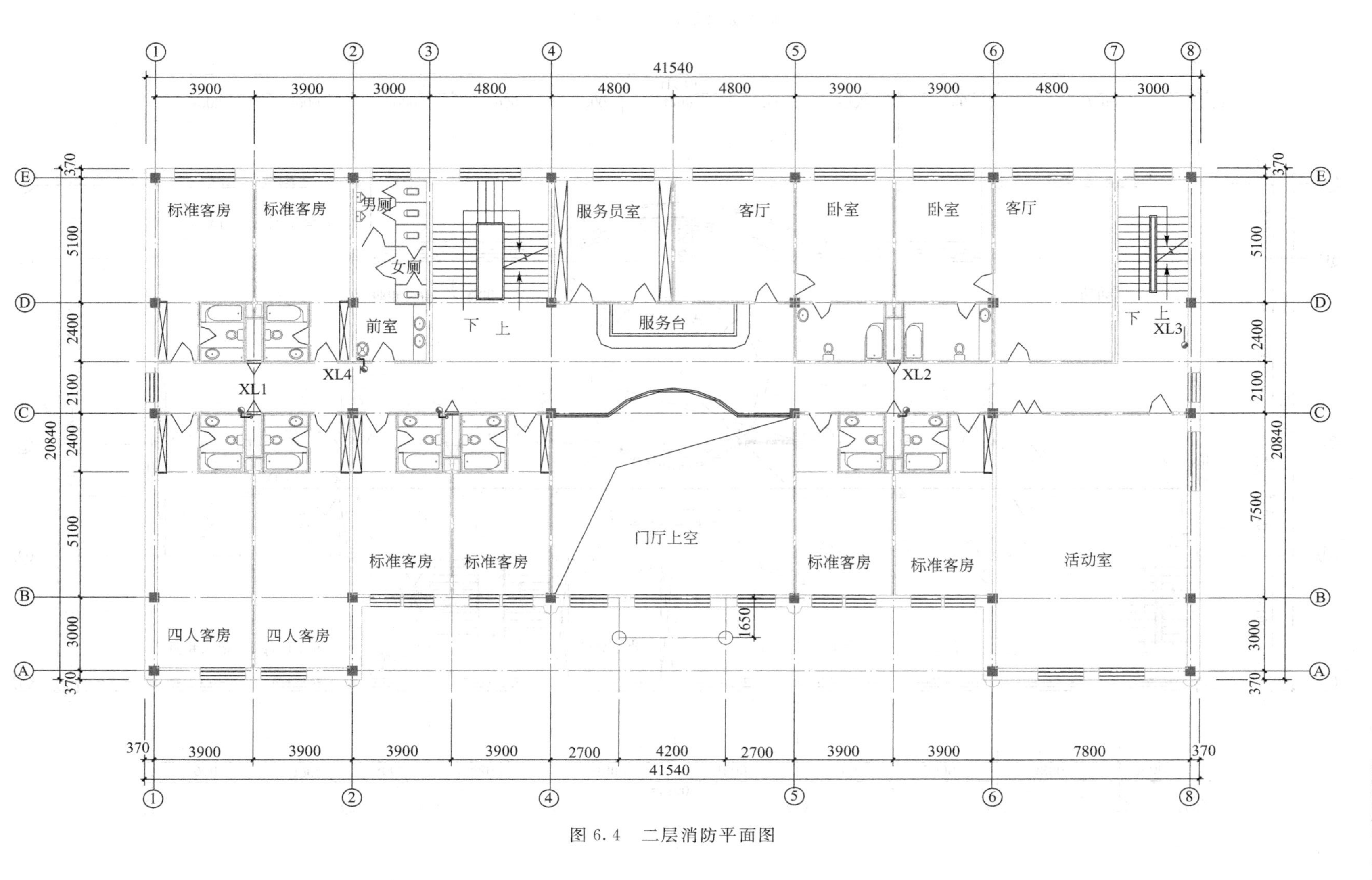

标准客房
标准客房
男厕
女厕
服务员室
客厅
卧室
卧室
客厅
前室
下
上
服务台
下
上
XL3
XL1
XL4
XL2
门厅上空
标准客房
标准客房
标准客房
标准客房
活动室
四人客房
四人客房
41540
20840

图 6.4 二层消防平面图

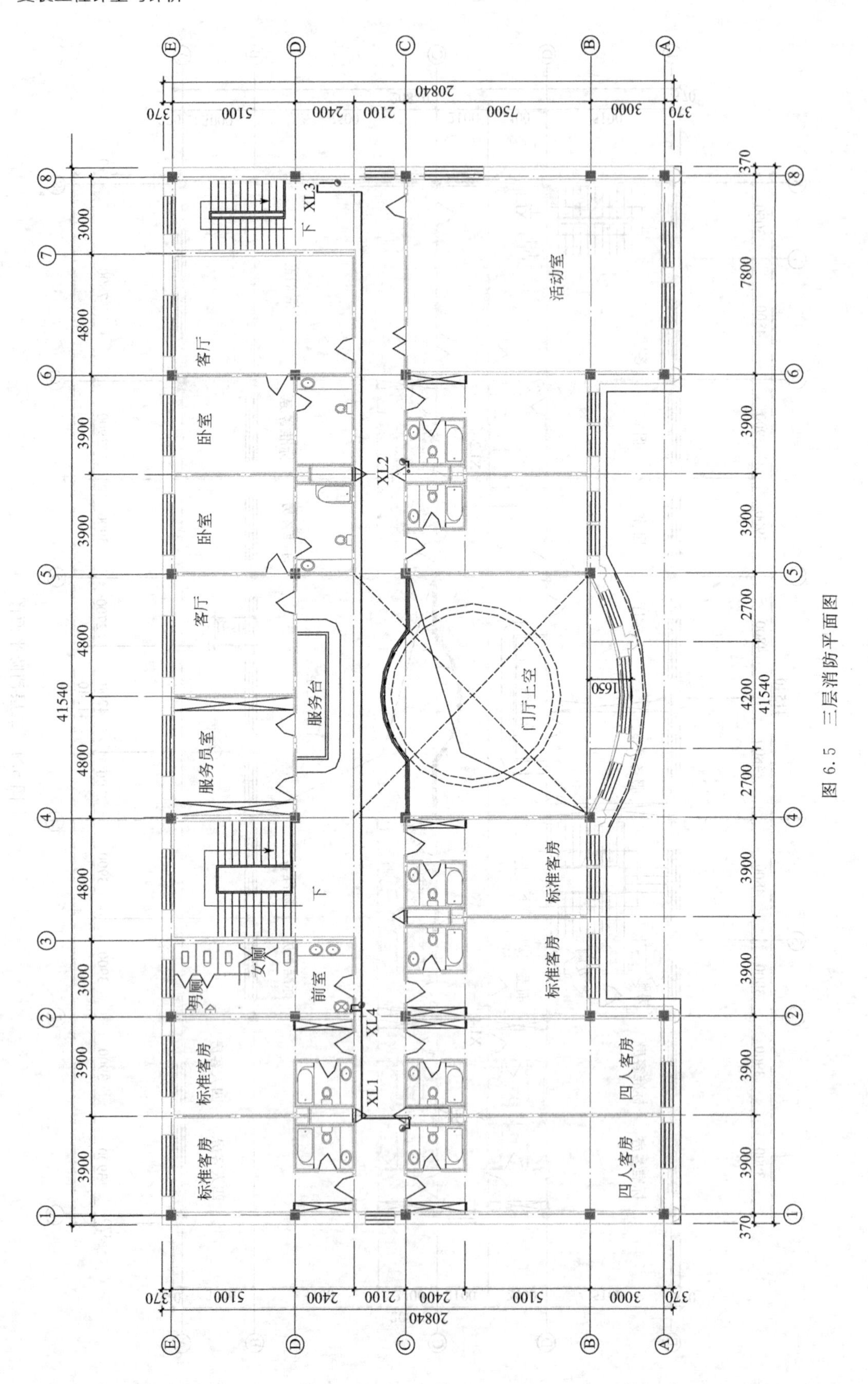
XL1
XL2
XL3
XL4
标准客房
四人客房
客厅
卧室
服务员室
服务台
门厅上空
活动室
前室
男厕
女厕
下
20840
41540

图 6.5 三层消防平面图

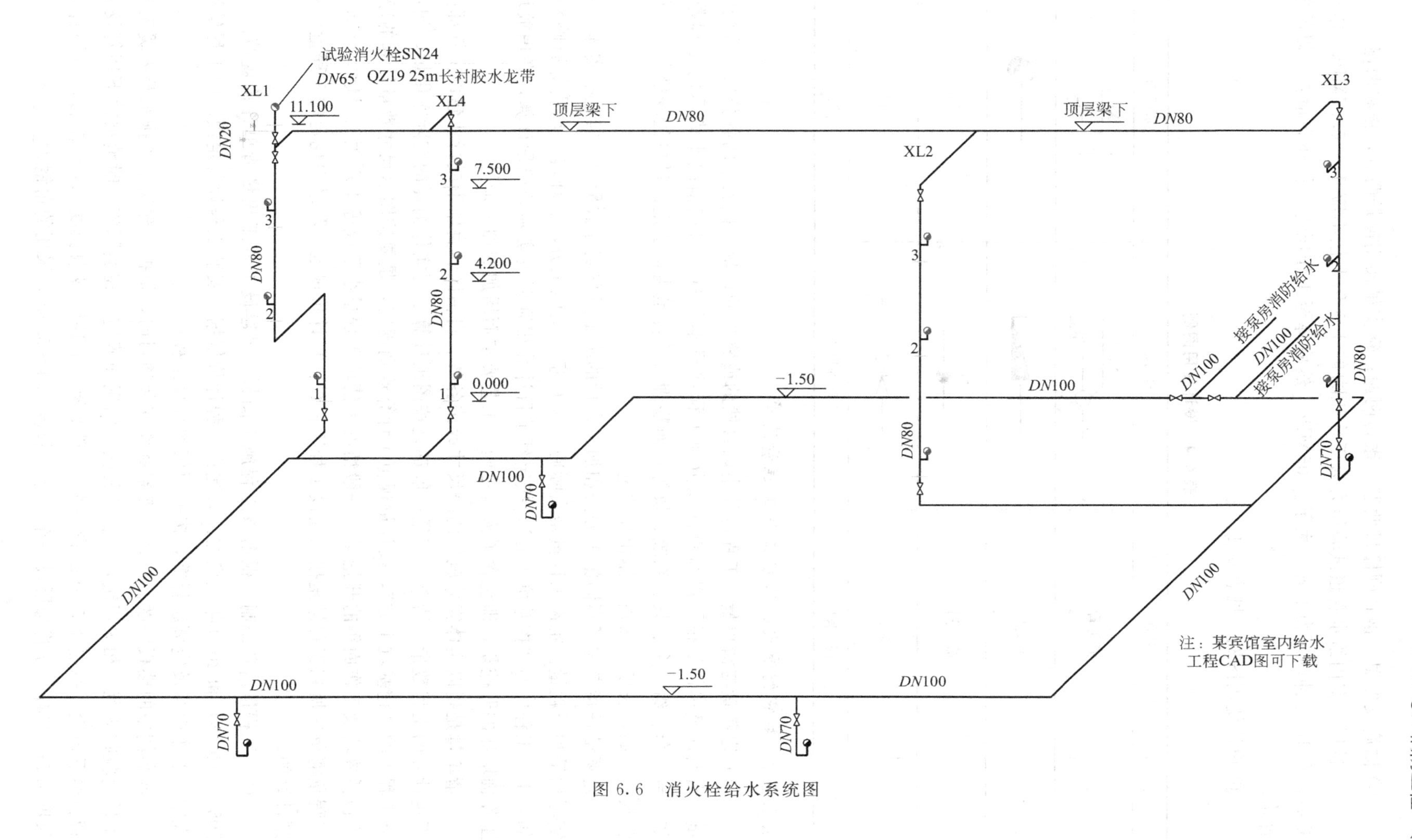

图 6.6 消火栓给水系统图

④ 防腐及保温　钢管刷樟丹两遍，银粉两遍；钢支吊架刷樟丹两遍，银粉两遍。

⑤ 试压　室内给水管道试验压力为工作压力的1.5倍，但不应小于0.06MPa，水压试验后，在10分钟内压力下降不大于0.05MPa，然后降至工作压力，作外观检查，以不漏为合格。

⑥ 设计使用图例　见表6.4。

表6.4　设计使用图例

序号	名称	平面图	系统图
1	消防管	XL-1 平面	XL-1 系统
2	消火栓		
3	截止阀		同左
4	闸阀		同左
5	管道编号	消防进户 X	同左

6.2.2.2　某宾馆消火栓给水工程工程量清单

(1) 定额量与清单量　工程量是指以自然的或物理的计量单位表示的各分项工程的实物量。自然计量单位是指可以盘点的以分项工程项目本身自然组成情况来表示的工程数量，如：台、套、组、个、只、系统、块等；而物理量单位是指按法定计量单位度量所表示的工程数量，如：长度、面积、体积和质量等。

定额量是指考虑了不同施工方法和加工余量的施工过程实际数量，一般包括实体工程中实际用量和损耗量。定额工程量是实际施工工程量，受施工方法、环境、地质等影响较大。如：土方工程中的“挖基坑土方”，按定额子目计算规则要按实际开挖量计算，考虑放坡及工作面增加的开挖量，即包含了为满足施工工艺要求而增加的加工余量。

清单量是指以实体安装就位的净尺寸或按各省、自治区、直辖市或行业建设主管部门的规定计算的工程数量。清单工程量一般都是按图纸计算工程实体消耗的实际净用量，如：土方工程中的“挖基坑土方”，按计量规范中计算规则规定，是要按图示尺寸数量计算的净量，不包括放坡及工作面等的开挖量，一般情况下清单工程量小于或等于定额工程量。分部分项工程量清单中所列工程量是按《建设工程工程量清单计价规范》附录中规定的工程量计算规则计算的。

(2) 工程量清单编制　根据该工程施工图样，《建设工程工程量清单计价规范》(GB 50500—2013)和2010年《黑龙江省建设工程计价依据　安装工程计价定额》中工程量计算规则、工作内容及定额解释等，按分项依次计算工程量。

该案例中的楼板厚度。在计算支架制作安装项目时，根据《建筑给水排水及采暖工程施工质量验收规范》相关规定，结合工程实际情况而确定。在实际施工时消火栓下环管及上环管在梁下敷设，每隔4.5～6m设一个U型支架，上环管型钢长度2.0m左右，下环管型钢长度1.5m左右，立管每层设一个支架，长度0.4～0.5m，采用的角钢为∟40～63。

① 清单工程量计算表详见表 6.5。

表 6.5 清单工程量计算表

工程名称：某宾馆消火栓给水工程　　　　　　　　　　　　第　页　共　页

序号	清单项目编码	项目名称	单位	清单工程量	工程量计算式
1	030901002001	消火栓钢管	m	98.68	消火栓给水：焊接钢管 *DN*100 引入管：0.82×2 干管：37.03×2+11.49×2
2	030901002002	消火栓钢管	m	105.08	消火栓给水：焊接钢管 *DN*80 干管：1.36+1.42+11.23+1.95+0.43+1.89+0.36+1.83+36.41 立管：[11.10(屋面标高)−0.40(梁高)−0.15(梁与干管中心距)−(−1.50)(干管环路标高)]×4
3	030901002003	消火栓钢管	m	17.17	消火栓给水：焊接钢管 *DN*70 立管：[−1.50−(−2.50)]×4+(0.40+0.15+1.10)(试验消火栓) 支管：(0.60+0.12)×16
4	030901002004	消火栓钢管	m	2	消火栓给水：焊接钢管 *DN*20　2m
5	031003003001	法兰阀门	个	2	蝶阀 *DN*100：1+1
6	031003003002	法兰阀门	个	8	蝶阀 *DN*80：2+2+2+2
7	031003003003	法兰阀门	个	5	蝶阀 *DN*70：1+1+1+1+1
8	031003001001	螺纹阀门	个	1	铜球阀 *DN*20：1
9	030804001001	低压碳钢管件	个	15	三通 *DN*100×100：2 三通 *DN*100×80：3 三通 *DN*100×70：3 四通 *DN*100×80：1 弯头 *DN*100：6
10	030804001002	低压碳钢管件	个	25	三通 *DN*80×80：1 三通 *DN*80×70：12 变径管 *DN*80×70：1 弯头 *DN*80：11
11	030804001003	低压碳钢管件	个	32	弯头 *DN*70：2×16(消火栓数)
12	031002003001	套管	个	12	3(穿楼板)×4(根)=12 个　12×0.22
13	031002003002	套管	个	3	1+2
14	030901010001	室内消火栓	套	16	室内消火栓 *DN*65：4+3×4
15	030901010002	试验消火栓	套	1	试验消火栓 *DN*65：1
16	031002001001	管道支架	kg	272.9	*DN*100 单管支架质量： 169.73 支架数量：98.68÷6≈17(个) ∟63×5 角钢质量： 2.00(角钢长)×4.822×17=163.95 Φ12 圆钢质量：0.383(圆钢长)×0.888×17=5.78 *DN*80 单管支架质量：97.32 立管：支架每层设 1 个，共 12(个) ∟50×5 角钢质量：0.50(角钢长)×3.77×12=22.62 Φ12 圆钢质量：0.321(圆钢长)×0.888×12=3.42 干管：支架数量=56.88÷5≈12(个) ∟50×5 角钢质量： 1.50(角钢长)×3.77×12=67.86 Φ12 圆钢质量：0.321(圆钢长)×0.888×12=3.42

续表

序号	清单项目编码	项目名称	单位	清单工程量	工程量计算式
16	031002001001	管道支架	kg	272.9	DN70 单管支架质量：5.85 支架数量：每根1个，共4(个) ∟40×4 角钢质量：0.50(角钢长)×2.42×4＝4.84 Φ12 圆钢质量：0.285(圆钢长)×0.888×4＝1.01
17	030601002001	压力仪表	台	1	
18	031201001001	管道刷油	m^2	67.097	3.14×(0.108×98.68＋0.089×105.08＋0.076×17.17＋0.027×2)
19	031201003001	金属结构刷油	kg	119.21	

② 分部分项工程项目清单表详见表 6.6。

表 6.6 分部分项工程项目清单表

工程名称：某宾馆消火栓给水工程　　　　第 1 页 共 1 页

序号	项目编码	项目名称	项目特征描述	计量单位	工程量
1	030901002001	消火栓钢管	1. 安装部位：室内 2. 材质、规格：焊接钢管 DN100 3. 连接形式：焊接 4. 压力试验及冲洗设计要求：压力试验	m	98.68
2	030901002002	消火栓钢管	1. 安装部位：室内 2. 材质、规格：焊接钢管 DN80 3. 连接形式：焊接 4. 压力试验及冲洗设计要求：压力试验	m	105.08
3	030901002003	消火栓钢管	1. 安装部位：室内 2. 材质、规格：焊接钢管 DN70 3. 连接形式：焊接 4. 压力试验及冲洗设计要求：压力试验	m	17.17
4	030901002004	消火栓钢管	1. 安装部位：室内 2. 材质、规格：焊接钢管 DN20 3. 连接形式：螺纹 4. 压力试验及冲洗设计要求：压力试验	m	2
5	031003003001	法兰阀门	1. 类型：蝶阀 2. 材质：铸铁 3. 规格、压力等级：DN100 4. 连接形式：法兰连接	个	2
6	031003003002	法兰阀门	1. 类型：蝶阀 2. 材质：铸铁 3. 规格、压力等级：DN80 4. 连接形式：法兰连接	个	8
7	031003003003	法兰阀门	1. 类型：蝶阀 2. 材质：铸铁 3. 规格、压力等级：DN65 4. 连接形式：法兰连接	个	5
8	031003001001	螺纹阀门	1. 类型：球阀 2. 材质：铜质 3. 规格、压力等级：DN20 压力等级见设计说明 4. 连接形式：丝接	个	1

续表

序号	项目编码	项目名称	项目特征描述	计量单位	工程量
9	030804001001	低压碳钢管件	1. 材质:碳钢 2. 连接方式:焊接 3. 型号、规格:*DN*100	个	15
10	030804001002	低压碳钢管件	1. 材质:碳钢 2. 连接方式:焊接 3. 型号、规格:*DN*80	个	25
11	030804001003	低压碳钢管件	1. 材质:碳钢 2. 连接方式:焊接 3. 型号、规格:*DN*70	个	32
12	031002003001	套管	1. 名称、类型:钢套管 2. 材质:焊接钢管 3. 规格:*DN*100 4. 填料材质:见设计说明	个	12
13	031002003002	套管	1. 名称、类型:刚性防水套管 2. 材质:焊接钢管 3. 规格:*DN*100 4. 填料材质:见设计说明	个	3
14	030901010001	室内消火栓	1. 名称:室内消火栓 2. 型号、规格:*DN*65	套	16
15	030901010002	试验消火栓	1. 名称:试验消火栓 2. 型号、规格:*DN*65	套	1
16	031002001001	管道支架	1. 材质:型钢 2. 管架形式:一般形式	kg	272.9
17	030601002001	压力仪表	1. 名称:压力表	台	1
18	031201001001	管道刷油	1. 除锈级别:除轻锈 2. 涂刷遍数:刷红丹防锈漆两道,再刷银粉两道	m^2	67.097
19	031201003001	金属结构刷油	1. 除锈级别:除轻锈 2. 涂刷遍数:刷红丹防锈漆两道,再刷银粉两道	kg	119.21
20	031301017001	脚手架搭拆		项	1

6.2.3 某宾馆室内消火栓给水工程工程清单计价

6.2.3.1 综合单价的确定

综合单价：是指完成一个规定清单项目所需的人工费、材料和工程设备费、施工机具使用费和企业管理费、利润，以及一定范围内的风险费用。

计算式表达为：

综合单价=清单项目施工费用/清单工程量 (6-1)

其中，清单项目施工费用具体计算原则和方法如下：

清单项目施工费用=人工费+材料和工程设备费+施工机具使用费+企业管理费+利润+风险费 (6-2)

上述公式中：

(1) 人工费、材料费、机械使用费的计算

人工费/材料费/机械费=工程量×(人/材/机)单价 (6-3)

式中的工程量是按照《计价定额》规则计算的“定额工程量”，亦称为“实际施工工程量”。

（2）管理费的计算　综合单价中管理费的计算方法表达为：

$$管理费=计算基础\times管理费费率 \tag{6-4}$$

（3）利润的计算　综合单价中利润的计算方法表达为：

$$利润=计算基础\times利润率 \tag{6-5}$$

注：公式中“计算基础”在2010年《黑龙江省建设工程计价定额》中指的是以53元/工日为计费基础的“计费人工费”总和。

需要注意的是，按照《建设工程工程量清单计价规范》（GB 50500—2013）第3.1.2条的规定，“分部分项工程和措施项目清单应采用综合单价计价”。营改增后分部分项工程（定额措施项目）综合单价计算程序如表6.7所示。

表6.7　分部分项工程（定额措施项目）综合单价计算程序

序号	费用名称	计算式	备注
(1)	计费人工费	∑工日消耗量×人工单价(53元/工日)	53元/工日为计费基础
(2)	人工费价差	∑工日消耗量×(合同约定或省建设行政主管部门发布的人工单价－人工单价)	
(3)	材料费	∑(材料消耗量×除税材料单价)	
(4)	材料风险费	∑(相应除税材料单价×费率×材料消耗量)	
(5)	机械费	∑(机械消耗量×除税台班单价)	
(6)	机械风险费	∑(相应除税台班单价×费率×机械消耗量)	
(7)	企业管理费	(1)×费率	
(8)	利润	(1)×费率	
(9)	综合单价	(1)＋(2)＋(3)＋(4)＋(5)＋(6)＋(7)＋(8)	

6.2.3.2　清单计价的基本原理

当采用清单计价模式计算总造价时，一个建设项目的总造价就由一个或几个单项工程费构成，一个单项工程费又由各单位工程费构成，而一个单位工程在工程量计算、综合单价分析经复查确认无误后，即可进行分部分项工程费、措施项目费、其他项目费、规费和税金的计算，从而计算出单位工程的总造价，最终汇总得出建设项目的总造价。计算的基本原理如下：

（1）计算分部分项工程费

$$\begin{aligned}分部分项工程费&=\sum清单项目施工费用\\&=\sum分部分项工程清单工程量\times分部分项工程综合单价\end{aligned} \tag{6-6}$$

（2）计算措施项目费

$$措施项目费=单价措施项目费用+总价措施项目费用 \tag{6-7}$$

$$单价措施项目费用=\sum措施项目清单工程量\times措施项目综合单价 \tag{6-8}$$

$$总价措施项目费用=\sum计算基数\times相应措施项目费率 \tag{6-9}$$

（3）计算其他项目费

其他项目费按招标文件规定计算。　(6-10)

（4）计算单位工程造价

$$单位工程造价=分部分项工程费+措施项目费+其他项目费+规费+税金 \tag{6-11}$$

（5）计算单项工程造价

$$单项工程造价=\sum 单位工程费 \tag{6-12}$$

（6）计算建设项目总造价

$$建设项目总造价=\sum 单项工程费 \tag{6-13}$$

6.2.3.3　室内消火栓给水清单计价文件

本案例的计价文件依据2010年《黑龙江省建设工程计价依据（给排水、暖通、消防及生活用燃气安装工程计价定额）》，与其相配套的费用定额及黑建造价〔2016〕2号文（见附件1）、黑建规范〔2018〕5号文（见附件2）相关规定，2013年《建设工程工程量清单计价规范》而编制的。具体文件如下：

（1）封面　如表6.8所示。

表6.8　封面

投　标　总　价

招　标　人：×××

工 程 名 称：某宾馆消火栓给水工程

投标总价（小写）：49727.96　元

（大写）：肆万玖仟柒佰贰拾柒元玖角陆分

投　标　人：×××

法定代表人
或其授权人：×××

编　制　人：×××

编 制 时 间：×　年　×　月　×　日

（2）总说明　如表6.9所示。

表6.9　总说明

工程名称：某宾馆消火栓给水工程　　　　第 1 页 共 1 页

1. 工程概况：该项目为黑龙江省某宾馆消火栓给水工程。
2. 本例综合工日单价按结算文件调增为86元/工日。
3. 企业管理费、利润取上限。
4. 主要材料价格按黑龙江省建设工程造价信息2018年8月的材料信息价计取，信息价中没列出的按现行市场价格计取。
5. 其他未尽事宜见设计文件及附后的工程计价表。

（3）单位工程费用汇总表　如表6.10所示。

表 6.10　单位工程投标报价汇总表

工程名称：某宾馆消火栓给水工程　　　　第 1 页　共 1 页

序号	名称	计算式	费率/%	金额/元	备注
(一)	分部分项工程费	∑(分部分项工程量×相应综合单价)		39287.38	
(A)	其中:计费人工费	∑工日消耗量×人工单价(53 元/工日)		6698.72	
(二)	措施项目费	(1)+(2)		1640.3	
(1)	单价措施项目费	∑(措施项目工程量×相应综合单价)		699.72	
(B)	其中:计费人工费	∑工日消耗量×人工单价(53 元/工日)		133.98	
(2)	总价措施项目费	①+②+③		940.58	
①	安全文明施工费	[(一)+(1)-除税工程设备金额]×费率	2.06	823.73	
②	其他措施项目费	[(A)+(B)]×费率	1.71	116.85	
③	专业工程措施项目费	根据工程情况确定			
(三)	其他项目费	(3)+(4)+(5)+(6)			
(3)	暂列金额	[(一)-工程设备金额]×费率(投标报价时按招标工程量清单中列出的金额填写)			
(4)	专业工程暂估价	根据工程情况确定(投标报价时按招标工程量清单中列出的金额填写)			
(5)	计日工	根据工程情况确定			
(6)	总承包服务费	供应材料费用、设备安装费用或发包人发包的专业工程的(分部分项工程费+措施项目费)×费率			
(四)	规费	(10)+(11)+(12)+(13)+(14)+(15)+(16)		4279.56	
(7)	养老保险费	[(A)+(B)+人工费价差]×费率	20	2217.39	计费人工费+人工价差
(8)	医疗保险费	[(A)+(B)+人工费价差]×费率	7.5	831.52	计费人工费+人工价差
(9)	失业保险费	[(A)+(B)+人工费价差]×费率	1.5	166.3	计费人工费+人工价差
(10)	养老保险费	[(A)+(B)+人工费价差]×费率	20	2217.39	计费人工费+人工价差
(11)	医疗保险费	[(A)+(B)+人工费价差]×费率	7.5	831.52	计费人工费+人工价差
(12)	失业保险费	[(A)+(B)+人工费价差]×费率	1.5	166.3	计费人工费+人工价差
(13)	工伤保险费	[(A)+(B)+人工费价差]×费率	1	110.87	计费人工费+人工价差
(14)	生育保险费	[(A)+(B)+人工费价差]×费率	0.6	66.52	计费人工费+人工价差
(15)	住房公积金	[(A)+(B)+人工费价差]×费率	8	886.96	计费人工费+人工价差
(16)	工程排污费	按实际发生计算			
(五)	税金	[(一)+(二)+(三)+(四)]×税率	10	4520.72	甲供材料(工程设备)不计取税金
(六)	含税工程造价	(一)+(二)+(三)+(四)+(五)		49727.92	

注：本表适用于单位工程招标控制价或投标报价的汇总，如无单位工程划分，单项工程也使用本表汇总。

(4) 分部分项工程和单价措施项目清单与计价表　如表 6.11 所示。

表 6.11 分部分项工程和单价措施项目清单与计价表

工程名称：某宾馆消火栓给水工程　　　　第 1 页 共 1 页

序号	项目编码	名称	项目特征描述	计量单位	工程量	金额/元		
						综合单价	合价	其中 暂估价
1	030901002001	消火栓钢管	1. 安装部位：室内 2. 材质、规格：焊接钢管 DN100 3. 连接形式：焊接 4. 压力试验及冲洗设计要求：压力试验	m	98.68	65.82	6495.12	
2	030901002002	消火栓钢管	1. 安装部位：室内 2. 材质、规格：焊接钢管 DN80 3. 连接形式：焊接 4. 压力试验及冲洗设计要求：压力试验	m	105.08	53.58	5630.19	
3	030901002003	消火栓钢管	1. 安装部位：室内 2. 材质、规格：焊接钢管 DN70 3. 连接形式：焊接 4. 压力试验及冲洗设计要求：压力试验	m	17.17	48.21	827.77	
4	030901002004	消火栓钢管	1. 安装部位：室内 2. 材质、规格：焊接钢管 DN20 3. 连接形式：焊接 4. 压力试验及冲洗设计要求：压力试验	m	2	38.68	77.36	
5	031003003001	焊接法兰阀门	1. 类型：蝶阀 2. 材质：铸铁 3. 规格、压力等级：DN100 4. 连接形式：法兰连接	个	2	577.93	1155.86	
6	031003003002	焊接法兰阀门	1. 类型：蝶阀 2. 材质：铸铁 3. 规格、压力等级：DN80 4. 连接形式：法兰连接	个	8	476.5	3812	
7	031003003003	焊接法兰阀门	1. 类型：蝶阀 2. 材质：铸铁 3. 规格、压力等级：DN65 4. 连接形式：法兰连接	个	5	413.17	2065.85	
8	031003001001	螺纹阀门	1. 类型：球阀 2. 材质：铜质 3. 规格、压力等级：DN20 压力等级见设计说明 4. 连接形式：丝接	个	1	44.99	44.99	
9	030804001001	低压碳钢管件	1. 材质：碳钢 2. 连接方式：焊接 3. 型号、规格：DN100	个	15	120.42	1806.3	
10	030804001002	低压碳钢管件	1. 材质：碳钢 2. 连接方式：焊接 3. 型号、规格：DN80	个	25	90.5	2262.5	
11	030804001003	低压碳钢管件	1. 材质：碳钢 2. 连接方式：焊接 3. 型号、规格：DN70	个	32	79.82	2554.24	

续表

序号	项目编码	名称	项目特征描述	计量单位	工程量	金额/元		
						综合单价	合价	其中
								暂估价
12	031002003001	套管	1. 名称、类型:钢套管 2. 材质:焊接钢管 3. 规格:DN100 4. 填料材质:见设计说明	个	12	15.88	190.56	
13	031002003002	套管	1. 名称、类型:刚性防水套管 2. 材质:焊接钢管 3. 规格:DN100 4. 填料材质:见设计说明	个	3	240.74	722.22	
14	030901010001	室内消火栓	1. 名称:室内消火栓 2. 型号、规格:DN65	套	16	249.97	3999.52	
15	030901010002	试验消火栓	1. 名称:试验消火栓 2. 型号、规格:DN65	套	1	226.32	226.32	
16	031002001001	管道支架	1. 材质:型钢 2. 管架形式:一般形式	kg	272.9	19.75	5389.78	
17	030601002001	压力仪表	1. 名称:压力表	台	1	121.65	121.65	
18	031201001001	管道刷油	1. 除锈级别:除轻锈 2. 涂刷遍数:刷红丹防锈漆两道,再刷银粉两道	m^2	67.097	24.13	1619.05	
19	031201003001	金属结构刷油	1. 除锈级别:除轻锈 2. 涂刷遍数:刷红丹防锈漆两道,再刷银粉两道	kg	119.21	2.4	286.1	
20	031301017001	脚手架搭拆		项	1	699.72	699.72	
			合 计				39987.1	

(5) 综合单价分析表　这里只列举了几项清单综合单价分析表（如表6.12～表6.14所示），其他与此形式相同，就不一一列出。需要注意的是在形成投标文件时每一个清单项都有一张综合单价分析表。

表6.12　综合单价分析表（一）

工程名称：某宾馆消火栓给水工程　　　　第 1 页 共 20 页

项目编码		030901002001		项目名称		消火栓钢管		计量单位	m	工程量	98.68
清单综合单价组成明细											
定额编号	定额项目名称	定额单位	数量	单价/元				合价/元			
				人工费	材料费	机械费	管理费和利润	人工费	材料费	机械费	管理费和利润
3-26	消火栓焊接钢管安装(电弧焊)公称直径(100mm以内)	10m	0.1	94.6	427.52	36.48	34.99	9.46	42.75	3.65	3.5
1-637	管道系统压力试验公称直径(100mm以内)	100m	0.01	398.18	70.67	29.54	147.24	3.98	0.71	0.3	1.47
人工单价		小计						13.44	43.46	3.95	4.97
综合工日(86元/工日)		未计价材料费						41.74			

续表

项目编码	030901002001	项目名称	消火栓钢管	计量单位	m	工程量	98.68
清单项目综合单价				65.82			
材料费明细	主要材料名称、规格、型号	单位	数量	单价/元	合价/元	暂估单价/元	暂估合价/元
	碳钢电焊条 Φ3.2	kg	0.0378	7.14	0.27		
	氧气	m^3	0.0459	3.98	0.18		
	乙炔气	kg	0.0153	15.39	0.24		
	焊接钢管 *DN*100	kg	10.384	4.02	41.74		
	其他材料费			—	1.03	—	
	材料费小计			—	43.46	—	

注：1. 如不使用省级或行业建设主管部门发布的计价依据，可不填定额编码、名称等。

2. 招标文件提供了暂估单价的材料，按暂估的单价填入表内“暂估单价”栏及“暂估合价”栏。

表 6.13 综合单价分析表（二）

工程名称：某宾馆消火栓给水工程　　　　第 5 页 共 20 页

项目编码		031003003001		项目名称	法兰阀门		计量单位	个	工程量	2	
清单综合单价组成明细											
定额编号	定额项目名称	定额单位	数量	单价/元				合价/元			
				人工费	材料费	机械费	管理费和利润	人工费	材料费	机械费	管理费和利润
3-61	焊接法兰阀门安装公称直径（100mm 以内）	个	1	79.98	423.05	45.33	29.57	79.98	423.05	45.33	29.57
人工单价		小计						79.98	423.05	45.33	29.57
综合工日(86 元/工日)		未计价材料费						284.61			
清单项目综合单价								577.93			

材料费明细	主要材料名称、规格、型号	单位	数量	单价/元	合价/元	暂估单价/元	暂估合价/元
	氧气	m^3	0.07	3.98	0.28		
	乙炔气	kg	0.024	15.39	0.37		
	碳钢平焊法兰 1.6MPa *DN*100	片	2	46.52	93.04		
	精制六角头螺栓 M16×65～80	套	16.48	2.18	35.93		
	蝶阀 *DN*100 传动方式：手动；公称压力 PN(MPa)：1.6；公称直径 *DN*(mm)：100；型号：D343H-16C；密封面材料：Cr13 系不锈钢；连接方式：法兰式；阀体材质：碳钢	个	1.01	281.79	284.61		
	其他材料费			—	8.83	—	
	材料费小计			—	423.06	—	

注：1. 如不使用省级或行业建设主管部门发布的计价依据，可不填定额编码、名称等。

2. 招标文件提供了暂估单价的材料，按暂估的单价填入表内“暂估单价”栏及“暂估合价”栏。

表 6.14 综合单价分析表（三）

工程名称：某宾馆消火栓给水工程　　　　第 14 页 共 20 页

项目编码		030901010001		项目名称		室内消火栓		计量单位	套	工程量	16
清单综合单价组成明细											
定额编号	定额项目名称	定额单位	数量	单价/元				合价/元			
				人工费	材料费	机械费	管理费和利润	人工费	材料费	机械费	管理费和利润
3-99	室内消火栓安装(不带组合卷盘)单栓 65	套	1	85.57	132.29	0.45	31.65	85.58	132.29	0.45	31.65
人工单价		小计						85.58	132.29	0.45	31.65
综合工日(86 元/工日)		未计价材料费						120.69			
清单项目综合单价								249.97			
材料费明细	主要材料名称、规格、型号					单位	数量	单价/元	合价/元	暂估单价/元	暂估合价/元
	室内消火栓产品说明:3C 强制性认证;公称直径 *DN*(mm):65;压力等级(MPa):1.6;品种:室内消火栓;型号:SN65;结构形式:普通型					套	1	120.69	120.69		
	其他材料费							—	11.6	—	
	材料费小计							—	132.29	—	

注：1. 如不使用省级或行业建设主管部门发布的计价依据，可不填定额编码、名称等。

2. 招标文件提供了暂估单价的材料，按暂估的单价填入表内“暂估单价”栏及“暂估合价”栏。

（6）总价措施项目清单与计价表　如表 6.15 所示。

表 6.15 总价措施项目清单与计价表

工程名称：某宾馆消火栓给水工程　　　　第 1 页 共 1 页

序号	项目编码	项目名称	基数说明	费率/%	金额/元	调整费率/%	调整后金额/元	备注
一		安全文明施工费			823.73			
1	031302001001	安全文明施工费	分部分项合计＋单价措施项目费－分部分项设备费－技术措施项目设备费	2.06	823.73			
二		其他措施项目费			116.85			
2	031302002001	夜间施工费	分部分项预算价人工费＋单价措施计费人工费	0.08	5.47			
3	031302004001	二次搬运费	分部分项预算价人工费＋单价措施计费人工费	0.14	9.57			
4	031302005001	雨季施工费	分部分项预算价人工费＋单价措施计费人工费	0.14	9.57			
5	031302005002	冬季施工费	分部分项预算价人工费＋单价措施计费人工费	0.99	67.64			
6	031302006001	已完工程及设备保护费	分部分项预算价人工费＋单价措施计费人工费	0.2	13.67			

续表

序号	项目编码	项目名称	基数说明	费率/%	金额/元	调整费率/%	调整后金额/元	备注
7	03B001	工程定位复测费	分部分项预算价人工费+单价措施计费人工费	0.06	4.1			
8	031302003001	非夜间施工照明费	分部分项预算价人工费+单价措施计费人工费	0.1	6.83			
9	03B002	地上、地下设施、建筑物的临时保护设施费						
三		专业工程措施项目费						
10	03B003	专业工程措施项目费						
合计					940.58			

编制人（造价人员）： 复核人（造价工程师）：

注：1. “计算基础”中安全文明施工费可为“定额基价”“定额人工费”或“定额人工费+定额机械费”，其他项目可为“定额人工费”或“定额人工费+定额机械费”。

2. 按施工方案计算的措施费，若无“计算基础”和“费率”的数值，也可只填“金额”数值，但应在备注栏说明施工方案出处或计算方法。

（7）规费、税金项目计价表 如表6.16所示。

表6.16 规费、税金项目计价表

工程名称：某宾馆消火栓给水工程 第 1 页 共 1 页

序号	项目名称	计算基础	计算基数	计算费率/%	金额/元
1	规费	养老保险费+医疗保险费+失业保险费+工伤保险费+生育保险费+住房公积金+工程排污费			4279.56
1.1	养老保险费	其中:计费人工费+其中:计费人工费+人工价差-安全文明施工费人工价差	11086.95	20	2217.39
1.2	医疗保险费	其中:计费人工费+其中:计费人工费+人工价差-安全文明施工费人工价差	11086.95	7.5	831.52
1.3	失业保险费	其中:计费人工费+其中:计费人工费+人工价差-安全文明施工费人工价差	11086.95	1.5	166.3
1.4	工伤保险费	其中:计费人工费+其中:计费人工费+人工价差-安全文明施工费人工价差	11086.95	1	110.87
1.5	生育保险费	其中:计费人工费+其中:计费人工费+人工价差-安全文明施工费人工价差	11086.95	0.6	66.52
1.6	住房公积金	其中:计费人工费+其中:计费人工费+人工价差-安全文明施工费人工价差	11086.95	8	886.96
1.7	工程排污费				
2	税金	分部分项工程费+措施项目费+其他项目费+规费-甲供材料费-甲供主材费-甲供设备费	45207.24	10	4520.72
合计					8800.28

编制人（造价人员）： 复核人（造价工程师）：

（8）主要材料价格表　如表 6.17 所示。

表 6.17　主要材料价格表

工程名称：某宾馆消火栓给水工程　　　　第 1 页 共 1 页

序号	编码	名称	规格型号	单位	数量	不含税市场价/元	不含税市场价合计/元
1	4100000147@1	焊接钢管	公称直径DN(mm):20;品种:普碳焊接钢管;壁厚(mm):2.5;牌号:Q235	kg	9.342	4.9	45.78
2	4100000148@1	焊接钢管	公称直径DN(mm):65;品种:普碳焊接钢管;壁厚(mm):3.5;牌号:Q235	kg	109.1154	4.61	503.02
3	4100000149@1	焊接钢管	DN80	kg	838.7486	4.05	3396.93
4	4100000150	焊接钢管	DN100	kg	29.0743	4.02	116.88
5	4100000150@1	焊接钢管	DN100	kg	1024.6931	4.02	4119.27
6	4100000358@1	压力表	品种:Y型一般压力表;测量范围(MPa):100～100;表壳公称直径DN(mm):100	块	1	36.56	36.56
7	4107010003@1	室内消火栓	产品说明:3C强制性认证;公称直径DN(mm):65;压力等级(MPa):1.6;品种:室内消火栓;型号:SN65;结构形式:普通型	套	16	120.69	1931.04
8	4107010003@2	试验室内消火栓	公称直径DN(mm):65;压力等级(MPa):1.6;品种:室内消火栓;结构形式:普通型	套	1	97.04	97.04
9	4301170017	型钢		kg	289.274	4	1157.10
10	4401010040@1	焊接钢管		kg	15.42	4.15	63.99
11	4571010003@1	压力表接头	公称直径DN(mm):10;品种:压力表接头;材质:铜	套	1	8.79	8.79
12	4571270001@1	压力表弯	公称直径DN(mm):15;品种:压力表弯	套	1	7.67	7.67
13	4573000219@1	弯头		个	32	16.54	529.28
14	4601010031@1	螺纹阀门	DN20	个	1.01	28.45	28.73
15	4601090015@1	蝶阀	DN65	个	5.05	201.81	1019.14
16	4601090016@1	蝶阀	传动方式:手动;公称压力PN(MPa):2.5;公称直径DN(mm):80;型号:D343H-25C;密封面材料:Cr13系不锈钢;连接方式:法兰式;阀体材质:碳钢;阀体类型:中型	个	8.08	228.17	1843.61
17	4601090017@1	蝶阀	传动方式:手动;公称压力PN(MPa):1.6;公称直径DN(mm):100;型号:D343H-16C;密封面材料:Cr13系不锈钢;连接方式:法兰式;阀体材质:碳钢	个	2.02	281.79	569.22
18	补充主材001	三通	DN100×100	个	2	28.69	57.38
19	补充主材002	三通	DN100×80	个	3	19.21	57.63
20	补充主材003	三通	DN100×70	个	3	16.8	50.40
21	补充主材004	四通	DN100×80	个	1.0001	22.81	22.81
22	补充主材005	弯头	DN100	个	6	21.45	128.70

续表

序号	编码	名称	规格型号	单位	数量	不含税市场价/元	不含税市场价合计/元
23	补充主材006	三通	$DN$80×80	个	1	24.46	24.46
24	补充主材007	三通	$DN$80×70	个	12	19.05	228.6
25	补充主材008	变径管	$DN$80×70	个	1	18.91	18.91
26	补充主材009	弯头	$DN$80	个	11	15.31	168.41

6.3 自动喷淋灭火系统工程量清单及计价

6.3.1 自动喷淋灭火系统简介

按报警阀的形式，分为湿式系统、干式系统、预作用系统、雨淋系统、水幕系统、水喷雾系统。

（1）自动喷水灭火系统管网及组件

① 消防管网　管网布置成环状，进水管至少两条。包括湿式自动喷水灭火系统管网、干式自动喷水灭火系统管网、干湿式自动喷水灭火系统管网。

② 喷头　在自动喷水灭火系统中起着探测火灾、启动系统和喷水灭火的任务。喷头形式有闭式喷头和开式喷头，如图6.7所示。

a. 闭式喷头　喷口用由热敏元件组成的释放机构封闭，当达到一定温度时能自动开启，如玻璃球爆炸、易熔合金脱离。其构造按溅水盘的形式和安装位置有直立型、下垂型、边墙型、普通型、吊顶型和干式下垂型洒水喷头之分。

图6.7　喷头

b. 开式喷头　根据用途分为开启式、水幕式、喷雾式。

③ 报警阀　开启和关闭管道系统中的水流，传递信号到控制系统，驱动水力警铃直接报警。包括湿式、干式、干湿式、雨淋式。

④ 水流报警装置　包括水力警铃、水流指示器和压力开关。水力警铃是一种全天候的水压驱动机械式警铃，能在喷淋系统动作时发出持续警报；水流指示器是将水流信号转换成电信号的一种报警装置。如图6.8所示。

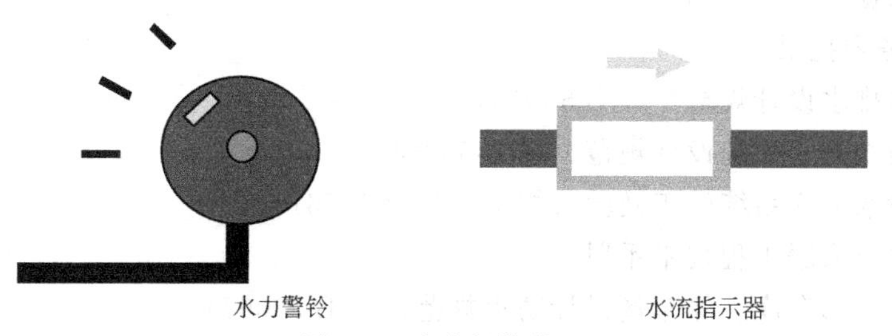

图6.8　水流报警装置

⑤ 火灾探测器　有感烟、感温探测器。感烟探测器是利用火灾发生地点的烟雾浓度进行

探测，感温探测器是通过火灾引起的温升进行探测。通常布置在房间或走道的天花板下面。

⑥ 减压孔板　又称节流板，能均衡各层管段的流量。喷水系统由多层喷水管网组成时，若出现低层喷头的流量大于高层喷头流量，喷头流量不均衡，系统运行效果不佳，造成水流不必要的浪费，则需要采用减压孔板活节流孔板技术。

⑦ 末端试水装置　安装在系统管网或分区管网的末端，检验系统启动、报警及联动等功能的装置。由试水阀、压力表、试水接头组成，如图 6.9 所示。

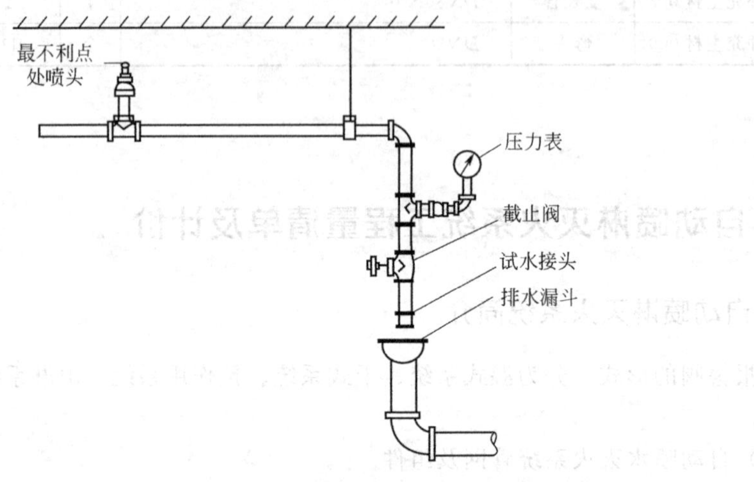

图 6.9　末端试水装置

(2) 管材　自动喷水灭火系统和水喷雾灭火系统报警阀以前的管道，应采用内外壁热浸镀锌钢管或焊接钢管，埋地时应采用球墨铸铁管；自动喷水灭火系统和水喷雾系统报警以后的管道可采用热浸镀锌钢管、铜管、不锈钢管及钢衬塑、不锈钢衬塑的管道。

(3) 管道连接方式　有卡箍连接、螺纹连接、法兰连接和焊接连接。系统中管径 $DN \leqslant$ 80mm 时，采用螺纹连接，管径 $DN >$ 80mm 时，可采用卡箍连接、法兰连接或焊接。

6.3.2 某中科院自动喷淋灭火系统工程工程量清单编制

6.3.2.1　项目描述

本项目为中科院某技术转移转化中心建设工程，共二十层，建筑总高度 73.5m（本节以其五层喷淋平面图中 ZPL-12 为例编制自喷系统清单计价书）。

本例所用施工图样为喷淋原理图（登录 www.cipedu.com.cn 可下载）、五层喷淋平面图（ZPL-12）（图 6.10）。

(1) 设计依据

① 设计任务委托书

②《建筑给排水设计规范》(GB 50015)

③《自动喷水灭火系统设计规范》(GB 50084)

④《自动喷水灭火系统施工及验收规范》(GB 50261)

⑤《给排水与采暖工程技术手册》

⑥《汽车库、修车库、停车场设计防火规范》(GB 50067)

⑦《人民防空地下室设计规范》(GB 50038)

⑧《人民防空工程设计防火规范》(GB 50098)

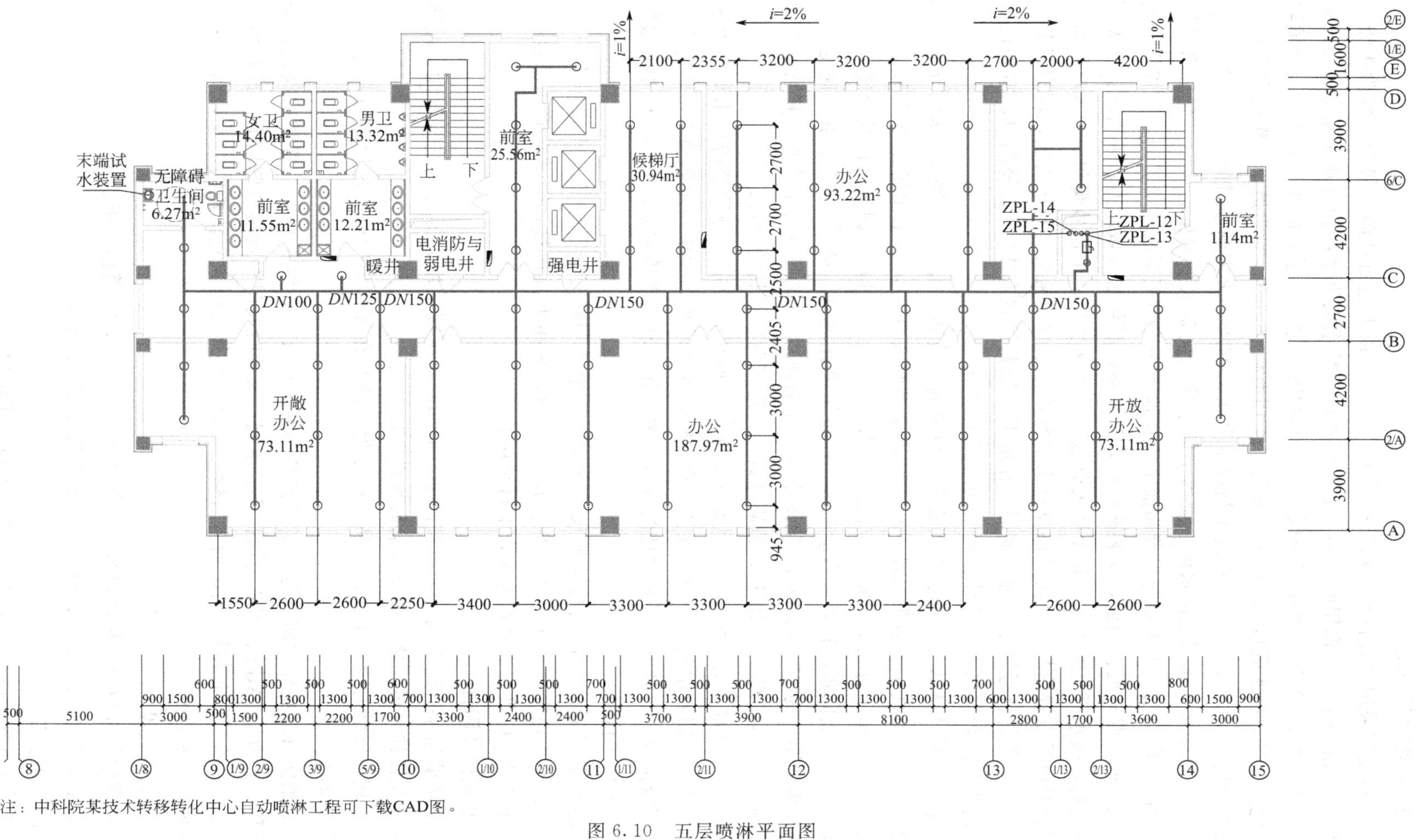

注：中科院某技术转移转化中心自动喷淋工程可下载CAD图。

图 6.10 五层喷淋平面图

（2）系统设计说明

① 本建筑采用湿式自动喷水灭火系统，±0.00 以上建筑危险等级为中危险Ⅰ级，喷水强度 6L/(min·m²)，作用面积 160m²；湿式自动喷水灭火系统设计用水量 30L/s；喷头最小工作压力为 0.1MPa，系统工作压力为 1.15MPa。地下一层人防车库及库房设计危险等级为中危险Ⅱ级，喷水强度 8L/(min·m²)，作用面积 160m²，喷头最小工作压力为 0.1MPa；系统设计用水量 29.3L/s，进户减压阀后压力 0.35MPa，火灾延续时间 1.0 小时。

② 自动喷水灭火系统的水由区域内消防泵房内消防水泵加压后供给，泵房出口压力为 1.20MPa。自动喷水灭火系统报警阀前干管在地下一层顶板下成环状管网。湿式报警阀后采用枝状管道，湿式报警阀前，安装减压阀，过滤器控制供水区域压力，采用压力开关直接启动湿式自动喷水灭火给水泵，每个防火分区、每个楼层设一个信号阀和一个水流指示器。湿式报警阀前后设置信号阀。同时还设有水力警铃，系统检验装置和压力表，压力开关，延迟器等。水力警铃就近设于走廊的墙面。在地下一层共设置有 18 个报警阀组，室外设置埋地式消防水泵结合器二套（井体采用钢筋混凝土结构）。

③ 自动喷水灭火系统的自动喷头采用快速响应玻璃泡闭式洒水喷头，动作温度为 68℃。除地下一层采用直立型喷头（$K=80$）和边墙型喷头外其余均采用吊顶型喷头（$K=80$）。喷头参数为工作压力 0.1MPa，喷头按平面尺寸布置，如遇及空调送风口及管线等，可做适当调整，但喷头间距应符合《自动喷水灭火系统设计规范》第 7.1、7.2 条的规定，其溅水盘与顶板的距离为 75～150mm（除图中特殊注明外），系统应有备用喷头，其数量不应小于总数的 1%，且不得少于 10 只；若遇灯具，可适当调整灯具的位置。

④ 自动喷水灭火系统为一个供水区，平时管网压力及前十分钟消防用水要求由区域高层屋顶消防水箱及增压稳压设备保证。火灾时，喷头动作，水流指示器动作向消防中心显示着火区域位置，此时湿式报警阀处的压力开关动作自动启动喷水泵，并向消防中心报警。

（3）施工说明

① 管材及接口　湿式自动喷水灭火给水管道采用热浸镀锌钢管，当管径小于 $DN$100 时，采用丝扣连接，当管径大于等于 $DN$100 时，采用卡箍连接，喷淋立管顶部设排气阀；管道变径时，应采用异径管连接，不得采用补芯。

② 阀门及附件

a. 消防给水管道上阀门采用蝶阀 D71X-25，减压阀采用先导可调式减压阀，减压阀前设 Y 型拉杆伸缩过滤器，减压阀前后均设置压力表。

b. 阀门安装时应将手柄留在易于操作处，暗装在管井的管道，凡设阀门及检查口处均应设检修门。

c. 消防管线在穿过防空地下室围护结构时，应在围护结构内侧设置防护阀门，该阀门为公称压力为 1.0MPa、阀芯为铜材质的闸阀。安装时阀门的近端与侧墙面（或顶面）的距离为 200mm，阀门应设置明显的启闭标志。做法见外墙引入管防护阀门安装图及顶板引入管防护阀门安装图。

③ 管道敷设

a. 图中尺寸单位：标高以米计，其余均以毫米计，管道标高指管中心。

b. 自动喷水灭火系统管道以 0.002 的坡度坡向泄水阀。

c. 管道支架

Ⅰ. 管道支架或管卡应固定在楼板上或承重结构上。

Ⅱ. 钢管水平安装支架间距，按《建筑给水排水及采暖工程施工质量验收规范》(GB 50242) 之规定施工，做法见 03S402 室内管道支架及吊架。

Ⅲ. 立管每层装一管卡，安装高度为距地面 1.5m。

Ⅳ. 自动喷水管道的吊架与喷头之间的距离应小于 300mm，距末端喷头距离不宜大于 750mm。吊架应位于相邻喷头间的管段上，当喷头间距不大于 3.6m 时，可设一个；小于 1.8m 允许隔段设置。

(4) 管道防腐及保温

① 埋地热浸锌钢管在管外壁刷环氧煤沥青底漆一遍，环氧煤沥青面漆二道。

② 管道支架明设时刷樟丹及面漆各两遍，暗设时刷樟丹两遍。

③ 管道管件和支架等在刷底漆前，必须清除表面的灰尘、污垢、锈斑及焊渣等物。

(5) 管线试压　管道应冲洗试压验收。给水管道的施工与验收应遵照《建筑给水排水及采暖工程施工质量验收规范》(GB 50242)、《自动喷水灭火系统施工及验收规范》(GB 50261)

(6) 本说明中未尽事宜请参阅各设计图中说明及有关国家标准。

(7) 其他事项

① 本设计图纸必须经过消防审批后方可施工。

② 在施工时，如有变动或发生实际情况与设计不符合或出现了无法按设计图纸施工的情况时，应与设计人员及时协商，经设计人员同意后方可按修改设计或变更单实施。

③ 本工程应遵照国家标准及国家有关规定进行施工及验收。

④ 消火栓系统配水干管、自动喷水灭火系统的配水干管、配水管及报警阀前的管道均应设红色或红色环圈标志，消防泵房内的供水管应做绿色标志。

⑤ 消防给水系统的阀门除喷淋管网上的试水阀外，均为常开状态，阀门上应设有明显的启闭标志。

⑥ 系统必须有日常监督、检测、维护制度，保证系统处于准工作状态。

⑦ 人防内所有管道穿墙，需预先留好孔洞，并应与土建施工密切结合。

⑧ 压力管道干管均在地下一层顶板梁下敷设，管线交叉时通过管件组合上弯通过，管线间净距不小于 15cm。管线交叉处，遵循支管让干管、小管让大管的原则。图例见表 6.18。

表 6.18　图例

符号	说明	符号	说明	符号	说明
DS	低压冷水给水管	W	污水管	XF	消火栓给水管
ZS	中压冷水给水管	YP	雨水内排管线	ZP	自喷给水管
GS	高压冷水给水管	WSY	污水压力排管线		

注：1. 图中系统图未标注的自喷给水管管径均为 *DN*150。

2. 自动喷水灭火横干管起点距本大梁底−0.1m，以 0.002 的坡度坡向试水阀或末端试水装置。

喷头个数与管径对应表（表 6.19）。

表 6.19　喷头个数与管径对应表

序号	喷头个数	管径	序号	喷头个数	管径
1	1	*DN*25	4	4	*DN*50
2	2	*DN*32	5	5～8	*DN*70
3	3	*DN*40	6	8～15	*DN*100

6.3.2.2 某中科院自动喷淋灭火系统工程量清单

根据该工程施工图样，《建设工程工程量清单计价规范》(GB 50500—2013)、2010年《黑龙江省建设工程计价依据（安装工程计价定额）》中工程量计算规则、工作内容及定额解释等，按分项依次计算工程量，其计算结果如下：

(1) 水喷淋镀锌管安装

*DN*150 (2.494＋0.524＋2.60＋2.90＋2.40＋3.30×4＋3.00＋3.40＋2.25)(干管)＝32.77(m)

*DN*100 (2.60＋2.60＋2.60)(干管)＝7.80(m)

*DN*70 (2.95＋2.60)(干管)＋1.75×2(支管)＝9.05(m)

*DN*50 (2.70×2＋0.75×14)(支管)×2＝31.8(m)

*DN*40 (2.60＋2.15＋1.75×6＋2.70×2＋2.405×14)(支管)＝54.32(m)

*DN*32 (3.00×14＋2.50＋0.808＋2.00＋2.70×6＋2.25＋2.45)(支管)＝68.21(m)

*DN*25 (3.00×14＋2.50＋2.70×7＋0.65×2＋2.40＋2.60＋2.30＋2.271＋1.451)(水平支管)＋2.50(末端试水装置垂直方向管段)＋[0.15(闭式下喷喷头距棚顶高度)－0.05(水平支管距棚顶高度)](短立支管：以图为准)×95(喷头数)＝87.72 (m)

(2) 管件

沟槽弯头	*DN*150	2个
沟槽三通	*DN*150×150	1个
机械三通	*DN*150×50	9个
	*DN*150×40	6
	*DN*100×50	3个
	*DN*100×25	2个
机械四通	*DN*150×70	2个
变径管	*DN*150×100	2个
	*DN*100×70	2个
卡箍件	*DN*150	1×2(变径)＋2×2(沟槽弯头)＋1×3(沟槽三通)＋32.77/6(管道)＝15(个)
	*DN*100	1×2(变径)＝2 (个)

(3) 管道支架制作安装（分三步）

第一步 计算支架个数

根据《自动喷水灭火系统施工及验收规范》(GB 50261) 规定，管道支架或吊架之间的距离不应大于上述规范中表5.1.8的规定，见表6.20。

表6.20 管道支架或吊架之间的距离

公称直径/mm	25	32	40	50	70	80	100	125	150	200	250	300
距离/m	3.5	4.0	4.5	5.0	6.0	6.0	6.5	7.0	8.0	9.5	11.0	12.0

根据规范规定，配水支管≥3.6m设一个支架；当两个喷头间距离1.8m≤d＜3.6m时，每两喷头间设一个；当d＜1.8m时，可隔一个喷头设一个。

本案例干管参考表6.20最大间距表，配水支管按规范规定执行。管道支架数量统计表见表6.21。

表 6.21 管道支架数量统计表

序号	项目名称	管道长度/m	支架间距/m	数量/个
1	镀锌管 $DN150$	32.77	8.0	5
2	镀锌管 $DN100$	7.80	6.5	2
3	镀锌管 $DN70$	9.05(其中干管部分 5.55m)	6.0	1
4	镀锌管 $DN50$	15.90	其中有 2 根 $DN50$ 管段 $d>1.8$m	2
5	镀锌管 $DN40$	54.32	其中有 18 根 $DN40$ 管段 $d>1.8$m	18
6	镀锌管 $DN32$	68.21	有 24 根 $DN32$ 管段 $d>1.8$m	24
7	镀锌管 $DN25$	87.72	有 26 根 $DN25$ 管段 $d>1.8$m	26

第二步 计算单个支架重量

① 支架型钢长度

$L_{双}$＝(梁高＋管面距梁＋管外径＋锁梁)×2＋横担[管外径＋2×a(一边旦出长度)]

$L_{单}$＝梁高＋管面距梁＋管外径＋锁梁

其中，卡箍长度 $L_{圆}=\pi R+2R+12$cm（一面 6cm）

管道支架材料表见表 6.22。单重计算表见表 6.23。

表 6.22 管道支架材料表

公称直径	型钢规格型号	锁梁/mm	梁高/mm	管面距梁/mm	吊杆个数/个	型钢重量/(kg/m)	备注
$DN25$～$DN50$	∟30×3	100	600	100	1	1.373	
$DN65$～$DN80$	∟30×3	100	600	100	2	1.373	
$DN100$～$DN150$	∟40×4	100	600	100	2	2.422	
$DN200$～$DN250$	∟50×5	150	600	100	2	3.77	
$DN300$～$DN350$	[8	无	500	100	2	8.045	无锁梁，吊杆直接锁在结构梁上，吊杆贴梁长度按 500mm 计算
$DN400$～$DN600$	[10	无	500	100	2	10.007	

表 6.23 本案例单重计算表

公称直径	管外径	型钢规格	计算式	单重/kg
$DN150$	165	∟40×4(双根) $\phi12$	{[0.60(梁高)＋0.10(管面距梁)＋0.165(管外径)＋0.10(锁梁)]×2＋(横担)[0.165(管外径)＋2×0.05(一面 5cm)]}×2.422＋(卡箍)[3.14×0.165/2＋0.165(管外径)＋0.12(一面 6cm)]×0.888	5.800
$DN100$	114	∟40×4(双根) $\phi10$	{[0.60(梁高)＋0.10(管面距梁)＋0.114(管外径)＋0.10(锁梁)]×2＋(横担)[0.114(管外径)＋2×0.05(一面 5cm)]}×2.422＋(卡箍)[3.14×0.114/2＋0.114(管外径)＋0.12(一面 6cm)]×0.617	5.201
$DN70$	75.5	∟30×3(双根) $\phi10$	{[0.60(梁高)＋0.10(管面距梁)＋0.0755(管外径)＋0.10(锁梁)]×2＋(横担)[0.0755(管外径)＋2×0.05(一面 5cm)]}×1.373＋(卡箍)[3.14×0.0755/2＋0.0755(管外径)＋0.12(一面 6cm)]×0.617	2.839
$DN50$	60	∟30×3(单根) $\phi8$	[0.60(梁高)＋0.10(管面距梁)＋0.06(管外径)＋0.10(锁梁)]×1.373＋(卡箍)[3.14×0.06/2＋0.06(管外径)＋0.12(一面 6cm)]×0.395	1.289

续表

公称直径	管外径	型钢规格	计算式	单重/kg
*DN*40	48	∟30×3(单根) ϕ8	[0.60(梁高)+0.10(管面距梁)+0.048(管外径)+0.10(锁梁)]×1.373+(卡箍)[3.14×0.048/2+0.048(管外径)+0.12(一面 6cm)]×0.395	1.260
*DN*32	42	∟30×3(单根) ϕ8	[0.60(梁高)+0.10(管面距梁)+0.042(管外径)+0.10(锁梁)]×1.373+(卡箍)[3.14×0.042/2+0.042(管外径)+0.12(一面 6cm)]×0.395	1.246
*DN*25	33.5	∟30×3(单根) ϕ8	[0.60(梁高)+0.10(管面距梁)+0.0335(管外径)+0.10(锁梁)]×1.373+(卡箍)[3.14×0.0335/2+0.0335(管外径)+0.12(一面6cm)]×0.395	1.226

② 防晃支架单重　根据《自动喷水灭火系统施工及验收规范》(GB 50261) 规定：当管道的公称直径等于或大于 50mm 时，每段配水干管或配水管设置防晃支架不应少于 1 个，且防晃支架的间距不宜大于 15m；当管道改变方向时，应增设防晃支架。

在本案例中，按规范规定干管每隔 15m 设一个防晃支架，并在每一个配水支管的末端设一个防晃支架，支架型式如图 6.12 所示，每根型钢与梁 45°连接，有一横担，所以型钢长度和卡箍长度的计算公式如下：

L =(梁高+管面距梁+管外径+锁梁)×2×1.414+横担[管外径+2×a(一边旦出长度)]

$L_{圆}=\pi R+2R+12$cm(一面 6cm)

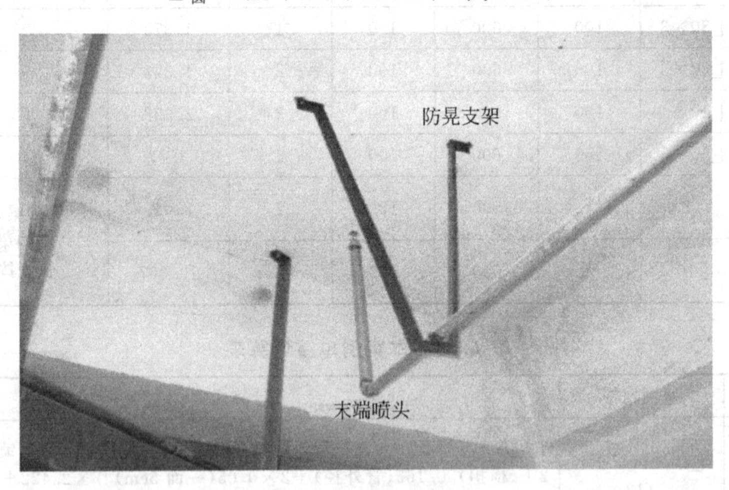

图 6.11　防晃支架

本案例经盘点：配水支管有 31 个末端，干管长度为 31+2.6+8.8+6=48.4m，那么干管的防晃支架个数为 48.4/15=4 个，所以本案例的防晃支架总数为 35 个。

在计算单个防晃支架重量时，先要清楚在实际工程中常采用∟30×3 的型钢，圆钢用 ϕ8，利用公式得

L =[0.60(梁高)+0.10(管面距梁)+0.0335(管外径)+0.10(锁梁)]×2×1.414+(横担)[0.0335(管外径)+2×0.06(一面 6cm)]

=2.511 (m)

$L_{圆}$ =(卡箍)[3.14×0.0335/2+0.0335(管外径)+0.12(一面 6cm)]=0.206 (m)

所以，单个防晃支架 $G=2.511\times1.373+0.206\times0.395=3.529$（kg）

第三步 总重

$$G=\sum_{i=1}^{n}\text{各管径支架个数}\times\text{单重}$$

所以，$G_{总}=5\times5.800+2\times5.201+1\times2.839+2\times1.289+18\times1.260+24\times1.246+26\times1.226+35\times3.529=252.794$（kg）

附表见表 6.24：

表 6.24 镀锌钢管外径表

公称直径	DN25	DN32	DN40	DN50	DN65	DN80	DN100
外径	33.5	42	48	60	75.5	88.5	114

公称直径	DN125	DN150	DN200	DN250	DN300	DN350
外径	140	165	219	273	325	377

（4）吊顶型喷头：95（个）

（5）水流指示器 DN150：1（个）

（6）信号阀门 DN150：1（个）（套法兰阀门安装项，定额中已包括法兰的安装，法兰不得另套项，但主材得计沟槽法兰市场价）

（7）末端试水装置 DN25：1（组）

（8）一般穿墙套管：以管径列

DN150　1（个）

DN70　2（个）

DN40　6+1+14=21（个）

DN32　1+1=2（个）

DN25　1+2=3（个）

（9）水冲洗：DN150　32.77（m）

DN100　7.80（m）

DN70　9.05（m）

DN50　15.90+54.32+68.21+87.72=226.15（m）

经上述对自动喷淋系统工程量的计算，该系统分部分项工程项目清单见表 6.25。

表 6.25 分部分项工程项目清单表

工程名称：某中科院 13#—15#楼自动喷淋灭火系统工程　　　　第　页　共　页

序号	项目编码	项目名称	项目特征描述	计量单位	工程量
1	030901001001	水喷淋钢管	1. 安装部位：室内 2. 材质：热镀锌钢管 3. 规格：DN150 4. 连接方式：沟槽连接 5. 水冲洗、水压试验设计要求：见设计	m	32.77
2	030901001002	水喷淋钢管	1. 安装部位：室内 2. 材质：热镀锌钢管 3. 规格：DN100 4. 连接方式：沟槽连接 5. 水冲洗、水压试验设计要求：见设计	m	7.80

续表

序号	项目编码	项目名称	项目特征描述	计量单位	工程量
3	030901001003	水喷淋钢管	1. 安装部位:室内 2. 材质:热镀锌钢管 3. 规格:$DN70$ 4. 连接方式:丝接 5. 水冲洗、水压试验设计要求:见设计	m	9.05
4	030901001004	水喷淋钢管	1. 安装部位:室内 2. 材质:热镀锌钢管 3. 规格:$DN50$ 4. 连接方式:丝接 5. 水冲洗、水压试验设计要求:见设计	m	15.90
5	030901001005	水喷淋钢管	1. 安装部位:室内 2. 材质:热镀锌钢管 3. 规格:$DN40$ 4. 连接方式:丝接 5. 水冲洗、水压试验设计要求:见设计	m	54.32
6	030901001006	水喷淋钢管	1. 安装部位:室内 2. 材质:热镀锌钢管 3. 规格:$DN32$ 4. 连接方式:丝接 5. 水冲洗、水压试验设计要求:见设计	m	68.21
7	030901001007	水喷淋钢管	1. 安装部位:室内 2. 材质:热镀锌钢管 3. 规格:$DN25$ 4. 连接方式:丝接 5. 水冲洗、水压试验设计要求:见设计	m	87.72
8	030901003001	水喷淋喷头	1. 安装部位:吊顶 2. 材质、型号、规格:$DN15$ 3. 连接形式	个	95
9	031003003001	焊接法兰阀门	1. 类型:信号阀 2. 材质:铸铁 3. 规格、压力等级:$DN150$ 4. 连接形式:法兰连接	个	1
10	030901006001	水流指示器	1. 规格、型号:$DN150$ 2. 连接形式:马鞍式	个	1
11	030901008001	末端试水装置	1. 规格:$DN25$	组	1
12	031002001001	管道支架	1. 材质:型钢 2. 管架形式:一般形式	kg	265.254
13	031002003001	套管	1. 名称、类型:一般穿墙套管 2. 材质:焊接钢管 3. 规格:$DN150$ 4. 填料材质:见设计说明	个	1
14	031002003002	套管	1. 名称、类型:一般穿墙套管 2. 材质:焊接钢管 3. 规格:$DN70$ 4. 填料材质:见设计说明	个	2
15	031002003003	套管	1. 名称、类型:一般穿墙套管 2. 材质:焊接钢管 3. 规格:$DN40$ 4. 填料材质:见设计说明	个	26

续表

序号	项目编码	项目名称	项目特征描述	计量单位	工程量
16	031201003001	金属结构刷油	1. 除锈级别:除轻锈 2. 涂刷遍数: 刷红丹防锈漆两道,再刷银粉两道	kg	265.254

本案例清单计价文件的编制依据及方法同室内消火栓给水工程。

6.4 火灾自动报警系统施工图预算

6.4.1 火灾自动报警系统简介

6.4.1.1 火灾自动报警系统的分类

火灾自动报警系统分为三种基本形式：区域报警系统，集中报警系统和控制中心报警系统。

（1）区域报警系统　系统应由火灾探测器、手动火灾报警按钮、火灾声光警报器及火灾报警控制器等组成，系统中可包括消防控制室图形显示装置和指示楼层的区域显示器。需要说明的是火灾报警控制器应设置在有人值班的场所。

（2）集中报警系统　系统应由火灾探测器、手动火灾报警按钮、火灾声光警报器、消防应急广播、消防专用电话、消防控制室图形显示装置、火灾报警控制器、消防联动控制器等组成。

系统中的火灾报警控制器、消防联动控制器和消防控制室图形显示装置、消防应急广播的控制装置、消防专用电话总机等起集中控制作用的消防设备，应设置在消防控制室内。

（3）控制中心报警系统　有两个及以上消防控制室时，应确定一个主消防控制室。主消防控制室应能显示所有火灾报警信号和联动控制状态信号，并应能控制重要的消防设备；各分消防控制室内消防设备之间可互相传输、显示状态信息，但不应互相控制。

6.4.1.2 火灾自动报警系统的组成

火灾自动报警系统由火灾探测报警系统、消防联动控制系统、可燃气体探测报警系统及电气火灾监控系统等组成。

（1）火灾探测报警系统　火灾探测报警系统能及时、准确地探测被保护对象的初期火灾，并做出报警响应，从而使建筑物中的人员有足够的时间在火灾尚未蔓延到危害生命安全的程度时疏散至安全地带，是保障人员生命安全的最基本和最重要的预警环节。

① 触发器件　在火灾自动报警系统中，自动或手动产生火灾报警信号的器件称为触发器件，主要包括火灾探测器和手动火灾报警按钮。火灾探测器是对火灾参数（如烟、温度、气体浓度等）响应并自动产生火灾报警信号的器件。手动火灾报警按钮是手动方式产生火灾报警信号、启动火灾自动报警系统的器件。

② 火灾警报装置　火灾警报装置是在火灾自动报警系统中用以发出区别于环境声、光的火灾警报信号的装置。它以声、光等方式向报警区域发出火灾警报信号以警示人们迅速采取安全疏散以及进行灭火救灾措施。

③ 电源　火灾自动报警系统属于消防用电设备，其主电源应当采用消防电源，备用电源可采用蓄电池。系统电源除为火灾报警控制器供电外还为与系统相关的消防控制设备等供电。

(2) 消防联动控制系统　消防联动控制系统由消防联动控制器、消防控制室图形显示装置、消防电气控制装置（防火卷帘控制器、气体灭火控制器等）、消防电动装置、消防联动模块、消火栓按钮、消防应急广播设备、消防电话等设备和组件组成。

在火灾发生时联动控制器按设定的控制逻辑准确发出联动控制信号给消防泵、喷淋泵、防火门、防火阀、防排烟阀和通风等消防设备，完成对灭火系统、疏散指示系统、防排烟系统及防火卷帘等其他消防设备的控制。

当消防设备动作后将动作信号反馈给消防控制室并显示，实现对建筑消防设施的状态监视功能，即接收来自现场消防联动设备以及火灾自动报警系统以外的其他系统的火灾信息或其他信息的触发和输入功能。

① 消防联动控制器　消防联动控制器是消防联动控制系统的核心组件。它通过接收火灾报警控制器发出的火灾报警信息，按预设逻辑对建筑中设置的自动消防系统（设施）进行联动控制。消防联动控制器可直接发出控制信号，通过驱动装置控制现场的受控设备；对于控制逻辑复杂且在消防联动控制器上不便实现直接控制的情况，可通过消防电气控制装置（如防火卷帘控制器、气体灭火控制器等）间接控制受控设备，同时接收自动消防系统（设施）动作的反馈信号。

② 消防控制室图形显示装置　消防控制室图形显示装置用于接收并显示保护区域内的火灾探测报警及联动控制系统、消火栓系统、自动灭火系统、防烟排烟系统、防火门及卷帘系统、电梯、消防电源、消防应急照明和疏散指示系统、消防通信等各类消防系统及系统中的各类消防设备（设施）运行的动态信息和消防管理信息，同时还具有信息传输和记录功能。

③ 消防电气控制装置　消防电气控制装置的功能是控制各类消防电气设备，它是一般通过手动或自动的工作方式来控制各类消防泵、防烟排烟风机、电动防火门、电动防火窗、防火卷帘、电动阀等各类电动消防设施的控制装置及双电源互换装置，并将相应设备的工作状态反馈给消防联动控制器进行显示。

④ 消防电动装置　消防电动装置的功能是电动消防设施的电气驱动或释放，它是包括电动防火门窗、电动防火阀、电动防烟排烟阀、气体驱动器等电动消防设施的电气驱动或释放装置。

⑤ 消防联动模块　消防联动模块是用于消防联动控制器和其所连接的受控设备或部件之间信号传输的设备，包括输入模块、输出模块和输入输出模块。输入模块的功能是接收受控设备或部件的信号反馈并将信号输入到消防联动控制器中进行显示，输出模块的功能是接收消防联动控制器的输出信号并发送到受控设备或部件，输入输出模块则同时具备输入模块和输出模块的功能。

⑥ 消火栓按钮　消火栓按钮是手动启动消火栓系统的控制按钮。

⑦ 消防应急广播设备　消防应急广播设备由控制和指示装置、声频功率放大器、传声器、扬声器、广播分配装置、电源装置等部分组成，是在火灾或意外事故发生时通过控制功率放大器和扬声器进行应急广播的设备，它的主要功能是向现场人员通报火灾发生，指挥并引导现场人员疏散。

6.4.2 火灾自动报警系统工程计量

6.4.2.1 火灾自动报警系统施工图识读

（1）工程概况　本工程为某办公楼改建工程，其中只进行一层火灾自动报警系统的改造，一层层高为3.9m，各功能用房在火灾报警平面图中示出。

探测器设置：备餐间、开水间内设置感温探测器，办公室、实验室等场所设置感烟探测器、声光报警器及带电话插孔的手动报警按钮。

感温、感烟探测器为吸顶安装，手动报警按钮距地1.4m，声光报警器安装高度为门框上0.2m。应急广播安装为吸顶或离门框0.2m，传输线采用阻燃耐火导线穿镀锌钢管沿墙或吊顶明敷或暗敷。

（2）图例符号　本项目图例符号如表6.26所示。

表6.26　图例符号

序号	图例	名称	数量	规格、安装高度	序号	图例	名称	数量	规格、安装高度
1		接线端子箱XF	1	底边距地1.4m	7	SI	总线隔离模块	2	ISO-X
2		感温探测器	1	FSP-851 吸顶安装	8	TEL	总线电话模块	1	HGT320B
3		感烟探测器	14	FST-851 吸顶安装	g	MMX	输入模块	4	MMX-1
4		声光报警器	4	P2475RLZ 门框上0.2m	10	CMX	控制模块	5	CMX-1
5		带火灾电话插孔的手动报警按钮	4	M500K中心距地1.4m	11		防火阀（熔断型）	1	
6		扬声器	7	3W吸顶安装或门框上0.2m	12		排烟口	1	

（3）火灾自动报警系统图　火灾自动报警平面图如图6.12所示。

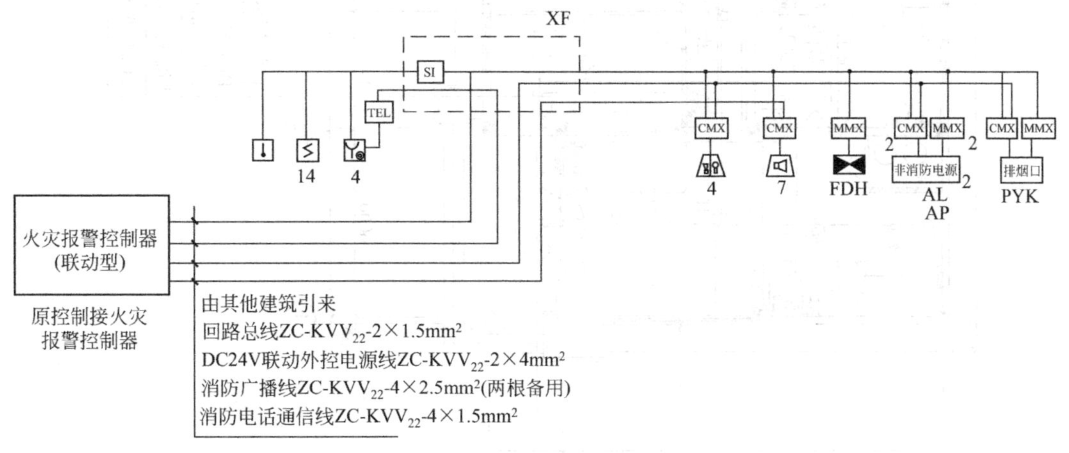

图6.12　火灾报警系统图

（4）火灾自动报警平面图　火灾自动报警平面图如图6.13所示。

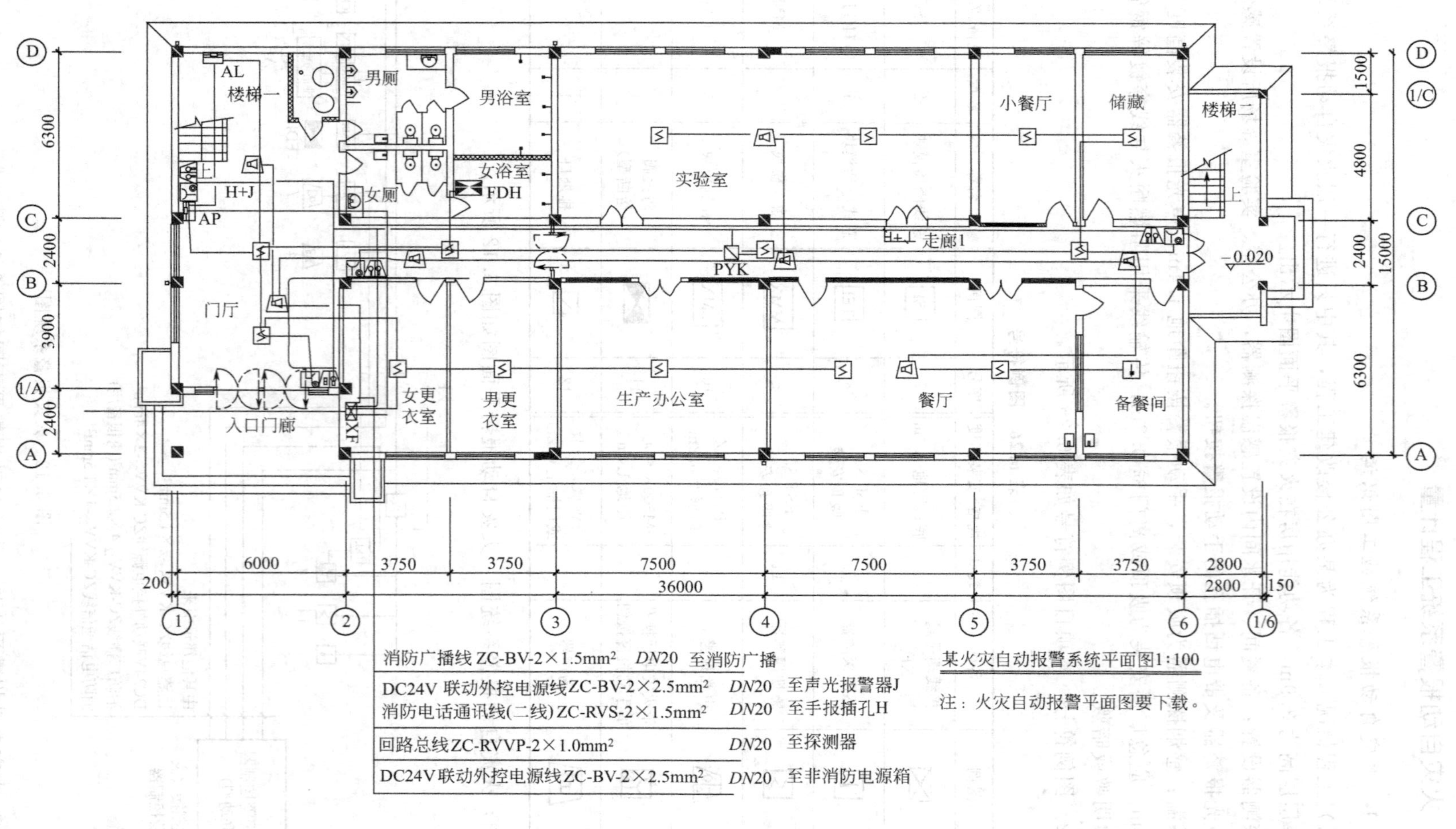

图 6.13 火灾自动报警平面图

6.1 火灾自动报警系统安装定额（MP4）

6.2 火灾自动报警系统安装定额说明（文档）

6.3 火灾自动报警系统安装工程量计算规则

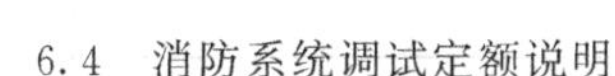

6.4 消防系统调试定额说明

6.5 消防系统调试工程量计算规则

6.4.2.2 火灾自动报警系统定额应用及计算规则

（1）火灾自动报警系统安装定额说明。

（2）火灾自动报警系统安装工程量计算规则。

（3）消防系统调试定额说明。

（4）消防系统调试工程量计算规则。

6.4.2.3 火灾自动报警系统清单工程量计算

根据该工程施工图样，《建设工程工程量清单计价规范》（GB 50500—2013）、2010 年《黑龙江省建设工程计价依据 电气设备及建筑智能化系统设备安装工程计价定额》中工程量计算规则、工作内容及定额解释等，按项依次计算工程量。

火灾自动报警系统清单工程量计算过程如表 6.27 所示。

表 6.27 火灾自动报警系统清单工程量计算表

序号	清单项目编码	清单项目名称	计算式	工程量合计	计量单位
1	030404032001	端子箱（305×305×78）		1	台
2	030904001001	点型火灾探测器（烟感）		14	个
3	030904001002	点型火灾探测器（温感）		1	个
4	030904005001	声光报警器		4	个
5	030904006001	消防报警电话插孔		4	个
6	030904007001	消防广播（扬声器）		7	个
7	030904008001	模块（模块箱）（总线电话模块）		1	个
8	030904008002	模块（模块箱）（输入模块）		4	个
9	030904008003	模块（模块箱）（控制模块）		5	个

续表

序号	清单项目编码	清单项目名称	计算式	工程量合计	计量单位
10	030411001001	配管(镀锌钢管 DN20)	=XF箱到强切+XF箱到广播+XF箱到声光报警+XF箱到烟感 =[24+(3.9−1.4−0.305)+(3.9−0.45−1.4)×3]+[64.5+(3.9−1.4−0.305)]+{[52+(3.9−2.2)×4+(3.9−1.4−0.305)]×2}+[108.5+(3.9−1.4−0.305)×2] =32.345+66.695+121.99+112.89	333.92	m
11	030411004001	配线(ZC-BV-2×2.5)	=XF箱到强切+XF箱到声光报警 =[(0.61+0.90×3)×2+32.345×2]+[(0.61+121.99)×2]	316.51	m
12	030411004002	配线(ZC-BV-2×1.5)	=XF箱到广播=0.61×2+66.695×2	134.61	m
13	030411004003	配线(ZC-RVS-2×1.5)	=XF箱到手报 =0.61+121.99	122.60	m
14	030411004004	配线(ZC-RVVP-2×1.0)	=XF箱到烟感 =0.61+114.89	115.50	m
15	030411006001	接线盒		40	个
16	030905001001	自动报警系统调试(128点以下)		1	系统

6.4.3 火灾自动报警系统工程清单计价

如表6.28所示，这里只给出火灾自动报警系统工程清单项目定额套取表，其整体计算过程及方法与6.2案例同。

表6.28 火灾自动报警系统工程清单项目定额套取表

工程名称：某火灾自动报警系统　　　　第　页　共　页

序号	项目编码	项目名称	项目特征描述	计量单位	工程量
1	030404032001	端子箱	1. 名称:消防端子箱 2. 型号:GST-JX100 3. 规格:305×305×78 4. 安装部位:壁装	台	1
	1-526	端子箱安装　户内		台	1
2	030904001001	点型探测器	1. 名称:感烟探测器 2. 线制:总线制 3. 类型:点型感烟探测器	个	14
	1-2827	总线制点型探测器　感烟		只	14
3	030904001002	点型探测器	1. 名称:感温探测器 2. 线制:总线制 3. 类型:点型感温探测器	个	1
	1-2828	总线制点型探测器　感温		只	
4	030904005001	声光报警器	1. 名称:组合声光报警器	个	4
	1-2871	警报装置　声光报警		只	4

续表

序号	项目编码	项目名称	项目特征描述	计量单位	工程量
5	030904006001	消防报警电话 插孔(电话)	1. 名称:消防报警电话插孔 2. 安装方式:墙内暗装	个	4
	1-2892	通讯 插孔		个	4
6	030904007001	消防广播(扬声器)	1. 名称:扬声器 2. 功率:3W 3. 安装方式:吸顶安装	个	7
	1-2879	火灾事故广播安装 吸顶式扬声器		只	7
7	030904008001	模块(模块箱)	1. 名称:模块 2. 类型:控制模块 3. 输出形式:多输出	个	1
	1-2835	控制模块(接口) 多输出		只	1
8	030904008002	模块(模块箱)	1. 名称:模块 2. 类型:控制模块 3. 输出形式:单输出	个	4
	1-2834	控制模块(接口) 单输出		只	4
9	030904008003	模块(模块箱)	1. 名称:模块 2. 类型:控制模块 3. 输出形式:多输出	个	5
	1-2835	控制模块(接口) 多输出		只	5
10	030411001001	配管	1. 名称:钢管 2. 材质:焊接钢管 3. 规格:SC20 4. 配置形式:暗配	m	335.92
	1—2057	砌块、混凝土结构钢管 暗配 公称口径(20mm以内)		m	335.92
11	030411004001	配线	1. 名称:管内穿线 2. 配线形式:照明线路 3. 型号:BV 4. 规格:2.5mm^2 5. 材质:铜芯线	m	316.51
	1-2251	管内穿照明线 导线 截面(2.5mm^2以内)铜芯		m	316.51
12	030411004002	配线	1. 名称:管内穿线 2. 配线形式:照明线路 3. 型号:BV 4. 规格:1.5mm^2 5. 材质:铜芯线	m	134.61
	1-2250	管内穿照明线 导线 截面(1.5mm^2以内)铜芯		m	134.61
13	030411004003	配线	1. 名称:管内穿线 2. 配线形式:照明线路 3. 型号:BVR 4. 规格:1.5mm^2 5. 材质:铜芯线	m	122.6
	1-2292	二芯软铜芯线 导线截面(1.5mm^2以内)		m	122.6

续表

序号	项目编码	项目名称	项目特征描述	计量单位	工程量
14	030411004004	配线	1. 名称:管内穿线 2. 配线形式:照明线路 3. 型号:RVVP 4. 规格:1.0mm^2 5. 材质:铜芯线	m	115.5
	1-2291	二芯软铜芯线　导线截面(1.0mm^2 以内)		m	115.5
15	030411006001	接线盒	1. 名称:开关、插座接线盒 2. 材质:PVC 3. 规格:86H 4. 安装形式:暗装	个	40
	1-2452	接线盒暗装　半周长(200mm 以内)		个	40
16	030905001001	自动报警系统调试	1. 点数:128 点以内 2. 线制:总线制	系统	1
	1-2894	自动报警系统装置调试　128 点以下		系统	1

思考题

1. 水消防灭火系统包括哪些？如何设置？

2. 全统安装定额中第七册《消防及安全防范设备安装工程》适用范围？包括哪些系统的安装？

3. 消火栓管道安装中是否包含管件的安装？若不包括，是否需要计量？

4. 室内消火栓安装定额子目中，水龙带按多长计算？若超出，如何处理？

5. 试述定额量与清单量的联系与区别。

6. 试述综合单价的构成与组价过程。

7. 试述清单计价的基本原理。

8. 试述自动喷淋灭火系统的分类、管网及组件。

9. 在招投标中，不可竞争费用有哪些？可竞争费用有哪些？

10. 建筑业实施“营改增”后，具体哪些建设工程可以按照简易计税方法进行计价？

11. 写出一般自动喷淋灭火系统工程应设置的清单项目及计量单位。

12. 消防系统调试定额包括哪些项目？

7 暖通工程

学习导入

暖通工程是供热通风与空调专业学生学习的重点，它的工程造价计算过程相对较为复杂，本章采用清单计价这种模式详细地演示工程造价的形成过程，同时，可以使学生能更深入地理解和掌握清单计价这种模式的内涵。

学习目标

通过本模块的学习应掌握暖通工程工程量清单编制的方法、清单计价原理、综合单价的确定、表格的填写等，具有独立编制清单报价的能力。

【案例 1】 黑龙江省农村节能住宅采暖工程

【案例 2】 大庆市米兰小镇 BD-1 地下车库通风防排烟工程

7.1 室内供暖工程工程量清单及计价

7.1.1 供暖工程简介

7.1.1.1 供暖系统

(1) 供暖系统分类　根据热媒的不同，供暖系统可分为热水供暖系统和蒸汽供暖系统。

以热水作为热媒的供暖系统称为热水供暖系统，以蒸汽作为热媒的供暖系统称为蒸汽供暖系统。根据《采暖通风与空气调节设计规范》规定，考虑到卫生条件和节能情况，民用建筑应采用热水供暖系统，热水供暖系统也广泛地应用于生产厂房和辅助建筑物中。在这里只介绍热水供暖系统。

热水供暖系统按热水参数的不同分为低温热水供暖系统（供水温度低于 100℃，供水一般为 95℃，回水一般为 70℃）和高温热水供暖系统（供水温度高于 100℃，国内一般供水为 110～150℃，回水为 70℃）。

热水供暖系统按循环动力的不同，可分为自然（重力）循环系统和机械循环系统。靠水的密度差进行循环的系统，称为自然循环系统；靠机械（水泵）力进行循环的系统，称为机械（强制）循环系统。目前应用最广泛的是机械循环热水供暖系统，如图 7.1 和图 7.2 所示。

(2) 供暖系统组成　供暖系统主要由热源、供热管网及散热设备组成，如图 7.3 所示。

供暖系统的基本原理：低温热媒在热源中被加热变为高温热媒（高温水或蒸汽）后，经供热管网输送到建筑物内，通过末端的散热设备向室内补充热量；热媒散热后温度降低，变成低温热媒（低温水），再通过回水管道返回热源，进行循环使用。如此不断循环，从而不

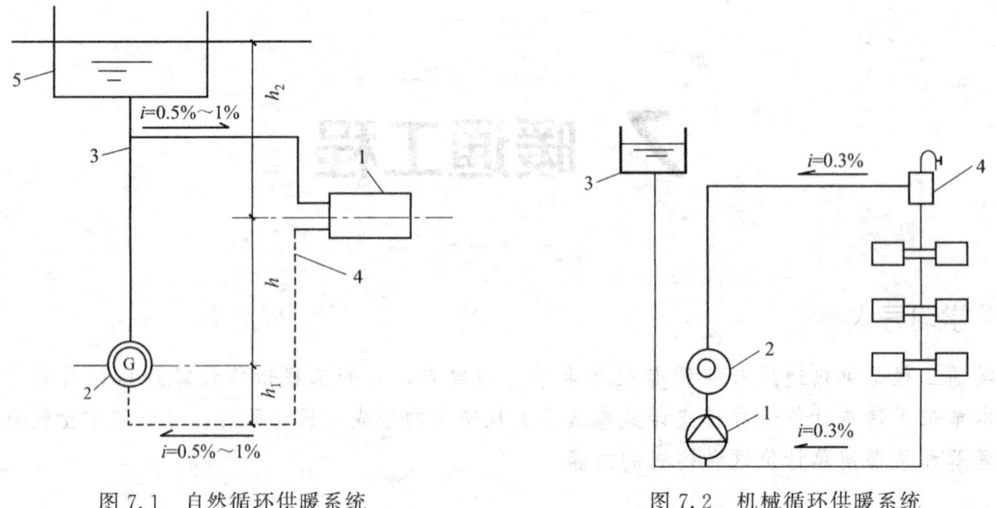

图 7.1 自然循环供暖系统

1—散热器；2—热水锅炉；3—供水管路；4—回水管路；5—膨胀水箱

图 7.2 机械循环供暖系统

1—循环水泵；2—热水锅炉；3—膨胀水箱；4—集气装置

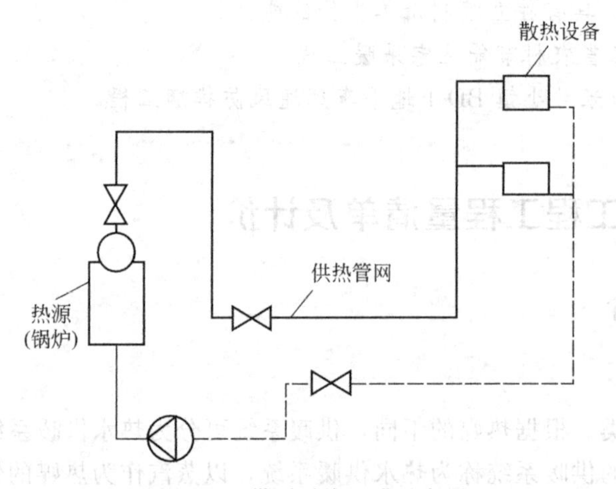

图 7.3 供暖系统组成示意图

断将热量从热源送到室内，以补充室内的热量损耗，以满足室内生活、生产的需要。

① 热源：制备具有一定压力和温度等参数热媒的设备，也就是提供热量的设备，一般以热水或蒸汽为热媒。目前，热源为以燃煤、燃油或燃气作为能源的锅炉房、换热站、热电厂等。

② 供热管网：供热管网是热源和散热设备之间的管道系统，热媒通过它将热量从热源输送到散热设备。有室外热网和室内供暖系统之分，室内供暖系统通常是指由采暖入口装置以内的管道系统及其附件，主要由管道、管件、阀门、补偿器、支架及供暖器具等组成。

③ 散热设备：是将热量有效地散发到采暖房间的终端设备，如散热器、辐射板等。

供暖系统中的散热器，主要有铸铁、钢制和铝合金散热器。其中铸铁散热器的主要类型有翼型散热器和柱型散热器；钢制散热器的主要类型有钢串片对流散热器、光排管散热器、板式散热器、钢制柱型散热器和扁管散热器。

a. 铸铁散热器 柱型散热器由铸铁制成，有四柱（见图 7.4）、五柱及二柱（见图 7.5）三种形式。按国内标准，散热器每片厚度为 60mm、80mm 两种；宽度为 132mm、143mm、

164mm 三种；散热器同侧进出口中心距有 300mm、500mm、600mm、900mm 四种。由于这种散热器金属热强度高、传热系数大，易于清灰，易于组成所需的散热面积，广泛用于住宅建筑和公共建筑中。

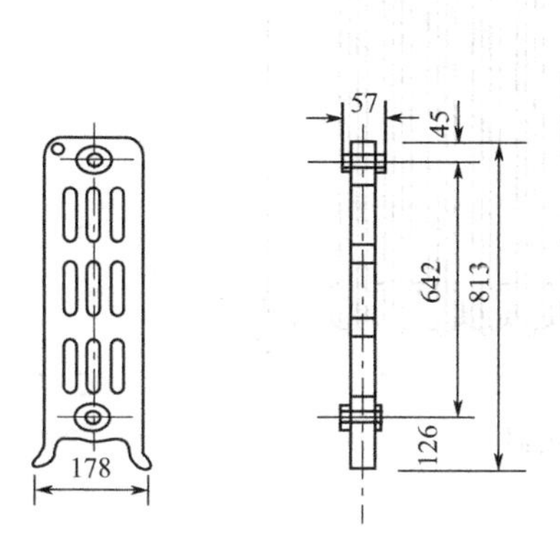

图 7.4 四柱 813 散热器

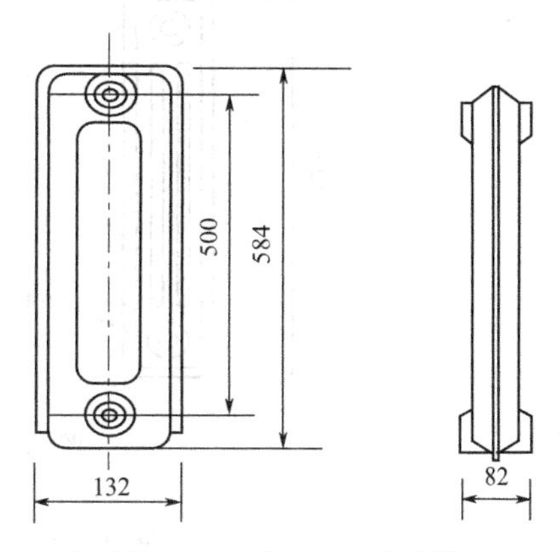

图 7.5 二柱 M132 散热器

翼型散热器分圆翼型和长翼型两种。圆翼型散热器是一根内径为 75mm 的管子，外面带有许多圆形肋片铸件。管子两端配置法兰，长度有 750mm 和 1000mm 之分，在施工图中仅注明其根数×排数（如 3×2，3 表示每排根数，2 表示排数）；长翼型散热器其外表面有许多竖向肋片，内部为一扁盒状空间，其标准长度有 200mm 和 280mm 两种，宽度为 115mm，同侧进出口中心距为 500mm，高度为 595mm。在施工图标注时只注其片数。图 7.6、图 7.7 为长翼型散热器示意图。

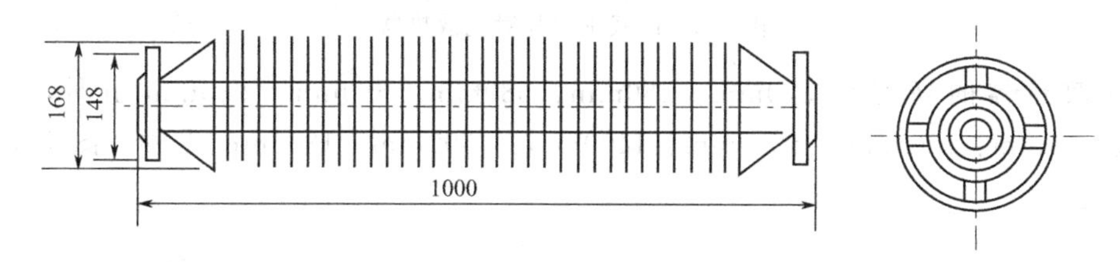

图 7.6 圆翼型散热器

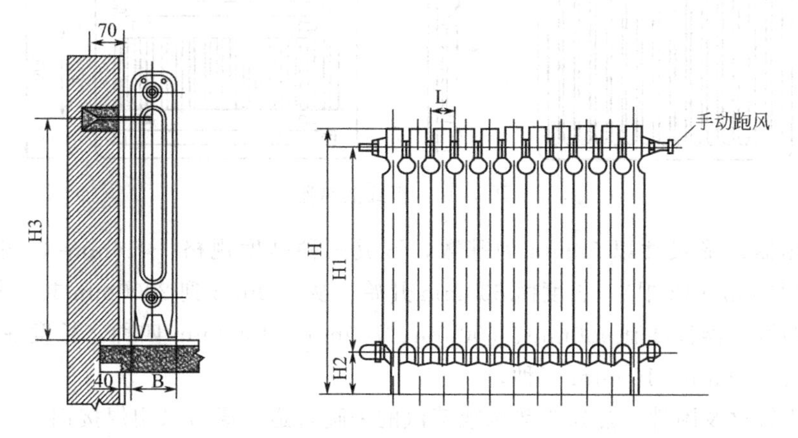

图 7.7 长翼型散热器

b. 钢制散热器　主要有闭式钢串片对流散热器、板式散热器、扁管散热器、钢制柱型散热器等四种。闭式钢串片对流散热器规格以“长×宽”表示，其长度可按设计要求制作。

图 7.8、图 7.9 为钢制柱型散热器和闭式钢串片对流散热器示意图。

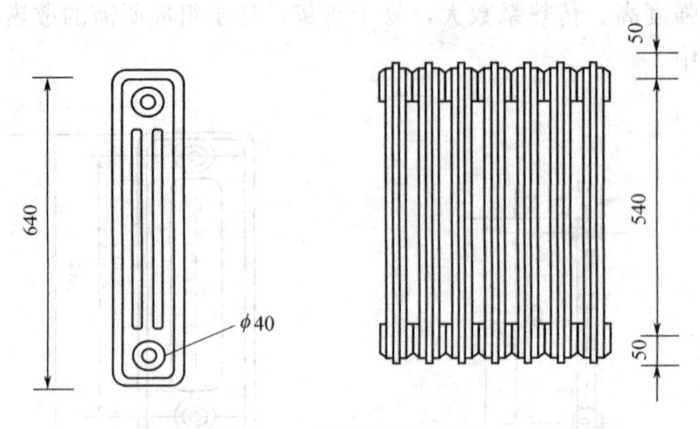

图 7.8 钢制柱型散热器

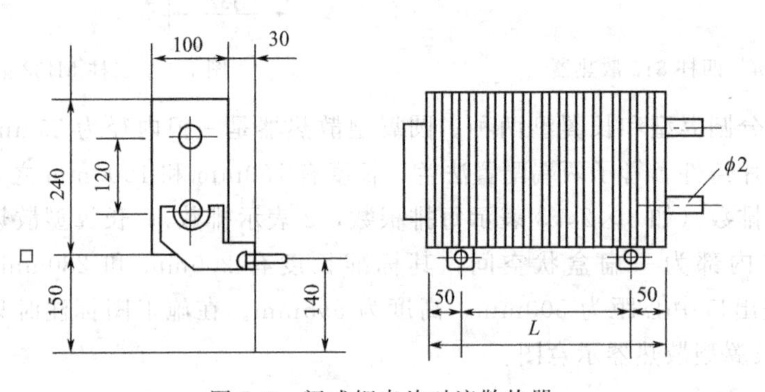

图 7.9 闭式钢串片对流散热器

板式散热器的高度有 380mm、480mm、580mm、680mm、980mm 五种，长度有 600mm、800mm、1000mm、1200mm、1400mm、1600mm、1800mm 七种。图 7.10 板式散热器示意图。

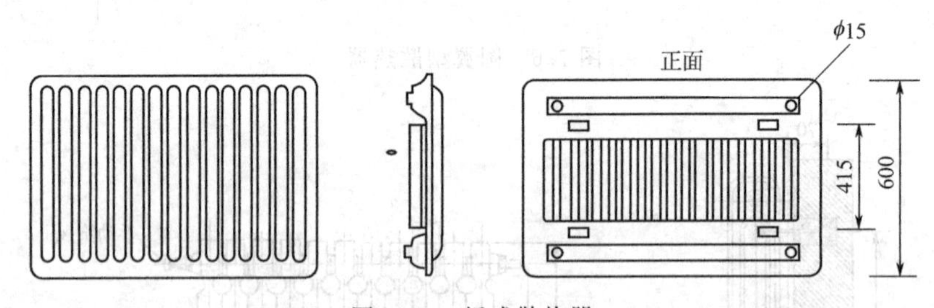

图 7.10 板式散热器

扁管散热器外形尺寸以 52mm 为基数，形成三种高度规格：416mm（8 根）、520mm（10 根）和 624mm（12 根），长度由 600mm 开始，从 600mm 到 2000mm 共八种规格。

钢制柱型散热器长度有 400mm、600mm、700mm、1000mm 四种，长度在每一高度下均分 120mm、140mm、160mm 三种。

(3) 常用管材及附件 热媒为热水或蒸汽的采暖管道，通常采用焊接钢管、塑料管或无缝钢管，管径 $DN \leqslant 32$mm 时钢管与管件多采用螺纹连接，管径在 $DN > 40$mm 以上多为焊接连接。

无缝钢管采用碳素钢或合金钢制造．一般以 10 号、20 号、35 号及 40 号低碳钢用热轧或冷拔两种方法生产钢管。钢管的连接可采用焊接、法兰连接或丝扣连接。

7.1 钢管与管件的螺纹连接

供暖管道上的附件有：阀门、排气装置、膨胀水箱、补偿器、分水器、集水器、支架等。

① 阀门：常用到的阀门有截止阀、闸阀、蝶阀、球阀、止回阀等。

② 排气装置：热水供暖系统的排气装置有集气罐、自动排气阀、手动放气阀。集气罐和自动排气阀一般设置在系统的最高点位置；手动放气阀多用在水平式和下供下回式系统中，旋紧在散热器上部专设的丝孔上，以手动方式排除空气。

③ 膨胀水箱：膨胀水箱的作用是容纳水受热膨胀而增加的体积。在自然循环上供下回式热水供暖系统中，膨胀水箱连接在供水总立管的最高处，具有排除系统内空气的作用；在机械循环上供下回式热水供暖系统中，膨胀水箱连接在回水干管循环水泵入口前．可以恒定循环水泵入口压力，保证供暖系统压力稳定。当建筑物顶部设置高位水箱有困难时，可采用气压罐方式，又称为闭式低位膨胀水箱。

④ 补偿器：也称为伸缩器。是指为了减释管道受热膨胀所产生的热应力，在管道沿途中设置的以保证管道系统在热状态下可以吸收热变形的补偿装置。有自然补偿和人工补偿两大类。常用的有方形补偿器、波纹补偿器、套筒补偿器等。

⑤ 分、集水器：分水器用在供水管路上，用于分配热水；集水器用于回水管路上，用于收集回水。

⑥ 支架：管道支架是连接支承结构和管道的主要构件，其作用是支撑管道和限制管道位移。有固定支架和活动支架之分，固定支架是不允许管道和支承结构有相对位移的管道支架，它主要用于将管道划分为若干补偿管段，分别对各管段进行热补偿，从而保证补偿器的正常工作；活动支架是允许管道和支承结构有相对位移的管道支架。

7.1.1.2 地面辐射供暖系统

（1）辐射供暖系统分类　散热设备若以辐射散热为主向室内提供热量，则称为辐射供暖系统。

辐射供暖系统按辐射板板面温度，分为低温辐射、中温辐射和高温辐射三种；

按热媒的不同，分为高温热水式、低温热水式、蒸汽式、热风式、电热式和燃气式六种；

按辐射板位置的不同，分为顶棚式、壁面式和地板式三种。

由于低温热水辐射供暖是一种卫生条件和舒适标准都比较高的供暖形式，它是采用低温热水为热媒，通过预埋在建筑物地板内的加热管辐射散热的供暖方式，简称地暖。所以近年来低温热水地板辐射供暖系统得到了广泛的应用，它比较适合于民用建筑与公共建筑中考虑安装散热器会影响室内协调和美观的场合。

热水地板辐射供暖系统其构造如图 7.11 所示。在地面或楼板内埋管时，地板结构层的厚度（一般公共建筑不小于 90mm、住宅不小于 70mm，并且不含地面层及找平层）必须满足将盘管完全埋在混凝土层内，管间距为 100～350mm，盘管上应有不小于 50mm 厚的覆盖层，覆盖层应设置伸缩缝，加热管穿过伸缩缝时，应设长度不小于 100mm 的柔性套管。加热管及其覆盖层与外墙、楼板结构层间应设置厚度不小于 25mm 的绝热层。绝热层一般采用聚苯乙烯泡沫板，若绝热层敷设于土壤之上，绝热层下应做防潮层，以保证绝热层不致被水分侵蚀。在潮湿房间（如卫生间、厨房等）敷设盘管时，加热盘管覆盖层上应做防水层。

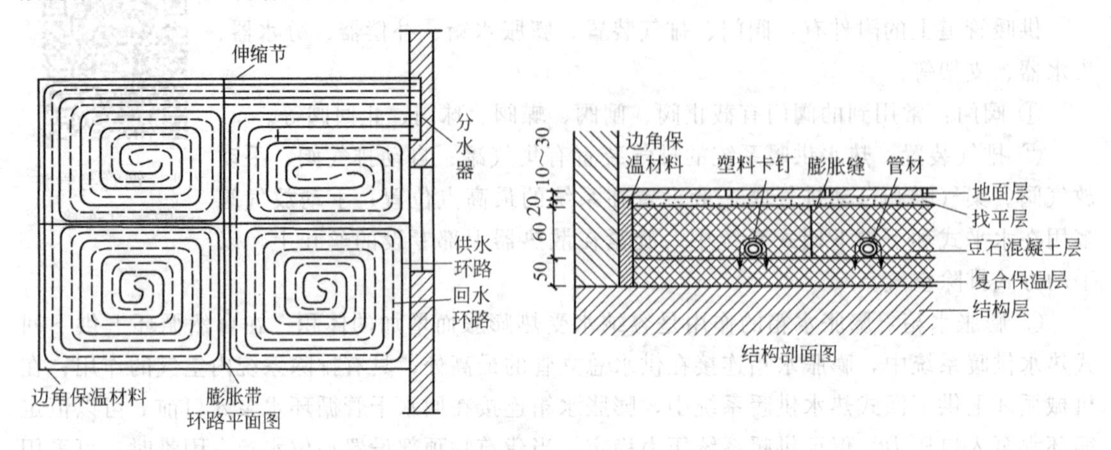

图 7.11　热水地板辐射供暖系统结构图

（2）低温热水辐射供暖系统组成

① 混凝土层：钢筋混凝土楼板，指的是结构层及水泥砂浆找平层；

② 隔热保温层：防止热量流失，进行保温的隔热板，有聚苯乙烯发泡板（XPS 板）、泡沫混凝土（YX，一般要求厚度不小于 30mm）；

③ 热反射层：铝箔反射保护层，使热量向上传输，具有单向传热、保温和防水的功能；

④ 钢丝网固定层：采用塑料卡钉固定地热管线，均匀辐射热量，避免局部温度过高；

⑤ 地暖管层：一般为 PE-RT、PE-X、PB 等的水热管和为电缆或电热膜的电热管两种不同的供热方式；

⑥ 填充层：采用豆石混凝土浇制，具有均热蓄热作用；

⑦ 地面面层：铺设材料及防潮材料，如木地板、瓷砖等；

⑧ 末端装置：有分（集）水器、温控装置、阀门及连接件等。分（集）水器是末端的中心部件，分水器是向各支管路分配热水；集水器是汇集各支管路的回水。

（3）低温热水辐射供暖系统常用管材　常用高温塑料管：PE-X 管（交联聚乙烯管）、PB 管（聚丁烯管）、PP-R 管（无规共聚聚丙烯管）、XPAP 管（铝塑复合管）、PE-RT 管（耐热聚乙烯管）等，规格一般为 $\phi16$、$\phi20$、$\phi25$、$\phi32$，现场盘曲而成，又称为盘管。

7.1.2　室内供暖定额应用及计算规则

在编制室内供暖工程预算时，按照《全国统一安装工程预算定额》中的第八册《给排水、采暖、燃气工程》相关规定执行，本册定额适用于工业与民用建筑中新建、扩建和改建工程的给排水、暖通、消防、生活用燃气管道及附属设备的制作安装以及刷油、绝热、防腐工程。具体到地方执行各省地方相应定额，黑龙江省“室内供暖工程安装”执行 2010 年《黑龙江省建设工程计价依据　给排水、暖通、消防及生活用燃气安装工程计价定额》中的上册第一篇“给排水、采暖、燃气工程”，共分为七章，其配套定额是下册的第五篇“通用项目安装工程”。以下介绍黑龙江省 2010 年计价定额相关规定。

7.1.2.1　采暖热源管道界线划分

① 室内外以建筑物外墙皮 1.5m 为界，入口处设阀门者以阀门为界。

② 与工业管道界线以锅炉房或泵站外墙皮 1.5m 为界。

③ 生产生活共用热源管道，以采暖系统与工业管道碰头点为界。

④ 设在高层建筑内的加压泵间的工业管道与采暖系统管道的界线，以加压泵间外墙皮为界。

7.1.2.2 工程量计算规则

(1) 管道安装

① 各种管道（地板下、地面内敷设的采暖管道除外），均以施工图所示中心长度，以“m”为计量单位，不扣除阀门、管件（包括减压器、疏水器、水表、伸缩器等组成安装）所占的长度。

注：a. 钢管安装定额中包括弯管制作与安装（伸缩器除外），无论是现场煨制或成品弯管不得换算，定额中不包括方型、圆型补偿器的制作；

b. 在计算干管安装时，变径点在小管径的一侧，距离三通分支管为200～300mm；

c. 在计算采暖系统散热器立管时，应按管道系统图中的立管标高及立管的布置形式（顺流式、跨越式）计算工程量。见表7.1。

表7.1 散热器立管长度计算

图示	计算
顺流式以下图为例： 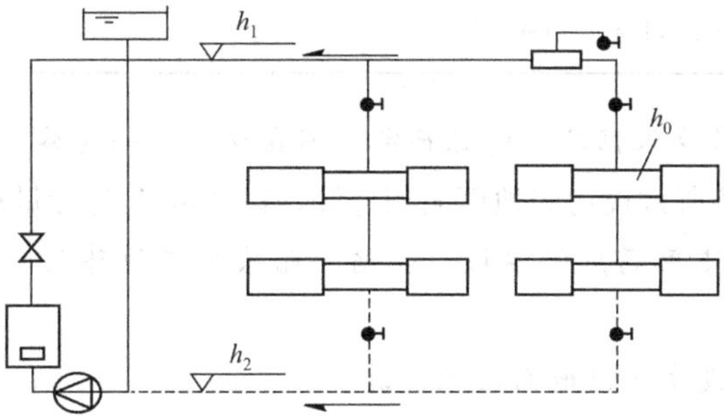 h_1 h_0 h_2	$H=h_1-h_2-h_0\times n$ 式中 h_1——供水干管标高，m； h_2——回水干管标高，m； h_0——散热器进出口中心距，m； n——楼层数
跨越式以下图为例： 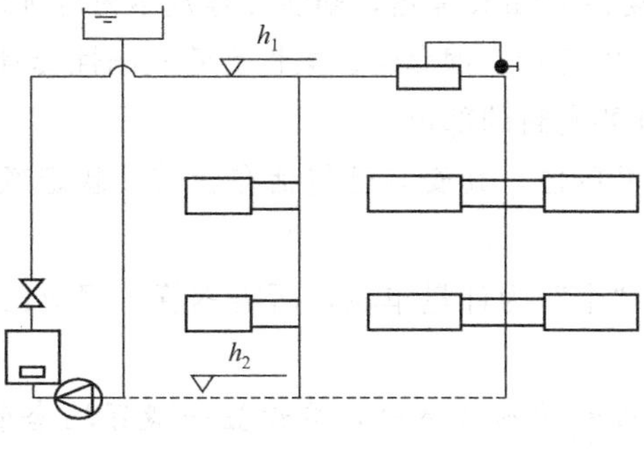 h_1 h_2	$H=h_1-h_2$ 式中 h_1——供水干管标高，m； h_2——回水干管标高，m

d. 在计算散热支管工程量时，一般按照建筑平面图上各房间的细部尺寸（如窗户、窗间墙等），结合立管及散热器的安装位置分别进行。由于各房间散热器的大小不同，立管和散热器的安装位置不同，因此，散热器支管的计算也比较复杂，下面举例说明。

例如：前提——窗的尺寸相同，散热器在窗中心安装（见表7.2）

表 7.2 单管散热器支管长度计算

图示	计算
单侧连接下图为例：	$L=A+1/2$(窗宽－散热器长) $=A+1/2$(窗宽－片数×每片厚度) 式中 L——单根支管长度，m； A——散热器立管中心距窗边长度，一般取 300mm
双侧连接下图为例：	$L=A+$(窗宽－散热器长) $=A+$(窗宽－片数×每片厚度) 式中 L——单根支管长度，m； A——窗间墙宽度。 注：此种情况前提是双侧窗宽、散热器长度都相同；若不同，则分别计算

说明：(1) 一组散热器支管长，上式乘以 2。
(2) 整根或多根立管一起计算，式中的片数应为整根或多根立管的平均片数，同时注意公式应乘以 2、乘以层数或立管根数。多根立管合并一起计算的前提为窗户尺寸及安装形式均相同。
(3) 特殊情况：散热器靠侧墙安装，每根支管按 0.6m 计算；
串联连接，连接管为 DN40，每根按 0.3m 计算；
其他情况，视具体情况而定。
(4) 各种散热器的外形尺寸（每片长度）可查找材料手册或产品说明书。

除上表其他还有很多形式，在计算时要根据具体情况而定，不在这里一一列举。

② 地板下、地面内敷设的采暖管道按所敷设房间地面面积计算，以“m^2”为计量单位。

注：a. 地板敷设采暖管道时，如不使用隔热保温板、铝箔，而采用其他替代方法，其所使用的材料按实调整计算；

b. 住宅内敷设的采暖管道，按所敷设房间内地面面积计算；

c. 商业用房室内地面如果不全面积敷设地热采暖管，或只是其中一部分敷设地热采暖管，定额工程量按照所敷设的采暖管道外围面积来计算；

d. 地热管定额中聚苯乙烯泡沫板的厚度按 20mm 考虑，如实际厚度不同时可以换算。

(2) 套管制作安装　套管可分为镀锌铁皮套管、钢套管、柔性套管及刚性套管。柔性及刚性套管适用于管道穿过建筑物时管道必须要密封的部位。

① 镀锌铁皮套管制作，以“个”为计量单位，其安装已包括在管道安装定额内，不得重复计算。

② 一般穿墙套管和柔性、刚性套管以“个”为计量单位，所需钢管、钢板已包括在制作定额内。

注：a. 管道在穿越建筑物基础、屋面板和防水墙体时，应设置一般穿墙套管或刚性、柔性防水套管；

b. 在应用套管的制作和安装定额时，定额中的管径为穿墙管道的管径，不是套管直径。

③ 钢套管制作安装，以“m”为计量单位，执行室外焊接钢管项目。具体说明见第 5 章 5.1 室内给水工程相关计算规则。

(3) 管道支架制作安装　以“100kg”为计量单位。计算方法见第 5 章第 1 节。

注：室内管道公称直径 *DN*32 以下的管道，其支架制作、安装，已包括在管道安装工程内，不得重复计算；*DN*32 以上，可另行计算。

(4) 管道消毒冲洗、压力试验　按管道长度以“m”为计量单位，不扣除阀门、管件所占长度。

注：a. 管道安装的定额项目中所包括的水压力试验内容为局部、分段的压力试验，但如果业主或设计或国家规定有要求对整个管道系统要进行压力试验时，需另外套取管道系统压力试验定额项目。

b. 室外管道系统的水压力试验按管道系统压力试验项目计取。

c. 管道的消毒冲洗项目适用于设计和施工验收规范中有要求的工程中使用。

(5) 阀门安装　各种阀门安装，以“个”为计量单位。法兰阀门安装，如仅为一侧法兰连接时，定额所列法兰、带帽螺栓及垫圈数量减半，其余不变。

① 法兰阀（带短管甲乙）安装，均以“套”为计量单位，如接口材料不同时，可作调整。

② 自动排气阀安装以“个”为计量单位．已包括了支架制作安装．不得另行计算。

注：塑料阀门安装采用热熔连接时，按室内聚乙烯燃气管管件安装定额相应项目执行，其阀门主材按设计量加损耗量换算，其他不变。

(6) 各种伸缩器制作安装　均以“个”为计量单位。方形伸缩器的两臂．按臂长的两倍合并在管道长度内计算。

(7) 供暖器具安装

① 热风幕安装，以“台”为计量单位．其支架制作安装，可按相应定额另行计算。

② 铸铁散热器组成安装以“片”为计量单位，其汽包垫不得换算；圆翼型铸铁散热器组成安装以“节”为计量单位。

③ 光排管散热器制作、安装以“m”为计量单位，已包括联管长度。

④ 有色金属复合散热器安装按相应项目执行，以“组”为计量单位。

⑤ 钢制（闭式、板式、壁式、柱式）散热器安装，按照不同的规格、片数或重量，分别以“片”或“组”为计量单位。

⑥ 暖风机安装，按暖风机不同质量（50kg、100kg、150kg、…、2000kg），以“台”为计量单位。

⑦ 集气罐制作与安装，按公称直径不同以“个”为计量单位。定额内不包括附件（放气管、放气阀及支架），按相应定额另行计算。

注：a. 各类散热器不分明装或暗装，均按类型分别编制，柱型散热器为挂装时，可执行 M132 项目。

b. 柱型和 M132 型铸铁散热器安装用拉条时，拉条另行计算。

c. 定额中列出的接口密封材料，除圆翼汽包垫采用橡胶石棉板外，其余均采用成品汽包垫，如采用其他材料，不作换算。

d. 板式、壁板式，已计算了托钩的安装人工和材料，闭式散热器，如主材不包括托钩者，托钩另行计算。

(8) 分、集水器安装，以“台”为计量单位。

(9) 钢板水箱制作，按施工图所示尺寸，不扣除人孔、手孔重量，以“kg”为计量单位，法兰和短管水位计可按相应定额另行计算。

钢板水箱安装，按国家标准图集水箱容量“m^3”执行相应定额子目，均以“个”为计量单位。

（10）除锈、刷油工程

① 管道或设备筒体除锈、刷油，以“m^2”为计量单位。

$$S=\pi DL \tag{7-1}$$

式中 S——管道或筒体外表面积，m^2；

D——设备或管道外径，m；

L——设备筒体或管道长度，m。

为简化计算设备筒体、管道表面积，可采用查表的方法计算，见表7.3、表7.4。

表7.3 每100m焊接钢管刷油绝热与保护层工程量计算表

公称直径/mm	绝热层厚度/mm										
	0	20		25		30		40		50	
	钢管表面积/m^2	绝热层体积/m^3	保护层面积/m^2	绝热层体积/m^3	保护层面积/m^2	绝热层体积/m^3	保护层面积/m^2	绝热层体积/m^3	保护层面积/m^2	绝热层体积/m^3	保护层面积/m^2
15	6.69	0.27	22.46	0.38	25.76	0.51	29.06	0.81	35.66	1.18	42.25
20	8.42	0.31	24.19	0.43	27.49	0.56	30.79	0.88	37.39	1.27	43.98
25	10.53	0.35	26.30	0.48	29.59	0.63	32.89	0.97	39.49	1.38	46.09
32	13.29	0.41	29.06	0.55	32.36	0.71	35.66	1.09	42.25	1.52	48.85
40	15.08	0.45	30.85	0.60	34.15	0.77	37.45	1.16	44.05	1.62	50.64
50	18.85	0.52	34.62	0.7	37.92	0.89	41.22	1.32	47.82	1.81	54.41
70	23.72	0.52	39.49	0.82	42.79	1.04	46.09	1.52	52.68	2.06	59.28
80	27.81	0.71	43.57	0.93	46.87	1.16	50.17	1.69	56.77	2.27	63.37
100	35.82	0.87	51.59	1.13	54.88	1.41	58.18	2.02	64.78	2.69	71.38
125	43.98	1.04	59.75	1.35	63.05	1.66	66.35	2.35	72.95	3.11	79.55
150	51.84	1.21	67.61	1.55	70.91	1.91	74.20	2.68	80.80	3.52	87.40
200	68.80	1.56	84.57	1.99	87.87	2.43	91.17	3.38	97.77	4.39	104.36

表7.4 每100m无缝钢管刷油绝热与保护层工程量计算表

公称直径/mm	绝热层厚度/mm										
	0	20		25		30		40		50	
	钢管表面积/m^2	绝热层体积/m^3	保护层面积/m^2	绝热层体积/m^3	保护层面积/m^2	绝热层体积/m^3	保护层面积/m^2	绝热层体积/m^3	保护层面积/m^2	绝热层体积/m^3	保护层面积/m^2
22	6.91	0.28	22.68	0.39	25.98	0.52	29.28	0.82	35.88	1.20	42.47
28	8.79	0.32	24.57	0.43	27.87	0.58	31.16	0.90	37.76	1.29	44.36
32	10.10	0.34	25.82	0.46	29.12	0.61	32.42	0.96	39.02	1.35	45.62
38	11.93	0.38	27.71	0.52	31.01	0.67	34.31	1.03	40.90	1.46	47.50
45	14.13	0.41	29.91	0.58	33.21	0.74	36.51	1.12	43.10	1.57	49.70
57	17.90	0.51	33.66	0.67	36.96	0.86	40.25	1.27	46.86	1.77	53.44
73	22.92	0.61	38.68	0.81	41.98	1.01	45.28	1.49	51.87	2.02	58.47
89	27.95	0.71	43.71	0.93	47.01	1.17	50.30	1.69	56.90	2.28	63.49
108	33.91	0.84	49.67	1.08	52.97	1.35	51.27	1.94	62.86	2.57	69.46
133	48.10	1.00	57.52	1.29	60.82	1.59	64.12	2.26	70.71	3.00	77.31
159	50.00	1.17	65.69	1.50	68.99	1.85	72.28	2.60	78.88	3.42	85.47
219	68.80	1.56	84.53	1.98	87.82	2.43	91.12	3.38	97.72	4.39	104.31
273	85.80	1.90	101.48	2.43	104.78	2.95	108.08	4.08	114.67	5.27	121.27
325	102.10	2.24	117.81	2.84	121.11	3.46	124.41	4.75	131.00	6.11	137.59
377	188.40	2.58	134.21	3.26	137.51	3.98	140.81	5.43	147.40	6.95	154.00

② 一般金属结构除锈、刷油，以“kg”为计量单位。

③ 铸铁散热器除锈、刷油，按散热器散热面积计算，以“m^2”为计量单位。常用铸铁散热器散热面积见表7.5。

表7.5 常用铸铁散热器散热面积

散热器型号	外形尺寸/mm	散热器面积/(m^2/片)	备注
M132	584×132×200	0.24	柱形
四柱813	813×164×57	0.28	
四柱760	760×116×51	0.235	
五柱813	813×208×57	0.37	
大60	600×115×280	1.17	长翼形
小60	600×132×200	0.80	
D75	168×168×1000	1.80	圆翼形

注：a. 除锈有手工除锈、动力工具除锈、干喷射除锈，锈蚀程度分微、轻、中、重四种。

b. 本章定额不包括除微锈（标准：氧化皮完全紧附，仅有少量锈点），发生时按轻锈定额乘以系数0.2。

c. 喷射除锈按Sa2.5级标准确定。若变更级别标准，如Sa3级按人工、材料、机械乘以系数1.1，Sa2级或Sa1级乘以系数0.9计算。

d. 金属表面上的旧涂层或旧衬里除尘及除油污，不能执行除锈项目定额，按施工方案计算。

e. 计算设备筒体、管道表面积时工程量已包括各种管件、阀门、人孔、管口凹凸部分，不再另外计算。

f. 本章定额按安装地点就地刷（喷）油漆考虑，如安装前管道集中刷油（暖气片除外）按相应项目乘以0.7的系数执行。

g. 标志色环等零星刷油，执行本定额相应项目，其人工乘以系数2.0。

h. 同一种油漆刷三遍漆时，第三遍刷漆套用第二遍油漆的定额子目计取费用。

i. 风管部件刷油时，按金属结构刷油定额相应子目乘以系数1.15计算。

(11) 防腐蚀工程

① 设备筒体、管道表面积计算公式同式(7-1)。

② 阀门、弯头、法兰表面积计算。

a. 阀门表面积

$$S=\pi D\times 2.5DKN \tag{7-2}$$

式中 S——阀门外表面积，m^2；

D——阀门直径，m；

K——计算系数，$K=1.05$；

N——阀门个数，个。

b. 弯头表面积

$$S=\pi D\times 1.5DK\times 2\pi N/B \tag{7-3}$$

式中 S——弯头外表面积，m^2；

D——弯头直径，m；

K——计算系数，$K=1.05$；

N——阀门个数，个；

B——计算系数，90°弯头取 $B=4$；45°弯头取 $B=8$。

c. 法兰表面积

$$S=\pi D\times 1.5DKN \tag{7-4}$$

式中 S——法兰外表面积，m^2；

D——法兰直径，m；

K——计算系数，$K=1.05$；

N——法兰个数，个。

③ 设备和管道法兰翻边防腐蚀工程量计算。

$$S=\pi(D+A)A \tag{7-5}$$

式中 S——设备和管道法兰翻边外表面积，m^2；

D——直径，m；

A——法兰翻边宽，m。

注：a. 如采用本章未包括的新品种涂料时，按照相近定额（看主要成膜物质的类别）项目执行，其人工、机械消耗量不变。

b. 本章定额过氯乙烯涂料是按喷涂施工方法考虑的，其他涂料均按刷涂考虑。若发生喷涂施工时，其人工乘以系数0.3，材料及人工乘以系数1.16，增加喷涂机械内容。

(12) 绝热保温工程

① 设备筒体或管道绝热、防潮和保护层计算。

$$V=\pi[(D+1.033\delta)\times 1.033\delta L] \tag{7-6}$$

$$S=\pi(D+2.1\delta+0.0082)L \tag{7-7}$$

式中 V——绝热层体积，m^3；

S——保护层、防潮层面积，m^2；

D——直径，m；

1.033，2.1——调整系数；

δ——绝热层厚度，m；

L——设备筒体或管道，m；

0.0082——捆扎线直径或钢带厚。

设备筒体、管道绝热、防潮和保护层计算，可采用查表的方法，见表7.3、表7.4。

② 伴热管道绝热工程量计算。

a. 单管伴热或双管伴热（管径相同，夹角小于90°时）

$$D'=D_1+D_2+(10\sim 20mm) \tag{7-8}$$

式中 D'——伴热管道综合值，m；

D_1——主管道直径，m；

D_2——伴热管道直径，m；

(10～20mm)——主管道与伴热管道之间的间隙。

b. 双管伴热（管径相同，夹角大于 90°时）

$$D'=D_1+1.5D_2+(10\sim20\text{mm}) \quad (7\text{-}9)$$

c. 双管伴热（管径不同，夹角小于 90°时）

$$D'=D_1+D_{伴大}+(10\sim20\text{mm}) \quad (7\text{-}10)$$

式中 D'——伴热管道综合值，m；

D_1——主管道直径，m。

将上述 D'计算结果分别代入式(7-6)、式(7-7) 计算出伴热管道的绝热层、防潮层和保护层工程量。

③ 设备封头绝热、防潮层和保护层工程量计算。

$$V=\pi[(D+1.033\delta)/2]^2\times1.033\delta\times1.5N \quad (7\text{-}11)$$

$$S=\pi[(D+2.1\delta)/2]^2\times1.5N \quad (7\text{-}12)$$

式中 N——封头数，个。

④ 阀门绝热、防潮和保护层工程量计算

$$V=\pi(D+1.033\delta)\times2.5D\times1.033\delta\times1.05N \quad (7\text{-}13)$$

$$S=\pi(D+2.1\delta)\times2.5D\times1.05N \quad (7\text{-}14)$$

式中 N——阀门数，个。

⑤ 法兰绝热、防潮和保护层工程量计算

$$V=\pi(D+1.033\delta)\times1.5D\times1.033\delta\times1.05N \quad (7\text{-}15)$$

$$S=\pi(D+2.1\delta)\times1.5D\times1.05N \quad (7\text{-}16)$$

式中 N——法兰数，个。

⑥ 弯头绝热、防潮和保护层工程量计算

$$V=\pi(D+1.033\delta)\times1.5D\times2\pi\times1.033\delta N/B \quad (7\text{-}17)$$

$$S=\pi(D+2.1\delta)\times1.5D\times2\pi N/B \quad (7\text{-}18)$$

式中 N——法兰数，个；

B——计算系数。B 值取定为：90°弯头 $B=4$；45°弯头 $B=8$。

注：a. 依据现行规范要求，保温厚度大于 100mm、保冷厚度大于 80mm 时应分层施工，工程量分层计算。但是如果设计要求保温厚度小于 100mm、保冷厚度小于 80mm 也需分层施工时，也应分层计算工程量。

b. 绝热的金属保护层，按 0.5mm 镀锌铁皮计入基价。若采用 0.5～0.8mm 厚度的铁皮，其以平方米计算的，单价可以换算。

c. 绝热工程若采用钢带代替捆扎线时，总长度不变。重量可以按所用材料换算，按每块瓦两道软材料 250mm 捆扎一道计算。若采用铆钉代替自攻螺丝固定保护层时，其用料不变，单价可以换算。

d. 设备和管道绝热均按现场安装后绝热施工考虑，若先绝热后安装时，其人工乘以系数 0.9。

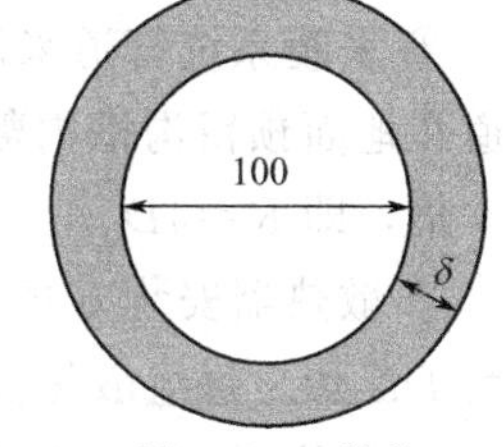

图 7.12 管道剖面图

e. 清单范例：

【例 7-1】 如图 7.12 所示管道钢管 $\phi100$ 的剖面图，它的保温层为厚 $\delta=60$mm 的水泥珍珠岩瓦块，外涂酚醛树脂漆两遍，钢管长 1380m，计算管道保温层的清单工程量及定额工程量。

解：

1. 管道保温定额工程量

$V=\pi\times(D+1.033\delta)\times1.033\delta\times L$

$=3.14\times(0.1+0.06\times1.033)\times1.033\times0.06\times1380$

$=43.5\ (m^3)$

式中 V——管道保温层体积，m^3；

D——管道直径，m；

δ——保温层厚度，m。

2. 管道保温清单工程量见表 7.6。

表 7.6 分部分项工程量清单表

序号	项目编码	项目名称	项目特征	计量单位	工程量
1	030801002001	低压不锈钢板卷管	1. 材质：不锈钢管 2. 规格：*DN*100 3. 刷油、防腐、绝热：水泥珍珠岩石瓦保温，外涂酚醛树脂漆两遍	m	1380

7.1.3 某农村节能住宅采暖工程工程量清单及计价

7.1.3.1 项目描述

本项目为黑龙江省农村节能住宅采暖工程，共二层，施工图样为：一层采暖平面图、二层采暖平面图、采暖系统图，如图 7.13、图 7.14 和图 7.15 所示。

(1) 采暖系统

① 本建筑采暖系统采用散热器单管水平跨越式机械循环系统。如图 7.16、图 7.17 所示。

② 本建筑均采用内腔无砂型 760 型铸铁散热器，承压能力为 0.5MPa，其单片标准散热量为 139W。

(2) 施工说明

① 各设备、管材、阀门进场后，应检查及确认符合制造厂和本设计的技术要求后方可进行安装。施工前应对所有管材进行挑选，选用合格的管材进行安装，并应清除毛刺和除锈。

② 采暖系统管道采用焊接钢管：*DN*≤32mm 丝扣连接，*DN*≥40mm 焊接连接。室内管道在地面预留沟槽内敷设，管道应尽量采用煨弯使其承受管体膨胀，弯曲半径一般为管外径 4 倍，即 $R=4D$。

③ 散热器安装方式均为明装。单组散热器片数超过 25 片者均平均分为两组，连接管管径为 *DN*40。每组散热器上均设有手动排气阀。

④ 散热器及管道安装均按照国标图集 96K402-2 施工。

⑤ 采暖系统中的关闭阀门，除特殊要求外，管径＜*DN*50 的采用闸阀，管径≥*DN*50 的采用金属硬密封蝶阀。采暖供水管段上均设调节平衡用手动调节阀。

⑥ 供暖管道敷设时，应保持一定的坡度。汽水同向流动的热水管道，不小于 0.003，汽水逆向流动的热水管道不小于 0.005。立管与散热器连接的支管不小于 0.01。

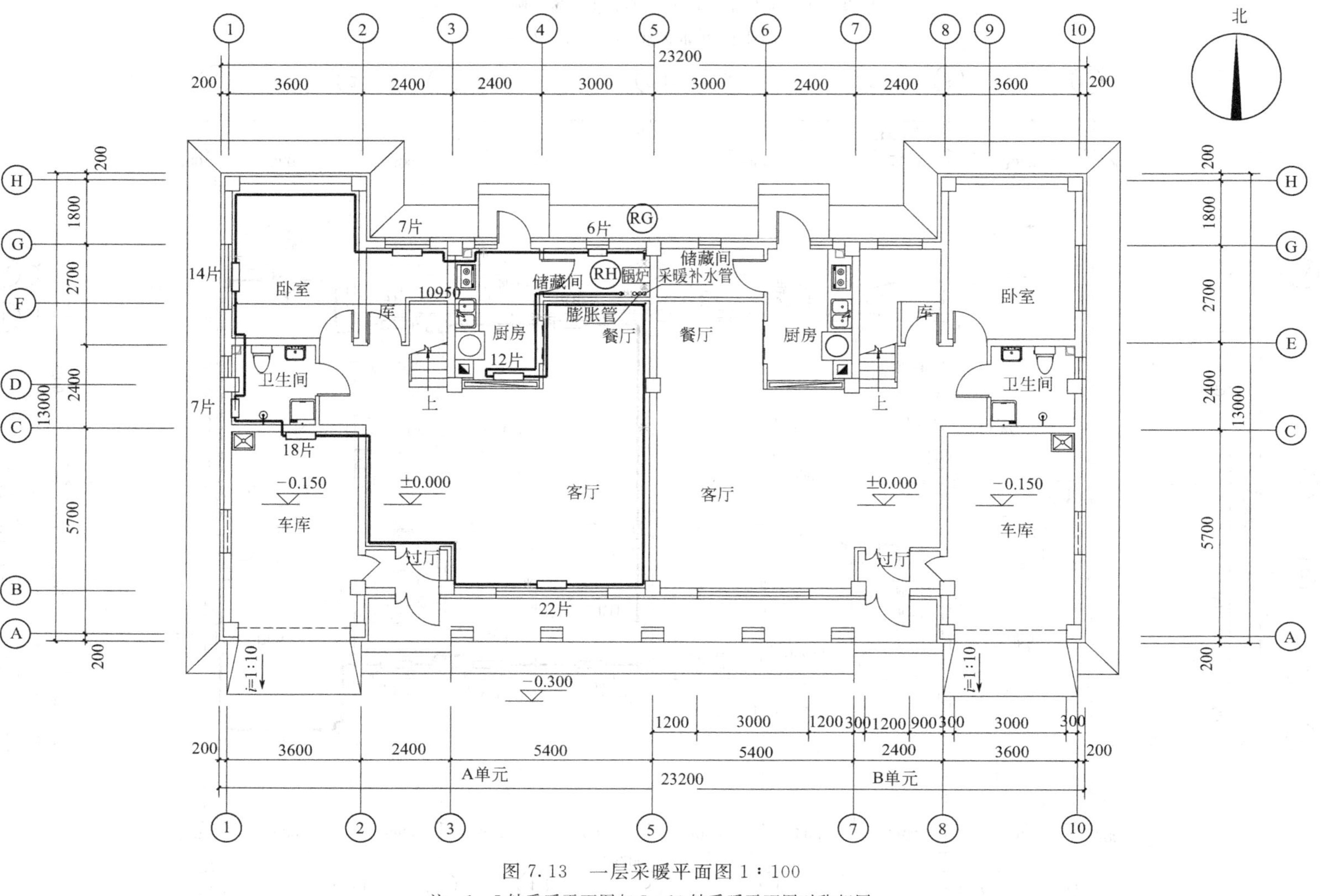

图 7.13 一层采暖平面图 1∶100

注：1—5 轴采暖平面图与 5—10 轴采暖平面图对称相同

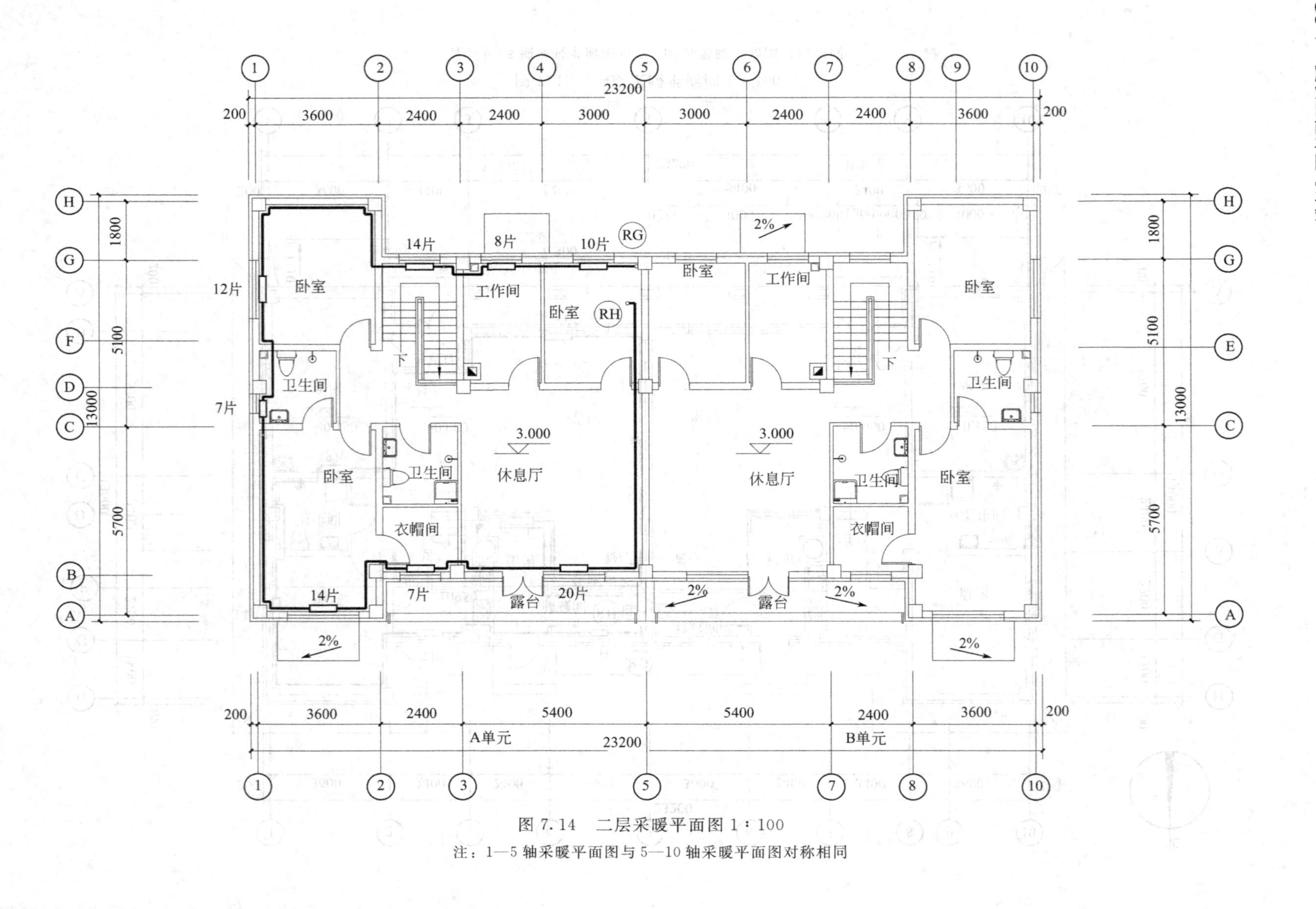

图 7.14　二层采暖平面图 1：100

注：1—5 轴采暖平面图与 5—10 轴采暖平面图对称相同

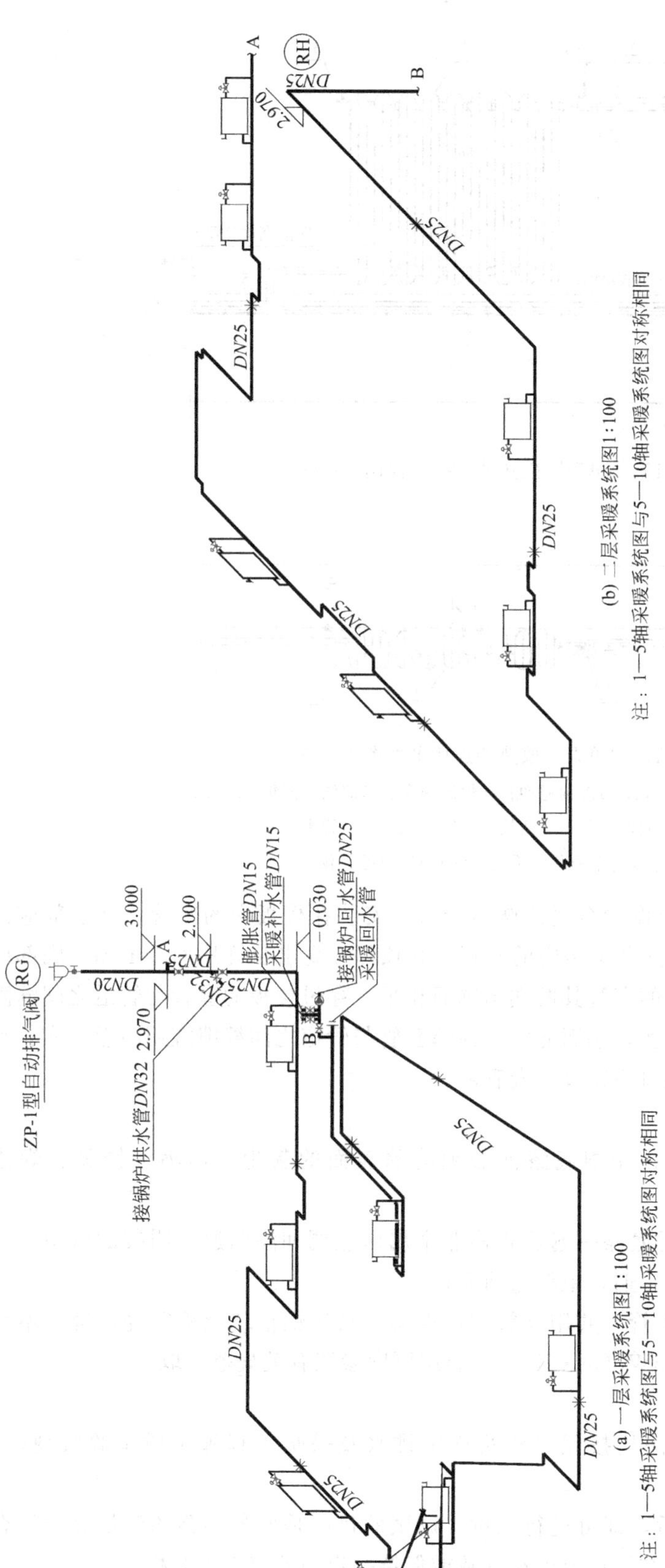

(a) 一层采暖系统图1:100

注：1—5轴采暖系统图与5—10轴采暖系统图对称相同

(b) 二层采暖系统图1:100

注：1—5轴采暖系统图与5—10轴采暖系统图对称相同

图例	名称
	采暖供水管
	采暖回水管
	固定支架
	散热器

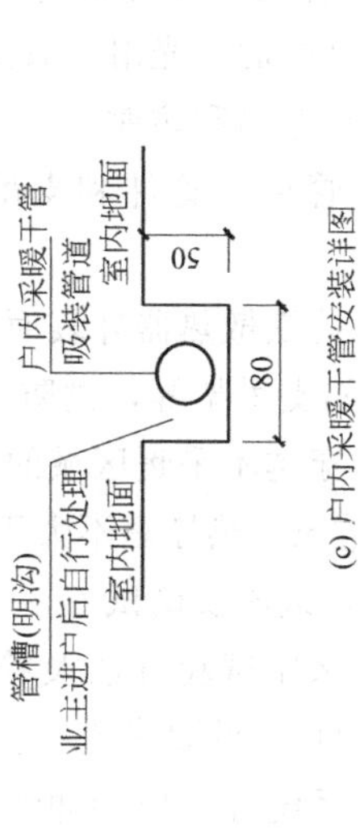

(c) 户内采暖干管安装详图

图 7.15 采暖系统图

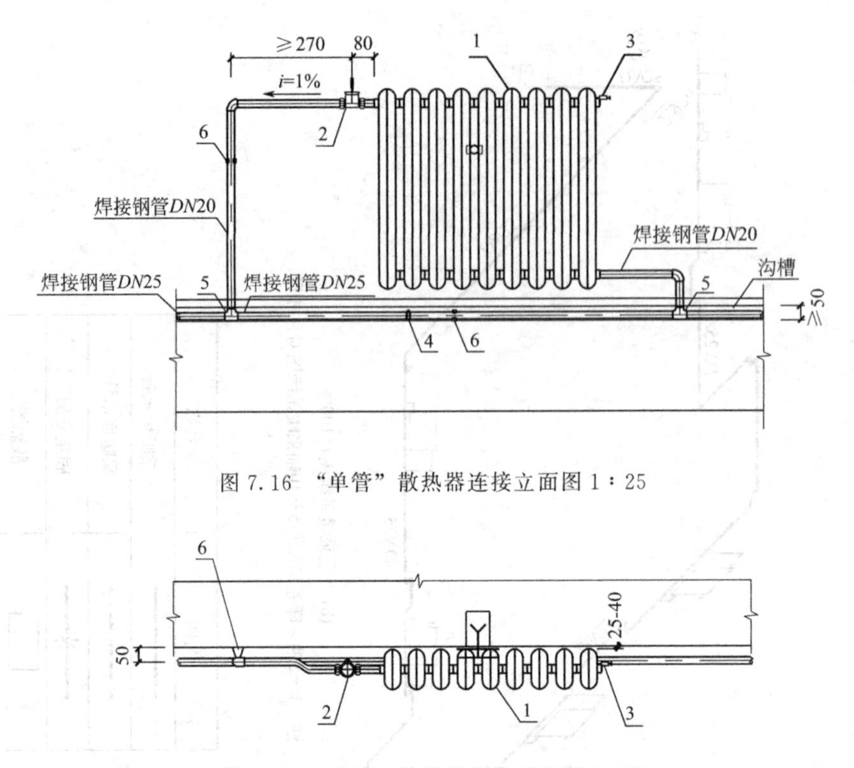

图 7.16 “单管”散热器连接立面图 1∶25

图 7.17 “单管”散热器连接平面图 1∶25

1—低阻散热器；2—YN551A 两通型自动恒温阀安装参照国标图集 04K502；

3—手动排气阀；4—活接头；5—三通；6—管卡

注：某农村节能住宅采暖工程 CAD 图可下载。

⑦ 管道穿过墙壁和楼板，应设置金属或塑料套管。安装在楼板内的套管，其顶部应高出装饰地面 20mm；安装在卫生间及厨房内的套管，其顶部应高出装饰地面 50mm，底部应与楼板底面相平；安装在墙壁内的套管其两端与饰面相平。穿过楼板的套管与管道之间缝隙应用阻燃密实材料和防水油膏填实，端面光滑。穿墙套管与管道之间缝隙宜用阻燃密实材料填实，且端面应光滑。管道的接口不得设在套管内。

（3）保温和防腐

① 管道、管件和支吊架等在涂刷底漆前必须清除表面的灰尘、污垢、锈斑、焊渣等物。

② 铸铁散热器外表面刷防锈底漆一遍后再刷非金属白色调和漆两遍；明装的管道、管件及金属支吊架等，刷防锈底漆一遍，银粉漆两遍；

③ 穿越不采暖区域的供暖干管、共用立管均做保温，采用铝箔玻璃棉管壳，容量不小于 32kg/m，热导率不大于 0.035W/(m·K)，保温层厚度参照有关规范选取。

（4）试压及调试

① 水压试验方法及检验方法均按照《建筑给水排水及采暖工程施工质量验收规范》(GB 50242) 的要求进行。

② 系统经试压和冲洗合格后，即可进行调试。调试的目的是使各环路的流量分配符合设计要求，以各房间的室内温度与设计温度相一致或保持一定的差值方为合格。

（5）本设计说明未尽事宜按现行施工验收规范及有关规定执行。

7.1.3.2 采暖工程工程量清单及计价

根据该工程施工图样，《建设工程工程量清单计价规范》(GB 50500—2013)，2010年黑龙江省建设工程计价依据安装工程计价定额中工程量计算规则、工作内容及定额解释等，按分项依次计算工程量。

① 工程量计算表详见表7.7。

表7.7 工程量计算表

工程名称：某农村节能住宅采暖工程　　　　第　页　共　页

序号	项目名称	规格型号	计算式	单位	工程量
1	供热管道				
1.1	焊接钢管	DN32		m	0.55
1.2	焊接钢管	DN25	(一层)[(立)(0.03+2.97+0.02)+(水平)(10.95+1.60+0.25×2+6.30+0.25×2+10.967+4.519+7.75+4.206×2+2.01×2+0.2+0.293)×2]+(二层)[(立)(2.97+0.03)+(水平)(10.949+12.200+10.948+1.420+8.050+0.25×2+0.2×2+1.60+0.288×2+0.22×3+0.212)×2]	m	213.07
1.3	焊接钢管	DN20	2.0+(支)(0.743+0.430+0.285+0.143)×30	m	50.03
2	铸铁散热器	内腔无砂760型	一层：(7+6+14+7+18+22+12)×2 二层：(10+8+14+12+7+14+7+20)×2	片	356
3	阀门				
3.1	自动恒温阀	YN551A两通型自动恒温阀DN20	7×2+8×2	个	30
3.2	铜闸阀	DN32		个	1
3.3	铜闸阀	DN25		个	1
3.4	自动排气阀	DN20		个	1
4	钢套管	DN40	穿楼板：1　1×0.22=0.22 穿墙：7×2+8×2=30　30×0.24=7.2	m	7.42
5	管道支架制作安装		DN25：3(立)+30(水)=33个×0.20kg/个=6.6kg DN20：30个×0.19kg/个=5.7kg 固定支架DN25：6×2+4×2=20个×0.20kg/个=4kg	kg	16.3
6	除锈、刷油				
6.1	管道		明装： DN32：0.55m×13.29m²/100m(查表得)=0.073m² DN25：6.02m×10.53m²/100m(查表得)=0.634m² DN20：50.03m×8.42m²/100m(查表得)=4.21m² 暗装： DN25：207.05m×10.53m²/100m=21.80m²	m²	
6.2	散热器		356×0.235m²/片	m²	83.66
6.3	管道支架		16.3kg：刷防锈漆一遍 其中0.6kg：刷非金属调和漆两遍	kg	16.3

② 分部分项工程项目清单表详见表7.8。

表 7.8 分部分项工程项目清单表

工程名称：某农村节能住宅采暖工程　　　　第 1 页 共 1 页

序号	项目编码	项目名称	项目特征描述	计量单位	工程量
1	030801002001	钢管	1. 安装部位：室内 2. 输送介质：水 3. 材质：焊接钢管 4. 型号、规格：DN32 5. 连接方式：丝扣 6. 套管形式、材质、规格：按设计要求 7. 除锈、防腐、绝热及保护层：明装管道防锈漆一遍、两遍银粉漆；暗装管道刷防锈漆一遍	m	0.55
2	030801002002	钢管	1. 安装部位：室内 2. 输送介质：水 3. 材质：焊接钢管 4. 型号、规格：DN25 5. 连接方式：丝扣 6. 套管形式、材质、规格：按设计要求 7. 除锈、防腐、绝热及保护层：明装管道防锈漆一遍、两遍银粉漆；暗装管道刷防锈漆一遍	m	213.07
3	030801002003	钢管	1. 安装部位：室内 2. 输送介质：水 3. 材质：焊接钢管 4. 型号、规格：DN20 5. 连接方式：丝扣 6. 套管形式、材质、规格：按设计要求 7. 除锈、防腐、绝热及保护层：明装管道防锈漆一遍、两遍银粉漆；暗装管道刷防锈漆一遍	m	50.03
4	030803001001	螺纹闸阀	1. 类型：螺纹闸阀 2. 材质：铜质 3. 型号、规格：DN32	个	1
5	030803001002	螺纹闸阀	1. 类型：螺纹闸阀 2. 材质：铜质 3. 型号、规格：DN25	个	1
6	030803001003	自动恒温阀	1. 类型：两通型自动恒温阀 2. 材质：铜质 3. 型号、规格：DN20	个	30
7	030803002001	手动调节阀	1. 类型：手动调节阀 2. 型号、规格：DN25	个	2
8	030802001001	管道支吊架	1. 名称：支架 2. 材质：型钢 3. 除锈刷油：明装支架防锈漆一遍、两遍非金属调和漆	kg	16.3
9	030805001001	铸铁散热器	1. 型号、规格：铸铁散热器 760 型 2. 除锈、刷油设计要求：防锈底漆一遍、非金属调和漆两遍	片	356
10	031009001001	采暖工程系统调整		系统	1

③ 分部分项工程和单价措施项目清单与计价表。

本项目的计价文件依据 2010 年《黑龙江省建设工程计价依据（给排水、暖通、消防及生活用燃气安装工程计价定额）》，与其相配套的费用定额及省当年的结算文件相关规定，

2013年《建设工程工程量清单计价规范》而编制的。其中，分部分项工程和单价措施项目清单与计价表详见表7.9。

表7.9 分部分项工程和单价措施项目清单与计价表

工程名称：某农村节能住宅采暖工程　　　　　　第 1 页 共 1 页

序号	项目编码	名称	项目特征描述	计量单位	工程量	金额/元		
						综合单价	合价	其中 暂估价
1	030801002001	钢管	1. 安装部位：室内 2. 输送介质：水 3. 材质：焊接钢管 4. 型号、规格：DN32 5. 连接方式：丝扣 6. 套管形式、材质、规格：按设计要求 7. 除锈、防腐、绝热及保护层：明装管道防锈漆一遍、两遍银粉漆；暗装管道刷防锈漆一遍	m	0.55			
2	030801002002	钢管	1. 安装部位：室内 2. 输送介质：水 3. 材质：焊接钢管 4. 型号、规格：DN25 5. 连接方式：丝扣 6. 套管形式、材质、规格：按设计要求 7. 除锈、防腐、绝热及保护层：明装管道防锈漆一遍、两遍银粉漆；暗装管道刷防锈漆一遍	m	213.07			
3	030801002003	钢管	1. 安装部位：室内 2. 输送介质：水 3. 材质：焊接钢管 4. 型号、规格：DN20 5. 连接方式：丝扣 6. 套管形式、材质、规格：按设计要求 7. 除锈、防腐、绝热及保护层：明装管道防锈漆一遍、两遍银粉漆；暗装管道刷防锈漆一遍	m	50.03			
4	030803001001	螺纹闸阀	1. 类型：螺纹闸阀 2. 材质：铜质 3. 型号、规格：DN32	个	1			
5	030803001002	螺纹闸阀	1. 类型：螺纹闸阀 2. 材质：铜质 3. 型号、规格：DN25	个	1			
6	030803001003	自动恒温阀	1. 类型：两通型自动恒温阀 2. 材质：铜质 3. 型号、规格：DN20	个	30			
7	030803002001	手动调节阀	1. 类型：手动调节阀 2. 型号、规格：DN25	个	2			
8	030802001001	管道支吊架	1. 名称：支架 2. 材质：型钢 3. 除锈刷油：明装支架防锈漆一遍、两遍非金属调和漆	kg	16.3			

续表

序号	项目编码	名称	项目特征描述	计量单位	工程量	金额/元		
						综合单价	合价	其中 暂估价
9	030805001001	铸铁散热器	1. 型号、规格：铸铁散热器 760 型 2. 除锈、刷油设计要求：防锈底漆一遍、非金属调和漆两遍	片	356			
10	031009001001	采暖工程系统调整		系统	1			
合 计								

【例 7-2】 以 030801002001 为例。

已知：该项目以 2010 年黑龙江省计价依据为准，综合工日单价、企业管理费与利润根据黑建造价〔2016〕2 号文、黑建规范〔2018〕5 号文相关规定执行，其中，人工费调增为 86 元/工日、企业管理费取 25%、利润取 35%，主要材料价格按黑龙江省建设工程造价信息 2018.8 的材料信息价计取，信息价中没列出的按现行市场价格计取。(焊接钢管 *DN*32 不含税市场价格为：4.15 元/kg)

试确定此清单项目的综合单价。

解：根据清单项 030801002001 钢管的项目特征描述可知，此项目既包含焊接钢管 *DN*32 的安装（安装量为 0.55m），又包含其除锈、刷油等工作内容，因此，需先计算其未计价主材量、除锈及刷油工程量。

a. 未计价主材量：3.193（定额估价表中材料明细表中查得）×0.55=1.756（kg）

除锈、刷油量：0.55×13.29/100=0.073（m^2）

b. 工程量计算完后，查询定额套相关子目项，可得出人工费合价、材料费合价、机械费合价，下面以表格形式计算：

序号	定额编号	分部分项工程名称	工程量		价值		其中/元					
							人工费		材料费		机械费	
			计量单位	数量	定额基价	总价	单价	金额	单价	金额	单价	金额
1	1-79	室内焊接钢管安装(螺纹接)*DN*32	10m	0.055	174.31	9.58	123.49	6.79	49.89	2.74	0.93	0.05
	主材	焊接钢管 *DN*32	kg	1.756	4.15	7.29			4.15	7.29		
2	5-1	管道手工除锈 轻锈	$10m^2$	0.0073	20.50	0.15	18.02	0.13	2.48	0.02		
3	5-18	管道刷防锈漆第一遍	$10m^2$	0.0073	33.47	0.24	14.31	0.10	19.16	0.14		
4	5-21	管道刷银粉漆第一遍	$10m^2$	0.0073	26.01	0.19	14.84	0.11	11.17	0.08		
5	5-22	管道刷银粉漆第二遍	$10m^2$	0.0073	24.57	0.18	14.31	0.10	10.26	0.07		
		合计	元			17.63		7.23		10.34		0.05

从上表中可知：此清单项的人工费合价为 7.23 元，所以总工日=7.23÷53=0.136（工日）；由已知可知人工费调增为 86 元/工日，所以总人工价差=(86−53)×0.136=4.488（元）

c. 企业管理费：7.23×25%=1.81（元）

利润：7.23×35%=2.53（元）

d. 综合单价=(17.62+4.488+1.81+2.53)÷0.55=48.09 (元/m)

小结：1. 本案例中采用的是增值税计税方式，即“价税分离”；

2. 需要注意的是表中材料单价、机械单价均为不含税价格；

3. 以53元/工日为企业管理费与利润的计费基数；

4. 主材价格也为不含税市场价格；

5. 综合单价中材料和机械的风险系数取为0。

④ 清单定额套取表见7.10。

表7.10 清单定额套取表

工程名称：某农村节能住宅采暖工程　　　第 1 页 共 1 页

序号	项目编码	项目名称	项目特征描述	计量单位	工程量
1	030801002001	钢管	1. 安装部位：室内 2. 输送介质：水 3. 材质：焊接钢管 4. 型号、规格：*DN*32 5. 连接方式：丝扣 6. 套管形式、材质、规格：按设计要求 7. 除锈、防腐、绝热及保护层：明装管道防锈漆一遍、两遍银粉漆；暗装管道刷防锈漆一遍	m	0.55
	1-79	室内焊接钢管安装(螺纹连接)公称直径(32mm以内)		m	0.55
	5-1	管道手工除轻锈		m^2	0.072
	5-18	管道刷防锈漆一遍		m^2	0.072
	5-21	管道刷银粉漆一遍		m^2	0.072
	5-22	管道刷银粉漆二遍		m^2	0.072
2	030801002002	钢管	1. 安装部位：室内 2. 输送介质：水 3. 材质：焊接钢管 4. 型号、规格：*DN*25 5. 连接方式：丝扣 6. 套管形式、材质、规格：按设计要求 7. 除锈、防腐、绝热及保护层：明装管道防锈漆一遍、两遍银粉漆；暗装管道刷防锈漆一遍	m	213.07
	1-78	室内焊接钢管安装(螺纹连接)公称直径(25mm以内)		m	213.07
	5-1	管道手工除轻锈		m^2	22.44
	5-18	管道刷防锈漆一遍		m^2	22.44
	5-21	管道刷银粉漆一遍		m^2	0.634
	5-22	管道刷银粉漆二遍		m^2	0.634
	1-48	室外焊接钢管安装(焊接)公称直径(40mm以内)		m	7.42

续表

序号	项目编码	项目名称	项目特征描述	计量单位	工程量
3	030801002003	钢管	1. 安装部位:室内 2. 输送介质:水 3. 材质:焊接钢管 4. 型号、规格:DN20 5. 连接方式:丝扣 6. 套管形式、材质、规格:按设计要求 7. 除锈、防腐、绝热及保护层:明装管道防锈漆一遍、两遍银粉漆;暗装管道刷防锈漆一遍	m	50.03
	1-77	室内焊接钢管安装(螺纹连接)公称直径(20mm以内)		m	50.03
	5-1	管道手工除轻锈		m^2	4.21
	5-18	管道刷防锈漆一遍		m^2	4.21
	5-21	管道刷银粉漆一遍		m^2	4.21
	5-22	管道刷银粉漆二遍		m^2	4.21
4	030803001001	螺纹闸阀	1. 类型:螺纹闸阀 2. 材质:铜质 3. 型号、规格:DN32	个	1
	1-647	螺纹阀门安装公称直径(32mm以内)	主材:铜质闸阀 DN32	个	1
5	030803001002	螺纹闸阀	1. 类型:螺纹闸阀 2. 材质:铜质 3. 型号、规格:DN25	个	1
	1-646	螺纹阀门安装公称直径(25mm以内)	主材:铜质闸阀 DN25	个	1
6	030803001003	自动恒温阀	1. 类型:两通型自动恒温阀 2. 材质:铜质 3. 型号、规格:DN20	个	30
	1-645	螺纹阀门安装公称直径(20mm以内)	主材:YN551A两通型自动恒温阀 DN20	个	30
7	030803002001	手动调节阀	1. 类型:手动调节阀 2. 型号、规格:DN25	个	2
	1-668	螺纹法兰阀门安装公称直径(25mm以内)	主材:螺纹法兰阀门 DN25	个	2
8	030803005001	自动排气阀	1. 类型:自动排气阀 2. 型号、规格:DN20	个	1
	1-726	自动排气阀 DN20	主材:自动排气阀 DN20	个	1
9	030802001001	管道吊支架	1. 名称:支架 2. 材质:型钢 3. 除锈刷油:明装支架防锈漆一遍、两遍非金属调和漆	kg	16.3
	1-642	一般管架制作		kg	16.3
	1-643	一般管架安装		kg	16.3
	5-7	一般钢结构手工除轻锈		kg	16.3

续表

序号	项目编码	项目名称	项目特征描述	计量单位	工程量
	5-84	一般钢结构刷防锈漆一遍		kg	16.3
	5-91	一般钢结构刷调和漆一遍		kg	0.6
	5-92	一般钢结构刷调和漆二遍		kg	0.6
10	030805001001	铸铁散热器	1. 型号、规格：铸铁散热器760型 2. 除锈、刷油设计要求：防锈底漆一遍、非金属调和漆两遍	片	356
	1-1100	铸铁散热器组成安装 长翼型		片	356
	5-4	设备手工除轻锈		m^2	83.66
	5-136	暖气片刷防锈漆		m^2	83.66
	5-138	暖气片刷银粉漆一遍		m^2	83.66
	5-139	暖气片刷银粉漆二遍		m^2	83.66
11	031009001001	采暖工程系统调整		系统	1
	6-23	系统调整费（给排水、采暖、燃气工程）		系统	1

7.2 通风空调工程工程量清单及计价

7.2.1 通风空调工程简介

7.2.1.1 通风系统

通风系统是借助换气稀释或通风排除等手段，来控制空气污染物的传播与危害，实现室内外空气环境质量保障、满足人们生活或生产需要而设置的一系列设备和装置。

（1）通风系统分类

① 按介质传输方向不同，可分为送风和排风 送风就是向房间内送入新鲜空气。它可以是全面的，也可以是局部的。

排风就是将房间内的污浊空气经过处理，符合排放标准后排出到室外。它也可以是局部的或全面的。

② 按其动力不同，可分为自然通风和机械通风 自然通风是依靠室内外空气温度差所造成的热压和室外风力造成的风压来实现换气的通风方式。图7.18为热压作用下的自然通风，是由于热压作用使房间内空气产生一种上升力，空气上升后从上部窗排出，室外冷空气从房间下边门窗孔洞或缝隙进入室内的自然通风。图7.19为风压作用下的自然通风，是利用风压而使房间内形成了一种由风力引起的自然通风。

机械通风是利用通风机产生的动力，进行换气的方式。机械通风按照通风系统应用范围的不同，可分为全面机械通风和局部机械通风两种。

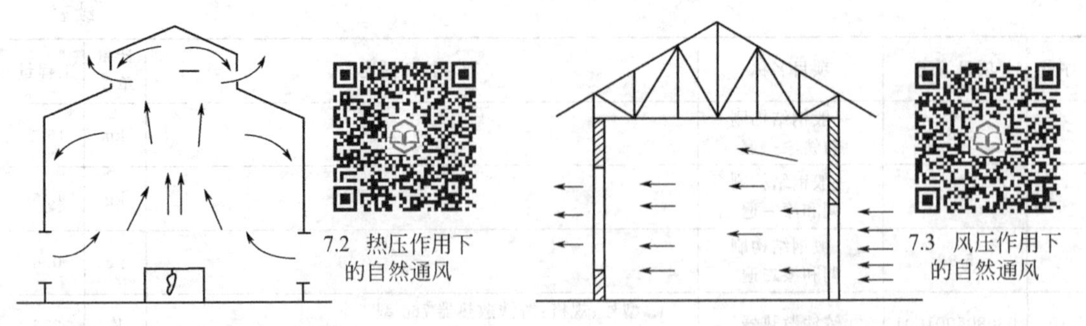

图 7.18 热压作用下的自然通风　　图 7.19 风压作用下的自然通风

全面机械通风，是在房间内全面进行通风换气。这种通风方式的目的在于稀释房间空气中的污染物和提供房间需要的热量。全面机械通风又可分为全面机械排风（如图 7.20 所示）和全面机械送风（如图 7.21 所示）。

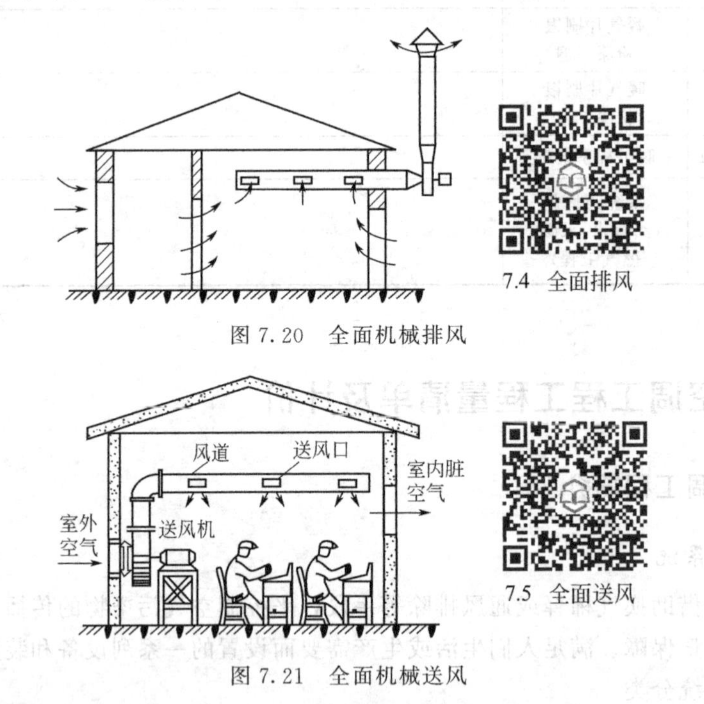

图 7.20 全面机械排风

图 7.21 全面机械送风

局部机械通风可分为局部机械送风（如图 7.22 所示）和局部机械排风（如图 7.23 所示）。局部送风则是将经过处理的、符合要求的空气送到局部工作地点，以保证局部区域的空气条件，而局部机械排风是将有害物就地捕捉、净化后排放至室外。

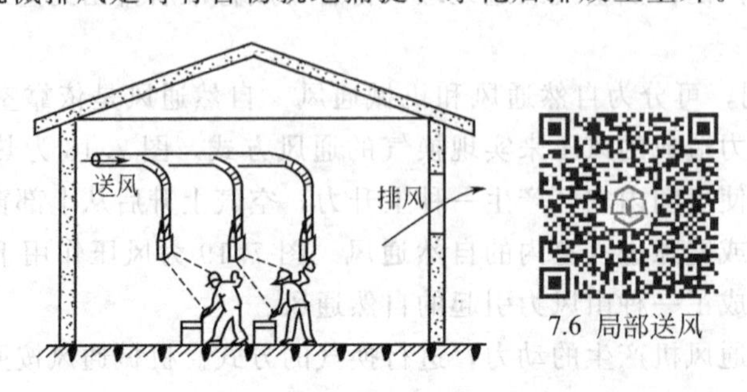

图 7.22 局部机械送风

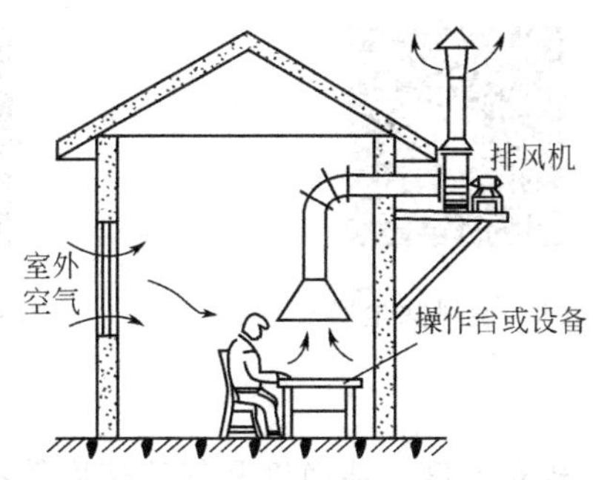

7.7 局部排风

图 7.23 局部机械排风

(2) 通风系统的组成　通风系统一般由送风和排风两部分组成，包括有风管、风管部件、通风设备、空气处理设备及净化设备等。

① 风管　通风系统中输送空气的管道称为风管，它把系统中的各种设备或部件连接成了一个整体。

② 风管部件　依附在管道上安装，有送风口、排风口、阀门、定风量调节器、消声器、检查孔、风管测定孔、支架等。

a. 送风口　将处理后的空气均匀送入到房间的风口。常见的送风口有单层（双层）百叶风口、散流器等。

b. 排风口　排风口将所需求的风量．按一定方向、一定速度均匀吸入排风系统内或均匀地排出去。常见的排风口有单层百叶带滤网排风口、格栅带滤网排风口、防雨百叶风口、风帽等各种形式。

c. 阀门　是接通或切断管路介质的流通，改变介质的流动方向，调节介质的压力和流量，保护管路和设备正常运行的控制装置。通风系统包括的阀门有蝶阀、防火阀、防烟防火阀、对开式多叶阀、止回阀、密闭保温阀、矩形三通阀等。

d. 定风量调节器　一种机械式的自力装置，它对风量的控制无需外加动力，只依靠气流自身的力来定位阀片的位置，从而在整个压力差范围内将气流保持在预先设定的流量上。

e. 消声器　是允许气流通过，却又能阻止或减小声音传播的一种器件，是消除空气动力噪声的重要措施。常用的有片式消声器、矿棉管壳式消声器、聚酯泡沫管式消声器、弧形声流式消声器、阻抗复合式消声器等。

f. 检查孔　风管检查孔（见《采暖通风国家标准图集》T604）主要用于通风与空调系统中需要经常检修的地方，例如风管内的电加热器、中效过滤器等。

g. 风管测定孔　主要用于通风与空调系统的调试和测定。测定孔有测量空气温度用的和测量风量、风压用的两种（见《采暖通风国家标准图集》T605）。

h. 支架　对管路系统和设备起到支撑和稳固的作用，属于管路系统的附件。

③ 通风设备　是机械送风、排风系统中的动力设备。通风机是将处理后的空气送入风管内的机械；排风机是将浊气通过机械从通风管道中排出。工程中，常用的风机是离心风机和轴流风机。

④ 空气处理设备　进行空气过滤、加热、加湿等处理的设备。

⑤ 净化设备　为防止大气污染，当排出空气中有害物量超过排放标准时，必须用净化设备处理，达到排放标准后，排至大气中。通风系统中常用的净化设备主要是除尘器，除尘器又分为重力沉降式除尘器、旋风除尘器、袋式除尘器。

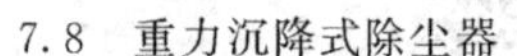
7.8 重力沉降式除尘器

7.9 旋风除尘器

7.10 袋式除尘器

7.2.1.2 空调系统

空调系统是指为了使空气的温度、相对湿度、洁净度和气流速度等参数达到一定的要求所使用的一系列设备和控制装置，是更高一级的通风。它主要包括空气处理设备、冷热源、冷热源输送设备、空气的输送和分配设备以及自动控制装置等。

(1) 空调系统分类

① 按空气处理设备的集中程度分类

a. 集中式空调系统 该系统的特点是所有的空气处理设备，包括风机、空气处理设备等，都设置在一个集中的空调机房内，空气经过集中处理后，再输送到各空调房间内。

b. 半集中式空调系统 该系统除了设有集中在空调机房的空气处理设备可以处理一部分空气外，还设有分散在空调房间的末端空气处理设备。如诱导器系统、风机盘管系统等均属此类。

c. 分散式空调系统 分散式空调系统又称为局部空调系统，是把空气处理所需的冷热源、空气处理和输送设备、控制设备等集中设置在一个箱体内，组成整体式或分散式等空调机组，可以根据需要，灵活、方便地布置在各个不同的空调房间或邻室内。分散式空调系统又可以分为窗式空调器系统、分体式空调器系统、柜式空调器系统等。

② 按输送负担空调负荷的介质不同分类

a. 全空气系统 指空调房间的室内负荷全部由经过处理的空气来承担的空调系统，如集中式空调系统，如图 7.24 所示。

b. 全水系统 指空调房间的热湿负荷全部靠水作为冷热介质来承担的空调系统，如独立设置的风机盘管系统，如图 7.25 所示。

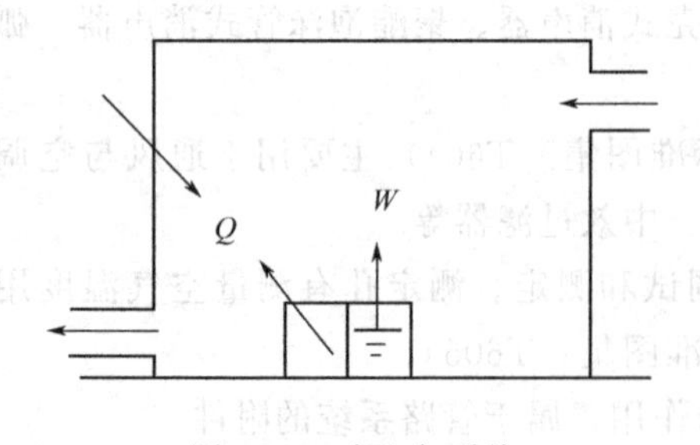

图 7.24 全空气系统

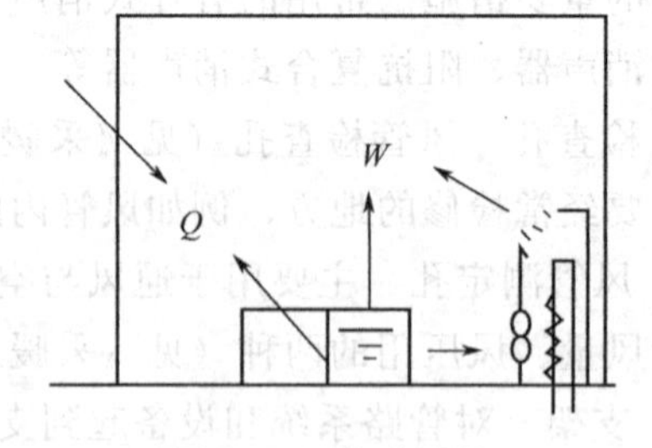

图 7.25 全水系统

c. 空气-水系统 由空气和水共同负担空调房间热湿负荷的空调系统，如风机盘管加新风系统，如图 7.26 所示。

d. 制冷剂系统 空调房间内负荷由制冷剂（氟利昂类、氨）承担，如分体式空调等，如图 7.27 所示。

(2) 空调系统的组成 空气调节系统一般均由被调对象、空气处理设备、空气输送设备、空气分配设备和冷热源所组成，如图 7.28 所示。

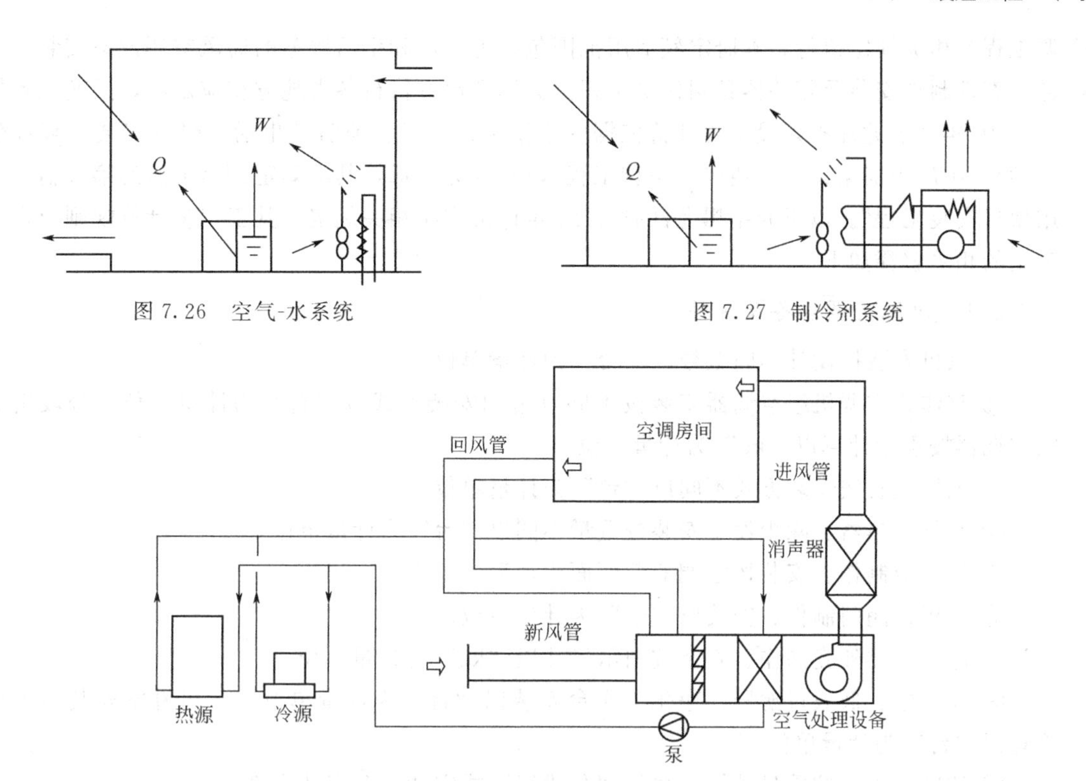

图 7.26　空气-水系统

图 7.27　制冷剂系统

图 7.28　空调系统组成示意图

① 被调对象　被调对象可以是封闭式的，也可以是敞开式的；可以由一个房间或多个房间组成，也可以是一个房间的一部分。

② 空气处理设备　空气处理设备是由过滤器、表面式空气冷却器、空气加热器、空气加湿器等空气热湿处理和空气净化器组合在一起的，是空调系统的核心，室内空气与室外新鲜空气被送到这里进行热湿处理与净化，达到要求的温度、湿度后，再被送回室内。

③ 空气输送设备　主要是包括送风机、风管系统及必要的风量调节装置，作用是不断将空气处理设备处理好的空气有效地输送到各空调房间内。

④ 空气分配设备　主要包括设置在不同位置的送风口、回风口、排风口和回风管道。其作用是合理地组织空调房间的空气流动，保证空调房间内工作区的空气温度和湿度均匀一致等。

⑤ 冷热源　指空调系统提供冷量和热量的成套设备，如锅炉、热泵、冷水机组等。

(3) 通风空调系统中常用的风管材料与连接方式　在通风空调系统中，制作风管的材料一般可分为金属风管材料和非金属风管材料两类。

工程上常见的金属风管材料主要包括普通薄钢板、镀锌薄钢板、彩色涂塑钢板（塑料复合钢板）、不锈钢板、铝板等。

工程上常见的非金属风管材料主要有酚醛铝箔复合板、聚氨酯铝箔复合板、玻璃纤维复合板、玻璃钢、硬聚氯乙烯、聚酯纤维织物等。

通风与空调工程中通风管道系统常用的连接方式有咬口、焊接和铆接等。

7.2.2　通风空调定额应用及计算规则

在编制通风空调工程预算时，按照《全国统一安装工程预算定额》中的第九册《通风空调工程》相关规定执行，本册定额适用范围包括为生产和生活服务的通风空调设备安装、管道、部件制作安装及相关器具制作等工程。具体到地方执行各省地方相应定额，黑龙江省执行2010年《黑龙江省建设工程计价依据（给排水、暖通、消防及生活用燃气安装工程计价定额）》中的中册第二篇“通风、空调工程”，共分为三章，其配套定额是下册的第五篇“通用项目安装工程”。以下介绍黑龙江省2010年计价定额相关规定，其工程量计算规则及定额套用的相关解释如下。

7.2.2.1 通风空调设备及部件

① 风机安装按设计不同型号以“台”为计量单位。

② 整体式空调机组空调器安装按不同重量和安装方式以“台”为计量单位；分段组装式空调器按重量计算以“kg”为计量单位。

③ 风机盘管按安装方式不同以“台”为计量单位。

④ 空气加热器、除尘设备安装按重量不同以“台”为计量单位。

⑤ 挡水板制作、安装按空调器断面面积计算。

⑥ 钢板密闭门制作、安装以“个”为计量单位。

⑦ 电加热器外壳制作、安装按图示尺寸以“kg”为计量单位。

⑧ 高、中、低效过滤器，净化工作台安装以“台”为计量单位， 风淋室安装按不同重量以“台”为计量单位。

⑨ 洁净室安装按重量计算，执行“分段组装式空调器”安装定额。

注：① 通风机安装项目内包括电动机安装，其安装形式包括A，B、C或D型，也适用不锈钢和塑料风机安装；定额中离心式通风机、轴流式通风机、屋顶式通风机安装定额中4#、6#等型号所对应的通风机规格参数如表7.11。

表7.11 通风机规格参数表

通风机型号	对应风量/(m^3/h)
离心式通风机安装4#	离心式通风机安装4500以下
离心式通风机安装6#	离心式通风机安装4501～7000
离心式通风机安装8#	离心式通风机安装7001～19300
离心式通风机安装12#	离心式通风机安装19301～62000
离心式通风机安装16#	离心式通风机安装62001～123000
离心式通风机安装20#	离心式通风机安装123000以上
轴流式通风机安装5#	轴流式通风机安装8900以下
轴流式通风机安装7#	轴流式通风机安装8901～25000
轴流式通风机安装10#	轴流式通风机安装25001～63000
轴流式通风机安装16#	轴流式通风机安装63001～140000
轴流式通风机安装20#	轴流式通风机安装140000以上
屋顶式通风机安装3.6#	屋顶式通风机安装2760以下
屋顶式通风机安装4.5#	屋顶式通风机安装2761～9100
屋顶式通风机安装6.3#	屋顶式通风机安装9100以上

② 诱导器的安装计价时执行风机盘管安装定额项目。

③ 设备安装项目的基价中不包括设备费和应配备的地脚螺栓价值。

④ 风机盘管的配管执行第一篇定额中相应项目。

⑤ 风机减震台座执行本定额设备支架项目，定额中不包括减震器用量，应依设计图纸按实计算。

⑥ 过滤器安装项目中包括试装，如不试装，仍执行定额，人工、材料、机械不变。

⑦ 低效过滤器指：M-A 型，WL 型、LWP 型等系列。

中效过滤器指：ZKL 型、YB 型、M 型、ZX-1 型等系列。

高效过滤器指：GB 型、GS 型、JX-20 型等系列。

⑧ 净化工作台指：XHK 型、BZK 型、SXP 型、SZP 型、SZX 型、SW 型、SZ 型、SXZ 型、TJ 型、CJ 型等系列。

⑨ 本章定额按空气洁净度 100000 级编制的。

7.2.2.2 通风管道

(1) 碳钢通风管道

① 风管的制作安装以施工图规格不同按展开面积计算，不扣除检查孔、测定孔、送风口、吸风口等所占面积，计量单位为“m^2”。

7.11 通风管道计量要点

圆管 $F=\pi DL$

式中 F——圆形风管展开面积，m^2；

D——圆形风管直径，m；

L——管道中心线长度，m。

矩形风管按图示周长乘以管道中心线长度计算。

② 其中，风管长度一律以设计图示中心线长度为准（主管与支管以其中心线交点划分），包括弯头、三通、变径管、天圆地方等管件的长度，但不包括部件所占长度。因此在计算风管长度时，应减去部件所占位置的长度，一般通风管道部件是指风管阀门、风帽、静压箱及消音器等部件，下面给出了阀门长度（L）的确定，当设计有规定时，按设计规定的长度计算；设计没有规定时，按标准图长度或参考以下规定进行计算：

蝶阀 $L=150$mm

止回阀 $L=300$mm

密闭式对开多叶调节阀 $L=210$mm

圆形风管防火阀 $L=D+240$mm

矩形风管防火阀 $L=B+240$mm，B 为风管高度。

另外，密闭式斜插板阀长度尺寸如表 7.12 所示。

表 7.12 密闭式斜插板阀长度表 单位：mm

型号	1	2	3	4	5	6	7	8	9	10	11	12	13	14	15	16
D	80	85	90	95	100	105	110	115	120	125	130	135	140	145	150	155
L	280	285	290	300	305	310	315	320	325	330	335	340	345	350	355	360
型号	17	18	19	20	21	22	23	24	25	26	27	28	29	30	31	32
D	160	165	170	175	180	185	190	195	200	205	210	215	220	225	230	235
L	365	365	370	375	380	385	390	395	400	405	410	415	420	425	430	435

续表

型号	33	34	35	36	37	38	39	40	41	42	43	44	45	46	47	48
D	240	245	250	255	260	265	270	275	280	285	290	300	310	320	330	340
L	440	445	450	455	460	465	470	475	480	485	490	500	510	520	530	540

注：D 为风管直径。

塑料手柄式蝶阀长度尺寸见表 7.13。

表 7.13 塑料手柄式蝶阀长度表 单位：mm

型号		1	2	3	4	5	6	7	8	9	10	11	12	13	14
圆形	D	100	120	140	160	180	200	220	250	280	320	360	400	450	500
	L	160	160	160	180	200	220	240	270	300	340	380	420	470	520
方形	A	120	160	200	250	320	400	500							
	L	160	180	220	270	340	420	520							

注：D 为风管外径；A 为方形风管外边宽。

塑料拉链式蝶阀长度尺寸见表 7.14。

表 7.14 塑料拉链式蝶阀长度表 单位：mm

型号		1	2	3	4	5	6	7	8	9	10	11
圆形	D	200	220	250	280	320	360	400	450	500	560	630
	L	240	240	270	300	340	380	420	470	520	580	650
方形	A	200	250	320	400	500	630					
	L	240	270	340	420	520	650					

注：D 为风管外径；A 为方形风管外边宽。

塑料圆形插板式阀长度尺寸表见表 7.15。

表 7.15 塑料圆形插板式阀长度表 单位：mm

型号		1	2	3	4	5	6	7	8	9	10	11
圆形	D	200	220	250	280	320	360	400	450	500	560	630
	L	200	200	200	200	300	300	300	300	300	300	300
方形	A	200	250	320	400	500	630					
	L	200	200	200	200	300	300					

注：D 为风管外径；A 为方形风管外边宽。

③ 在进行展开面积计算时，风管直径和周长按图注尺寸展开，咬口重叠部分已包含在相应定额中，不再展开计算。

④ 涉及不同管径风管连接时，下面列举了两种情况下风管面积计算：

当主管和支管斜交接时，如图 7.29 所示，主管展开面积为 $F_1=\pi D_1 L_1$，支管展开面积为 $F_2=\pi D_2 L_2$。

当主管和一个支管及一个弯管交接时，如图 7.30 所示。

主管展开面积 $F=\pi D_1 L_1$

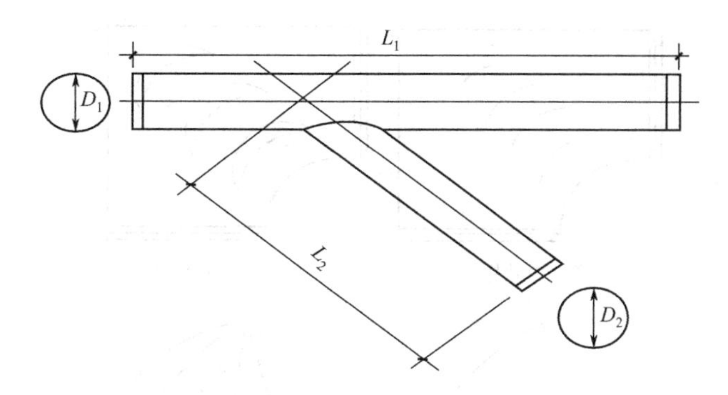

图 7.29 主管和支管斜交接示意图

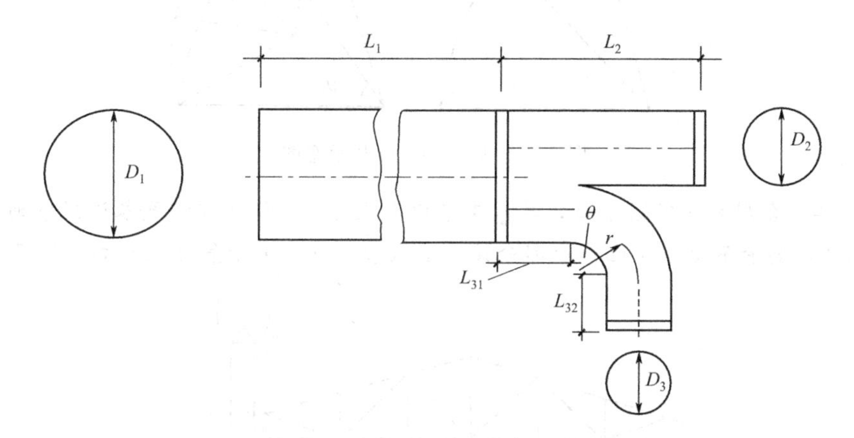

图 7.30 主管和一个支管及一个弯管交接示意图

支管 1 展开面积 $F_2=\pi D_2 L_2$

支管 2 展开面积 $F_3=\pi D_3(L_{31}+L_{32}+2\pi r\theta)$

式中 θ——弧度，θ=角度×0.01745；

角度——风管中心线夹角；

r——弯曲半径。

⑤ 风管导流叶片制作、安装按图 7.31 所示叶片的面积计算。

导流叶片具体说明如下：根据施工验收规范规定，内弧形或内斜线形弯管，当边长 $A\geqslant$500mm时，弯管内设置导流叶片，导流叶片公式及形式如下：

单叶片 $F=2\pi r\theta b$

双叶片 $F=2\pi(r_1\theta_1+r_2\theta_2)b$

式中 b——导流叶片宽度；

θ——弧度，θ=角度×0.01745；

角度——风管中心线夹角；

r——弯曲半径。

⑥ 软管（帆布接口）制作、安装，按图示尺寸以“m^2”为计量单位。

⑦ 风管检查孔重量，按本定额附录四“国标通风部件标准重量表”计算。

⑧ 风管测定孔制作、安装按其型号以“个”为计量单位。

注：a. 整个通风系统设计采用渐缩管均匀送风时，圆形风管按平均直径、矩形风管按

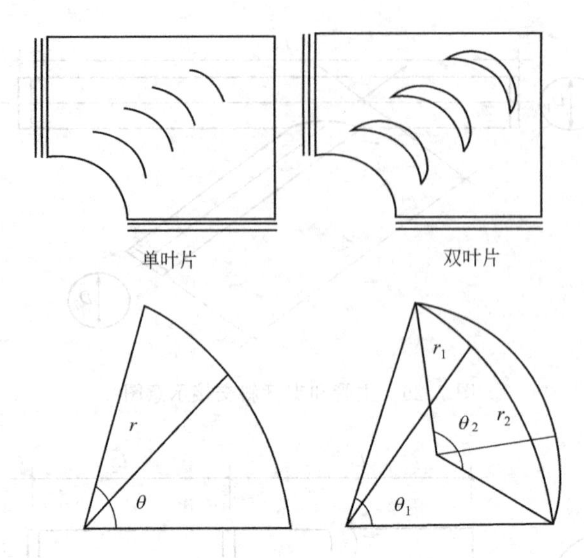

图 7.31 风管导流叶片示意图

平均周长计算。套用相应定额子目，其人工乘以系数 2.5；如制作空气幕送风管时，其人工乘以系数 3.0，其余不变。其他等径部分按普通风管计算。渐缩管送风形式如图 7.32 所示。

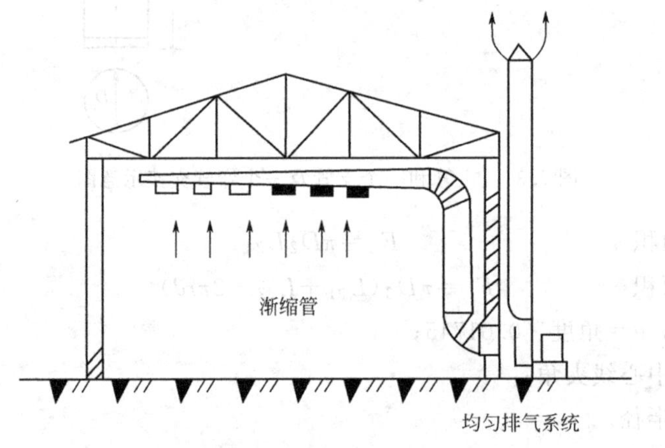

图 7.32 渐缩管送风图

b. 薄钢板通风管道制作安装项目中，包括弯头、三通、变径管、天圆地方等管件及法兰、加固框和吊托支架的制作用工，但不包括过跨风管落地支架，落地支架执行本册第一章设备支架项目。

c. 通风管道运输费在定额内已考虑了现场内制作和安装的运输费用，施工现场外的运费按社会运输考虑。

d. 镀锌薄钢板风管项目中的板材是按镀锌薄钢板编制的，如设计要求不用镀锌薄钢板者，板材可以换算，其余不变。

e. 当普通咬口风管通风系统中有凝结水产生时，若设计要求对其咬口缝增加锡焊或涂密封胶时可按相应的净化风管定额子目中的密封材料增加 50%，清洗材料增加 20%，人工每 $10m^2$ 增加 1 个工日计算。

f. 风管支架、法兰、加固框需要单独刷油时工程量的计算：

设计图纸中给出风管支架、法兰、加固框的重量时按设计图纸重量计算，套金属结构刷油定额；设计图纸中未给出风管支架、法兰、加固框的重量时，按风管制作安装相应定额子目材料中的型钢（角钢、扁钢、圆钢）重量除以1.04得出净重量，套金属结构刷油定额。

g. 风管导流叶片不分单叶片和香蕉形双叶片均执行同一项目。

h. 薄钢板风管项目中的板材，如设计要求厚度不同者可以换算，但人工、机械不变。

i. 软管接头使用人造革而不使用帆布者可以换算。

j. 项目中的法兰垫料如设计要求使用材料品种不同者可以换算，但人工不变。使用泡沫塑料者每公斤橡胶板换算为泡沫塑料0.125kg；使用闭孔乳胶海绵者每公斤橡胶板换算为闭孔乳胶海绵0.5kg。

（2）柔性软风管安装，按图示管道中心线长度以“m”为计量单位。

注：① 柔性软风管定额中不包括支吊架的工作内容，发生时可按相应项目计算。

② 柔性软风管定额中接头卡具按实计算。

③ 风管道中的软管接口（帆布接口）与柔性软风管的区别。

a. 功能：软管接口用于设备与风管或部件的连接；柔性软风管用于不易于设置刚性风管位置的挠性风管，属于通风管道系统的一部分。

b. 固定方式：软管接口采用法兰连接，一般不设专门的支托吊架；柔性软风管采用镀锌皮卡子连接，采用吊托支架固定。

c. 材质：软管接口采用帆布材料；柔性软风管采用金属、涂塑化纤织物、聚酯、聚乙烯、聚氯乙烯薄膜、铝箔等材料制成。

d. 施工工艺：软管接口为现场制作安装；柔性软风管为成品现场安装。

（3）净化通风管道 其工程量的计算同碳钢通风管道。

注：① 净化通风管道制作安装项目中包括弯头、三通、变径管、天圆地方等管件及法兰、加固框和吊托支架，不包括过跨风管落地支架。落地支架执行设备支架项目。

② 净化风管项目中的板材，如设计厚度不同者可以换算，其他不变。

③ 圆形风管执行本章矩形风管相应项目。

④ 风管涂密封胶是按全部口缝外表面涂抹考虑的，如设计要求口缝不涂抹而只在法兰处涂抹者，每$10m^2$风管应减去密封胶1.5kg和人工0.37工日。

⑤ 风管项目中型钢未包括镀锌费，如设计要求镀锌时，另加镀锌费。

⑥ 如设计要求净化风管咬口处用锡焊时，可按每$10m^2$风管使用1.1kg焊锡、0.11kg盐酸增加项目，同时扣减定额中密封胶和洗涤剂的使用量，其他不变。

⑦ 净化风管是按空气洁净度100000级编制的。

（4）不锈钢通风管道 其工程量的计算同碳钢通风管道。

注：① 矩形风管按圆形风管相应项目执行。

② 不锈钢通风管道的制作安装中包括管件，但不包括法兰和吊托支架，可按相应定额以“kg”为计量单位另行计算，执行本章定额相应项目。

③ 风管凡以电焊考虑的项目，如需使用手工氩弧焊者，按相应项目执行。

④ 风管项目中的板材如设计要求厚度不同者可以换算，其他不变。

（5）铝板通风管道 其工程量的计算同碳钢通风管道。

注：① 风管制作安装项目中包括管件，但不包括吊托支架，另按相应项目执行。

② 风管项目中的板材如设计要求厚度不同者可以换算，人工、机械不变。

（6）塑料通风管道 其工程量的计算同碳钢通风管道。

注：① 风管项目规格表示的直径为内径，周长为内周长。

② 风管制作安装项目中包括管件、法兰、加固框。

③ 塑料通风管道的制作安装定额中不包括吊托支架的内容，发生时可按相应项目计算。

④ 风管制作安装项目中的主材，板材（指每 $10m^2$ 定额用量为 $11.6m^2$ 者），如设计要求厚度不同者可以换算，其他不变。

⑤ 项目中的法兰垫料如设计要求使用品种不同者可以换算，但人工不变。

⑥ 塑料通风管道胎具材料摊销的计算方法：

塑料风管管件制作的胎具摊销材料，未包括在定额内，按以下规定另行计算：

风管工程量在 $30m^2$ 以上的，每 $10m^2$ 风管的胎具摊销木材为 $0.06m^3$；

风管工程量在 $30m^2$ 以下的，每 $10m^2$ 风管的胎具摊销木材为 $0.09m^3$。

（7）玻璃钢通风管道　其工程量的计算同碳钢通风管道。

注：① 玻璃钢通风管道安装项目中，包括弯头、三通、变径管、天圆地方等管件的安装及法兰、加固框和吊托架的制作安装。

② 本定额玻璃钢风管及管件按计算工程量外加工定做；风管修补应由加工单位负责，按实发生计算。

③ 本定额未考虑预留铁件的制作和埋设，如果设计要求用膨胀螺栓安装吊托支架者，膨胀螺栓可按实际调整，其余不变。

（8）复合型通风管道　其工程量的计算同碳钢通风管道。

注：① 风管项目规格表示的直径为内径，周长为内周长。

② 风管制作安装项目中包括管件、法兰、加固框、吊托支架。

（9）使用定额时其他需注意事项。

① 安装工程与土建工程发生交叉作业时，定额中已考虑施工降效的因素，不另外计取。

② 本章定额不包括风管穿墙、穿楼板的孔洞修补费用。

③ 薄钢板通风管道、净化通风管道、玻璃钢通风管道、复合型材料通风管道的制作、安装中已包括法兰、加固框和吊托支架，不再重复计算。对于施工中法兰、加固框和吊托支架的与定额中的用量不符时，可按建设方和施工方双方的约定调整执行。

7.2.2.3　通风管道部件

（1）调节阀制作，均以“kg”为计量单位。

（2）调节阀安装：

① 空气加热器上通阀、旁通阀及圆形瓣式启动阀均以“个”为计量单位；

② 风管蝶阀，圆、方形风管止回阀，密闭式斜插板阀，对开多叶调节阀，风管防火阀，均以“个”为计量单位。

（3）柔性软风管阀门安装以“个”为计量单位。

（4）钢百叶窗及活动金属百叶风口的制作以“m^2”为计量单位，安装按规格尺寸以“个”为计量单位。

（5）铝制孔板风口如需电化处理时，另加电化费。

（6）玻璃钢通风管道部件圆伞形、锥形、筒形风帽，均以“kg”为计量单位。

（7）消声器制作、安装，均以“kg”为计量单位。

（8）罩类制作、安装，均以“kg”为计量单位。

（9）风帽筝绳制作、安装按图示规格、长度，以“kg”为计量单位。

(10) 风帽泛水制作、安装按图示展开面积以“m^2”为计量单位。

(11) 静压箱制作安装以“kg”为计量单位。

注：① 密闭式对开多叶调节阀与手动对开多叶调节阀套用同一定额。

② 如静压箱是以成品的形式进行安装，其定额中所使用的重量包括所需的钢板和型钢的重量。

③ 本章定额附录中部件重量表的使用方法及步骤：

a. 按施工图标注的部件名称型号去查附录重量表；

b. 该部件的重量乘以施工图中该部件的个数，就等于该部件的总重量；

c. 用该部件的总重量套用相应的部件制作安装定额；

d. 用该部件的总重量乘以系数 1.15，然后套用相应的刷油定额。

④ 防排烟系统中电动多叶送风口（带排烟阀），其风口、阀体的安装分别套用相应定额。即：风口安装执行相应的百叶风口定额，阀体的安装套用相应的阀体安装定额，电气控制部分执行电气定额。

7.2.2.4 相关刷油、防腐蚀、绝热工程

(1) 除锈工程

① 风管以展开面积“m^2”计算；

② 通风空调部件和吊托支架以质量“kg”为单位计算。

注：各种管件、阀门及设备上人孔、管口凸凹部分的除锈已综合考虑在定额内。

(2) 刷油工程

① 风管以展开面积“m^2”计算；

② 通风空调部件和吊托支架以质量“kg”为单位计算。

注：a. 薄钢板风管刷油按其工程量执行相应项目，仅外（或内）面刷油者按定

额乘以系数 1.2；内外均刷油者，乘以系数 1.1（其法兰、加固框、吊托支架已经包括在此系数内）。

b. 风管部件（指通风、空调风管系统中的风口、阀门、排气罩等）刷油时，按金属结构刷油定额相应子目乘以系数 1.15 计算。

c. 各种管件、阀门及设备上人孔、管口凸凹部分的刷油已综合考虑在定额内。

(3) 绝热工程

① 矩形风管保温体积（见图 7.33）按下式计算：

$$V=S_{风管}\delta+4\delta^2L$$

② 矩形风管外保护层面积按下式计算：

$$S=S_{风管}+8\delta L$$

③ 圆形风管保温体积按下式计算：

$$V=W_{平均}L\delta$$

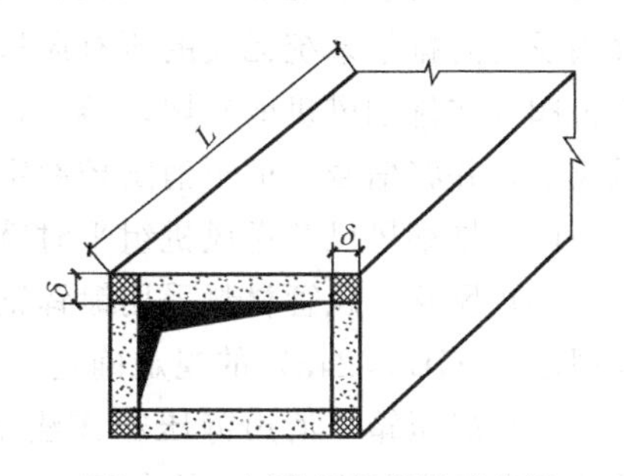

图 7.33 矩形风管保温示意图

式中 V——绝热体积，m^3；

S——保护层面积，m^2；

$S_{风管}$——风管展开面积，m^2；

$W_{平均}$——风管截面平均周长，m；

δ——保温材料厚度，m；

L——风管长度，m。

注：a. 定额中已有适用的项目执行定额，定额中没有的项目可参照下列规定：

圆形的通风管道保温根据不同的保温材料按管道保温的相应定额执行；

矩形的通风管道保温根据不同的保温材料按卧式设备保温的相应定额执行。

b. 管道绝热工程，除法兰、阀门外，其他管件均已考虑在内；设备绝热工程，除法兰、人孔外，其他封头已考虑在内。

c. 绝热工程保温材料品种的划分：

纤维类制品：包括矿棉、岩棉、玻璃棉、超细玻璃棉、泡沫石棉制品、硅酸铝制品等。

泡沫类制品：包括聚苯乙烯泡沫塑料、聚氨酯泡沫塑料等。

毡类制品：包括岩棉毡、矿棉毡、玻璃棉毡制品。

硬质材料类：包括珍珠岩制品、泡沫玻璃类制品。

7.2.3 米兰小镇车库通风工程工程量清单及计价

7.2.3.1 项目描述

本工程为大庆市米兰小镇 BD-1 地下车库通风防排烟设计。本车库约 8781.89m^2，共三个防火分区，六个防烟分区。本例图样为米兰小镇地下车库防排烟平面图、剖面图、送排风系统图，见图 7.34、图 7.35、图 7.36。

(1) 排风排烟 地下层车库每个防烟分区均设一套排烟系统，排风系统和排烟系统合用一套风管道，排烟系统按 6 次/时计算，排风系统按 4 次/时计算，采用双速排烟风机，平时低速排风，火灾时高速排烟。风机入口处设 280℃防火阀，排风口为常开风口，排烟口为常闭风口。

(2) 送风

① 地下层车库每个防火分区设一套火灾与平时兼用新风系统及诱导风机送风系统，共三套送风系统，送风量按排风量的 85%计算。

② 地下层车库新风机组冬季设 110/70℃热水预热（建设单位提供）。

(3) 排烟系统控制要求 排风排烟共用系统：当发生火灾时，探测器报警信号送至消防控制室，经确认后，可在消防控制室自动或手动打开火灾排烟分区内的 280℃常闭防火阀，同时联锁启动该系统的排烟风机。启动与之对应的排烟补风系统，关闭所有的 70℃常开防火阀及与防排烟系统无关的所有风机。当火灾温度超过 280℃时，排烟风道上的 280℃排烟防火阀（在排烟风机前）熔丝熔断，关闭阀门。同时自动关闭该系统的排烟风机及相应的补风风机，并将信号反馈至消防控制室。新风系统的电动密闭阀与风机联锁控制。

(4) 排烟风机及送风机组平时就地控制，火灾时由消控中心启动与控制。

(5) 风管 风管材料采用镀锌钢板制作，厚度及加工方法，按《通风与空调工程施工验收规范》(GB 50243) 的规定确定。见表 7.16。

(6) 静压箱 消声静压箱作法是：在箱内衬 50mm 厚的超细玻璃棉 (32kg/m)，外包玻璃丝布，再用铝板网压平加固，要求平整挺括，采用金属龙骨。

(7) 系统安装

① 排风（烟）系统中板下 280℃常开排烟阀至排烟风机入口处的排烟阀之间风管应保温，保温材料采用带铝箔复合层的岩棉毡进行保温，厚度为 30mm，做法见相关规范。新（补）风系统中至新风机组的进风管段应保温。

② 防腐：风道支吊架刷红丹防锈漆一遍，刷调和漆两遍。

注：大庆市米兰小镇BD-1地下车库通风防排烟工程CAD图可下载。

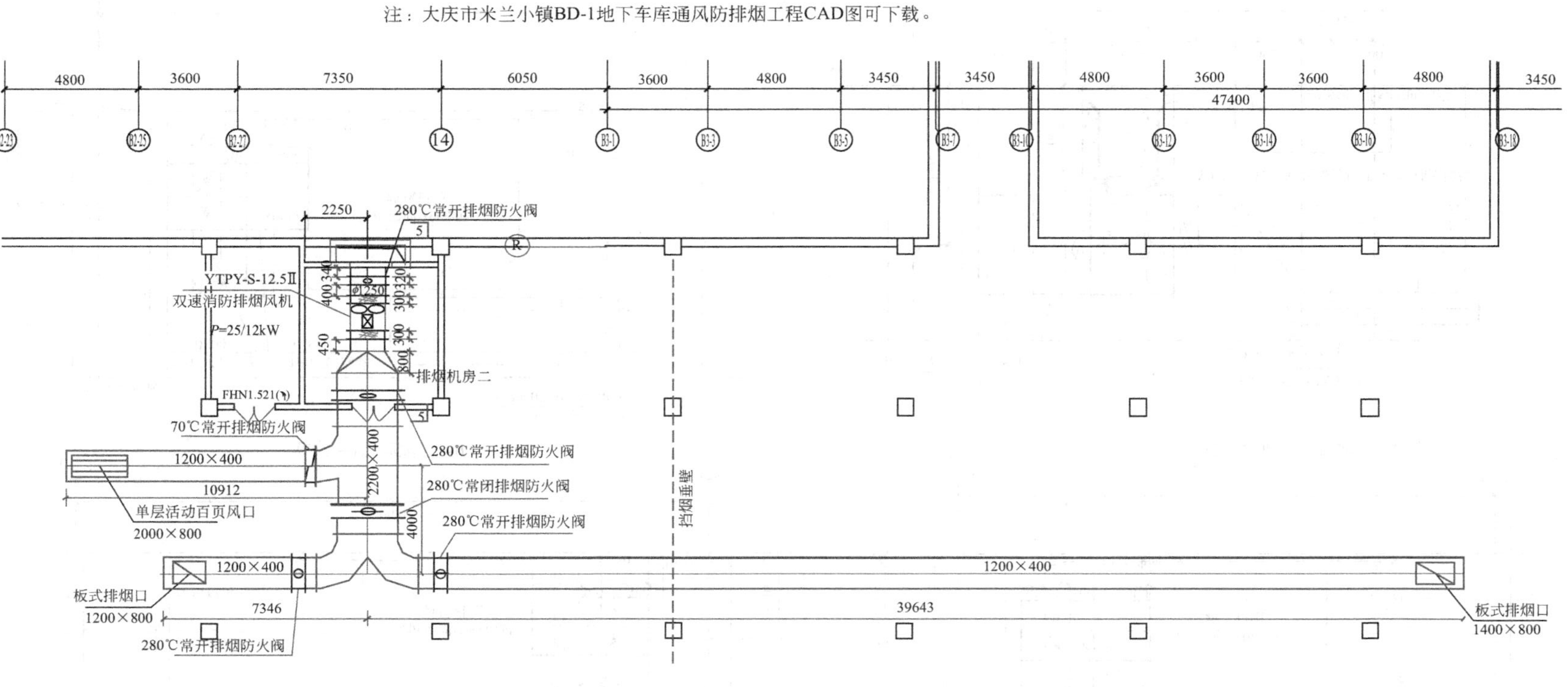

图 7.34 地下车库防排烟平面图

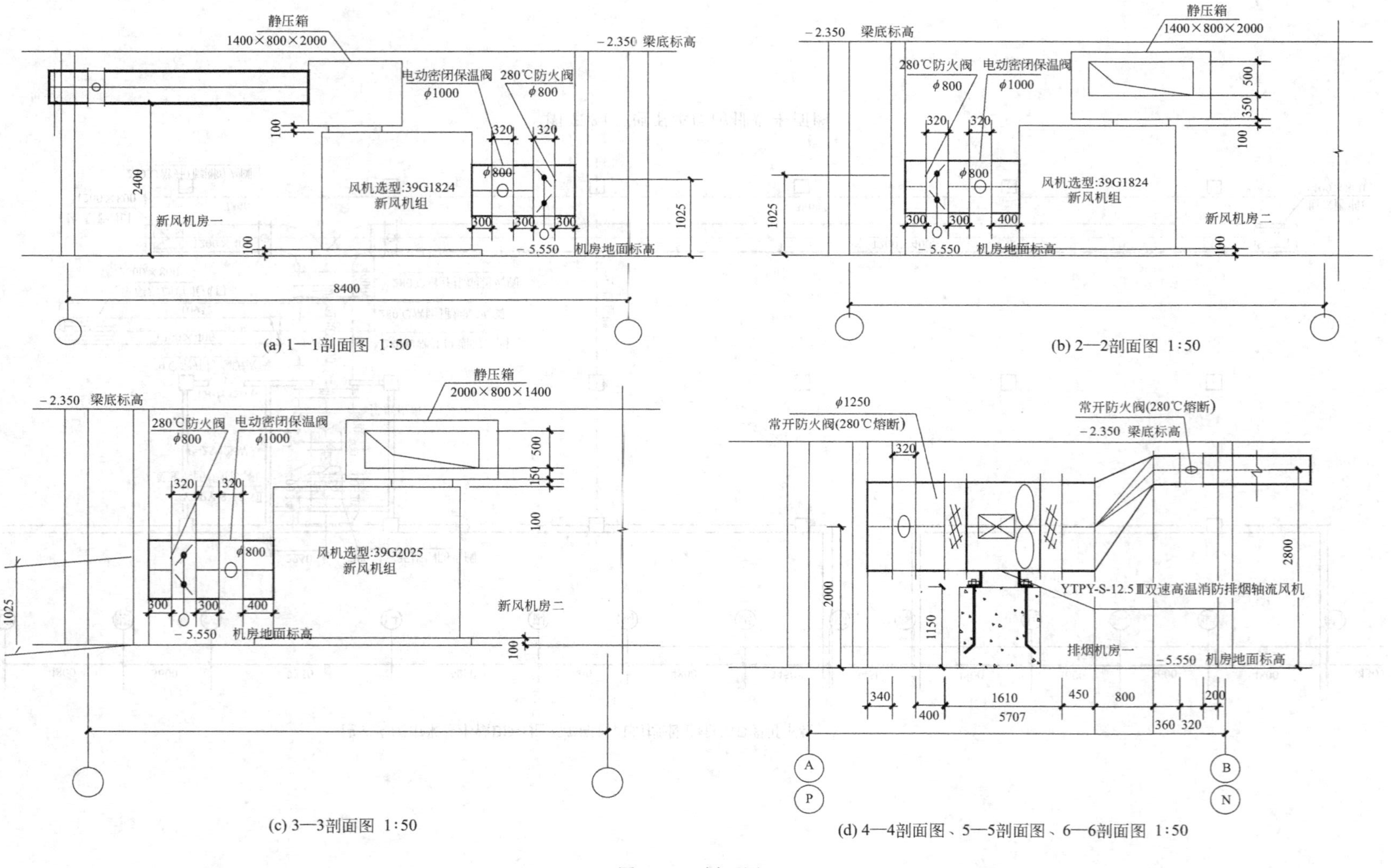
静压箱
1400×800×2000
−2.350 梁底标高
电动密闭保温阀
φ1000
280℃防火阀
φ800
风机选型:39G1824
新风机组
新风机房一
−5.550 机房地面标高
8400
(a) 1—1剖面图 1:50
新风机房二
(b) 2—2剖面图 1:50
2000×800×1400
风机选型:39G2025
(c) 3—3剖面图 1:50
φ1250
常开防火阀(280℃熔断)
YTPY-S-12.5Ⅲ双速高温消防排烟轴流风机
排烟机房一
5707
(d) 4—4剖面图、5—5剖面图、6—6剖面图 1:50

图 7.35 剖面图

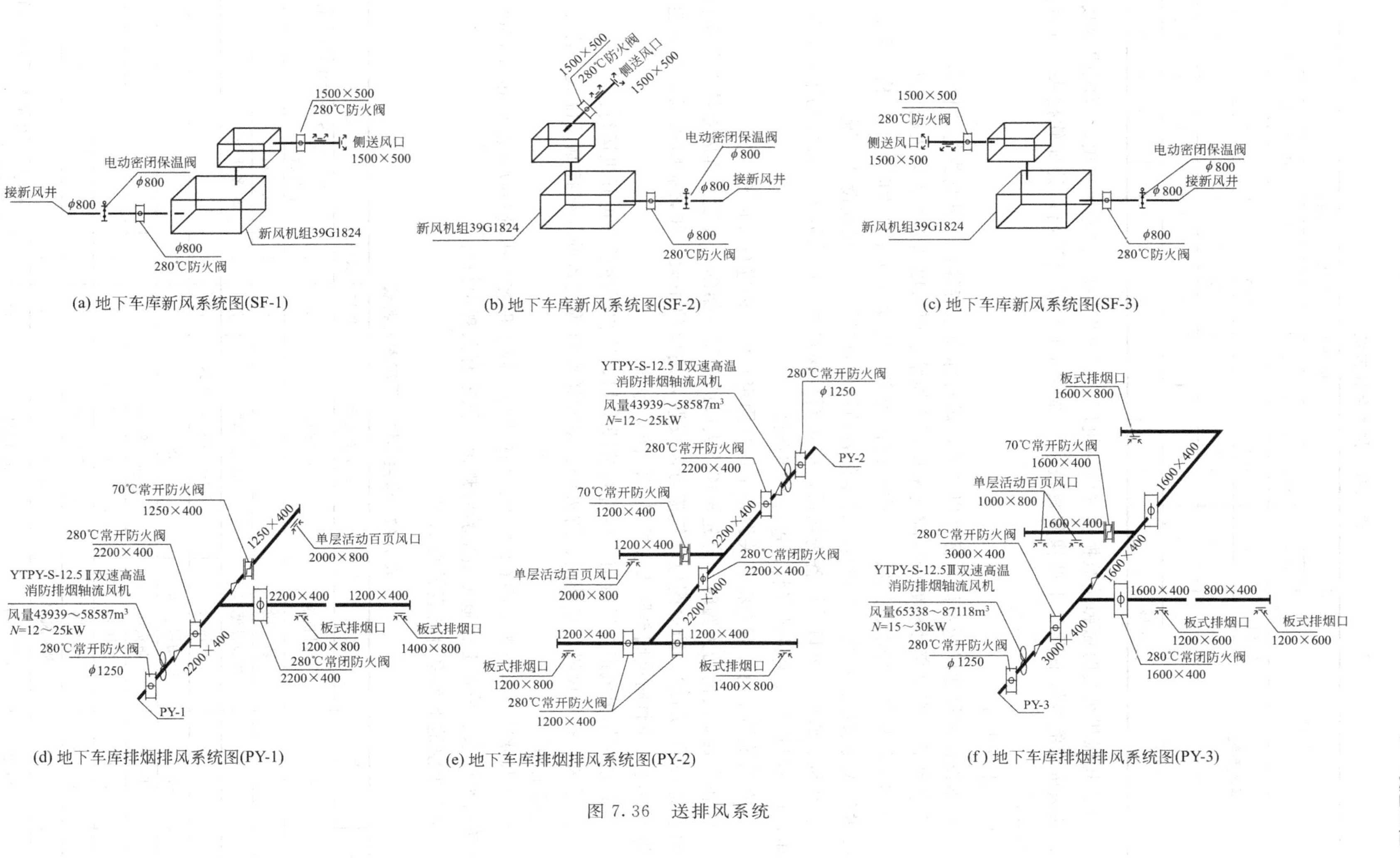

(a) 地下车库新风系统图(SF-1)　(b) 地下车库新风系统图(SF-2)　(c) 地下车库新风系统图(SF-3)

(d) 地下车库排烟排风系统图(PY-1)　(e) 地下车库排烟排风系统图(PY-2)　(f) 地下车库排烟排风系统图(PY-3)

图 7.36　送排风系统

表 7.16 风管制作方法

类别		风管直径或长边尺寸/mm						
		80～320	340～450	480～630	670～1000	1120～1250	1320～2000	2500～4000
通风系统	圆形	0.5	0.6	0.8	0.8	1.0	1.2	1.2
	矩形	0.5	0.6	0.8	0.8	1.0	1.2	1.2
排烟系统	圆形	0.8	1.0	1.0	1.2	1.2	1.2	1.2
	矩形	0.8	1.0	1.0	1.0	1.2	1.2	1.2

③ 送排风机吊装时做弹簧减振器（由风机厂商配套提供），离心风机由厂家配弹簧减振器，新风机组的减振采用 J1-1 型橡胶减振垫。排风（烟）风机进出口处加软接头，并满足排烟要求。

（8）注意事项

① 本设计的尺寸以毫米计，标高以米计，风管标高除特殊标注外均指管顶标高。

② 各种管道穿墙穿楼板处的空隙均采用石棉绳紧密填塞以达隔声和防火的要求。

③ 本工程排风、排烟、送风系统中的设备较多，建设单位在订货时，应严格按照设计的技术参数要求进行订货，严格校核设备的各项性能及参数，以保证设计工况。

④ 风机、阀门、风口等设备进场后，应重新校核尺寸，以实际安装尺寸为准，并应按照生产厂家提供的有关设计资料，进行安装调试。

⑤ 在系统施工时，应先将有关设备定位（固定）后，再进行管道施工。

⑥ 在安装系统的防火阀时，应先校核防火阀的关闭（熔断）温度（排风系统 70℃关闭，排烟系统 280℃关闭）。防火阀应顺气流方向安装，用单独吊架，并紧靠防火墙，对不能靠近防火墙的，应将防火阀至防火墙的风道涂防火涂料。

⑦ 各系统钢板风道在运行前，应进行分段清扫，清扫干净后方可开机运行。

⑧ 送风、排烟风机及电动阀、防火阀、多叶送风口等设备的联锁控制及配线，详见电气专业施工图。

⑨ 凡本设计未述及者均按 GB 50243《通风与空调工程施工质量验收规范》和 GB 50242《建筑给水排水及采暖工程施工质量验收规范》国家有关规定执行。

米兰小镇地下车库材料表见表 7.17。

表 7.17 米兰小镇地下车库材料表

序号	位号	名称	型号及性能	单位	数量	备注
1	XF-1	新风机组	39G1824	台	1	火灾时服务于车库补风同时兼平时新风
		新风段		段	1	机组新风
		初效过滤段	初效过滤段	段	1	配多叶调节阀
		送风段	$L=29733\text{m}^3/\text{h}, N=22\text{kW}$	段	1	
	XF-1-1	电动保温阀	ϕ800	个	1	
	XF-1-2	防火阀	ϕ800 280℃	个	1	
	XF-1-3	静压箱	2000×1400×1000	个	1	
	XF-1-4	防火阀	1500×500 280℃	个	1	
	XF-1-5	侧送风口	1500×500	个	2	
2	XF-2	新风机组	39G1824	台	1	火灾时服务于车库补风同时兼平时新风

续表

序号	位号	名称	型号及性能	单位	数量	备注
		新风段		段	1	机组新风
		初效过滤段	初效过滤段	段	1	配多叶调节阀
		送风段	$L=29733m^3/h$,$N=22kW$	段	1	
	XF-2-1	电动保温阀	ϕ800	个	1	
	XF-2-2	防火阀	ϕ800　280℃	个	1	
	XF-2-3	静压箱	2000×1400×1000	个	1	
	XF-2-4	防火阀	1500×500　280℃	个	1	
	XF-2-5	侧送风口	1500×500	个	2	
3	XF-3	新风机组	39G2025	台	1	火灾时服务于车库补风同时兼平时新风
		新风段		段	1	机组新风
		初效过滤段	初效过滤段	段	1	配多叶调节阀
		送风段	$L=35679m^3/h$,$N=30kW$	段	1	
	XF-3-1	电动保温阀	ϕ800	个	1	
	XF-3-2	防火阀	ϕ800　280℃	个	1	
	XF-3-3	静压箱	2000×1400×1000	个	1	
	XF-3-4	防火阀	1500×500　280℃	个	1	
	XF-3-5	侧送风口	1500×500	个	2	
4	PY-1	双速排烟风机	YTPY-S-12.5Ⅱ	台	1	
			风量　43939～58587m^3			
			$N=12$～$25kW$			
	PY-1-1	排烟防火阀	Φ1250　280℃	个	1	
	PY-1-2	常开防火阀	2200×400　280℃	个	1	
	PY-1-3	常开防火阀	1250×400　70℃	个	1	
	PY-1-4	常闭防火阀	2200×400　280℃	个	1	
	PY-1-5	单层活动百页风口	2000×800	个	1	
	PY-1-6	远控板式排烟口	1200×800	个	1	
	PY-1-7	远控板式排烟口	1400×800	个	1	
5	PY-2	双速排烟风机	YTPY-S-12.5Ⅱ	台	1	
			风量　43939～58587m^3			
			$N=12$～$25kW$			
	PY-2-1	排烟防火阀	ϕ1250　280℃	个	1	
	PY-2-2	常开防火阀	2200×400　280℃	个	1	
	PY-2-3	常开防火阀	1200×400　70℃	个	1	
	PY-2-4	常闭防火阀	2200×400　280℃	个	1	
	PY-2-5	常开防火阀	1200×400　280℃	个	2	
	PY-2-6	单层活动百页风口	2000×800	个	1	
	PY-2-7	远控板式排烟口	1200×800	个	1	

续表

序号	位号	名称	型号及性能	单位	数量	备注
	PY-2-8	远控板式排烟口	1400×800	个	1	
6	PY-3	双速排烟风机	YTPY-S-12.5Ⅲ	台	1	
			风量 65338～87118m^3			
			N=15～30kW			
	PY-3-1	常开防火阀	ϕ1250 280℃	个	1	
	PY-3-2	常开防火阀	3000×400 280℃	个	1	
	PY-3-3	常开防火阀	1600×400 70℃	个	1	
	PY-3-4	常闭防火阀	1600×400 280℃	个	2	
	PY-3-5	单层活动百页风口	1000×800	个	2	
	PY-3-6	远控板式排烟口	1200×600	个	2	
	PY-3-7	远控板式排烟口	1600×800	个	1	

7.2.3.2 米兰小镇车库通风工程工程量清单及计价

根据该工程施工图样，《建设工程工程量清单计价规范》(GB 50500—2013)、2010 年《黑龙江省建设工程计价依据安装工程计价定额》中工程量计算规则、工作内容及定额解释等，按分项依次计算工程量。

① 工程量计算详见表 7.18。

表 7.18 工程量计算表

工程名称：米兰小镇车库通风工程　　　　第　页　共　页

序号	项目名称	规格型号	计算式	单位	工程量
1	设备				
1.1	新风机组	39G1824 L=29733m^3/h,N=22kW		台	2
1.2	新风机组	39G2025 L=35679m^3/h,N=30kW		台	1
1.3	双速排烟风机	YTPY-S-12.5Ⅱ 风量 43939～58587m^3 N 为 12～25kW		台	2
1.4	双速排烟风机	YTPY-S-12.5Ⅲ 风量 65338～87118m^3 N 为 15～30kW		台	1
2	管道系统		长度计算如下附表 1		
2.1	镀锌薄钢板圆形管道	1120mm 以下	3.14×0.8×2.013	m^2	5.06
		1120mm 以上	3.14×1.25×4.753	m^2	18.66
2.2	镀锌薄钢板矩形管道	4000mm 以下	2×(1.5+0.5)×14.647+2×(1.2+0.4)×98.584+2×(1.25+0.4)×8.548+2×(0.8+0.4)×42.131+2×(1.6+0.4)×90.232	m^2	864.31
		4000mm 以上	2×(2.2+0.4)×29.629+2×(3+0.4)×4.105	m^2	181.98

续表

序号	项目名称	规格型号	计算式	单位	工程量
3	阀门				
3.1	电动保温阀	ϕ800	1+1+1	个	3
3.2	280℃防火阀	ϕ800	1+1+1(配多叶调节阀)	个	3
		1500×500	1+1+1	个	3
3.3	280℃排烟防火阀	ϕ1250	1+1+1	个	3
3.4	280℃常开防火阀	2200×400	1+1	个	2
		1200×400		个	2
		3000×400		个	1
3.5	280℃常闭防火阀	2200×400	1+1	个	2
		1600×400		个	2
3.6	70℃常开防火阀	1250×400		个	1
		1200×400		个	1
		1600×400		个	1
4	风口				
4.1	侧送风口	1500×500		个	6
4.2	单层活动百页风口	2000×800		个	2
		1000×800		个	2
4.3	远控板式排烟口	1200×800	1+1	个	2
		1400×800	1+1	个	2
		1200×600		个	2
		1600×800		个	1
5	静压箱	2000×1400×1000		个	3
			箱板： 2×(2+1.4)+2×(1.4+1)+2×(2+1)= 17.6×7.85=138.16 龙骨∠40×4： (2+1.4+1)×4=17.6×2.422=42.627 内衬50mm厚的超细玻璃棉： 2×(2+1.4)×1.0×0.05−4×1.0× 0.05×0.05=0.33×32=10.56	kg	579.855
6	软连接		ϕ800：0.9m　ϕ1250：0.6×3=1.8m 2.26+7.07	m^2	9.33
7	管道绝热				
7.1	镀锌薄钢板圆形管道	1120mm以下	如下附表2	m^3	0.155
7.2	镀锌薄钢板矩形管道	4000mm以下	如下附表2	m^3	26.844
		4000mm以上	如下附表2	m^3	4.713

附表 1：

通风管道长度统计表

序号	项目名称	计算式	单位	工程量	备注：周长/mm
1	排烟机房一				
1.1	圆形风管 ϕ1250	1.061－0.32＋0.45＋0.40	m	1.591	
1.2	矩形风管 2200×400	4.616－0.5＋19.153－0.5	m	22.769	5200
1.3	矩形风管 1200×400	42.014	m	42.014	3200
1.4	矩形风管 1250×400	8.868－0.32	m	8.548	3300
2	排烟机房二				
2.1	圆形风管 ϕ1250	1.061－0.32＋0.45＋0.40	m	1.591	
2.2	矩形风管 2200×400	7.86－0.5×2	m	6.86	5200
2.3	矩形风管 1200×400	10.901－0.32＋7.346－0.5＋39.643－0.5	m	56.57	3200
3	排烟机房三				
3.1	圆形风管 ϕ1250	1.041－0.32＋0.45＋0.40	m	1.571	
3.2	矩形风管 3000×400	4.605－0.5	m	4.105	7600
3.3	矩形风管 1600×400	22.304－0.5＋19.854－0.32＋16.239＋32.975－0.32	m	90.232	4000
3.4	矩形风管 800×400	42.131	m	42.131	2400
4	新风机房一				
4.1	圆形风管 ϕ800	1.54－0.32×2－0.3	m	0.6	
4.2	矩形风管 1500×500	6.285－0.5	m	5.785	4000
5	新风机房二				
5.1	圆形风管 ϕ800	1.653－0.32×2－0.3	m	0.713	
5.2	矩形风管 1500×500	4.802－0.5	m	4.302	4000
6	新风机房三				
6.1	圆形风管 ϕ800	1.64－0.32×2－0.3	m	0.7	
6.2	矩形风管 1500×500	5.06－0.5	m	4.56	4000

长度汇总如下

序号	项目名称	计算式	单位	工程量	备注：周长/mm
1	圆形风管 ϕ800	0.7＋0.6＋0.713	m	2.013	
2	圆形风管 ϕ1250	1.591＋1.591＋1.571	m	4.753	
3	矩形风管 1500×500	5.785＋4.56＋4.302	m	14.647	4000
4	矩形风管 2200×400	22.769＋6.86	m	29.629	5200
5	矩形风管 1200×400	42.014＋56.57	m	98.584	3200
6	矩形风管 1250×400		m	8.548	3300
7	矩形风管 3000×400		m	4.105	7600
8	矩形风管 800×400		m	42.131	2400
9	矩形风管 1600×400		m	90.232	4000

附表 2：

管道绝热工程量计算表

需保温管道规格	保温管道长度/m	平均周长/m	厚度/m	管道面积/m^2	绝热体积/m^3	小计
ϕ800	2.013	2.5591	0.03		0.155	0.155
1500×500	14.647		0.03	58.59	1.810	26.844
1200×400	98.584		0.03	315.47	9.819	
1250×400	8.548		0.03	28.21	0.877	
800×400	42.131		0.03	101.11	3.185	
1600×400	90.232		0.03	360.93	11.153	
2200×400(排烟机房一减去 1.580m，机房二减去 1.575m)	26.474		0.03	137.66	4.225	4.713
3000×400(机房三减去 1.757m)	2.348		0.03	15.97	0.488	

② 清单定额套取见表 7.19。

表 7.19　清单定额套取表

工程名称：米兰小镇车库通风工程　　　　第 1 页　共 1 页

序号	项目编码	项目名称	项目特征描述	计量单位	工程量
1	030901004001	空调器	1. 名称：新风机组 2. 规格、型号：39G1824 $L=29733m^3/h$，$N=22kW$	台	2
	2-33	分段组装式空调器安装	2×2t	100kg	40
2	030901004002	空调器	1. 名称：新风机组 2. 规格、型号：39G2025 $L=35679m^3/h$，$N=30kW$	台	1
	2-33	分段组装式空调器安装	1×2.5t	100kg	25
3	030901002001	通风机	1. 类型：双速排烟风机 2. 规格型号：YTPY-S-12.5Ⅱ　风量　43939～58587m^3 $N=12\sim25kW$ 3. 支架安装防腐刷油见设计	台	2
	2-12	轴流式通风机安装 10＃	10＃轴流风机	台	2
	2-86	设备支架制作安装 50kg 以下	35kg×2	100kg	0.7
	5-7	一般钢结构手工除轻锈		100kg	0.7
	5-82	一般钢结构刷红丹防锈漆一遍		100kg	0.7
	5-91	一般钢结构刷调和漆一遍		100kg	0.7
	5-92	一般钢结构刷调和漆两遍		100kg	0.7

续表

序号	项目编码	项目名称	项目特征描述	计量单位	工程量
4	030901002002	通风机	1. 类型:双速排烟风机 2. 规格型号:YTPY-S-12.5Ⅲ 风量 65338～87118m^3 N 为 15～30kW 3. 支架安装防腐刷油见设计	台	1
	2-13	轴流式通风机安装 16#	16#轴流风机	台	1
	2-86	设备支架制作安装 50kg 以下	35kg	100kg	0.35
	5-7	一般钢结构手工除轻锈		100kg	0.35
	5-82	一般钢结构刷红丹防锈漆一遍		100kg	0.35
	5-91	一般钢结构刷调和漆一遍		100kg	0.35
	5-92	一般钢结构刷调和漆两遍		100kg	0.35
5	030902001001	碳钢通风管道	1. 材质:镀锌钢板 2. 形状:圆形 3. 规格:1120mm 以下 4. 板厚:δ=1.0mm 5. 接口形式:法兰接口 6. 支架除锈、刷油、防腐设计要求:红丹防锈漆一遍、调和漆两遍 7. 管道绝热:采用 30mm 厚外带铝箔复合层的岩棉毡保温	m^2	5.06
	2-92	镀锌薄钢板圆形风管制作安装(δ=1.2mm 以内咬口)直径 1120mm 以下		10m^2	0.506
	5-7	一般钢结构手工除轻锈		100kg	0.021
	5-82	一般钢结构刷红丹防锈漆一遍		100kg	0.021
	5-91	一般钢结构刷调和漆一遍		100kg	0.021
	5-92	一般钢结构刷调和漆两遍		100kg	0.021
	5-530	纤维类制品安装在卧式设备上(厚度 30mm)		m^3	0.155
6	030902001002	碳钢通风管道	1. 材质:镀锌钢板 2. 形状:圆形 3. 规格:1120mm 以上 4. 板厚:δ=1.2mm 5. 接口形式:法兰接口 6. 支架除锈、刷油、防腐设计要求:红丹防锈漆一遍、调和漆两遍	m^2	18.66

续表

序号	项目编码	项目名称	项目特征描述	计量单位	工程量
	2-93	镀锌薄钢板圆形风管制作安装(δ=1.2mm以内咬口)直径1120mm以上		$10m^2$	1.866
	5-7	一般钢结构手工除轻锈		100kg	0.267
	5-82	一般钢结构刷红丹防锈漆一遍		100kg	0.267
	5-91	一般钢结构刷调和漆一遍		100kg	0.267
	5-92	一般钢结构刷调和漆两遍		100kg	0.267
7	030902001003	碳钢通风管道	1. 材质:镀锌钢板 2. 形状:矩形 3. 规格:4000mm以下 4. 板厚:δ=1.0mm 5. 接口形式:法兰接口 6. 支架除锈、刷油、防腐设计要求:红丹防锈漆一遍、调和漆两遍 7. 管道绝热:采用30mm厚外带铝箔复合层的岩棉毡保温	m^2	864.31
	2-116	镀锌薄钢板矩形风管制作安装(δ=1.2mm以内咬口)周长4000mm以下		$10m^2$	86.431
	5-7	一般钢结构手工除轻锈		100kg	32.541
	5-82	一般钢结构刷红丹防锈漆一遍		100kg	32.541
	5-91	一般钢结构刷调和漆一遍		100kg	32.541
	5-92	一般钢结构刷调和漆两遍		100kg	32.541
	5-530	纤维类制品安装在卧式设备上(厚度30mm)		m^3	26.844
8	030902001004	碳钢通风管道	1. 材质:镀锌钢板 2. 形状:矩形 3. 规格:4000mm以上 4. 板厚:δ=1.2mm 5. 接口形式:法兰接口 6. 支架除锈、刷油、防腐设计要求:红丹防锈漆一遍、调和漆两遍 7. 管道绝热:采用30mm厚外带铝箔复合层的岩棉毡保温	m^2	181.98
	2-117	镀锌薄钢板矩形风管制作安装(δ=1.2mm以内咬口)周长4000mm以上		$10m^2$	18.198

续表

序号	项目编码	项目名称	项目特征描述	计量单位	工程量
	5-7	一般钢结构手工除轻锈		100kg	8.751
	5-82	一般钢结构刷红丹防锈漆一遍		100kg	8.751
	5-91	一般钢结构刷调和漆一遍		100kg	8.751
	5-92	一般钢结构刷调和漆二遍		100kg	8.751
	5-530	纤维类制品安装在卧式设备上(厚度 30mm)		m^3	4.713
9	030903001001	碳钢阀门	1. 类型:电动保温阀 2. 规格:ϕ800	个	3
	2-308	风管蝶阀安装周长(3200mm 以内)		个	3
10	030903001002	碳钢阀门	1. 类型:280℃防火阀 2. 规格:ϕ800	个	3
	2-326	风管防火阀安装周长(3600mm 以内)		个	3
11	030903001003	碳钢阀门	1. 类型:280℃防火阀 2. 规格:1500×500	个	3
	2-327	风管防火阀安装周长(5400mm 以内)		个	3
12	030903001004	碳钢阀门	1. 类型:280℃排烟防火阀 2. 规格:ϕ1250	个	3
	2-327	风管防火阀安装周长(5400mm 以内)		个	3
13	030903001005	碳钢阀门	1. 类型:280℃常开防火阀 2. 规格:2200×400	个	2
	2-327	风管防火阀安装周长(5400mm 以内)		个	2
14	030903001006	碳钢阀门	1. 类型:280℃常开防火阀 2. 规格:1200×400	个	2
	2-326	风管防火阀安装周长(3600mm 以内)		个	2
15	030903001007	碳钢阀门	1. 类型:280℃常开防火阀 2. 规格:3000×400	个	1
	2-328	风管防火阀安装周长(8000mm 以内)		个	1
16	030903001008	碳钢阀门	1. 类型:280℃常闭防火阀 2. 规格:2200×400	个	2
	2-327	风管防火阀安装周长(5400mm 以内)		个	2
17	030903001009	碳钢阀门	1. 类型:280℃常闭防火阀 2. 规格:1600×400	个	2
	2-327	风管防火阀安装周长(5400mm 以内)		个	2
18	030903001010	碳钢阀门	1. 类型:70℃常开防火阀 2. 规格:1250×400	个	1

续表

序号	项目编码	项目名称	项目特征描述	计量单位	工程量
	2-326	风管防火阀安装周长（3600mm以内）		个	1
19	030903001011	碳钢阀门	1. 类型：70℃常开防火阀 2. 规格：1200×400	个	1
	2-326	风管防火阀安装周长（3600mm以内）		个	1
20	030903001012	碳钢阀门	1. 类型：70℃常开防火阀 2. 规格：1600×400	个	1
	2-327	风管防火阀安装周长（5400mm以内）		个	1
21	030903007001	碳钢风口	1. 类型：侧送风口 2. 规格：1500×500	个	6
	2-384	百叶风口安装周长（3300mm以内）		个	6
22	030903007002	碳钢风口	1. 类型：单层活动百页风口 2. 规格：2000×800	个	2
	2-384	百叶风口安装周长（3300mm以内）		个	2
23	030903007003	碳钢风口	1. 类型：单层活动百页风口 2. 规格：1000×800	个	2
	2-384	百叶风口安装周长（3300mm以内）		个	2
24	030903007004	碳钢风口	1. 类型：远控板式排烟口 2. 规格：1200×800	个	2
	2-384	百叶风口安装周长（3300mm以内）		个	2
25	030903007005	碳钢风口	1. 类型：远控板式排烟口 2. 规格：1400×800	个	2
	2-384	百叶风口安装周长（3300mm以内）		个	2
26	030903007006	碳钢风口	1. 类型：远控板式排烟口 2. 规格：1200×600	个	2
	2-384	百叶风口安装周长（3300mm以内）		个	2
27	030903007007	碳钢风口	1. 类型：远控板式排烟口 2. 规格：1600×800	个	1
	2-384	百叶风口安装周长（3300mm以内）		个	1
28	030903021001	静压箱	1. 规格：2000×1400×1000 2. 材质：薄钢板 $\delta=1.0$mm	个	3
	2-588	静压箱制作		100kg	5.799
	2-589	静压箱安装		100kg	5.799
29	030903019001	柔性接口	1. 材质：防火帆布 2. 法兰接口设计要求：见设计	m^2	9.33
	2-592	碳钢风管软管接口制作		m^2	9.33
	2-593	碳钢风管软管接口安装		m^2	9.33

续表

序号	项目编码	项目名称	项目特征描述	计量单位	工程量
30	031401004001	通风工程检测、调试		系统	1
	6-23	系统调整费(通风、空调工程)		系统	1

课后根据本章两个案例中表格所列内容，利用计价软件对以上各清单项进行综合单价确定、汇总单位工程投标报价表、编制总说明等。

思考题

1. 写出一般采暖工程应设置的清单项目及其计量规则。

2. 简述采暖工程定额计价和清单计价下系统调试费分别应计入到哪项费用中，如何计算？

3. 铸铁散热器安装定额计量单位？清单项目计量单位？清单项目包括的工作内容？

4. 通风管道计量规则及计算步骤有哪些？包括的工作内容及列项方法？

5. 通风空调设备安装工程量如何计算？

6. 通风空调设备安装定额都包括哪些内容？

7. 在什么情况下，通风管道系统中需要设置导流叶片？若需要设置，如何计量？

8. 通风系统采用渐缩通风管时，怎样计算工程量？怎样套用定额？

9. 通风、空调管道制作与安装根据材料不同可分为哪几类？

10. 某管道外径为 D，管道先除锈，后刷防锈漆一道，岩棉管壳保温，外包玻璃丝布作保护层，试写出该工程要计算的工程量以及相应的计算公式。

11. 国家采取了什么措施来控制建设工程建设费用？

8 室外管道工程

学习导入

室外管网工程主要包括室外给水、室外排水、集中供热管网工程等，虽然其计费属于市政范畴，但安装工程专业也需要掌握其整个工程造价的形成过程。所以，本章就分别从室外给水、室外排水和集中供热三个系统工程通过真实案例进行系统阐述。

学习目标

通过本模块的学习应掌握室外管网工程概念、组成、工程量的计算方法，计价原理，市政定额的组成、主要内容及套用，表格的填写等，具备独立编制室外管网工程造价的能力。

【案例 1】 某城镇室外给水管道工程。

【案例 2】 某城镇室外供热管道工程。

8.1 室外给排水工程工程量清单及计价

8.1.1 室外给排水工程简介

8.1.1.1 室外给水工程简介

给水管道系统承担城镇供水的输送、分配、压力调节（加压、减压）和水量调节任务，起到保障用户用水的作用。给水管道系统一般是由输水管（渠）、配水管网、水压调节设施（泵站、减压阀）及水量调节设施（清水池、水塔、高位水池）等构成。

（1）输水管（渠） 是指在较长距离内输送水量的管道或渠道，输水管（渠）一般不沿线向两侧供水。如从水厂将清水输送至供水区域的管道（渠）、从供水管网向某大用户供水的专线管道、区域给水系统中连接各区域管网的管。

由于输水管发生事故将对供水产生较大影响，所以较长距离输水管一般敷设成两条平行管线，并在中间的一些适当地点分段连通和安装切换阀门，以便其中一条管道局部发生故障时由另一条并行管段替代。

（2）配水管网 是指分布在整个供水区域内的配水管道网络。其功能是将来自于较集中点（如输水管渠的末端或贮水设施等）的水量分配输送到整个供水区域，使用户从近处接管用水。配水管网由主干管、干管、支管、连接管、分配管等构成。配水管网中还需要安装消火栓、阀门（闸阀、排气阀、泄水阀等）和检测仪表（压力、流量、水质检测等）等附属设施，以保证消防供水和满足生产调度、故障处理、维护保养等管理需要。

（3）泵站 泵站是输配水系统中的加压设施，一般由多台水泵并联组成，当水不能靠重力流动时，必须使用水泵对水流增加压力，以使水流有足够的能量克服管道内壁的摩擦阻力。在输配水系统中还要求水被输送到用户连接地点后有符合用水压力要求的水压，以克服用水地点的高差及用户的管道系统与设备的水流阻力。

8.1（给水）闸阀与PE管道的法兰盘连接

(4) 水量调节设施　有清水池，又有高位水池或水塔等形式。其主要作用是调节供水与用水的流量差，也称调节构筑物。水量调节设施也可用于贮存备用水量，以保证消防、检修、停电和事故等情况下的用水，提高系统的供水安全可靠性。

(5) 减压设施　用减压阀和节流孔板等降低和稳定输配水系统局部的水压，以避免水压过高造成管道或其他设施的漏水、爆裂、水锤破坏或避免用水的不舒适感。

8.1.1.2　室外排水工程简介

排水管道系统承担污（废）水的收集、输送或压力调节和水量调节任务，起到防止环境污染和防治洪涝灾害的作用。排水管道系统一般由废水收集设施、排水管道、水量调节池、提升泵站、废水输水管（渠）和排放口等组成。

(1) 废水收集设施及室内排水管道　收集住宅及建筑物内废水的各种卫生设备，既是人们用水的容器，也是承受污水的容器，它们又是污水排水系统的起点设备。生活污水从室内排水管道系统（经水封管、支管、竖管和出户管等）流入室外居住小区管道系统。

(2) 排水管道　指分布于排水区域内的排水管道（渠），其功能是将收集到的污水、废水和雨水等输送到处理地点或排放口，以便集中处理或排放。

(3) 排水管道系统上的构筑物　排水管道系统中设置有雨水口、检查井、跌水井、溢流井、水封井、换气井、倒虹管等附属构筑物及流量检测等设施，便于系统的运行与维护管理。

(4) 排水调节池　排水调节池指拥有一定容积的污水、废水和雨水贮存设施。用于调节排水管道流量或处理水量的差值。通过水量调节池可以降低其下游高峰排水量，从而减少输水管渠或污水处理设施的设计规模，降低工程造价。水量调节池还可以在系统事故时贮存短时间的排水，以降低造成环境污染的危害。水量调节池也能起到均和水质的作用，特别是工业废水，不同工厂和不同车间排水的水质不同，不同时段排水的水质也会变化，不利于净化处理，调节池可以中和酸碱，均化水质。

8.2（排水）橡胶软接头（单球）与PE法兰的连接安装

(5) 提升泵站及压力管道　排水一般按重力流输送，因此管道需按定坡度敷设，但往往由于受到地形等条件的限制而需要把低处的水向高处提升，这时就需要设置泵站。泵站分为中途泵站、局部泵站和总泵站。压送从泵站出来的水至高的自流管道或至污水厂的承压管段称为压力管段。

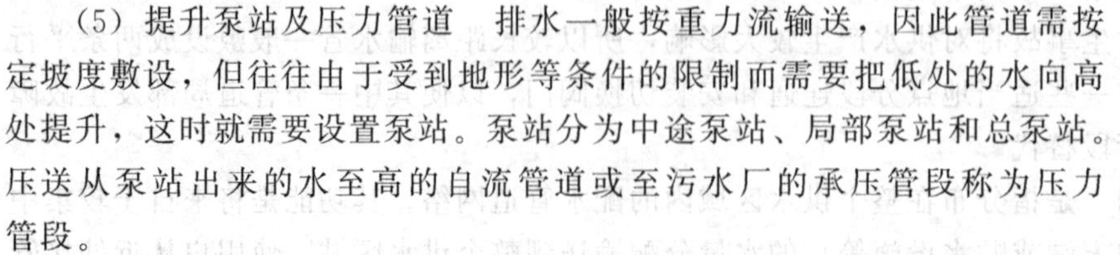

(6) 废水输水管（渠）　指长距离输送废水的压力管道或渠道。为了保护环境，污水处理设施往往建在离城市较远的地区，排放口也选在远离城市的水体下游，都需要长距离输送。在长距离输送过程中，有时要用到橡胶软接头，对管道系统的伸缩和振动进行良好的补偿平衡。

(7) 出水口及事故排出口　排水管道的末端是废水排放口，与接纳废水的水体连接。为了保证排放口部的稳定，或者使废水能够比较均匀地与接纳水体混合，需要合理设置排放口。事故排出口是指在排水系统发生故障时，把废水临时排放到天然水体或其他地点的设施，通常设置在某些易于发生故障的构筑物面前（如在总泵站的前面）。

8.1.2 室外给排水工程定额应用

8.1.2.1 室外给水工程定额组成

《黑龙江省建设工程计价依据（市政工程计价定额）》第五册“给水工程”，包括管道敷设、管件安装及新旧管连接、水表安装、井类、取水工程、管道内防腐、管道试压及消毒冲洗等项目。本定额适用于城镇范围内的新建、改扩建市政给水工程。本定额管道、管件安装均按沟深3m内、无地下水情况考虑。本定额与其他定额的界限划分：①给水管过河工程及取水头工程中的打桩工程、桥管基础、承台、混凝土桩及钢筋的制作安装等执行第三册“桥涵工程”有关定额；②给水工程中的沉井工程、构筑物工程、顶管工程、给水专用机械设备安装，均执行第六册“排水工程”有关定额；③钢板卷管安装、钢管件制作安装、法兰安装、阀门安装，均执行第七册“燃气与集中供热工程”有关定额；④管道除锈、外防腐执行安装工程相应定额。

（1）管道敷设定额说明

① 本章定额管节长度是综合取定的，实际不同时，不做调整。

② 套管内的管道敷设按相应的管道安装人工、机械乘以系数1.2。

③ 混凝土管安装不需要接口时，按第六册“排水工程”相应定额执行。

④ 管道安装均不包括管件（指三通、弯头、异径管）、阀门的安装，管件安装执行本册有关定额。

（2）管件安装及新旧管连接定额说明

① 铸铁管件安装适用于铸铁三通、弯头、套管、乙字管、渐缩管、短管的安装，并综合考虑了承口、插口、带盘的接口，与盘连接的阀门或法兰应另计。

② 铸铁管件安装（胶圈接口）也适用于球墨铸铁管件的安装。

③ 马鞍卡子安装所列直径是指主管直径。

④ 新旧管线连接项目所指的管径是指新旧管中最大的管径。

⑤ 挖眼接管加强筋已在定额中综合考虑。

（3）水表安装定额说明

法兰式水表组成与安装定额内无缝钢管、焊接弯头所采用壁厚与设计不同时，允许调整其材料，其他不变。

（4）井类定额说明

① 砖砌圆形阀门井是按《给水排水标准图集》S143、砖砌矩形卧式阀门井按S144、砖砌矩形水表井按S145、消火栓井按S162、圆形排泥湿井按S146编制的。

② 本章定额所指的井深是指垫层顶面至铸铁井盖顶面的距离。

③ 排气阀井可套用阀门井的相应定额。

④ 矩形卧式阀门井筒每增0.2定额，包括2个井同时增0.2m。

⑤ 本章定额不包括钢筋制作安装，如发生时，执行第六册“排水工程”有关定额。

⑥ 圆形排泥湿井不包括进水管、溢流管的安装，另按本册有关定额执行。

（5）取水工程定额说明

① 大口井套管为井底封闭套管，按法兰套管全封闭接口考虑。

② 大口井底作反滤层时，执行渗渠滤料填充项目。

③ 本章不包括钢筋制作安装、沉井工程，如发生时，执行第六册“排水工程”有关定额。

④ 土石方开挖、回填、脚手架搭拆、围堰工程执行第一册“通用及措施项目”有关定额。

(6) 管道内防腐、管道试压及消毒冲洗定额说明

① 管道的外防腐执行安装工程相应定额。

② 本定额给定的消毒冲洗水量，如水质达不到饮用水标准，水量不足时，可按实调整，其他不变。

③ 本章定额不包括管道试压、消毒冲洗的排水工作内容，按批准的施工组织设计另计。

8.1.2.2　室外排水工程定额组成

《黑龙江省建设工程计价依据（市政工程计价定额）》第六册“排水工程”，包括管道敷设、井类设备基础及出水口、顶管、构筑物、设备安装、钢筋铁件等项目。本定额适用于城镇范围内的新建、改扩建市政排水工程。本定额与其他定额的界限划分：①市政排水管道与厂、住宅小区室外排水管道以接入市政管道的检查井、接户井为界；②给排水构筑物工程中的泵站上部建筑工程以及本册定额中未包括的建筑工程，按《黑龙江省建设工程计价依据（建筑工程计价定额）》执行；③给排水机械设备安装中的通用机械安装，执行安装工程相应定额；④管道接口、检查井、给排水构筑物需做防腐处理、内衬的，金属面执行安装工程相应定额，非金属面执行《黑龙江省建设工程计价依据　建筑工程计价定额》；⑤构筑物中的金属构件制作安装，执行安装工程相应定额。本定额均按无地下水情况考虑。本定额所称管径均指内径。采用预拌混凝土时，按泵送混凝土相应项目及规定执行。

(1) 管道敷设定额说明

① 如在无基础的槽内敷设管道，其人工、机械乘以系数 1.18。

② 如遇有特殊情况，必须在支撑下串管敷设，人工、机械乘以系数 1.33。

③ 若在枕基上敷设缸瓦（陶土）管，人工乘以系数 1.18。

④ 自（预）应力混凝土管胶圈接口按第五册“给水工程”相应定额执行。

⑤ 定额中的水泥砂浆抹带、钢丝网水泥砂浆接口均不包括内抹口，如设计要求内抹口时，按抹口周长每 100m 增加水泥砂浆 $0.042m^3$、人工 9.22 工日。

⑥ 当混凝土过梁大于 $0.04m^3$ 时，执行检查井混凝土过梁制作安装项目，如混凝土过梁小于 $0.04m^3$，执行第二章非定型井盖（箅）制作安装中的小型构件定额。

⑦ 现浇混凝土方沟底板，按渠（管）道基础中平基的相应项目。

⑧ 拱（弧）型混凝土盖板的安装，按相应体积的矩形板定额人工、机械乘以系数 1.15 计算。

⑨ 砌筑非定型渠道墙身、墙帽、拱盖石砌体均按块石考虑，如采用片石或平石砌筑时，块石与砂浆用量分别乘以系数 1.09 和 1.19，其他不变。

⑩ 实际管座角度与定额不同时，按非定型管座定额执行。

⑪ 企口管的膨胀水泥砂浆接口和石棉水泥接口适于 360°，其他接口均是按管座 120°和 180°列项的。如管座角度不同，按相应材质的接口做法，以管道接口调整表进行调整。

⑫ HDPE 管敷设如管材价格中不包括管接口施工，管接口按塑料排水管接口项目计取相应定额；如管材价格中包括管接口施工，不再另计塑料排水管接口费用。

⑬ PE 管参照 HDPE 定额执行，可替换相应管材，其他不变。

(2) 井类定额说明

① 各类井只计列了内抹灰的项目，如设计要求外抹灰时，砖、石井均按非定型井的井内侧抹灰项目人工乘以系数 0.8 计算，其他不变。

② 各类井的井盖、井座、井箅均系按铸铁件计列的，如采用钢筋混凝土预制件，除扣除定额中铸铁件外还应按下列规定调整：

a. 现场预制，执行非定型井钢筋混凝土井盖（箅）的预制定额；

b. 由施工单位自设预制厂集中预制，除执行非定型井钢筋混凝土井盖（箅）的预制定额外，其运至施工地点的运费可按第一册“通用及措施项目”相应定额计算。

③ 当井深不同时，除本章定额中列有增（减）调整项目外，均按本章井筒砌筑定额进行调整。

④ 如设计有三通、四通井执行非定型井项目。

⑤ 跌水井跌水部位的抹灰，按流槽抹面项目执行。

⑥ 本章混凝土枕基和管座定额不分角度。

(3) 顶管定额说明

① 工作坑挖土方是按土壤类别综合计算的，土壤类别不同，不调整。工作坑回填土，视其回填的实际做法，执行“通用及措施项目”相应项目。

② 工作坑垫层、基础执行相应项目，人工乘以系数 1.10. 如果方（拱）涵管需设滑板和导向装置时，另行计算。

③ 工作坑内管（涵）明敷，应根据管径、接口做法执行相应项目，人工、机械乘以系数 1.10。

④ 工作坑如设沉井，其制作、下沉执行相应项目。

⑤ 定额中钢板内、外套环接口项目，只适用于设计所要求的永久性管口，顶进中为防止错口，在管内接口处所设置的工具式临时性钢胀圈不得套用本定额。

⑥ 顶进施工的方（拱）涵断面大于 $4m^2$ 的，按“桥涵工程”中箱涵顶进项目和规定执行。

⑦ 水力机械顶进定额中，未包括泥浆处理、运输费用，可另计。

⑧ 单位工程管径 ϕ1650 以内，敞开式顶进在 100m 以内、封闭式项进（不分管径）在 50m 以内时，顶进定额人工、机械乘以系数 1.3。

⑨ 顶管采用中继间顶进时，顶进定额人工、机械乘以下列系数分级（表 8.1）计算。

表 8.1 系数分级

中继间顶进分级	一级顶进	二级顶进	三级顶进	四级顶进	超过四级
人工费、机械费调整系数	1.36	1.64	2.15	2.80	另计

⑩ 安装中继间项目仅适用于敞开式管道顶进，当采用其他顶进方法时，中继间费用允许另计。

⑪ 钢套环制作项目适用于永久性接口内、外套环、中继间套环、触变泥浆密封套环的

制作。

⑫ 顶管工程中的材料是按 50m 水平运距、坑边取料考虑的，如因场地等情况取用料水平运距超过 50m 时，根据超过距离和相应定额另行计算。

8.1.3 室外给排水工程定额工程量计算规则

8.1.3.1 室外给水工程定额工程量计算规则

（1）管道敷设工程量计算规则 管道安装均按施工图中心线长度（支管长度从主管中心开始计算到支管末端交接处的中心）计算，管件、阀门所占长度定额均已综合考虑，计算工程量时均不扣除其所占长度。

（2）管件安装及新旧管连接工程量计算规则

① 管件、分水栓、马鞍卡子、二合三通的安装按设计图数量以“个”或“组”为单位计算。

② 遇有新旧管连接时，管道安装工程量计算到碰头的阀门处，但阀门及与阀门相连的承（插）盘短管、法兰盘的安装均包括在新旧管连接定额内，不再另计。

（3）水表安装工程量计算规则 水表的安装按设计图数量以“组”为单位。

（4）井类工程量计算规则

① 各种井均按施工图数量，以“座”为单位。

② 管道支墩按施工图以实体体积计算，不扣除钢筋、铁件所占的体积。

（5）取水工程工程量计算规则 大口井内套管、辐射井管安装按设计图中心线长度计算。

（6）管道内防腐、管道试压及消毒冲洗工程量计算规则 管道内防腐按施工图中心线长度计算，不扣除管件、阀门所占的长度，但管件、阀门的内防腐也不另行计算。

（7）土石方工程工程量计算规则

① 土石方体积均以天然密实体积（自然方）计算，回填土按碾压后的体积（实方）计算，余松土和堆积土按堆积方乘以系数 0.8，折合为自然方，套一、二类土定额。

② 土方工程量按图纸尺寸计算，修建机械上下坡的便道土方量并入工程内。石方工程量按图纸尺寸加允许超挖量；松、次坚石 20cm，普、特坚石 15cm。

③ 管道接口作业坑和沿线各种井室所需增加开挖的土、石方工程量按沟槽全部土、石方量的 2.5%计算。管沟回填土应扣除管径在 500mm 以上的管道、基础、垫层和各种构筑物所占体积。

④ 挖土放坡和沟、槽底应按图纸尺寸计算，如设计无明确规定，可参照表 8.2 和表 8.3。

表 8.2 放坡系数（k）表

土壤类别	放坡起点深度/m	机械开挖(1∶k)		人工开挖(1∶k)
		坑内作业	坑上作业	
一、二类土	1.00	1∶0.33	1∶0.75	1∶0.5
三类土	1.50	1∶0.25	1∶0.67	1∶0.33
四类土	2.00	1∶0.10	1∶0.33	1∶0.25

表 8.3 工作面宽度表

管道结构宽/mm	管沟底部每侧工作面宽度/mm	
	非金属管道	金属管道
100～500	400	300
600～1000	500	400
1100～1500	500	600
1600～2500	800	800

⑤ 放坡挖土交接处产生的重复工程量不扣除。如在同一断面内遇到不同类别的土，其放坡系数可按各类土占全部深度的百分比加权计算。

⑥ 管道结构宽度，无管座按管道外径计算，有管座按管道基础外缘计算，如设挡土板每侧另增加工作面 10cm。

⑦ 机械挖土，如需工人辅助开挖（包括切边、修整底边），机械挖土按土方量 90%计算，人工土方按 10%计算。人工挖土套相应定额乘以系数 1.5。

8.1.3.2 室外排水工程定额工程量计算规则

（1）管道敷设工程量计算规则

① 各种角度的混凝土基础、混凝土管、缸瓦（陶土）管等管道敷设，设计图纸上明确标示管线长度的，按照设计管线中心线长度以延长米计算；如设计图纸上没有明示管线长度的，按井中至井中的中心长度扣除检查井长度，以延长米计算。

② 管道闭水试验，以实际闭水长度计算，不扣各种井所占长度。

③ 方沟（包括存水井）闭水试验，按实际闭水长度的用水量，以“$100m^3$”计算。

④ 各类混凝土盖板的制作按实体积以“m^3”计算，安装应区分单件（块）体积，以“$10m^3$”计算。

⑤ 沉降缝应区分材质按沉降缝的断面积或敷设长分别以“$100m^3$”和“$100m^3$”计算。

（2）井类工程量计算规则

① 各种定型井、雨水井、连接井按不同形式、井深、井径以“座”为单位计算。

② 非定型井、设备基础按设计图示尺寸以实体积计算。

（3）顶管工程量计算规则

① 工作坑土方区分挖土深度，以挖方体积计算。

② 各种材质管道的顶管工程量，按实际顶进长度，以延长米计算。

③ 顶管接口应区分操作方法、接口材质分别以口的个数和管口断面积计算工程量。

④ 钢板内、外套环的制作，按套环质量以“t”为单位计算。

⑤ 钻导向孔及扩孔的工程量按设计图纸管道中心线长度计算。

⑥ 回拖布管的工程量按设计图纸管道中心线长度每端各加 1.5m 计算。

8.1.4 室外给水工程工程量清单编制实例

8.1.4.1 项目描述

（1）施工图样 本例所用施工图样为某城镇室外给水管道工程。图 8.1 为该工程的施工

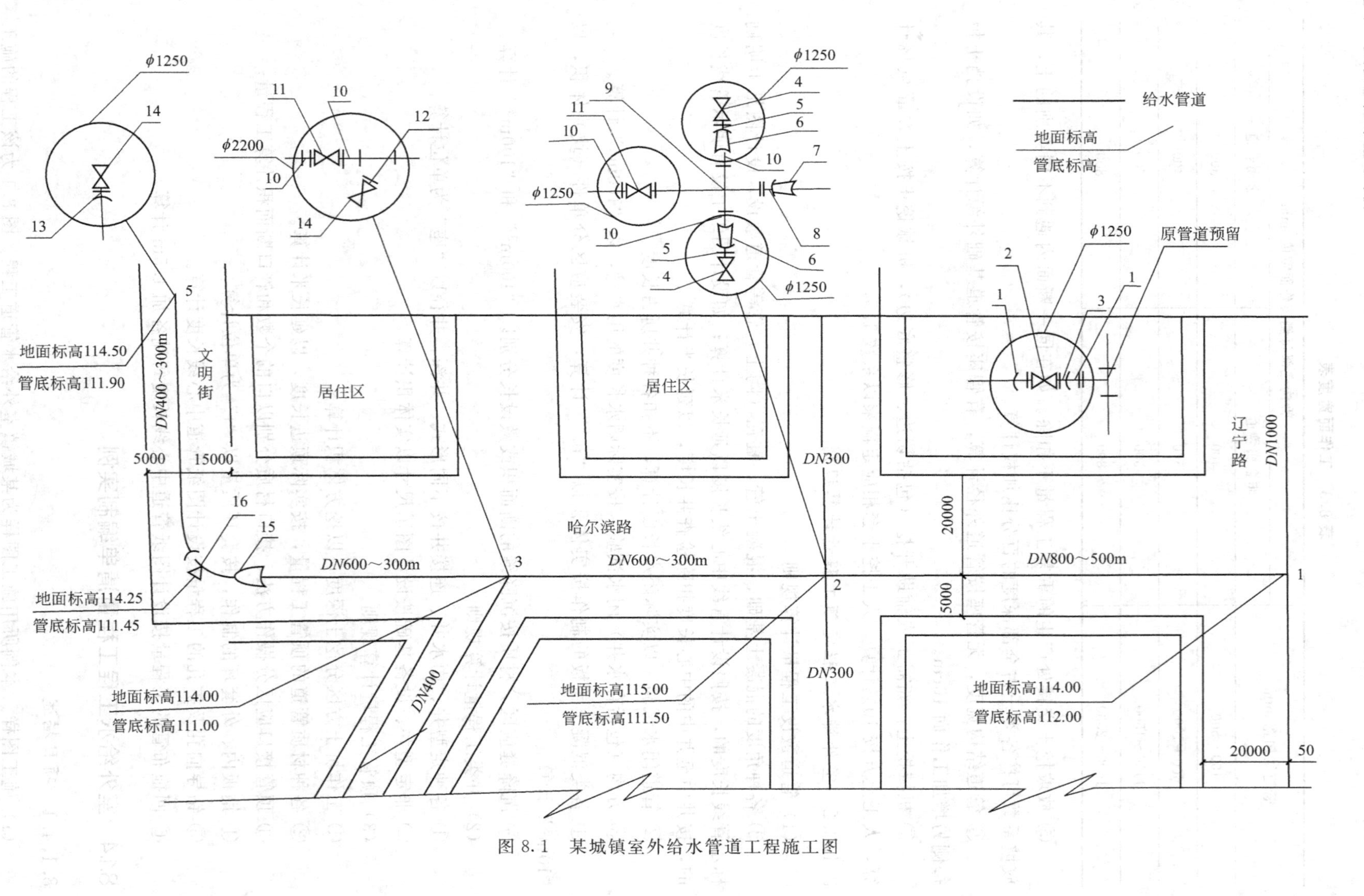

图 8.1 某城镇室外给水管道工程施工图

图，包括管道平面图和节点详图。

（2）设计说明

① 给水管道采用承插式给水铸铁管，采用石棉水泥接口和铸铁管件。

② 阀门采用 Z15-6.0 型碳钢闸阀。

③ 阀门井采用砖砌圆形阀门井。

④ 管道基础采用 100mm 厚砂垫层基础。

⑤ 新旧接头处管件另计。

⑥ 工程所在地土质为二类土。

⑦ 支墩每个 0.3m^3，混凝土结构。

⑧ 工程所在地地下水位为 112.50m。

8.1.4.2 工程量计算

（1）沟槽土方开挖

① 沟槽断面尺寸的确定。按土质类别确定边坡系数 $k=0.33$。沟槽断面尺寸可按以下公式确定。

$$W_2=D+2b \tag{8-1}$$

$$W_1=W_2+2kH \tag{8-2}$$

$$S=\frac{1}{2}(W_1+W_2)H \tag{8-3}$$

式中 S——沟槽断面面积；

W_1——沟槽上口宽；

W_2——沟槽下口宽；

D——管径，m；

b——工作面宽度，m；

H——沟槽深度。

由式(8-1)～式(8-3)，计算节点 1 断面面积过程如下：

沟槽下口宽 $W_2=0.8+2\times0.4=1.6$（m）

沟槽深度 H=地面标高－管底标高=114.00－112.00=2.00（m）

沟槽上口宽 $W_1=1.6+2\times0.33\times2=2.92$（m）

节点 1 断面面积 $S_1=(1.6+2.92)\times2\times1/2=4.52$（m^2）

同理可得：节点 2 断面面积 $S_2=9.64$（m^2）

节点 3 断面面积 $S_3=7.17$（m^2）

节点 4 断面面积 $S_4=6.51$（m^2）

节点 5 断面面积 $S_5=4.43$（m^2）

② 开挖土方体积计算。采用平均断面法，节点 a 至节点 b 之间的沟槽开挖土方量计算公式如下：

$$V_{a-b}=\frac{1}{2}(S_a+S_b)L_{a-b} \tag{8-4}$$

式中 V_{a-b}——节点 a 至节点 b 之间的沟槽开挖土方量，m^3；

S_a，S_b——节点 a 和节点 b 的沟槽断面面积；

L_{a-b}——节点 a 至节点 b 之间的沟槽长度。

应用公式(8-4)，计算得节点1至节点2之间的沟槽开挖土方量为：

$$V_{1-2}=\frac{1}{2}\times(S_1+S_2)\times L_{1-2}=\frac{1}{2}\times(4.52+9.64)\times500=3540.00(\mathrm{m}^3)$$

同理，$V_{2-3}=2521.00\mathrm{m}^3$

$V_{3-4}=2052.00\mathrm{m}^3$

$V_{4-5}=1641.00\mathrm{m}^3$

因此，该工程总沟槽开挖土方体积为

$$V'=V_1+V_2+V_3+V_4+V_5$$
$$=3540.00+2521.00+2052.00+1641.00=9754.00\ (\mathrm{m}^3)$$

③ 构筑物土方体积计算。按沟槽开挖土方体积的2.5%进行计算，并入沟槽土方量。

$$V''=2.5\%V'=0.025\times9754.00=243.85\ (\mathrm{m}^3)$$

④ 总开挖土方计算。总开挖土方等于沟槽开挖土方量与构筑物土方体积之和。

$$V=V'+V''=9754.00+243.85=9997.85\ (\mathrm{m}^3)$$

(2) 路面面积计算　按沟槽上口宽度与管道长度的乘积计算，即

$$F=\sum W_1L \tag{8-5}$$

由式(8-5)得

$$F=3.91\times500+3.38\times300+3.24\times300+2.72\times300=4757.00\ (\mathrm{m}^2)$$

(3) 砂垫层基础　砂垫层厚度0.1m，则砂垫层的体积

$$V=(1.6\times500+1.4\times300+1.4\times300+1.0\times300)\times0.1=194.00\ (\mathrm{m}^3)$$

(4) 管道内防腐　按施工图中心线长度计算，不扣除管件所占长度。

$DN800$ 管道长度为500m。

$DN600$ 管道长度为600m。

$DN400$ 管道长度为300m。

(5) 管道敷设　按施工图中心线长度计算，不扣除管件所占长度。

$DN800$ 管道长度为500m。

$DN600$ 管道长度为600m。

$DN400$ 管道长度为300m。

(6) 管件安装　按施工图节点所列数量计算，见表8.4。

表8.4　管件计算表

序号	管件名称规格	单位	数量	备注
1	插盘短管 $DN800$	个	2	
2	闸阀 $DN800$	个	1	
3	承盘短管 $DN800$	个	1	
4	闸阀 $DN300$	个	2	
5	承盘短管 $DN300$	个	2	
6	渐缩管 600mm×300mm	个	2	
7	渐缩管 800mm×600mm	个	1	
8	承盘短管 $DN600$	个	2	
9	四盘四通 $DN600$	个	1	

续表

序号	管件名称规格	单位	数量	备注
10	插盘短管 *DN*600	个	4	
11	闸阀 *DN*600	个	2	
12	斜三通 600mm×400mm	个	1	
13	承盘短管 *DN*400	个	2	
14	闸阀 *DN*400	个	2	
15	承插式渐缩管 600mm×400mm	个	1	
16	90°承插式弯头 *DN*400	个	1	

(7) 阀门井砌筑　阀门井按“座”计算。

ϕ1250mm 阀门井 4 座。

ϕ2200mm 阀门井 1 座。

(8) 支墩浇筑　按混凝土体积计算，两处合计混凝土体积为 0.6m³。

(9) 新旧管道连接　*DN*800 一处。

(10) 水压试验　按施工图管道中心线长度计算。

*DN*800 管道长度为 500m。

*DN*600 管道长度为 600m。

*DN*400 管道长度为 300m。

(11) 管道冲洗消毒　*DN*800 管道长度为 500m。

*DN*600 管道长度为 600m。

*DN*400 管道长度为 300m。

(12) 路面恢复　混凝土路面恢复，按拆除路面面积计算，即 $F=4757.00\text{m}^2$。

(13) 土方外运

$$\begin{aligned}\text{土方外运体积}&=\text{管道体积}+\text{基础体积}\\&=[(0.6^2\times3.14/4\times600)+(0.8^2\times3.14/4\times500)]+194\\&=614.76\ (\text{m}^3)\end{aligned}$$

基本运距为 4km。

(14) 土方回填

$$\begin{aligned}\text{土方回填体积}&=\text{土方开挖体积}-\text{土方外运体积}\\&=9997.85-614.76=9383.09\ (\text{m}^3)\end{aligned}$$

工程量汇总表见表 8.5。

表 8.5　工程量汇总表

序号	分项工程名称	计量单位	工程数量
1	拆除混凝土路面	100m²	47.57
2	沟槽土方开挖	100m²	99.98
3	井点安装	10 根	93.00
4	井点运行	50 根	93.00
5	井点拆除	10 根	18.60

续表

序号	分项工程名称	计量单位	工程数量
6	砂垫层	$10m^2$	19.40
7	管道敷设 $DN800$	10m	50.00
8	管道敷设 $DN600$	10m	60.00
9	管道敷设 $DN400$	10m	30.00
10	管道防腐 $DN800$	100m	5.00
11	管道防腐 $DN600$	100m	6.00
12	管道防腐 $DN400$	100m	3.00
13	插盘短管安装 $DN800$	个	2
14	闸阀安装 $DN800$	个	1
15	承盘短管安装 $DN800$	个	1
16	闸阀安装 $DN300$	个	2
17	承盘短管安装 $DN300$	个	2
18	渐缩管安装 600mm×300mm	个	2
19	渐缩管安装 800mm×600mm	个	1
20	承盘插管安装 $DN600$	个	2
21	四盘四通安装 $DN600$	个	1
22	插盘短管安装 $DN600$	个	4
23	闸阀安装 $DN600$	个	2
24	斜三通安装 600mm×400mm	个	1
25	承盘插管安装 $DN400$	个	2
26	闸阀安装 $DN400$	个	2
27	承插式渐缩管安装 600mm×400mm	个	1
28	90°承插式弯头安装 $DN400$	个	1
29	阀门井砌筑 ϕ1250mm	座	4
30	阀门井砌筑 ϕ2200mm	座	1
31	浇注混凝土支墩	$10m^2$	0.06
32	管道水压试验 $DN800$	100m	5.00
33	管道水压试验 $DN600$	100m	6.00
34	管道水压试验 $DN400$	100m	3.00
35	管道冲洗消毒 $DN800$	100m	5.00
36	管道冲洗消毒 $DN600$	100m	6.00
37	管道冲洗消毒 $DN400$	100m	3.00
38	土方回填	$100m^2$	93.82
39	土方外运	$1000m^2$	0.616
40	路面恢复	$100m^2$	47.57
41	新旧管连接 $DN800$	处	1
42	新旧管连接 $DN400$	处	3

根据工程量计算，得到分部分项工程量清单表 8.6 如下。

表 8.6 分部分项工程量清单表

序号	项目编码	名称	项目特征描述	计量单位	工程量
		整个项目			
1	041001001001	拆除路面	1. 材质:沥青混凝土 2. 厚度:30cm	m^2	4757
2	010101003001	挖沟槽土方	1. 土壤类别:一、二类土 2. 弃土运距:5km	m^3	9998
3	040202001001	砂垫层	1. 材质:中砂 2. 厚度:200mm	m^2	1940
4	040501004001	铸铁管敷设	1. 材质:铸铁 2. 规格:$DN$800 3. 接口方式:承插 4. 管道检验及试验要求:按规范规定执行	m	500
5	040501004002	铸铁管敷设	1. 材质:铸铁 2. 规格:$DN$600 3. 接口方式:承插 4. 管道检验及试验要求:按规范规定执行	m	600
6	040501004003	铸铁管敷设	1. 材质:铸铁 2. 规格:$DN$400 3. 接口方式:承插 4. 管道检验及试验要求:按规范规定执行	m	300
7	040502002001	铸铁管件安装	1. 种类:插盘短管 2. 材质及规格:铸铁 $DN$800 3. 接口形式:承插	个	2
8	040503001001	法兰阀门	1. 种类:闸阀 2. 材质:Z15-6.0 型碳钢 3. 规格:$DN$800 4. 接口形式:法兰连接	个	1
9	040502002002	铸铁管件安装	1. 种类:承盘短管 2. 材质及规格:铸铁 $DN$800 3. 接口形式:承插	个	1
10	040503001002	法兰阀门	1. 种类:闸阀 2. 材质:Z15-6.0 型碳钢 3. 规格:$DN$300 4. 接口形式:法兰连接	个	2
11	040502002003	铸铁管件安装	1. 种类:渐缩管 2. 材质及规格:600mm×300mm 3. 接口形式:承插	个	2
12	040502002004	铸铁管件安装	1. 种类:渐缩管 2. 规格:800×600 3. 接口形式:承插	个	1
13	040502002005	铸铁管件安装	1. 种类:承盘短管 2. 材质及规格:$DN$600 3. 接口形式:承插	个	2
14	040502002006	铸铁管件安装	1. 种类:四盘四通 2. 规格:$DN$600 3. 接口形式:法兰	个	1

续表

序号	项目编码	名称	项目特征描述	计量单位	工程量
15	040502002007	铸铁管件安装	1. 种类:插盘短管 2. 规格:$DN600$ 3. 接口形式:承插	个	4
16	040503001003	法兰阀门	1. 种类:闸阀 2. 材质:Z15-6.0 型碳钢 3. 规格:$DN600$ 4. 接口形式:法兰连接	个	2
17	040502002008	铸铁管件安装	1. 种类:承盘短管 2. 规格:$DN400$ 3. 接口形式:承插	个	2
18	040503001004	法兰阀门	1. 种类:闸阀 2. 材质:Z15-6.0 型碳钢 3. 规格:$DN400$ 4. 接口形式:法兰连接	个	2
19	040502002009	铸铁管件安装	1. 种类:承插式渐缩管 2. 规格:600mm×400mm 3. 接口形式:承插	个	1
20	040502002010	铸铁管件安装	1. 种类:90°承插式弯头 2. 材质及规格:$DN400$ 3. 接口形式:承插	个	1
21	040504004001	阀门井砌筑	1. 井筒规格:$\phi1250$ 2. 砌筑材料品种:砖砌圆形	座	4
22	040504004002	阀门井砌筑	1. 井筒规格:$\phi2200$ 2. 砌筑材料品种:砖砌圆形	座	1
23	040504007001	管道支墩	1. 垫层材质:混凝土 2. 混凝土强度等级:C30	$10m^2$	0.06
24	040103001001	回填方	1. 密实度要求:夯填 2. 填方材料品种:中砂 3. 填方粒径要求:0.25～0.5mm	m^3	93820
25	040101009001	土方外运	1. 运距:10km	m^3	616
26	040203005001	水泥混凝土路面恢复	1. 材质:沥青混凝土 2. 厚度:30cm	m^2	4757
27	040502014001	新旧管道连接	1. 规格:$DN800$	处	1

8.1.4.3 分部分项工程量清单计价

分部分项工程量清单计价计算基本过程和步骤如下：

(1) 人工费的计算。

人工费=人工费单价×定额工程量

在实际计算中，通常要考虑人工费价差的调整，调整公式如下：

人工费价差=Σ工日消耗量×(合同约定或省建设行政主管部门发布的人工单价－人工单价)

(2) 材料费的计算。

材料费=材料费单价×定额工程量

主材费计算。在市政管道安装工程中，所有管道人工费计算中均不含主材。因此，在实际计算过程中，应根据市场价格进行主材价格的补算。计算公式为：

主材费=主材市场单价×主材消耗量

有时，还要考虑计入材料风险费，费率通常取5%，材料风险费计算式如下：

材料风险费=∑(材料消耗量×相应材料单价×费率)

(3) 机械费的计算。

机械费=机械费单价×定额工程量

有时，还要考虑机械风险费的计入，费率通常取5%。机械风险费的计算公式如下：

机械风险费=机械消耗量×相应台班单价×费率

(4) 企业管理费的计算　综合单价中企业管理费的计算方法表达为：

企业管理费=计费人工费×管理费费率

企业管理费的费率取值范围为13%～16%。

(5) 利润的计算　综合单价中利润的计算方法表达为：

利润=计费人工费×利润率

利润率的取值范围为15%～35%。

(6) 综合合价的计算　综合合价即上述(1)～(5)项的加和。

综合合价=(人工费+人工费价差)+(材料费+主材费+材料风险费)+
(机械费+机械风险费)+企业管理费+利润

(7) 综合单价的计算　综合单价等于综合合价与清单工程量的比值，即：

综合单价=综合合价/清单工程量

下面，给出一个典型清单项目的综合单价合成示例如下。

【例8-1】 承插铸铁管敷设(胶圈接口)*DN*800，工程量为500m。其中，定额计量单位为10m，基价单价438.73元，人工费234.10元，材料费84.89元，机械费119.74元，未计价主材280元/m。铸铁管地面离心机机械内涂防腐，计量单位为10m，基价单价223.12元，人工费135.47元，材料费17.93元，机械费69.72元。管道试压，计量单位为100m，基价单价1095.15元，人工费406.93元，材料费624.28元，机械费63.94元。管道消毒冲洗，计量单位为100m，基价单价2458.85元，人工费194.14元，材料费2264.71元，机械费为0。企业管理费费率15%，利润率30%。人工费调整至80元/工日。

因为管道工程中定额计量单位为10m，故该项目定额工程量为50(10m)。

人工费=人工费单价×定额工程量=234.10×50=11705(元)

人工费价差=∑工日消耗量×(合同约定或省建设行政主管部门发布的人工单价-人工单价)
=11705/53×(80-53)
=5962.92(元)

材料费=材料费单价×定额工程量=84.89×50=4244.50(元)

主材费=主材市场单价×主材消耗量=280×500=140000(元)

材料风险费=∑(材料消耗量×相应材料单价×费率)
=(4244.50+140000)×5%=7212.23(元)

机械费=机械费单价×定额工程量=119.74×50=5987(元)

机械风险费=机械消耗量×相应台班单价×费率=5987×5%=299.35(元)

管道内防腐=基价单价×定额工程量=223.12×50=11156(元)

管道试压=基价单价×定额工程量=1095.15×5=5475.75(元)

管道消毒冲洗=基价单价×定额工程量=2458.85×5=12294.25(元)

企业管理费=计费人工费×管理费费率=11705×15%=1755.75(元)

利润＝计费人工费×利润率＝11705×30％＝3511.50（元）

综合合价＝(人工费＋人工费价差)＋(材料费＋主材费＋材料风险费)＋
(机械费＋机械风险费)＋企业管理费＋利润
＝(11705＋5962.92)＋(4244.50＋140000＋7212.23)＋
(5987＋299.35)＋(11156＋5475.75＋12294.25)＋
1755.75＋3511.50
＝209604.25（元）

综合单价＝综合合价/清单工程量＝209604.25/50＝4192.09（元/10m）

8.2 室外供热管网工程工程量清单及计价

8.2.1 室外供热管网工程简介

8.2.1.1 供热系统的组成及分类

集中供热是指一个或几个热源通过热网向一个区域（居住小区或厂区）或城市的各热用户供热的方式。集中供热系统是由热源、热网和热用户三部分组成的。

在热能工程中，热源是泛指能从中吸取热量的任何物质、装置或天然能源。供热系统的热源是指供热热媒的来源。由热源向热用户输送和分配供热介质的管线系统称为热网。

集中供热系统，可按下列方式进行分类：

(1) 根据热媒不同，分为热水供热系统和蒸汽供热系统。

(2) 根据热源不同，主要有热电厂供热系统和区域锅炉房供热系统；另外，也有以核供热站、地热、工业余热等作为热源的供热系统。

(3) 根据供热管道的不同，可分为单管制、双管制和多管制的供热系统。

集中供热系统向许多不同的热用户供给热能，供应范围广，热用户所需的热媒种类和参数不一，锅炉房或热电厂供给的热媒及其参数，往往不能满足所有用户的要求。因此，必须选择与热用户要求相适应的供热系统形式。

8.2.1.2 供热管网的形式

热水供热管网宜采用闭式双管制。以热电厂为热源的热水热力网，同时有生产工艺、供暖、通风、空调、生活热水多种热负荷，在生产工艺热负荷与供暖热负荷所需供热介质参数相差较大，或季节性热负荷占总热负荷比例较大，且技术经济合理时，可采用闭式多管制。

当热水热力网满足下列条件，且技术经济合理时，可采用开式热力网：具有水处理费用较低的丰富的补给水资源；具有与生活热水热负荷相适应的廉价低位能热源。

开式热水热力网在生活热水热负荷足够大且技术经济合理时，可不设回水管。

供热建筑面积大于 $1000\times10^4\,m^2$ 的供热系统应采用多热源供热，且各热源热力干线应连通。在技术经济合理时，热力网干线宜连接成环状管网。

8.2.1.3 供热管网的管材及管件

供热管道常用钢管，按照制造方法分为无缝钢管和焊接钢管（有缝钢管），按照用途分为一般钢管和专用钢管。各钢管的适用范围见表 8.7。

表 8.7 供热管道常用钢管

介质种类	介质工作参数		管道材料	钢管名称	钢管标准号
	压力 p/MPa	温度 T/℃			
热水供应管道	$p \leqslant 1.6$	$T \leqslant 200$	Q215-A、Q215B	低压流体输送用焊接钢管	GB/T 3091
饱和蒸汽、热水	$p \leqslant 1.0$	$T \leqslant 150$	Q215-A、Q215B	低压流体输送用焊接钢管	GB/T 3091
	$p \leqslant 1.6$	$T \leqslant 300$	Q235A、Q235B	螺旋缝埋弧焊钢管	CJ/T3022
	$p \leqslant 2.5$	$T \leqslant 425$	10 号、20 号 20G、20R	输送流体用无缝钢管	GB/T 8163
过热蒸汽	$p \leqslant 2.5$	$250 \leqslant T \leqslant 425$		无缝钢管	GB/T 8163
	$p \leqslant 4.0$	$300 \leqslant T \leqslant 450$	16Mn	无缝钢管	GB/T 8163

阀门是供热管道中不可缺少的管件，是用来控制管道内介质流动的具有可动机构的机械产品的总称，是流体输送系统中的控制部件，具有导流、截止、调节、节流、防止逆流、分流或溢流卸压等功能。供热管道中常用的阀门有截止阀、闸阀、球阀、蝶阀、止回阀等。

8.3 （供热）止回阀的法兰连接安装

8.2.2 室外供热管网工程定额应用及计算规则

8.2.2.1 室外供热管网工程定额组成

《黑龙江省建设工程计价依据（市政工程计价定额）》第七册“燃气与集中供热工程”（以下简称本定额），包括管道敷设、管件制作安装、阀门安装、燃气用设备安装、管道试压吹扫等项目。本定额适用于城镇范围内的新建、改扩建燃气和集中供热工程。本定额与其他定额的界限划分：①过街管沟的砌筑、顶管、管道基础及井室，执行第六册“排水工程”相应定额；②铸铁管安装除机械接口外其他接口形式，执行第五册“给水工程”相应定额；③煤气、天然气和集中供热的容器具、设备安装缺项部分，执行安装工程相应定额；④刷油、防腐、保温和焊缝探伤，执行安装工程相应定额；⑤异径管、三通制作，刚性套管和柔性套管制作、安装及管道支架制作、安装，执行安装工程相应定额。本定额不包括管道穿跨越工程，均按无地下水考虑，$DN \leqslant 1800$mm 是按沟深 3m 以内考虑的，$DN > 1800$mm 是按沟深 5m 以内考虑的，超过时另行计算。

（1）管道敷设定额说明

① 本章工作内容除各节另有说明外，均包括沿沟排管、50mm 以内的清沟底、外观检查及清扫管材。

② 新旧管道带气接头未列项目，各地区可按煤气管理条例和施工组织设计以实际发生的人工、材料、机械台班的耗用量和煤气管理部门收取的费用进行结算。

（2）管件制作安装定额说明

① 本章定额中法兰安装按低压考虑，如安装中压法兰，相应定额人工乘以系数 1.2。

② 异径管安装以大口径为准，长度综合取定。

③ 中频煨弯不包括煨制时胎具更换。

④ 碳钢波纹补偿器是按焊接法兰考虑的，如直接焊接时，应减掉法兰安装用材料，其他不变。

⑤ 各种法兰安装，定额中只包括一个垫片，不包括螺栓使用量。

（3）阀门制作安装定额说明

① 本章定额中法兰阀门安装按低压考虑，如安装中压法兰，相应定额人工乘以系数 1.2。

② 电动阀门安装不包括电动机的安装。

③ 阀门解体、检查和研磨，已包括一次试压。

④ 阀门压力试验介质是按水考虑的，如设计要求其他介质，可按实调整。

⑤ 定额内垫片均按橡胶石棉板考虑，如垫片材质与实际不同时，可按实调整。

⑥ 各种阀门安装，定额中只包括一个垫片，不包括螺栓使用量。

（4）管道试压、吹扫定额说明

① 管道压力试验，不分材质和作业环境均执行本定额。试压水如需加温，热源费用及排水设施另行计算。

② 强度试验，气密性试验项目，均包括了一次试压。

③ 液压试验是按普通水考虑的，如试压介质有特殊要求，介质可按实调整。

④ 强度试验，气密性试验项目，分段试验合格后，如需总体试压和发生二次或二次以上试压时，应再套用本定额相应项目计算试压费用。

⑤ 管件长度未满 10m 者，以 10m 计，超过 10m 者按实际长度计。

⑥ 管道总试压按每公里为一个打压次数，套用本定额一次项目，不足 0.5km 按实计算，超过 0.5km 计算一次。

⑦ 集中供热高压管道压力试验执行低中压相应定额，人工乘以系数 1.3。

8.2.2.2 定额工程量计算规则

管道敷设定额工程量计算规则：

① 本章各种管道的工程量均按延长米计算，管件、阀门、法兰所占长度均不扣除；

② 埋地钢管使用套管时（不包括顶进的套管），按套管管径执行同一安装项目。套管封堵的材料费可按实际耗用量调整；

③ 铸铁管安装按 NI 和 X 型接口计算，如采用 N 型和 SMJ 型人工乘以系数 1.05。

8.2.3 室外供热管网工程计量与计价编制实例

8.2.3.1 项目描述

（1）施工图样 本例所用施工图样为某城镇室外供热管道工程。图 8.2～图 8.4 为该工程的施工图。

（2）设计说明

① 供热管道采用直埋预制保温管，保温层厚度为 50mm。

② 阀门采用焊接球阀。

③ 阀门井及检查井采用定型井，参见标准图集。

④ 采用 X 射线无损探伤。

⑤ 管道基础采用 250mm 厚垫层。

⑥ 固定墩采用 C30 混凝土；尺寸：2800mm×2800mm×2750mm。

⑦ 工程所在地土质为二类土。

8.2.3.2 工程量计算

（1）沟槽开挖土方量

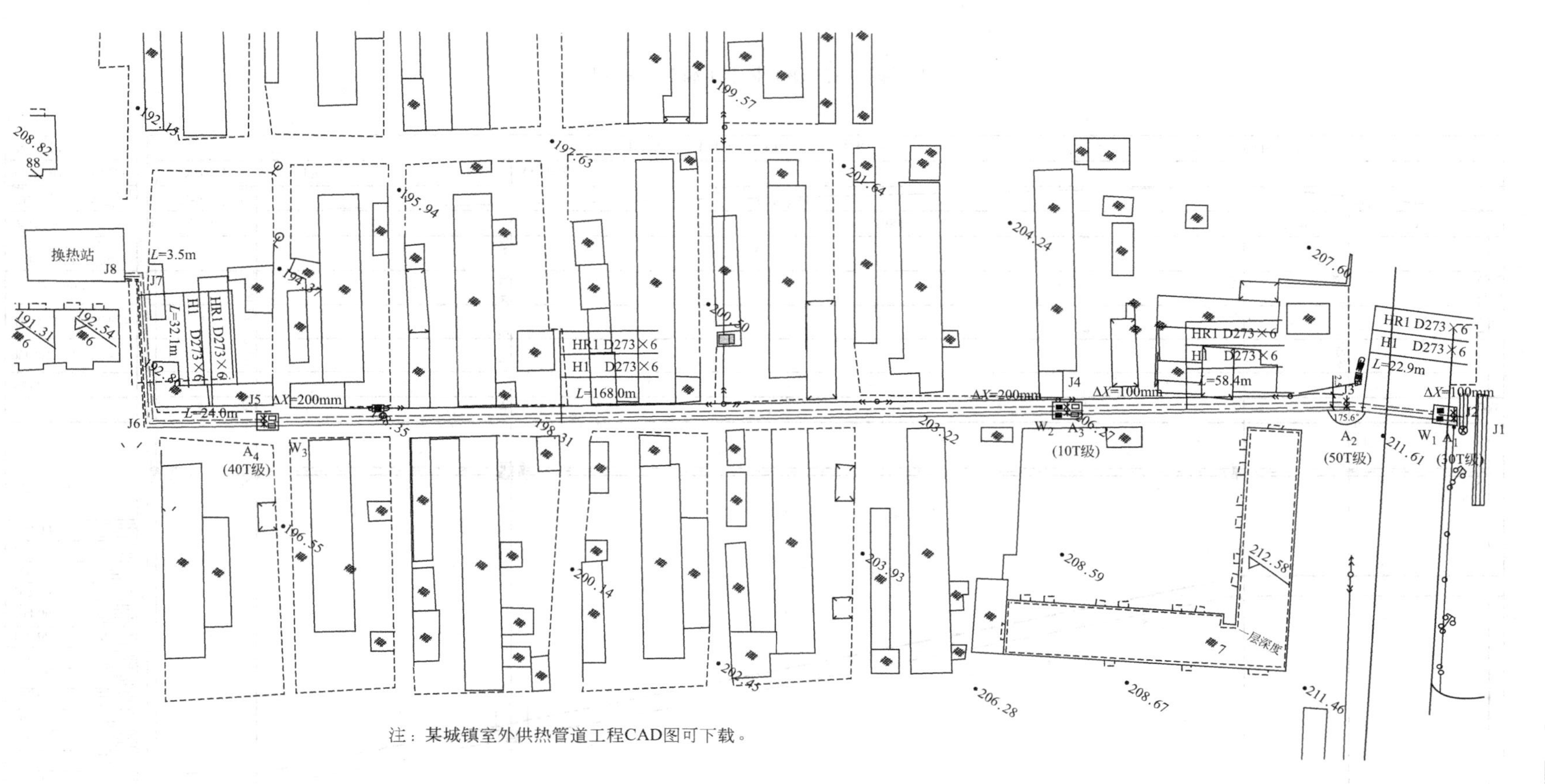

注：某城镇室外供热管道工程CAD图可下载。

图 8.2 某城镇室外供热管道平面图

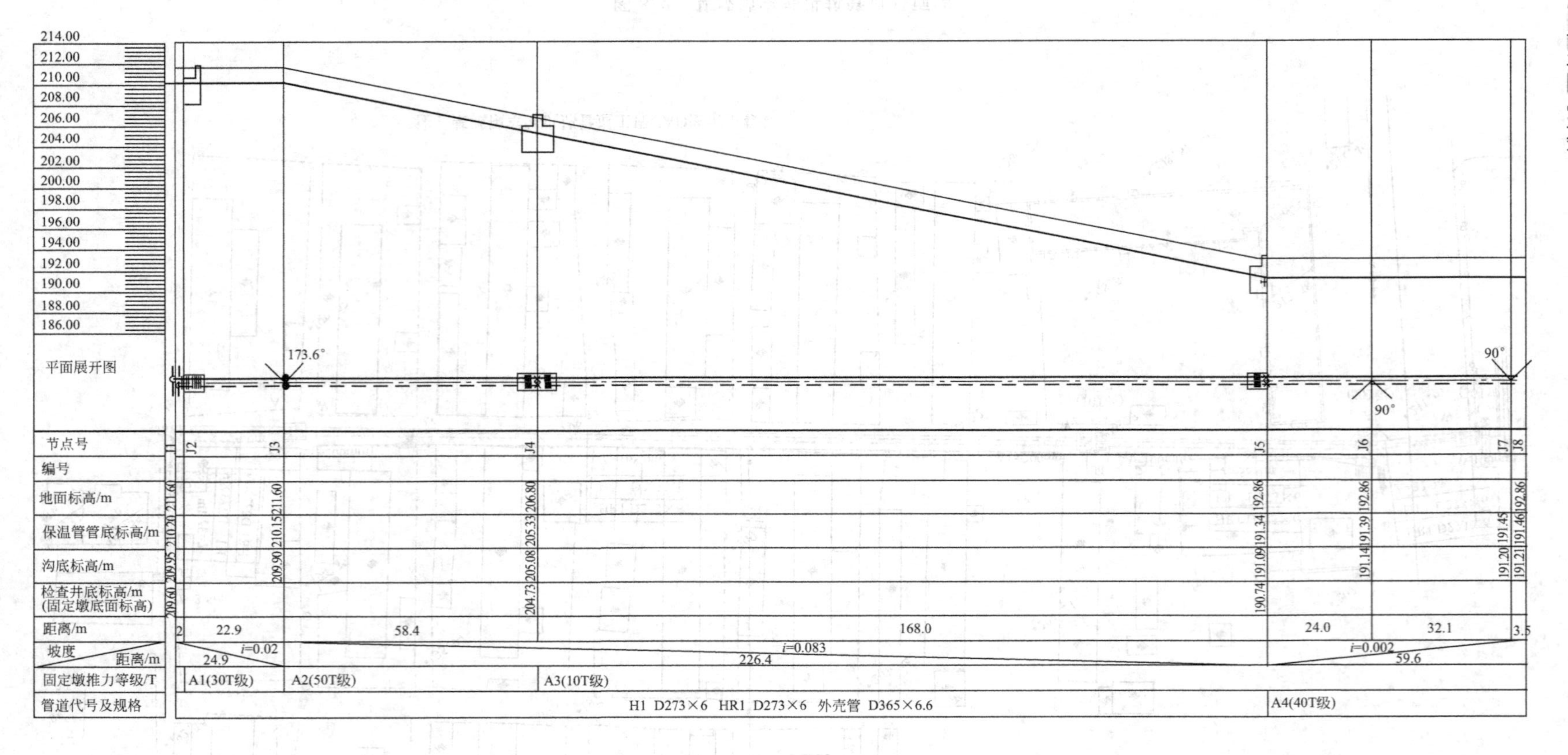

图 8.3 某城镇室外供热管道纵断面图

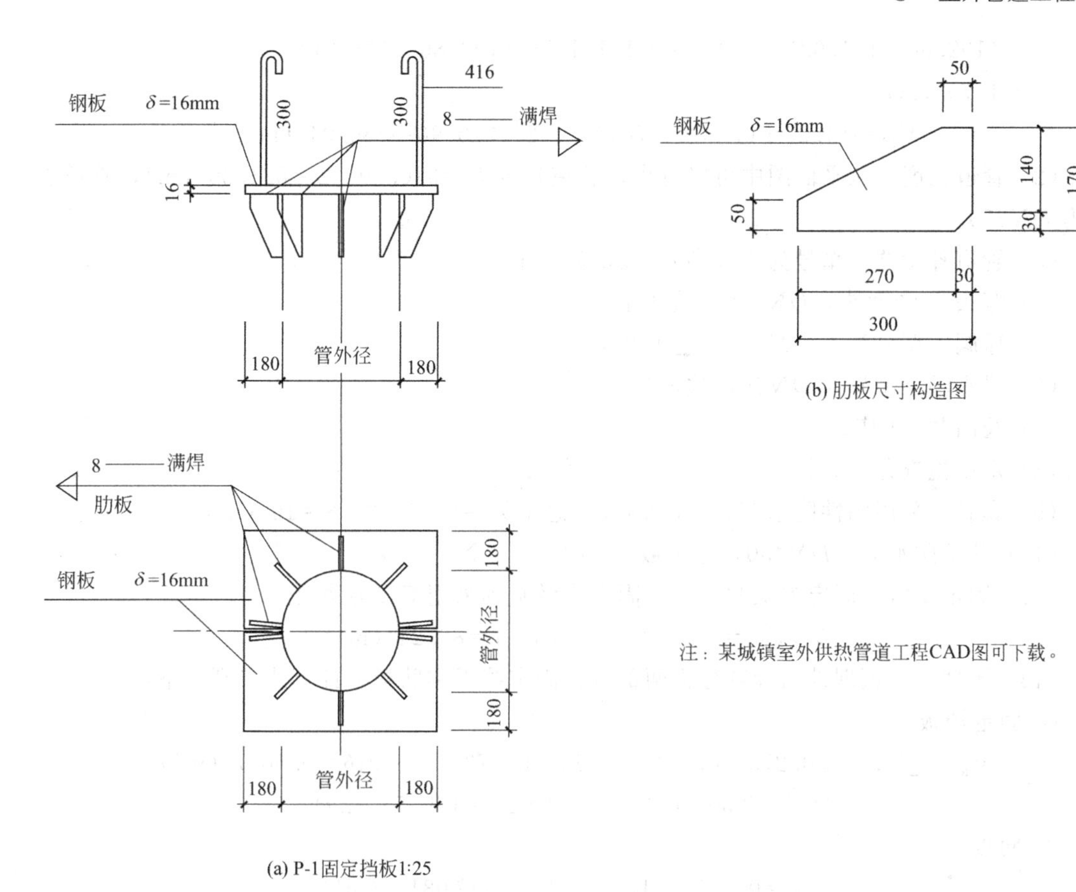

(a) P-1固定挡板1:25

(b) 肋板尺寸构造图

图 8.4 固定挡板和肋板图

室外供热管道土方开挖挖方量按下式计算：

$$V_{挖}=(W+kH)HL \tag{8-6}$$

$$H=\frac{1}{n}\sum_{i=1}^{n}(\Delta_1-\Delta_2) \tag{8-7}$$

式中 $V_{挖}$——挖方量，m^3；

W——沟底宽，m；

k——边坡系数；

H——沟槽加权深度，m；

L——沟槽长度，m；

n——节点数量；

Δ_1——节点数量；

Δ_2——节点数量。

从施工平面图及纵断面图可以看出，该工程沟槽长度 $L=310.90$m；由横断面图可知，沟底宽 $W=1.20$m，边坡系数 $k=0.33$。

将这些数据代入公式得

$$H=\frac{1}{6}\times[(211.60-209.95)+(211.60-209.90)+(206.80-205.08)+$$

$(192.86-191.09)+(192.86-191.14)+(192.86-191.21)]$

$=1.70$（m）

$$V_{挖}=(1.20+0.33\times1.70)\times1.62\times310.90=886.94\ (m^3)$$

（2）管道长度　从平面图中可以看出，管道长度 $L=310.90\times2=621.80$（m），管道管径为 $DN250$。

（3）管道补偿器　型号为 $DN250$，数量为 8 个。

（4）弯头　90°弯头，$DN250$，共 4 个。

（5）球阀　型号为 $DN250$，数量为 2 个。

（6）泄水阀　型号为 $DN50$，数量为 2 个。

（7）阀门井　1 座。

（8）定型检查井　3 座。

（9）套管　采用刚性防水套管，$DN450$，总个数 $=2+4+2+8=16$（个）。

（10）井壁防水器　$DN450$，总个数 $=2+2=4$（个）。

（11）固定支墩　固定支墩共 4 个。固定支墩基础采用 C30 混凝土。

$$V_{混凝土}=2.8\times2.8\times2.75\times4=86.24\ (m^3)$$

（12）预埋件　预埋件的计算分为两部分：固定挡板和肋板。计算式分别如下：

① 固定挡板

$$V_{固}=[(0.18+0.273+0.18)^2-3.14\times0.273^2]\times0.016=0.0027\ (m^3)$$

$$M_{固}=7850\times0.0027\times(4\times2)=169.56\ (kg)$$

② 肋板

$$V_{肋}=0.30\times0.17\times0.016=0.000816\ (m^3)$$

$$M_{肋}=7850\times0.000816\times(40\times2)=512.448\ (kg)$$

$$预埋件总量\ M_{总}=M_{固}+M_{肋}=169.56+512.448=682.00\ (kg)$$

（13）基础垫层　基础垫层厚度为 250mm，因此，基础垫层体积 $=L$(沟槽长)$\times W$(沟底宽)$\times\delta$(垫层厚)$=310.90\times1.20\times0.25=93.27$（$m^3$）。

（14）保温层

$$V_{保}=\pi[(D+1.033\delta)\times1.033\delta]L=3.14\times[(0.25+1.033\times0.05)\times1.033\times0.05]\times(2.60+3.90+2.00)=0.42\ (m^3)$$

（15）保护层安装

$$S_{保}=\pi(D+2.10\delta+0.0082)L=3.14\times(0.25+2.10\times0.05+0.0082)\times(2.60+3.90+2.00)=9.69\ (m^2)$$

（16）阀门绝热、防潮层

$$\begin{aligned}V_{绝}&=\pi(D+1.033\delta)\times2.5D\times1.033\delta\times1.05N(\text{阀门个数})\\&=3.14\times(0.25+1.033\times0.05)\times2.5\times0.25\times1.033\times0.05\times1.05\times2\\&=0.06\ (m^3)\end{aligned}$$

（17）阀门绝热、防潮保护层

$$\begin{aligned}S_{绝}&=\pi(D+2.1\delta)\times2.5D\times1.05N\\&=3.14\times(0.25+2.1\times0.05)\times2.5\times0.25\times1.05\times2\\&=1.46\ (m^2)\end{aligned}$$

（18）探伤　采用 X 射线无损探伤。

焊口个数 $n=L/12+8$(管件口)=621.80/12+8=60（个）

(19) 水压试验及冲洗　$DN250$，管长 $L=621.80$m。

(20) 外运土方量　外运土方量应等于支墩所占体积，管道所占体积量不扣除。支墩体积计算过程如下：

$V_{运}=[(0.50+0.70)\times1.10\times0.60+(0.50+0.20+1.00+1.05)\times0.60\times0.60]\times4$ 个

$=7.13\ (m^3)$

(21) 回填土方量

$$V_{填}=V_{挖}-V_{运}=886.94-7.13=879.81m^3$$

工程量汇总表见表 8.8。

表 8.8　工程量汇总表

序号	项目	规则型号	工程量	单位	备注
1	预制直埋保温管	*DN*250	621.80	m	
2	管道补偿器	*DN*300	8	个	
3	90°弯头	*DN*250	4	个	
4	球阀	*DN*250	2	个	
5	泄水阀	*DN*50	2	个	
6	阀门井	井径 1.8m	1	座	
7	定型检查井	2000×2200×2800	3	座	
8	刚性防水套管	*DN*450	16	个	
9	井壁防水器	*DN*450	4	个	
10	固定支墩		4	个	C30 混凝土
11	预埋件		682.00	kg	钢制
12	基础垫层		93.27	m^3	
13	保温层		0.42	m^3	
14	保护层安装		9.69	m^2	
15	阀门绝热、防潮层		1.52	m^3	
16	无损探伤焊口		60	个	X 射线
17	水压试验及冲洗	*DN*250	621.80	m	
18	沟槽开挖土方量	二类土	886.94	m^3	
19	外运土方量		7.13	m^3	
20	回填土方量		879.81	m^3	

8.2.3.3　分部分项工程定额套取

分部分项工程定额套取见表 8.9。

表 8.9　分部分项工程定额表

序号	定额编号	项目	单位	工程量	备注
1	7-97	预制直埋保温管公称直径(250mm 以内)	m	621.80	
2	7-533	焊接钢套筒补偿器安装公称直径(300mm 以内)	个	8	

续表

序号	定额编号	项目	单位	工程量	备注
3	4-251	碳钢管件安装(电弧焊)公称直径(250mm 以内)	个	4	
4	7-553	焊接法兰阀门安装公称直径(250mm 以内)	个	2	
5	7-546	焊接法兰阀门安装公称直径(50mm 以内)	个	2	
6	5-386	砖砌圆形阀门井(井径 1.8m 以内,井深 2.3m 以内)	座	1	
7	6-525×2	砖砌矩形污水检查井(2000×2200×2800)	座	3	
8	借 1-609	刚性防水套管制作公称直径(450mm 以内)	个	16	
9	借 1-621	刚性防水套管安装公称直径(500mm 以内)	个	16	
10	借 1-621	井壁防水器安装 *DN*450	个	4	
11	借 4-4	独立基础混凝土	个	4	
12	借 4-228	预埋件制作	kg	682.00	
13	借 4-229	预埋件安装	kg	682.00	
14	4-409	基坑垫层砂垫层	m^3	93.27	
15	借 5-430	泡沫玻璃瓦块安装在管道上 ϕ325 以下(厚度 50mm)	m^3	0.42	
16	借 5-789	玻璃丝布防潮层管道	m^3	9.69	
17	借 5-523	纤维类制品(板)安装在立式设备上(厚度 50mm)	m^3	1.52	
18	借 4-504	焊缝 X 光射线探伤(80mm×300mm)管壁厚 16mm 以内	个	60	
19	7-806	管道总试压及冲洗公称直径(400mm 以内)	m	621.80	
20	1-49	反铲挖掘机斗容量 1.0m^3 装车一、二类土	m^3	798.246	
21	1-4	人工挖沟槽土方一、二类土深度(2m 以内)	m^3	886.94	
22	1-298	4t 自卸汽车运土运距(5km 以内)	m^3	7.13	
23	1-455	人工填土机械夯实(槽坑)	m^3	879.81	

思考题

1. 室外给水管道系统的任务和作用是什么?
2. 室外给水管道系统都由哪些部分组成?
3. 室外给水工程定额都由哪些部分组成?
4. 室外给水工程定额工程量计算规则都包含哪些内容?
5. 室外排水管道系统的任务和作用是什么?
6. 室外排水管道系统都由哪些部分组成?
7. 室外排水工程定额都由哪些部分组成?
8. 室外排水工程定额工程量计算规则都包含哪些内容?
9. 室外集中供热系统都由哪些部分组成?
10. 室外供热管网可分为哪几种?各适用于什么场合?
11. 室外供热工程定额都由哪些部分组成?
12. 室外供热工程定额工程量计算规则都包含哪些内容?

9 电气设备安装工程

学习导入

电气设备安装工程是以接受电能，经变换、分配电能，到使用电能或从接受电能经过分配到用电设备所形成的工程系统。按其主要功能不同分为电气照明系统、动力系统、变配电系统等，这种以电能的传输、分配和使用为主的工程系统常称为强电工程。

学习目标

通过本模块的学习应掌握电气设备安装工程工程量清单编制的方法、清单计价原理、综合单价的确定、表格的填写等，具备独立编制电气设备安装工程清单报价的能力。

【案例 1】 某电气照明工程施工图预算。

【案例 2】 某供配电工程施工图预算。

【案例 3】 某建筑物防雷与接地工程施工图预算。

9.1 电气照明工程施工图预算

某电气照明工程施工图 CAD 图可下载。

9.1.1 照明施工图识读

9.1.1.1 设计说明

(1) 电力电缆采用干包式电缆头，室外电缆埋深 0.9m，一般土壤。

(2) 房间层高为 3m，门框高度为 2m。

(3) 手孔井为小手孔，尺寸为 220mm×320mm×220mm。

9.1.1.2 配电系统图

(1) 一层配电箱（AL1）系统图　一层配电箱进线 YJV22-1 (4×25)-SC50-FC 由配电室引来，自手孔井至配电箱采用 SC50 的保护管埋地敷设，电力电缆的规格为 YJV22-1 (4×25)。配电箱馈出回路包括 2 个部分，第一部分是应急照明回路 WE1-ZRBV-3×2.5SC20-AB/BC，管路为 SC20，敷设方式为 AB/BC [AB 沿或跨梁（屋架）敷设，BC 暗敷设在梁内]，电线为阻燃塑料铜线，规格为 2.5mm^2，根数为 3 根。WE2、WE3 为备用回路。第二部分为普通照明回路 WL1～WL8，WL1 为公共照明回路，WL2 为照明回路，馈出管线均为 BV-2×2.5-PC16-CC，PC16 表示管径为 16mm 的塑料管，BV-2×2.5 表示管内穿 2 根 2.5mm^2 的塑料铜线，CC 表示暗敷设在顶板内。WL3、WL4 为插座回路，馈出管线均为 BV-3×4-PC20-WC，PC20 表示管径为 20mm 的塑料管，BV-3×4 表示管内穿 3 根 4mm^2 的塑料铜线，WC 表示暗敷设在墙内。WL5、WL6 为挂式空调回路，馈出管线均为 BV-3×4-PC20-WC，PC20 表示管径为 20mm 的塑料管，BV-3×4 表示管内穿 3 根 $4mm^2$ 的塑料铜线，WC 表示暗敷设在墙内。WL7 接二层配电箱 AL2，馈出管线均为 BV-5×6-SC25-WC，SC25 表示管径为 25mm 的焊接钢管，BV-5×6 表示管内穿 5 根 $6mm^2$ 的塑料铜线，WC 表示暗敷设在墙内。WL8 为备用回路。一层配电箱（AL1）系统图如图 9.1 所示。

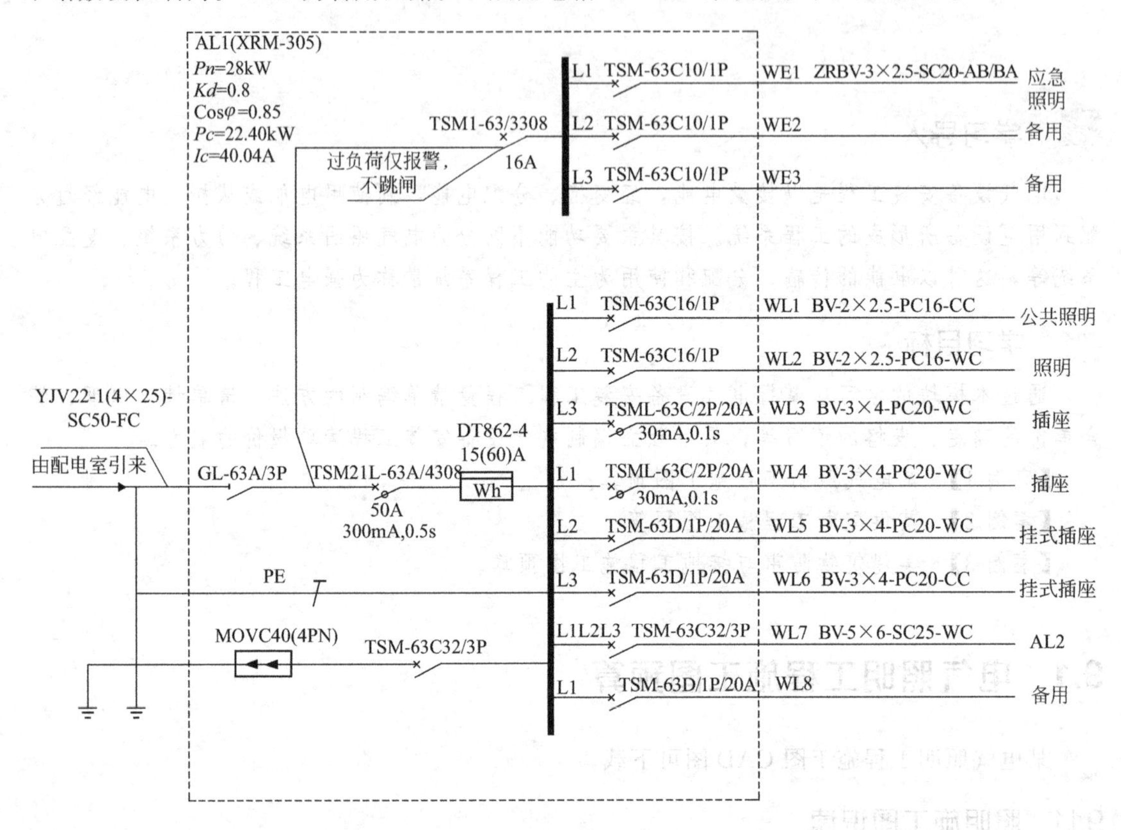

图 9.1 某工程一层配电箱（AL1）系统图

（2）二层配电箱（AL2）系统图 二层配电箱进线 BV-5×6-SC25-WC 由一层配电箱（AL1）引来，前已述及。配电箱馈出回路为 WL1～WL7，WL1 为照明回路，馈出管线均为 BV-2×2.5-PC16-CC，PC16 表示管径为 16mm 的塑料管，BV-2×2.5 表示管内穿 2 根 $2.5mm^2$ 的塑料铜线，CC 表示暗敷设在顶板内。WL2、WL3 为插座回路，馈出管线均为 BV-3×4-PC20-WC，PC20 表示管径为 20mm 的塑料管，BV-3×4 表示管内穿 3 根 $4mm^2$ 的塑料铜线，WC 表示暗敷设在墙内。WL4、WL5 为柜式空调回路，馈出管线均为 BV-3×4-PC20-WC，PC20 表示管径为 20mm 的塑料管，BV-3×4 表示管内穿 3 根 $4mm^2$ 的塑料铜线，WC 表示暗敷设在墙内。WL6 为挂式空调回路，馈出管线均为 BV-3×4-PC20-WC，PC20 表示管径为 20mm 的塑料管，BV-3×4 表示管内穿 3 根 $4mm^2$ 的塑料铜线，WC 表示暗敷设在墙内。WL7 为备用回路。二层配电箱（AL2）系统图如图 9.2 所示。

9.1.1.3 电气照明平面图

（1）一层照明平面图，如图 9.3 所示。

（2）一层插座平面图，如图 9.4 所示。

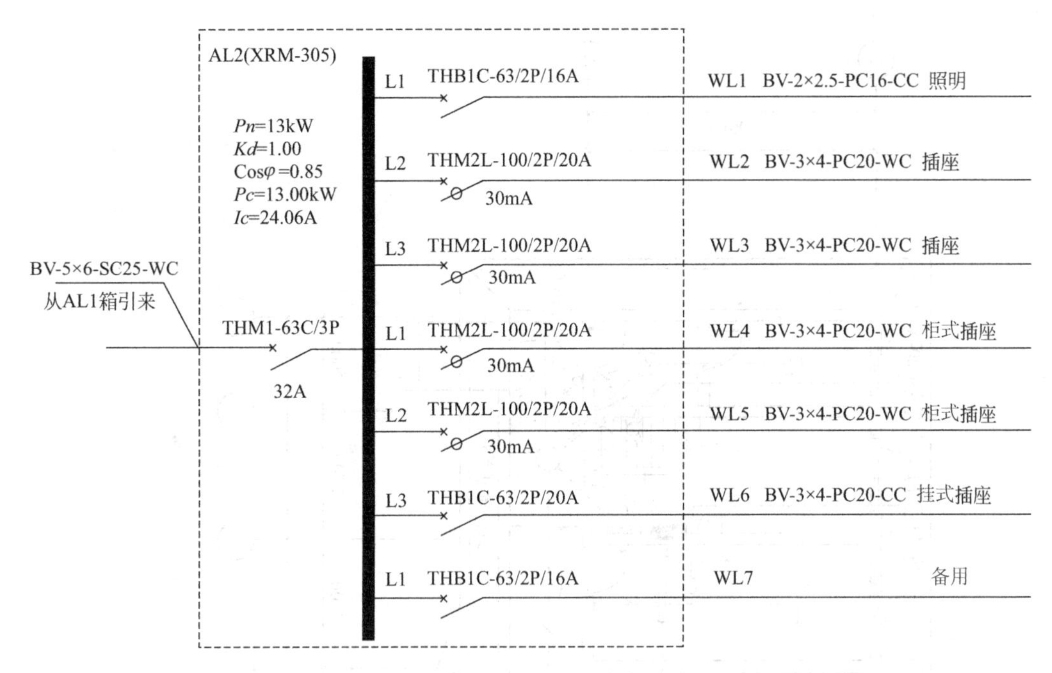

图 9.2 某工程二层配电箱（AL2）系统图

（3）二层照明平面图，如图 9.5 所示。

（4）二层插座平面图，如图 9.6 所示。

9.1.2 电气照明工程计量

9.1.2.1 电气设备安装工程定额应用及计算规则

（1）电气设备安装工程定额说明。

（2）电气设备安装工程工程量计算规则。

9.1 电气设备安装工程定额说明

9.2 电气设备安装工程工程量计算规则

9.1.2.2 计算说明

（1）计量起点为手孔井。

（2）按步骤计算工程量时，结果保留三位小数。

（3）配电箱为乙供。

9.1.2.3 电气照明工程清单工程量计算

根据该工程施工图样，《建设工程工程量清单计价规范》（GB 50500—2013）、2010 年《黑龙江省建设工程计价依据电气设备及建筑智能化系统设备安装工程计价定额》中工程量计算规则、工作内容及定额解释等，按项依次计算工程量。电气照明工程清单工程量计算过程如表 9.1 所示。

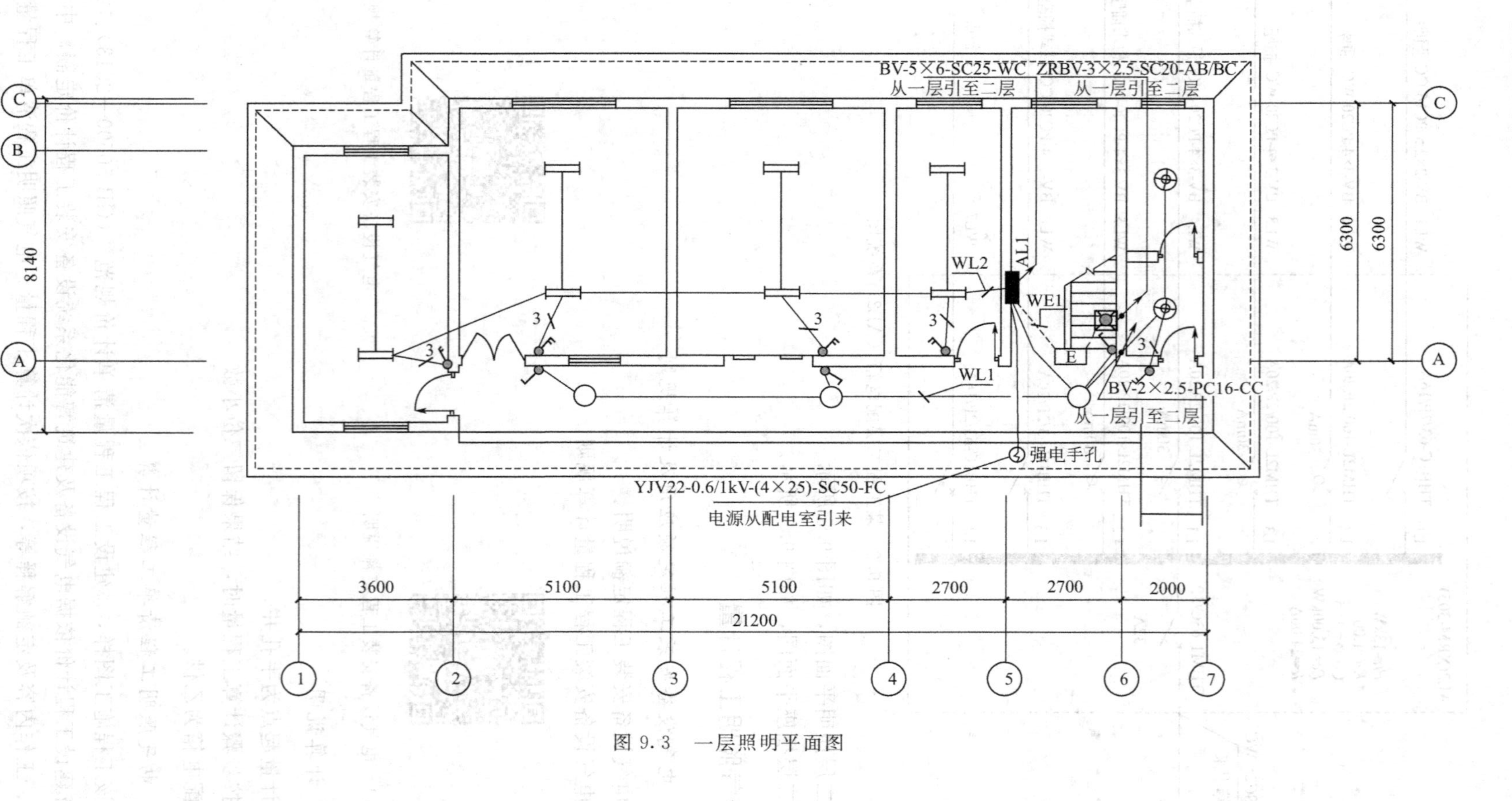
BV-5×6-SC25-WC ZRBV-3×2.5-SC20-AB/BC
从一层引至二层
从一层引至二层
AL1
WL2
WE1
WL1
E
3
BV-2×2.5-PC16-CC
从一层引至二层
强电手孔
YJV22-0.6/1kV-(4×25)-SC50-FC
电源从配电室引来
8140
6300
6300
3600
5100
5100
2700
2700
2000
21200
C
B
A
1
2
3
4
5
6
7

图 9.3 一层照明平面图

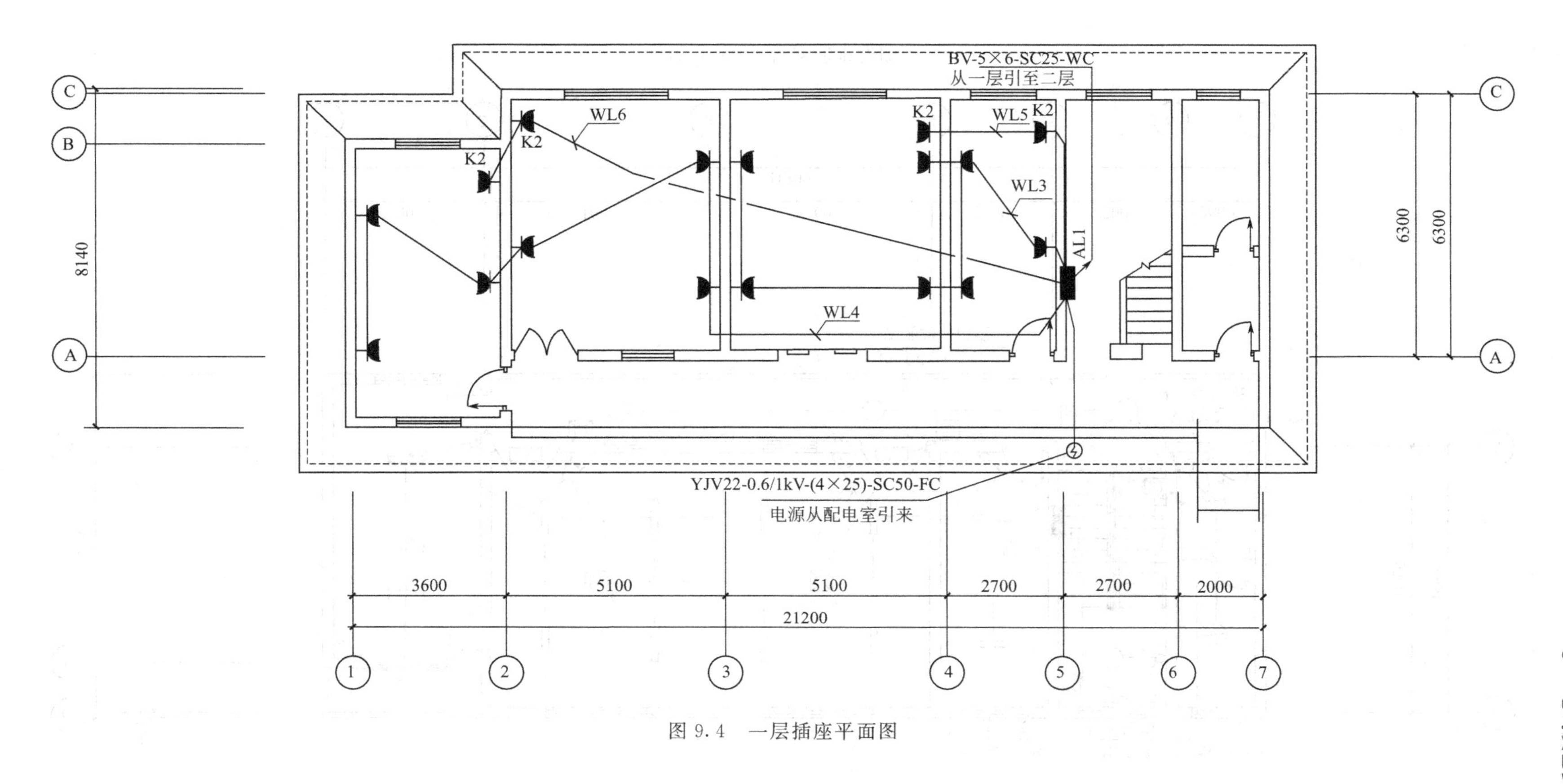
BV-5×6-SC25-WC
从一层引至二层
YJV22-0.6/1kV-(4×25)-SC50-FC
电源从配电室引来
AL1
WL3
WL4
WL5
WL6
K2
8140
6300
6300
3600
5100
5100
2700
2700
2000
21200

图 9.4 一层插座平面图

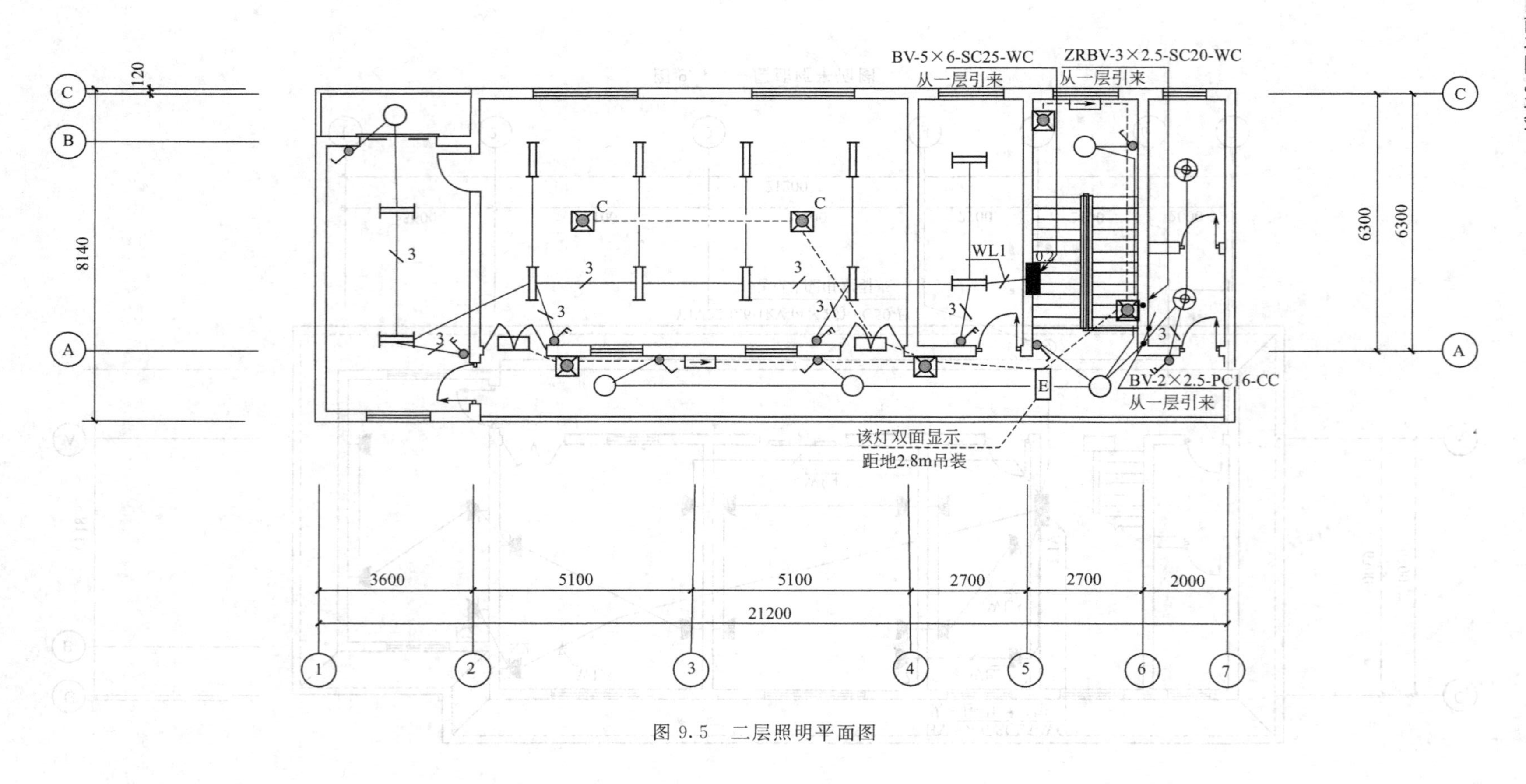

BV-5×6-SC25-WC
从一层引来
ZRBV-3×2.5-SC20-WC
从一层引来
WL1
BV-2×2.5-PC16-CC
从一层引来
该灯双面显示
距地2.8m吊装
8140
120
6300
6300
3600
5100
5100
2700
2700
2000
21200

图 9.5 二层照明平面图

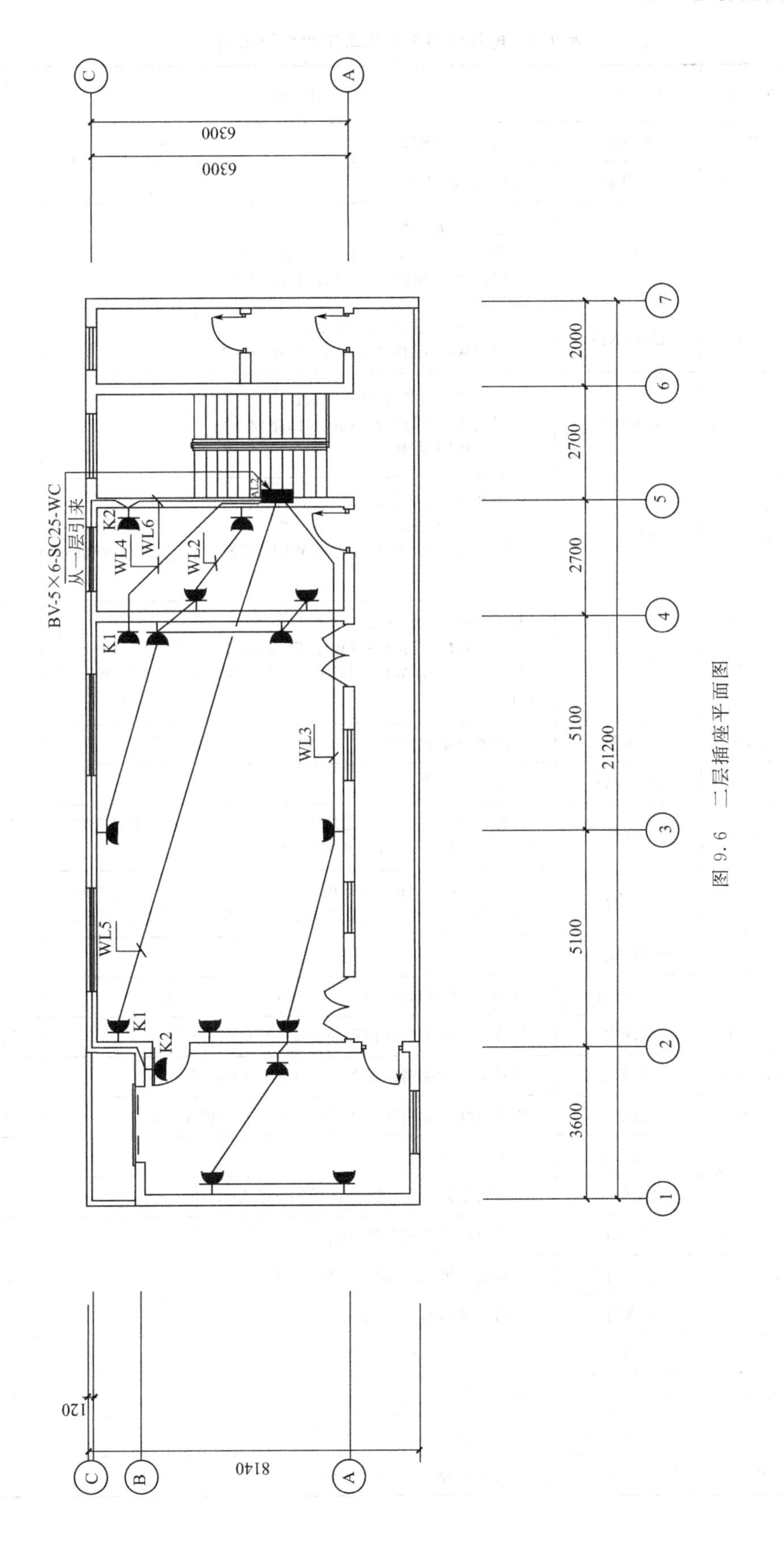
BV-5×6-SC25-WC
从一层引来
AL2
K1
K2
WL2
WL3
WL4
WL5
WL6
2000
2700
2700
5100
5100
3600
21200
6300
6300
8140
120
A
B
C
1
2
3
4
5
6
7

图 9.6 二层插座平面图

表 9.1 电气照明工程清单工程量计算表

序号	项目编码	项目名称	计算式	工程量合计	计量单位
1	030404017001	配电箱	一层 AL1 XRM-305	1	台
2	030404017002	配电箱	二层 AL2 XRM-305	1	台
3	030404035001	插座	5 孔插座(安全型)250V 10A 一层:(WL3 回路)7+(WL4 回路)6=13 二层:(WL2 回路)6+(WL3 回路)6=12	25	个
4	030404035002	插座(K1)	柜式空调 3 孔插座 250V 15A 二层:(WL4 回路)1+(WL5 回路)1=2	2	个
5	030404035002	插座(K2)	挂式空调 3 孔插座 250V 15A 一层:(WL5 回路)2+(WL6 回路)2=4 二层:(WL6 回路)2	6	个
6	030404034001	照明开关	单极开关 250V 10A 一层:(WL1 回路)3 二层:(由一层 AL1 引上的 WL1 回路)4+(AL2 的 WL1 回路)1=5	8	个
7	030404034002	照明开关	双极开关 250V 10A 一层:(WL1 回路)1+(WL2 回路)4=5 二层:(AL2 的 WL1 回路)4+(由一层 AL1 引上的 WL1 回路)1=5	10	个
8	030404031001	小电器	一层紧急求救按钮	2	个
9	030404036001	其他电器	一层声光报警器	1	个
10	030408003001	电缆保护管	镀锌钢管 SC50(自手孔井开始计量,含埋深):手孔井至配电箱 4.0+埋深 0.9+至配电箱底边 1.5	6.400	m
11	030408001001	电力电缆	YJV22-4×25:(保护管长度 6.4+配电箱预留 1+电缆终端头 1.5+1.5)=10.4×(电缆敷设波形、弛度、弯曲、交叉 2.5%)1.025	10.660	m
12	030408006001	电缆终端头	两端各 1 个	2	个
13	010101003001	管沟土方	电缆沟:沟深 0.9×沟宽(0.3×2+0.05)×沟长 4.0	2.340	m^3
14	030411006001	接线盒	钢质接线盒配镀锌钢管 SC20:(应急灯具)2+11	13	个
15	030411006002	接线盒	塑料接线盒配刚性阻燃管:(灯具)19+8+5	32	个
16	030411006003	接线盒	塑料接线盒配刚性阻燃管:(开关)18+(插座)33	51	个
17	030412001001	普通灯具	节能灯:一层 3+二层 5	8	套
18	030412001002	普通灯具	防水防尘灯(配节能灯):一层 2+二层 2	4	套
19	030412004001	装饰灯	自带电源事故照明灯(壁装):一层 1+二层 4	5	套
20	030412004002	装饰灯	自带电源事故照明灯(吸顶):二层 2	2	套
21	030412004003	装饰灯	单向疏散指示灯:二层 2	2	套
22	030412004004	装饰灯	安全出口指示灯:一层 1+二层 3	4	套
23	030412005001	荧光灯	双管荧光灯:一层 8+二层 12	20	套
24	030413005001	人(手)孔砌筑	220×320×220 手孔:室外 1	1	个
25	030413006001	人(手)孔防水	0.22×0.32×4+0.22×0.22×2	0.380	m^2

续表

序号	项目编码	项目名称	计算式	工程量合计	计量单位
26	030411001001	配管	镀锌钢管 SC20(配线 ZRBV-3×2.5)： ①WE1 回路：↑顶(层高 3-箱底 1.5-箱高 0.6,以下↑顶公式同此)0.9+→1.5+↓标志灯 0.8+标志灯↑0.8+→1.2+↓事故照明灯 0.5=5.7 ②引上二层事故照明灯↑顶 0.5+↑二层顶 3+二层水平管 29.7+↑↓单向指示灯 2×2.6+↑↓事故照明灯 6×0.5+↑↓标志灯 2×0.2+2×0.8=43.4 合计：5.9+43.4	49.3	m
27	030411001002	配管	镀锌 SC25(配线 BV-5×6)：WL7 回路引上二层 AL2：↑顶 0.9+↑AL2 箱底 1.5=2.4	2.400	m
28	030411001003	配管	刚性阻燃管 PC16： 一、(配线 BV-2×2.5) (1)一层 ①WL1 回路：→16.8+↑顶 0.9+↑↓开关 1.7×3=22.8 ②WL1 回路：引上二层↑二层顶 3+二层→29.4+↑↓开关 1.7×5=40.9 ③WL2 回路：→26.6+↑顶 0.9=27.5 ④卫生间紧急求救按钮：箱顶至屋顶↑0.9+→12.4+↑↓按钮 1.8×4+↓报警器 0.2=20.7 (2)二层 WL1 回路：→23.2+↑↓开关 1.7=24.9 二、(配线 BV-3×2.5) (1)一层 1)WL1 回路：→1.5+↓双极开关 1.7=3.2 2)WL2 回路：6.7+↓双极开关 1.7×4=13.5 (2)二层 WL1 回路：→8.9+↑顶 0.9+↑↓开关 1.7×4=16.6 合计： 22.8+40.9+27.5+20.7+24.9+3.2+13.5+16.6	170.100	m
29	030411001004	配管	刚性阻燃管 PC20(配线 BV-3×4)： (1)一层 ①WL3 回路：箱底至地内↓(1.5+0.1)+→15.2+插座↑↓(0.3+0.1)×9=20.4 ②WL4 回路：箱底至地内↓(1.5+0.1)+→24.7+插座↑↓(0.3+0.1)×9=29.9 ③WL5 回路：箱顶至屋顶↑0.9+→6.7+插座↑↓插座0.8×3=10 ④WL6 回路：箱顶至屋顶↑0.9+→14.1+插座↑↓插座0.8×3=17.4 (2)二层 ①WL2 回路：→13.1+箱↓地(1.5+0.1)+插座↑↓(0.3+0.1)×11=19.1 ②WL3 回路：→20.5+箱↓地(1.5+0.1)+插座↑↓(0.3+0.1)×11=26.5 ③WL4 回路：→5+箱↓地(1.5+0.1)↑插座(0.1+0.3)=7 ④WL5 回路：→12+箱↓地(1.5+0.1)↑插座(0.1+0.3)=14 ⑤WL6 回路：→17.5+↑顶 0.9+↑↓插座 0.8×3=20.8 合计： 20.9+29.9+10+17.4+19.1+26.5+7+14+20.8	165.600	m

续表

序号	项目编码	项目名称	计算式	工程量合计	计量单位
30	030411004001	配线	ZRBV-2.5mm^2： 一层WE1回路：配管长度49.3+配电箱预留长度1=50.3×3根	150.900	m
31	030411004002	配线	BV-2.5mm^2： 一层 WL1、WL2回路(BV-2×2.5)配管长度91.2×2=182.4+WL1回路(BV-3×2.5)3.2×3=192+WL2回路(BV-3×2.5)13.5×3=232.5+WL1、WL2回路配电箱预留长度1×4=236.5+卫生间20.7×2=277.9+配电箱预留长度1×2=279.9 二层 WL1回路(BV-2×2.5)配管长度25.8×2=51.6+WL1回路(BV-3×2.5)15.7×3=98.7+WL1回路配电箱预留长度1×2=100.7 合计：279.9+100.7	380.600	m
32	030411004003	配线	BV-4mm^2： 一层 WL3、WL4、WL5、WL6回路(BV-3×4)配管长度77.7×3=233.1+WL3、WL4、WL5、WL6回路配电箱预留长度1×12=245.1 二层 WL3、WL4、WL5、WL6回路(BV-3×4)配管长度87.4×3=262.2+WL3、WL4、WL5、WL6回路配电箱预留长度1×15=277.2 合计：245.1+277.2	522.300	m
33	030411004004	配线	BV-6mm^2： WL7回路(BV-3×4)配管长度2.4×5=12+两端配电箱预留长度1×5×2	22.000	m
34	030414002001	送配电装置系统	低压系统调试	1	系统

9.1.3 电气照明工程计价

本项目计价文件是依据2013年《建设工程工程量清单计价规范》和2010年《黑龙江省建设工程计价依据》而编制的。其中，分部分项工程和单价措施项目清单与计价表，见表9.2。

表9.2 分部分项工程和单价措施项目清单与计价表

工程名称：某电气照明工程　　　　标段：　　　　第　页　共　页

序号	项目编码	项目名称	项目特征描述	工程量	计量单位	金额/元			
						综合单价	合价	其中	
								定额人工费	暂估价
1	030404017001	配电箱	1. 照明配电箱AL1 2. 型号：XRM-305 3. 规格：600×400(高×宽) 4. 端子板外部接线材质、规格：BV2.5mm^2 7个、BV4mm^2 12个、BV6mm^2 5个 5. 安装方式：嵌墙暗装，底边距地1.5m	1	台	1534.03	1534.03		

续表

序号	项目编码	项目名称	项目特征描述	工程量	计量单位	金额/元			
						综合单价	合价	其中	
								定额人工费	暂估价
2	030404017002	配电箱	1. 照明配电箱 AL2 2. 型号:XRM-305 3. 规格:600mm×400mm(高×宽) 4. 端子板外部接线材质、规格:BV2.5mm² 2个、BV4mm² 15个 5. 安装方式:嵌墙暗装,底边距地1.5m	1	台	1209.37	1209.37		
3	030404035001	插座	1. 名称:普通插座(安全型) 2. 规格:5孔 250V 10A 3. 安装方式:暗装	25	个	34.73	868.25		
4	030404035002	插座	1. 名称:柜式空调插座 2. 规格:3孔 250V 15A 3. 安装方式:暗装	2	个	42.29	84.58		
5	030404035002	插座	1. 名称:挂式空调插座 2. 规格:3孔 250V 15A 3. 安装方式:暗装	6	个	42.29	253.74		
6	030404034001	照明开关	1. 名称:单极开关 2. 规格:250V 10A 3. 安装方式:暗装	8	个	19.96	159.68		
7	030404034002	照明开关	1. 名称:双极开关 2. 规格:250V 10A 3. 安装方式:暗装	10	个	27.77	277.7		
8	030404031001	小电器	1. 名称:紧急求救按钮 2. 规格:86型	2	个	54.03	108.06		
9	030404036001	其他电器	1. 名称:声光报警器 2. 规格:86型 3. 安装方式:墙上明装	1	个	207.07	207.07		
10	030408003001	电缆保护管	1. 名称:电缆保护管 2. 材质:镀锌钢管 3. 规格:SC50 4. 敷设方式:埋地敷设	6.7	m	47.43	317.78		
11	030408001001	电力电缆	1. 名称:电力电缆 2. 型号:YJV22 3. 规格:4×25 4. 材质:铜芯电缆 5. 敷设方式、部位:穿管敷设 6. 电压等级(kV):1kV以下	10.66	m	50.33	536.52		
12	030408006001	电缆终端头	1. 名称:电缆终端头 2. 型号:YJV22 3. 规格:4×25 4. 材质:铜芯电缆、干包式 5. 安装部位:配电柜、箱 6. 电压等级(kV):1kV以下	2	个	100.49	200.98		

续表

序号	项目编码	项目名称	项目特征描述	工程量	计量单位	金额/元			
						综合单价	合价	其中	
								定额人工费	暂估价
13	010101001001	管沟土方	1. 名称:电缆沟 2. 土壤类别:一般土壤	2.34	m^3	61.26	143.35		
14	030411006001	接线盒	1. 名称:灯具接线盒 2. 材质:钢制 3. 规格:86H 4. 安装形式:暗装	13	个	10.84	140.92		
15	030411006002	接线盒	1. 名称:灯具接线盒 2. 材质:PVC 3. 规格:86H 4. 安装形式:暗装	32	个	8.41	269.12		
16	030411006003	接线盒	1. 名称:开关、插座接线盒 2. 材质:PVC 3. 规格:86H 4. 安装形式:暗装	51	个	8.41	428.91		
17	030412001001	普通灯具	1. 名称:节能灯 2. 规格:1×16W 3. 类型:吸顶安装	8	套	56.26	450.08		
18	030412001002	普通灯具	1. 名称:防水防尘灯 2. 规格:1×16W 3. 类型:吸顶安装	4	套	78.98	315.92		
19	030412001003	普通灯具	1. 名称:自带电源事故照明灯 2. 规格:2×8W 3. 类型:底边距地 2.5m 壁装	5	套	81.85	409.25		
20	030412001004	普通灯具	1. 名称:自带电源事故照明灯 2. 规格:2×8W 3. 类型:吸顶安装	2	套	83.2	166.4		
21	030412004001	装饰灯	1. 名称:单向疏散指示灯 2. 规格:1×2W 3. 类型:距地 0.4m	2	套	46.5	93.0		
22	030412004002	装饰灯	1. 名称:安全出口指示灯 2. 规格:1×2W 3. 类型:距门上 0.2m	4	套	57.61	230.44		
23	030412005001	荧光灯	1. 名称:双管荧光灯 2. 规格:2×36W 3. 类型:吸顶安装	20	套	137.45	2749		
24	030413005001	人(手)孔砌筑	1. 名称:人(手)孔 2. 规格:220mm×320mm×220mm 3. 类型:混凝土	1	个	9.03	9.03		
25	030413006001	人(手)孔防水	1. 名称:人(手)孔防水 2. 防水材质及做法:防水砂浆抹面(五层)	0.38	m^2	34.29	13.03		

续表

序号	项目编码	项目名称	项目特征描述	工程量	计量单位	金额/元			
						综合单价	合价	其中	
								定额人工费	暂估价
26	030411001001	配管	1. 名称:钢管 2. 材质:镀锌钢管 3. 规格:SC20 4. 配置形式:暗配	49.3	m	15.86	781.9		
27	030411001002	配管	1. 名称:钢管 2. 材质:镀锌钢管 3. 规格:SC25 4. 配置形式:暗配	2.4	m	21.12	50.69		
28	030411001003	配管	1. 名称:刚性阻燃管 2. 材质:PVC 3. 规格:PC16 4. 配置形式:暗配	170.1	m	12.11	2059.9		
29	030411001004	配管	1. 名称:刚性阻燃管 2. 材质:PVC 3. 规格:PC20 4. 配置形式:暗配	145.9	m	8.44	1231.4		
30	030411004001	配线	1. 名称:管内穿线 2. 配线形式:照明线路 3. 型号:ZRBV 4. 规格:2.5mm^2 5. 材质:铜芯线	150.9	m	2.86	431.57		
31	030411004002	配线	1. 名称:管内穿线 2. 配线形式:照明线路 3. 型号:BV 4. 规格:2.5mm^2 5. 材质:铜芯线	380.6	m	2.71	1031.43		
32	030411004003	配线	1. 名称:管内穿线 2. 配线形式:照明线路 3. 型号:BV 4. 规格:4mm^2 5. 材质:铜芯线	522.3	m	3.14	1640.02		
33	030411004004	配线	1. 名称:管内穿线 2. 配线形式:照明线路 3. 型号:BV 4. 规格:6mm^2 5. 材质:铜芯线	22.0	m	3.98	87.56		
34	030414002001	送配电装置系统	1. 名称:低压系统调试 2. 电压等级:AC380V 3. 类型:综合	1	系统	1226.87	1226.87		

【例 9-1】 以清单项 030404017002 为例

已知：该项目以 2010 年《黑龙江省建设工程计价依据》为准，综合工日单价、企业管理费与利润根据黑建造价〔2016〕2 号文、黑建规范〔2018〕5 号文相关规定执行，其中，人工费调增为 86 元/工日、企业管理费费率取 25%、利润取 35%，主要材料价格按黑龙江省建设工程造价信息 2018.8 的材料信息价计取，信息价中没列出的材料价格，按现行市场价格计取。试确定此清单项目的综合单价。

9.3 配电箱安装综合单价分析

解：根据清单项 030404017002 配电箱安装项目特征描述可知，此项目包括配电箱本体安装以及盘柜配线等工作内容，因此，需先计算盘柜配线工程量。

由清单工程量计算表知，此配电箱工程量为 1 台，由本项目系统图计算各盘柜配线工程量见表 9.3。

表 9.3 配电箱盘柜配线工程量表

序号	项目名称	单位	数量
1	盘柜配线 BV-2.5	m	2
2	盘柜配线 BV-4	m	15
3	盘柜配线 BV-6	m	5

① 未计价主材：经查市场价知，此配电箱市场价为 750 元。

查信息价，各 BV 线不含税价格见表 9.4。

表 9.4 聚氯乙烯绝缘线不含税信息价表

序号	材料名称	单位	信息价/(元/m)
1	BV-2.5	m	1.20
2	BV-4	m	1.88
3	BV-6	m	2.76

② 查询定额套相关子目项，可得出人工费合价、材料费合价、机械费合价，下面以表格形式计算（注意：绝缘导线材料用量计算时要加入损耗量）。见表 9.5。

表 9.5 成套配电箱安装综合单价分析表

序号	定额编号	定额工程名称	工程量		价值		其中/元					
							人工费		材料费		机械费	
			计量单位	数量	定额基价	总价	单价	金额	单价	金额	单价	金额
1	1-343	成套配电箱安装悬挂、嵌入式(半周长 1.0m 以内)	台	1	119.03	119.03	95.4	95.4	23.63	23.63	0	0
	主材	成套配电箱	台	1	750	750			750	750		
	1-511	盘柜配线导线截面(2.5mm² 以内)	10m	0.2	31.2	6.24	21.2	4.24	18.77	3.75	0	0
	主材	绝缘导线	m	2.04	1.2	2.45			1.2	2.45		
	1-512	盘柜配线导线截面(4mm² 以内)	10m	1.5	47.75	71.63	26.52	39.78	21.23	31.85	0	0
	主材	绝缘导线	m	15.27	1.88	28.71			1.88	28.71		
	1-513	盘柜配线导线截面(6mm² 以内)	10m	0.5	54.76	27.38	31.8	15.9	22.96	11.48	0	0
	主材	绝缘导线	m	5.09	2.76	14.05			2.76	14.05		
		合计	元			1019.49		155.32		865.92		0

从上表中可知：此清单项的人工费合价为155.32元，所以总工日＝155.32÷53＝2.93（工日）；

由已知可知人工费调增为86元/工日，所以总人工价差＝(86－53)×2.93＝96.69（元）。

③ 企业管理费：155.32×25%＝38.83（元）。

④ 利润：155.32×35%＝54.36（元）。

综合单价：1019.49＋96.69＋38.83＋54.36＝1209.37（元）。

小结：

① 本案例中采用的是增值税计税方式，即“价税分离”；

② 表中材料单价、机械单价均为不含税价格；

③ 主材价格也为不含税市场价格和不含税信息价；

④ 以53元/工日为企业管理费与利润的计费基数；

⑤ 综合单价中材料和机械的风险系数取为0。

9.2 供配电工程施工图预算

9.2.1 供配电施工图识读

9.2.1.1 工程概况

本工程为某职业技术学院5号职工多层住宅，建筑层数为地上6层，共5个单元，一梯2户，层高2.8m。

9.2.1.2 供配电工程系统图识读

由供配电工程施工图我们可以看出，本住宅的电源供应是由小区箱式变电站引来两路电源，其中1#电源通过1#电缆转接箱为三至五单元进行供电，2#电源通过2#电缆转接箱为一、二单元进行供电，1#电缆转接箱馈出第1路，进入四单元一层总配电箱（兼作本单元的单元配电箱），然后由总配电箱分别给三单元和五单元的单元配电箱进行供电，2#电缆转接箱馈出第2路，进行二单元一层总配电箱（兼作本单元的单元配电箱），然后由总配电箱给一单元的单元配电箱进行供电。单元配电箱供给设于二层及四层的电能计量箱进行供电，再由电能计量箱分别为本单元1～3层、4～6层的住户进行供电。具体情况如图9.7所示。

9.2.1.3 供配电工程施工图

由于本供配电工程施工图图幅较大，不宜在教材中示出，可以通过下载有关资源识读。

9.2.2 供配电工程计量

电气设备安装工程定额应用及计算规则参见9.1.2.1的内容，在此不再赘述。

9.2.2.1 计量范围及说明

本工程计量范围从1#电缆转接箱起，至各分户箱止（2#电缆转接箱起，至各分户箱止的清单工程量，请大家课下自行计量）。计算过程相关说明如下。

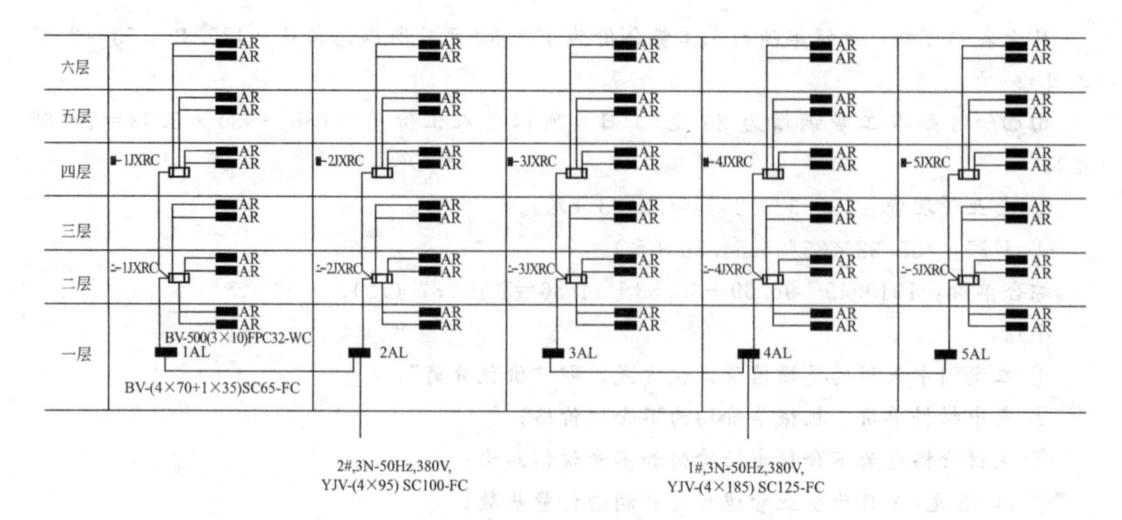

图 9.7 竖向系统图

(1) 计量起点为电缆转接箱，计算终点为分户箱进线。

(2) 按步骤计算工程量时，结果保留三位小数。

(3) 配电箱为乙供。

9.2.2.2 供配电工程清单工程量计算

根据该工程施工图样，《建设工程工程量清单计价规范》(GB 50500—2013)、2010 年《黑龙江省建设工程计价依据（电气设备及建筑智能化系统设备安装工程计价定额)》中工程量计算规则、工作内容及定额解释等，按项依次计算工程量。供配电工程清单工程量计算过程如表 9.6 所示。

表 9.6 供配电工程清单工程量计算表

序号	清单项目编码	清单项目名称	计算式	工程量合计	计量单位
1	030404017001	配电箱	分户箱 AR(350×250×120)	36	台
2	030404017002	配电箱	二层计量箱 JXRC(含公共用电回路)(600×1300×180)	3	台
3	030404017003	配电箱	四层计量箱 JXRC(600×1300×180)	3	台
4	030404017005	配电箱	总配电箱 4AL(600×600×180)	1	台
5	030404017006	配电箱	单元配电箱 3AL、5AL(600×600×180)	2	台
6	030408001001	电力电缆	YJV-(4×185):(电缆转接箱预留 1.4+保护管长度 11.254+电缆头两端预留 1.5+1.5)=15.654×(电缆敷设波形、弛度、弯曲、交叉 2.5%)1.025	16.045	m
7	030408006001	电缆终端头	两端各 1 个	2	个
8	030408011001	电缆分支箱	电缆转接箱(600×800×180)	1	台
9	030411001001	配管	SC125:从电缆转接箱至地面 2.0+埋深 0.8+水平至总配电箱 6.154+埋深 0.8+地面至配电箱底面 1.5	11.254	m
10	030411001002	配管	SC65:[自 4AL 至二-4JXRC(0.7+0.2+0.8)+二-4JXRC 至四-4JXRC(0.7+0.2+2.8+0.2+0.8)]×3(三、五单元同四单元)+4AL 至 3AL(1.5+0.1+18.303+0.1+1.5)×2(4AL 至 5AL 同 4AL 至 3AL)=6.4×3+21.503×2	62.206	m

续表

序号	清单项目编码	清单项目名称	计算式	工程量合计	计量单位
11	030411001003	配管	FPC32： 三单元：{二-3JXRC到本单元一层AR[(0.8+0.1)×2+0.964+0.842+(0.1+1.05)×2]+二-3JXRC到本单元二层AR[(0.7+0.1)×2+0.964+0.842+(0.1+1.05)×2]+二-3JXRC到本单元三层AR[(0.7+0.1+3.0)×2+0.964+0.842+(0.1+1.05)×2]}×2(四-3JXRC到四、五、六层AR与之相同)=(5.906+5.706+11.706)×2=46.636 四单元：{二-4JXRC到本单元一层AR[(0.8+0.1)×2+0.920+2.534+(0.1+1.05)×2]+二-4JXRC到本单元二层AR[(0.7+0.1)×2+0.920+2.534+(0.1+1.05)×2]+二-4JXRC到本单元三层AR[(0.7+0.1+3.0)×2+0.920+2.534+(0.1+1.05)×2]}×2(四-4JXRC到四、五、六层AR与之相同)=(7.554+7.354+13.354)×2=56.524 五单元：{二-5JXRC到本单元一层AR[(0.8+0.1)×2+0.920+2.495+(0.1+1.05)×2]+二-3JXRC到本单元二层AR[(0.7+0.1)×2+0.920+2.495+(0.1+1.05)×2]+二-3JXRC到本单元三层AR[(0.7+0.1+3.0)×2+0.920+2.495+(0.1+1.05)×2]}×2(四-3JXRC到四、五、六层AR与之相同)=(7.515+7.315+13.315)×2=56.290	159.450	m
12	030411004001	配线	BV70：配电箱预留(1.2×4×7+1.9×4×9)+配管长度62.206×4=102+248.824	350.824	m
13	030411004002	配线	BV35：配电箱预留(1.2×1×7+1.9×1×9)+配管长度62.206×1=25.5+62.206	87.706	m
14	030411004003	配线	BV10：配电箱预留(0.60×3×36+1.9×3×36)+配管长度159.850×3=270+479.55	749.550	m
15	030414002001	送配电装置系统	低压系统调试	1	系统

9.2.3 供配电工程清单计价

如表9.7所示，这里只给出某供配电工程清单项目定额套取表，其整体计算过程及方法在第6章有阐述。

表9.7 某供配电工程清单定额套取表

工程名称：某供配电工程　　标段：　　第　页　共　页

序号	项目编码	项目名称	项目特征描述	计量单位	工程量
1	030404017001	配电箱	1. 名称：分户箱AR 2. 规格：350mm×250mm×120mm	台	36
	1-343	成套配电箱安装　悬挂、嵌入式(半周长1.0m以内)		台	36
	1-511	盘柜配线　导线截面(2.5mm² 以内)		m	1.2
	1-512	盘柜配线　导线截面(4mm² 以内)		m	9
	1-514	盘柜配线　导线截面(10mm² 以内)		m	1.8
	1-543	压铜接线端子　导线截面(10mm² 以内)		个	3
2	030404017002	配电箱	1. 名称：二层计量箱JXRC 2. 规格：600mm×1300mm×180mm	台	3
	1-345	成套配电箱安装　悬挂、嵌入式(半周长2.5m以内)		台	3

续表

序号	项目编码	项目名称	项目特征描述	计量单位	工程量
	1-511	盘柜配线　导线截面(2.5mm² 以内)		m	9.5
	1-514	盘柜配线　导线截面(10mm² 以内)		m	30.4
	1-517	盘柜配线　导线截面(35mm² 以内)		m	1.9
	1-519	盘柜配线　导线截面(70mm² 以内)		m	7.6
	1-543	压铜接线端子　导线截面(10mm² 以内)		个	16
	1-546	压铜接线端子　导线截面(35mm² 以内)		个	1
	1-548	压铜接线端子　导线截面(70mm² 以内)		个	4
3	030404017003	配电箱	1. 名称:四层计量箱 JXRC 2. 规格:600mm×1300mm×180mm	台	3
	1-345	成套配电箱安装　悬挂、嵌入式(半周长 2.5m 以内)		台	3
	1-514	盘柜配线　导线截面(10mm² 以内)		m	30.4
	1-517	盘柜配线　导线截面(35mm² 以内)		m	1.9
	1-519	盘柜配线　导线截面(70mm² 以内)		m	7.6
	1-543	压铜接线端子　导线截面(10mm² 以内)		个	16
	1-546	压铜接线端子　导线截面(35mm² 以内)		个	1
	1-548	压铜接线端子　导线截面(70mm² 以内)		个	4
4	030404017004	配电箱	1. 名称:总配电箱 4AL 2. 规格:600mm×600mm×180mm	台	1
	1-344	成套配电箱安装　悬挂、嵌入式(半周长 1.5m 以内)		台	1
	1-517	盘柜配线　导线截面(35mm² 以内)		m	3.6
	1-519	盘柜配线　导线截面(70mm² 以内)		m	14.4
	1-546	压铜接线端子　导线截面(35mm² 以内)		个	3
	1-548	压铜接线端子　导线截面(70mm² 以内)		个	12
5	030404017005	配电箱	1. 名称:单元配电箱 3AL、5AL 2. 规格:600mm×600mm×180mm	台	2
	1-344	成套配电箱安装　悬挂、嵌入式(半周长 1.5m 以内)		台	2
	1-517	盘柜配线　导线截面(35mm² 以内)		m	2.4
	1-519	盘柜配线　导线截面(70mm² 以内)		m	9.6
	1-546	压铜接线端子　导线截面(35mm² 以内)		个	2
	1-548	压铜接线端子　导线截面(70mm² 以内)		个	8
6	030408001001	电力电缆	1. 名称:电力电缆 2. 型号:YJV 3. 规格:4×185 4. 材质:铜芯电缆 5. 敷设方式、部位:穿管敷设 6. 电压等级(kV):1kV 以下	m	17.28
	1-1026	四芯以下铜芯电缆　截面(185mm² 以下)		m/束	17.28

续表

序号	项目编码	项目名称	项目特征描述	计量单位	工程量
7	030408006001	电力电缆头	1. 名称:电力电缆头 2. 型号:YJV 3. 规格:4×185 4. 材质:铜芯电缆、干包式 5. 安装部位:配电箱、柜 6. 电压等级(kV):1kV 以下	个	2
	1-1289	1kV 以下干包铜芯四芯以下终端头　截面(185mm² 以下)		个	2
8	030408011001	电缆分支箱	1. 名称:电缆转接箱 2. 规格:600mm×800mm×180mm	台	1
	1-344	成套配电箱安装　悬挂、嵌入式(半周长 1.5m 以内)		台	1
9	030411001001	配管	1. 名称:钢管 2. 材质:焊接钢管 3. 规格:SC125 4. 配置形式:暗配	m	11.25
	1-2065	砌块、混凝土结构钢管暗配　公称口径(125mm 以内)		m	11.25
10	030411001002	配管	1. 名称:钢管 2. 材质:焊接钢管 3. 规格:SC65 4. 配置形式:暗配	m	62.21
	1-2062	砌块、混凝土结构钢管暗配　公称口径(70mm 以内)		m	62.21
11	030411001003	配管	1. 名称:塑料管 2. 材质:FPC 3. 规格:FPC32 4. 配置形式:暗配	m	159.85
	1-2189	砌块、混凝土结构半硬质阻燃塑料管暗配公称口径(32mm 以内)		m	159.85
12	030411004001	配线	1. 名称:管内穿线 2. 配线形式:动力线路 3. 型号:BV 4. 规格:70mm² 5. 材质:铜芯线	m	350.82
	1-2282	管内穿动力线　铜芯导线截面(70mm² 以内)		m	350.82
13	030411004002	配线	1. 名称:管内穿线 2. 配线形式:动力线路 3. 型号:BV 4. 规格:35mm² 5. 材质:铜芯线	m	87.71
	1-2280	管内穿动力线　铜芯导线截面(35mm² 以内)		m	87.71
14	030411004003	配线	1. 名称:管内穿线 2. 配线形式:动力线路 3. 型号:BV 4. 规格:10mm² 5. 材质:铜芯线	m	749.55

续表

序号	项目编码	项目名称	项目特征描述	计量单位	工程量
	1-2277	管内穿动力线　铜芯导线截面($10mm^2$ 以内)		m	749.55
15	030414002001	送配电装置系统	1. 名称:低压系统调试 2. 电压等级(kV):380V 3. 类型:综合	系统	1
	1-1963	交流供电系统调试　1kV 以下　综合		系统	1

9.3 建筑物防雷与接地工程施工图预算

9.3.1 建筑物防雷与接地工程施工图识读

建筑物防雷与接地工程施工图可下载。

9.3.1.1 设计说明

(1) 屋面上暗敷设 $\phi8$ 热镀锌圆钢做避雷带。

(2) 利用柱内 2 根 $\phi16$ 主筋作引下线。

(3) 建筑基槽外四周敷设一根▁40×4 热镀锌扁钢，埋深 0.75m，作为防雷接地、工作接地、保护接地等共用接地装置，户内引上墙面部分接地扁钢为▁40×4 热镀锌扁钢；接地电阻不大于 1Ω。

(4) 本工程设总等电位联结，总等电位箱设于一屋。

9.3.1.2 防雷与接地工程平面图

(1) 屋顶防雷平面图，如图 9.8 所示。

(2) 基础接地平面图，如图 9.9 所示。

9.3.2 建筑物防雷与接地工程施工图计量

9.3.2.1 防雷及接地装置安装定额应用及计算规则

(1) 防雷及接地装置安装定额说明。

(2) 防雷及接地装置安装工程量计算规则。

9.4 避雷网综合单价分析

9.5 配管综合单价分析

9.6 防雷及接地装置安装定额说明

9.7 防雷及接地装置安装工程量计算规则

9.3.2.2 计算说明

按步骤计算工程量时，结果保留三位小数。

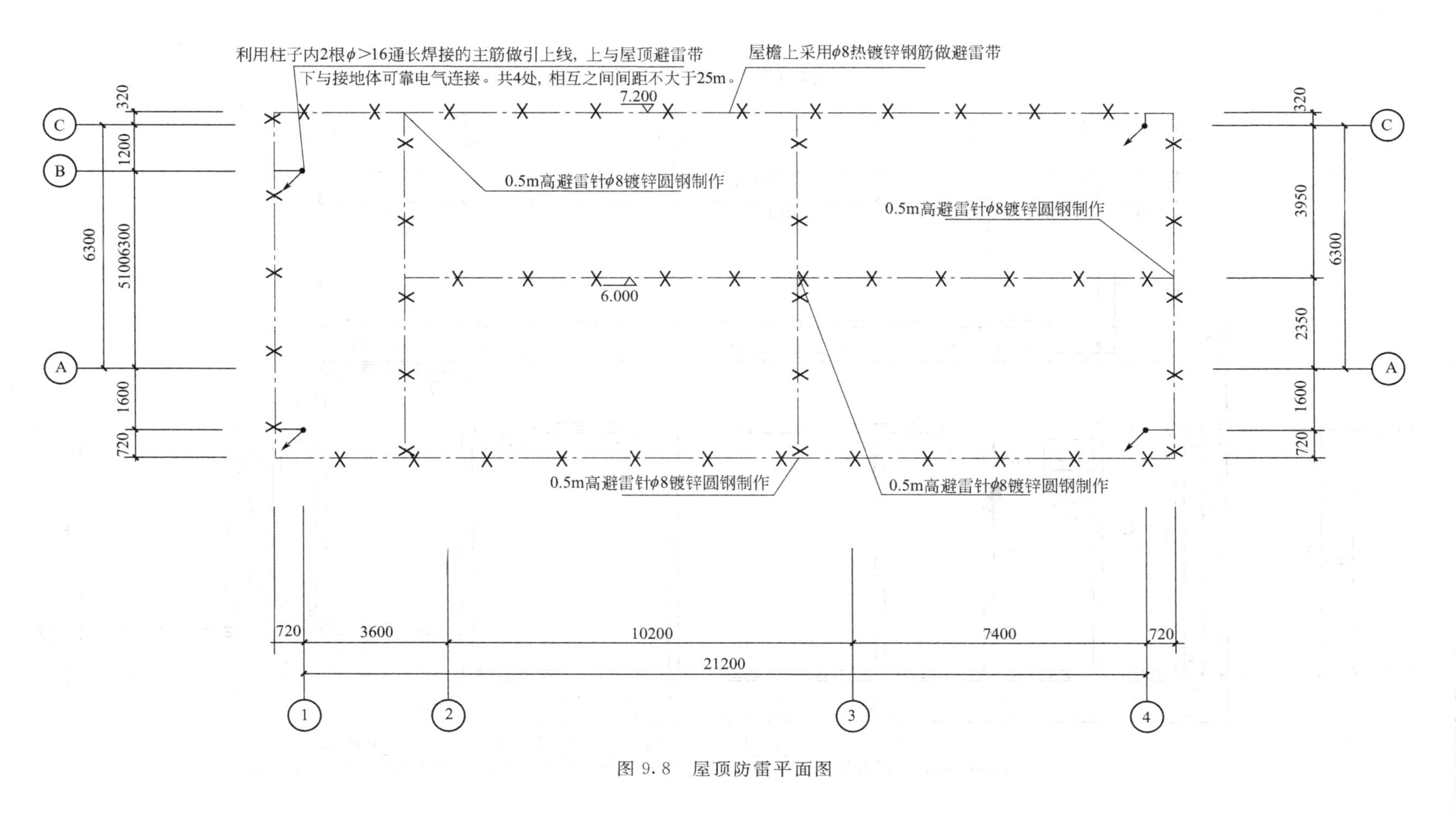

利用柱子内2根φ>16通长焊接的主筋做引上线，上与屋顶避雷带
下与接地体可靠电气连接。共4处，相互之间间距不大于25m。
屋檐上采用φ8热镀锌钢筋做避雷带
7.200
0.5m高避雷针φ8镀锌圆钢制作
0.5m高避雷针φ8镀锌圆钢制作
6.000
0.5m高避雷针φ8镀锌圆钢制作
0.5m高避雷针φ8镀锌圆钢制作
320
1200
6300
51006300
1600
720
3950
2350
720
3600
10200
7400
21200
C
B
A
1
2
3
4

图 9.8 屋顶防雷平面图

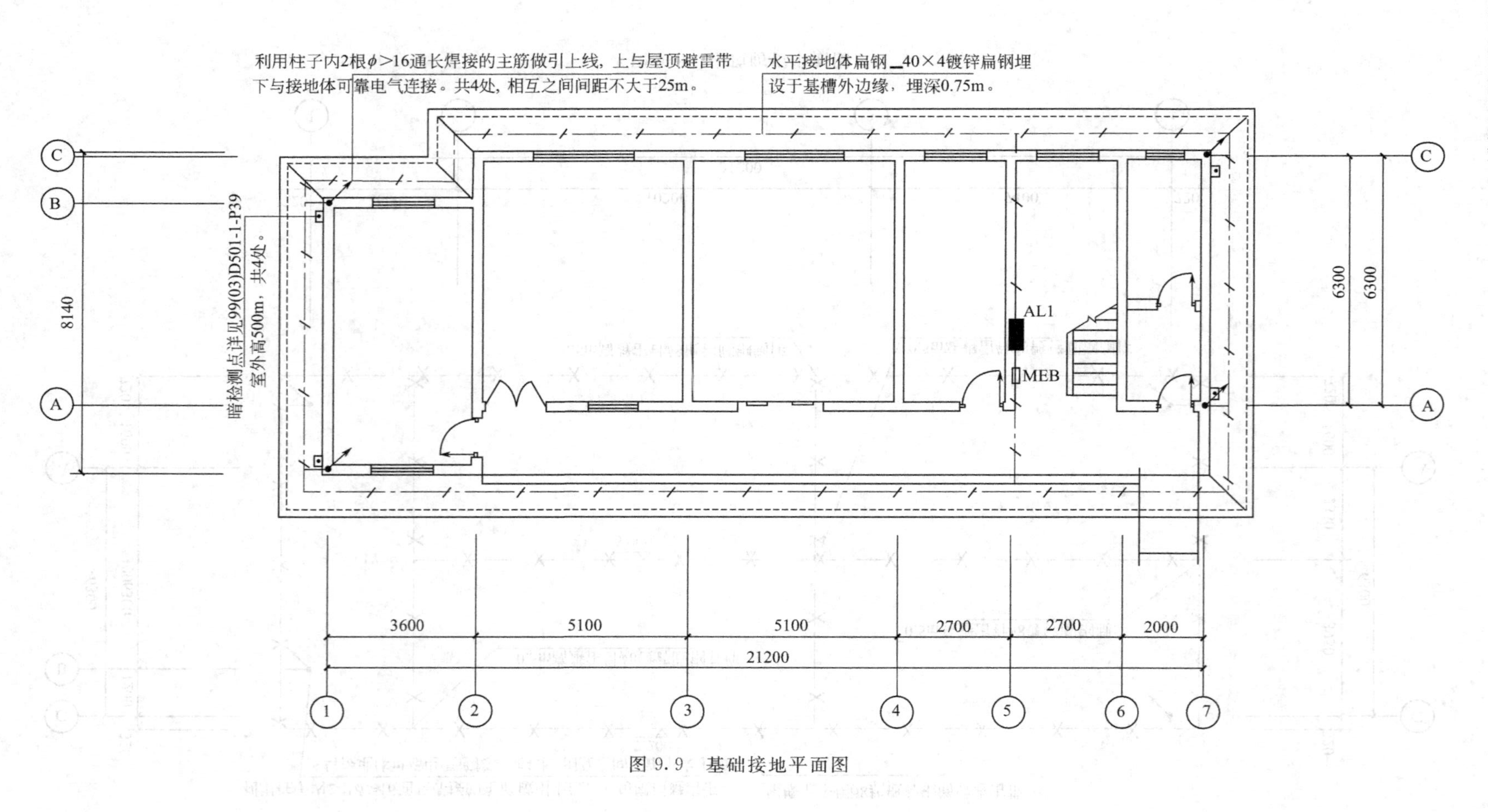
利用柱子内2根φ>16通长焊接的主筋做引上线，上与屋顶避雷带
下与接地体可靠电气连接。共4处，相互之间间距不大于25m。
水平接地体扁钢—40×4镀锌扁钢埋
设于基槽外边缘，埋深0.75m。
暗检测点详见99(03)D501-1-P39
室外高500m，共4处。
AL1
MEB
8140
6300
6300
3600
5100
5100
2700
2700
2000
21200
C
B
A
1
2
3
4
5
6
7

图 9.9 基础接地平面图

9.3.2.3 建筑物防雷与接地工程清单工程量计算

根据该工程施工图样，《建设工程工程量清单计价规范》(GB 50500—2013)、2010 年《黑龙江省建设工程计价依据（电气设备及建筑智能化系统设备安装工程计价定额）》中工程量计算规则、工作内容及定额解释等，按项依次计算工程量。建筑物防雷与接地工程清单工程量计算过程如表 9.8 所示。

表 9.8 建筑物防雷与接地工程清单工程量计算表

序号	清单项目编码	清单项目名称	计算式	工程量合计	计量单位
1	030409002001	接地母线	户外接地母线▬40×4 热镀锌扁钢：水平长度 73.94＋埋深至配电箱、总等电位箱地平面 0.75×2＋埋深至引下线接点(0.75＋0.5)×4＝80.44×(接地母线附加长度 3.9%)1.039	83.577	m
2	030409002002	接地母线	户内接地母线▬40×4 热镀锌扁钢：至配电箱、总等电位箱(1.5＋0.3)×(接地母线附加长度 3.9%)1.039	1.870	m
3	010101001002	管沟土方	户外接地母线：每米沟长土方量 0.34×沟长 73.94	25.140	m^3
4	030409003001	避雷引下线	主筋引下线 2 根：6×4	24.000	m
5	030409005001	避雷网	ϕ8 热镀锌圆钢避雷带：水平长度 73.5＋至引下线 0.7×3＋至引下线 0.3＋避雷针 0.5×3＋女儿墙至屋面 8×1.2＝87×1.039	90.393	m
6	030409008001	等电位端子箱、测试板	总等电位箱：一层 1	1	台
7	030409008002	等电位端子箱、测试板	断接卡箱、断接卡：室外 4	4	块

9.3.3 建筑物防雷与接地工程清单计价

如表 9.9 所示，即为某建筑物防雷与接地工程清单项目定额套取表。

表 9.9 某建筑物防雷与接地工程清单定额套取表

工程名称：某建筑物防雷与接地工程　　标段：　　第　页　共　页

序号	项目编码	项目名称	项目特征描述	工程量	计量单位
1	030409002001	接地母线	1. 名称：户外接地母线 2. 材质：热镀锌扁钢 3. 规格：40×4 4. 安装部位：埋地 0.75m	80.471	m
	1-1777	户外接地母线敷设　截面(200mm² 以内)		80.471	m
2	030409002002	接地母线	1. 名称：户外接地母线 2. 材质：热镀锌扁钢 3. 规格：40×4 4. 安装部位：沿墙	1.870	m
	1-1775	户内接地母线敷设		1.870	m
3	010101001002	管沟土方	1. 名称：户外接地母线沟 2. 土壤类别：建筑垃圾土	24.132	m^3
	借 1-17	人工挖沟槽　普通土(深度)2m 以内		24.132	m^3

续表

序号	项目编码	项目名称	项目特征描述	工程量	计量单位
4	030409003001	避雷引下线	1. 名称：避雷引下线 2. 规格：2 根 ϕ16 主筋 3. 安装形式：利用柱内主筋做引下线 4. 断接卡子、箱材质、规格：钢制 146mm×80mm　4 套	24.000	m
	1-1786	避雷引下线敷设　利用建筑物　主筋引下		24.000	m
5	030409005001	避雷网	1. 名称：避雷带 2. 材质：热镀锌圆钢 3. 规格：ϕ8 4. 安装形式：沿女儿墙敷设	112.887	m
	1-1789	避雷网沿折板支架敷设		112.887	m
6	030409008001	等电位端子箱	1. 名称：总等电位箱 2. 材质：钢制 3. 规格：146mm×80mm	1	台
	1-1812	等电位联结端子箱　半周长 400mm 以内		1	台
7	0304014011001	接地装置	1. 名称：系统调试 2. 类别：接地网	1	系统
	1-1811	接地端子　测试箱		1	系统

思考题

1. 分部分项工程量清单应载明哪些内容？
2. 定额内带括号的材料应如何处理？
3. 黑龙江省建设工程电气预算定额适用范围是什么？
4. 说明采用分数表示法计算平面图中的管线计算方法。
5. 定额材料主要包括哪些种类？
6. 按图纸标注比例法如何计算平面图中管线工程量？
7. 某工程需制作安装铁构件，铁构件为 40×4 角钢，数量为 400m，查定额已知，计量单位：100kg，制作基价单价 939.32 元，安装基价单价 525.60 元，查理论换算表知，40×4 等边角钢 2.422kg/m，查材料价格：40×4 角钢，2.27 元/kg，查电气设备安装工程材料损耗率表知，角钢损耗率为 5%，计算定额直接费。
8. 单相五孔安全插座明装，工程量 400 套，查定额已知，计量单位：10 套，基价单价 93.82 元，其中人工费 58.30 元、材料费 35.52 元，材料栏成套插座（10.2）套，每套插座单价 8 元，请用工程量清单计价法确定该工程的综合单价（注：管理费和利润费率按下限计取）。

参 考 文 献

[1] 马楠. 工程造价管理 [M]. 北京：人民交通出版社，2014.

[2] 李海凌，卢永琴. 安装工程计量与计价 [M]. 北京：机械工业出版社，2017.

[3] 吴心伦. 安装工程造价 [M]. 重庆：重庆大学出版社，2018.

[4] 中国建设工程造价管理协会. 建设工程造价管理基础知识 [M]. 北京：中国计划出版社，2010.

[5] 冯钢. 安装工程计量与计价 [M]. 北京：北京大学出版社，2018.

[6] 冯钢，景巧玲. 安装工程计量与计价 [M]. 北京：北京大学出版社，2009.

[7] 温艳芳. 安装工程计量与计价实务 [M]. 北京：化学工业出版社，2011.

[8] 王建东，杨国锋. 建设工程施工合同表达技术与文本解读 [M]. 北京：法律出版社，2019.

[9] 丛培经. 工程项目管理 [M]. 5版. 北京：中国建筑工业出版社，2017.

[10] 全国监理工程师执业资格考试试题分析小组. 建设工程合同管理 [M]. 北京：机械工业出版社，2013.

[11] 杨庆丰. 工程项目招投标与合同管理 [M]. 北京：北京大学出版社，2010.

[12] 李思齐，张建仿. 建设工程招投标与合同管理实务 [M]. 北京：航空工业出版社，2012.

[13] 张加瑄，李艳红. 工程招投标与合同管理 [M]. 北京：中国电力出版社，2011.

[14] 刘黎虹. 工程招投标与合同管理 [M]. 北京：机械工业出版社，2015.

[15] 刘钦. 工程招投标与合同管理 [M]. 北京：高等教育出版社，2015.

[16] 甘长高. 浅谈国际工程投标报价 [J]. 安徽建筑，2010 (2)：199-201.

[17] 李娟. 浅谈推行电子评标和远程评标在建设工程招投标中应用的意义和作用 [J]. 福建建筑，2010 (4)：141-143.

[18] 边喜龙，陈佰君. 给水排水工程预算与施工组织 [M]. 北京：化学工业出版社，2010.

[19] 白建国，张奎. 给水排水管道工程技术 [M]. 北京：中国建筑工业出版社，2016.

[20] 王宇清，宋永军. 集中供热工程施工 [M]. 哈尔滨：哈尔滨工业大学出版社，2011.

[21] 闫玉民，许明丽. 建筑水暖电安装工程计量与计价 [M]. 武汉：华中科技大学出版社，2015.

[22] 关于印发《二〇一五年建筑安装等工程结算指导意见》的通知（黑建造价〔2015〕1号）.

[23] 关于黑龙江省建筑业营业税改征增值税调整建设工程计价依据和招投标有关事项的通知（黑建造价〔2016〕2号）.

[24] 关于暂停征收固定资产投资方向调节税的通知（财税字〔1999〕299号）.

[25] 广东省建设工程造价管理总站. 建设工程计价应用与案例 [M]. 北京：中国城市出版社，2015.